JN412030

제7판

소방학개론

전국대학 소방학과 교수협의회

도서출판 동화기술

머리말

_ 소방학개론을 개편하면서

도시중심사회로 주거환경이 변화되면서 인간의 생활환경이 차츰 고도화, 밀집화 되어 가다보니 재난(災難)이라는 형태의 재해(災害)가 인간 생활터전을 위협하고 있다. 이러한 현상은 단지 우리나라뿐만 아니라 대부분의 국가가 공동으로 겪고 있어 모두 공감하는 세계적인 현상이다.

이러한 사회적 변화에 따라 단순 화재를 진압하던 소방이란 조직이 국민의 생명을 구하는 구조와 구급활동까지 소방의 업무로 받아들여 소방은 어느 직무보다 더 중요한 공공서비스의 기본이 되었다. 이에 발맞추어 우리나라에 전문적인 소방학을 연구하기 위해 대학에서 소방학과가 최초 설립된 1987년 이래로 37년의 시간이 흘러 현재 97개 대학에 소방학과가 개설되면서 매년 3천명 이상의 소방인재들을 배출하고 있다. 이는 국민의 안전을 위해 매우 고무적인 현상이 아닐 수 없다.

전국대학 소방학과 교수협의회는 소방학과 교수님들이 모여 소방학문과 소방기술 발전을 위해 토론하고 정보를 교환하는 조직으로, 새롭게 소방인의 길을 들어서는 사람들에게 소방학문이 어떤 것인가를 전해주는 중요한 지침서를 개발하기로 하여 이번 '소방학개론'을 다시 편찬하게 되었다. 이번에 새롭게 편집하여 출판하는 '소방학개론'은 소방공무원 채용 시험 및 각종 소방관련 자격시험에서 비중 있게 다루고 있는 부분들만을 수년간 대학 소방학과에서 교육하신 교수님들이 직접 발췌하여 수록한 진정한 소방학문의 핵심교재로 각종 시험을 준비하는 수험들에게는 소방의 바이블이 될 것으로 기대한다.

전국대학 소방학과 교수협의회에서 출판하는 '소방학개론'은 시중에 무질서하게 발간되고 있는 교재들과는 달리, 소방학문에 대한 올바른 이해와 소방기술 발전을 위해 필요한 학문정립 내용을 수록하여 소방학이라는 학문이 국내 학계나 산업계에 조속히 정립될 수 있도록 하기 위하여 심혈을 기울여 편집하였다. 이 교재는 현재 행정안전부가 고시한 소방공무원 소방학개론 출제범위를 준수하여 편집되었기에 단기간에 소방학을 이해하는데 큰 도움이 될 것이다.

이 교재는 전반적인 소방의 이해를 위해 원론적인 내용을 수록하였고, 세부적인 각론을 통해 소방시설과 구조 구급활동에서 필요한 내용을 삽입하여 종합적인 소방학을 다루고자 노력하였다. 각론에서는 소방 관련법과 소방시설의 이해를 위해 소방시설의 구조와 원리 부분까지 수록함으로써 소방학문이 인문학과 자연과학까지를 통합하는 종합학문이라는 것을 제시하였다.

각종 시험에 대비하기 위해 소방공학적 지식과 소방활동(화재, 구조·구급)에 필요한 기술·이론을 수록하고, 소방법규에서 정한 소방의 주요업무인 화재 예방·경계, 진압, 구조와 구급 및 재난관리의 방법론을 제시하였다.

지금까지 교수협의회 발전을 위해 지원하여 주시고, 이번 재편집을 위해 많은 노력을 아끼지 않은 도서출판 동화기술 임직원 여러분께 감사의 뜻을 전한다.

전국대학 소방학과 교수협의회

차례

Part 1 소방역사와 소방행정조직

CHAPTER 4 소방자원관리

CHAPTER 5 소방의 기능

Part 2
재난관리

CHAPTER 6 재난 및 재난관리의 개념

Part 3
연소이론

CHAPTER 7 연소이론

Part 5 소화이론

Part 6
소방시설

Part 7 구조 · 구급론

CHAPTER 29 구조활동

CHAPTER 30 구급활동

PART 01

소방역사와 소방행정조직

CHAPTER 1

소방과 소방조직 1)

1.1 소방의 의의

표준국어대사전에 기술된 소방(消防)의 어원적 뜻은 "화재를 진압하거나 예방함"이라고 되어 있지만, 이 어원적 뜻을 바탕으로 소방이란 학문을 보편적으로 정의하기란 쉬운 일은 아니다. 이러한 사유는 소방이란 학문에 대해 사람들의 견해나 사고를 근본적으로 규정하고 있는 인식의 체계 또는 사물에 대한 이론적 틀이 시대에 따라 변화되어 왔을 뿐 만 아니라 인간생활의 영역에 영향을 미치는 사회적 요인도 고려해야 하고, 최근에는 물질문명의 발전과 더불어 인위적 요인뿐만 아니라 자연재해나 재난까지도 소방의 범주에 포함하고 있으며, 이는 국가마다 차이가 있기 때문이다.("소방정책개발 및 소방교육체계 구축을 위한 소방학 정립 연구": 소방학개론, 소방정책학회, P.3), (국립국어원 홈페이지)

우리나라에서 소방이라는 용어를 사용하기 시작한 것은 갑오경장 이후 관제를 개편하면서부터이다. 당시 개편된 경무청직제(1895)에서 "수화소방(水火消防)은 난파선 및 출화, 홍수 등에 대한 구호에 관한 사항"이라고 정하고(경무청 사무세칙) 소방업무를 경무청에 분장하였다.(행정자치부, 1999; 최종태 · 현성호, 2007: 3)

1) 전국대학 소방학과 교수협의회 편(2008: 14-26)

1.2 소방의 구분

소방의 정의에서 언급한 바와 같이 소방이란 학문을 보편적으로 정의하기는 쉬운 일은 아니다. 하지만, 소방이란 학문분야를 소방관서에서 일상적으로 하는 소방활동과 국가기능의 확대에 따라 국민들의 요구에 맞춰 제공되고 있는 소방서비스의 관점에서 접근하면, 협의의 소방과 광의의 소방으로 구분할 수 있다.("소방정책개발 및 소방교육체계 구축을 위한 소방학 정립 연구": 소방학개론, 소방정책학회, P.3), (국립국어원 홈페이지)

1) 협의의 소방

협의의 소방이란 소방관서에서 일상적으로 하는 업무로 화재를 예방・경계하거나 진압하고 그 밖의 소방활동, 즉 재난・재해 그 밖의 위급한 상황에서의 구조・구급활동 등을 통하여 국민의 생명・신체 및 재산을 보호하는 등의 소방활동을 말한다.("소방정책개발 및 소방교육체계 구축을 위한 소방학 정립 연구" : 소방학개론, 소방정책학회, P.3)

2) 광의의 소방

「소방기본법」에 따른 소방기관의 활동보다 각종 인위적 재난 및 자연적 재해 등으로 사회의 기본조직 및 정상기능을 와해시키고, 지역사회가 외부의 도움 없이는 극복할 수 없거나 정상적인 능력으로는 처리할 수 없는 생명과 재산, 사회 간접시설, 생활수단의 피해를 일으키는 단일 또는 일련의 사건을 해결하는 소방활동을 말한다.("소방정책개발 및 소방교육체계 구축을 위한 소방학 정립 연구": 소방학개론, 소방정책학회, P.3)

1.3 소방의 목적

「소방기본법」 제1조는 다음과 같이 규정하고 있다. "이 법은 화재를 예방・경계하거나 진압하고 화재, 재난・재해, 그 밖의 위급한 상황에서의 구조・구급 활동 등을 통하여 국민의 생명・신체 및 재산을 보호함으로써 공공의 안녕 및 질서 유지와 복리증진에 이바지함을 목적으로 한다." 따라서 소방은 '공공의 안녕질서 유지'와 '복리증진'의 실현을 목적으로 하고 있다.

조금 더 자세히 설명하면 소방은 국민이 평온하게 생활할 수 있는 상태를 의미하며, 공공의 안녕질서를 저해하는 인위적 또는 자연적 재난으로부터의 예방 · 대비 · 대응 및 복구 활동을 통하여 공공의 안녕질서에 이바지함을 1차적 목적으로 한다. 더 나아가 행복과 이익을 아울러 이르는 말인 '복리' 증진이라는 2차적 목적을 수행한다. 즉, 소방의 목적은 화재를 예방 · 경계 · 진압하고, 화재, 재난 · 재해 등 위급한 상황에서의 구조 · 구급활동 등을 통하여 공공의 안녕질서의 유지와 복리증진을 실현하는데 있다.(전국대학 소방학과 교수협의회 편, 2008: 4)

1.4 소방행정조직의 의의

소방조직을 이해하기 위해서는 먼저 조직의 개념부터 살펴봐야 한다. 그동안 많은 학자들에 의해 조직에 대한 정의가 있어 왔으나 한 마디로 정의하기는 쉽지 않다. 그러나 이러한 정의들의 공통적 요소들을 가지고 조직에 대한 일반적 정의를 하자면, 조직이란 인간의 집합체로서 일정한 목표를 달성하기 위하여 의식적으로 구성한 사회적 체계 정도로 정의할 수 있다.

조직이란

① 공동의 목표를 가지고 있으며
② 이를 달성하기 위해 의도적으로 정립한 체계화된 구조에 따라 구성원들이 상호 작용하며
③ 경계를 가지고
④ 외부 환경에 적응하는
⑤ 인간들의 사회적 집단

이라고 할 수 있다.(이창원 · 최창현, 2005: 27)

소방조직은 화재를 비롯한 각종 재난과 사고로부터 국민의 생명과 재산을 보호하고 국민 복리의 향상과 삶의 질을 높이기 위한 공익조직이다.(송용선, 2009: 75) 즉, 소방조직은 소방공무원의 집합체로서 계급제적 계층구조 아래 화재를 예방 · 경계하거나 진압하고 화재, 재난 · 재해 그 밖의 위급한 상황에서의 구조 · 구급활동 등을 통하여 국민의 생명 · 신체 및 재산을 보호함으로써 공공의 안녕질서 유지와 복리증진이라는 소방의 목적을 달

성하고자 하는 사회적 체계이다.(김광수 외, 2001: 24-25)

소방조직의 활동은 인간의 생명과 직접적으로 관계되어 있을 뿐만 아니라 최근 재난및 안전관리 환경의 변화에 따라 그 수요가 증대되고 있다. 소방조직의 역할과 기능은 이처럼 시대적 변화에 따라 지속적으로 변화·확대되어 왔고 앞으로도 계속 발전되어 갈 것이다.

1.5 소방행정조직의 특징

소방행정조직은 소방공무원의 집합체로서 화재를 예방·경계하거나 진압하고 화재, 재난·재해 그 밖의 위급한 상황에서의 구조·구급활동 등을 통하여 국민의 생명·신체 및 재산을 보호함으로써 공공의 안녕질서 유지와 복리증진에 이바지함을 목적으로 한다.(소방기본법) 그리고 소방행정조직을 이루고 있는 인적 구성요소인 소방공무원은 특수 업무를 수행하는 특정직 공무원으로, 그 책임 및 직무의 중요성과 신분 및 근무조건의 특수성에 비추어 그 임용·교육훈련·복무·신분보장 등에 관하여 「국가공무원법」에 대한 특례를 인정하고 있다.(소방공무원법) 소방행정조직은 그 업무가 위급한 재난을 다루는 위기관리조직으로서의 성격으로 인하여 다음과 같이 법제적, 조직적 그리고 업무적 특성을 갖는다.(전국대학 소방학과 교수협의회편, 2008: 10-13; 이목훈, 2009: 9-10; 송영선, 2009: 83-87)

1) 법제적 특성

소방행정은 현장대처능력·상황처리능력, 사명감, 희생정신, 책무완수, 명예심 등이 필연적으로 요구되는 화재진압, 긴급구조·구급 등의 전문적 업무를 수행하기 때문에 경찰, 검찰, 외무, 교육, 군 등의 업무와 마찬가지로 일반직과는 다른 소방업무 고유의 특수성과 전문성을 인정할 필요가 있다. 현장중심의 재난관리라는 특수 분야의 업무를 담당하는 특정직 공무원으로서의 소방공무원에 대하여는 국가공무원에 대한 특례가 인정되어 그 임용절차, 자격, 계급구분, 징계방법, 보수체계, 신분보장 등을 달리하며 일반 행정직 공무원들과의 신분교류 없이 소방행정 조직 내에서만 순환되는 독특한 시스템을 유지하고 있다.(한국행정연구원, 2004)

2) 조직적 특성

소방은 경찰, 검찰, 군 등의 조직과 마찬가지로 국가위기관리조직의 핵심조직으로서 위급한 국가재난관리상황에서 생명과 신체에 대한 위험을 무릅쓰고 임무를 수행하여야만 하는 특수 분야의 업무를 독립적으로 수행하고 있다. 따라서 원활한 지휘체계 확립을 위해 군, 경찰 등과 마찬가지로 계급체계를 기초로 한 강력한 위계질서와 상명하복의 지휘·명령체계를 가지고 있으며, 이로 인하여 일반행정 조직과는 다른 독특한 조직문화를 가지고 있다.(전국대학 소방학과 교수협의회 편, 2008: 11)

3) 업무적 특성

소방업무는 효율적으로 재난에 대응하여 결과적으로 인명과 재난피해를 최대한 줄이는 일에 집중하여야 한다. 따라서 소방업무는 현장성, 신속·대응성, 전문성, 가외성, 긴급성, 위험성, 결과성, 규제성 등의 특징을 갖는다.(복문수 외, 2010: 13-14) 그 특징들은 다음과 같다.

첫째, 현장성이다. 소방조직은 각종 재난발생 현장에 직접 출동하여 자신의 생명을 담보로 위험에 처한 인명을 구조하고 재산피해를 최소화하여야 하는 현장기능 중심의 행정이라 할 수 있다.

둘째, 계층성이다. 소방조직은 비상사태에 대응하기 위하여 엄격한 상명하복의 계층적 계급구조를 가지고 있다. 계층적 구조는 지휘관이 조직구성원에 대하여 지휘통제를 용이하게 할 수 있는 구조이며, 조직성원이 조직의 목표를 수행하기 위한 수단이기도 하다.

셋째, 전문성이다. 소방업무는 전기·가스·물리·화공·위험물·건축·통신 등 전문기술을 필요로 하는 업무로서, 특히 현대의 복합적 재난에 과학적으로 대응을 하기 위하여 무엇보다도 전문성을 바탕으로 하고 있다.

넷째, 위험성이다. 위성성은 각종 재난사고 현장은 항상 돌발적인 위험성을 내재하고 있으며 대원들이 위험에 노출되어 있기 때문에 항상 이를 대비하여야 함을 의미한다. 즉, 화재진압 및 구조구급활동, 재난대응활동에는 추락, 질식, 화학물질에의 누출, 외상 후 스트레스 장애(PTSD ; post-traumatic stress disorder) [2], 압사,

2) 외상 후 스트레스란 갑작스런 외부 충격인 외상을 겪고 난 이후 정상인과는 다른 장애 증상이 나타나는 경우를 말한다. 즉, 외상을 겪게 되면 인간은 그 사건을 지속적으로 재경험하고 그 사건과 관련되는 자극을 회피하며, 일반적으로 반응이 마비되고 각성 상태가 증가하는 지속적인 증상을 가진다(유지현, 2006: 5). 소방업무는 화재 진압 시 뜨거운 현장에서 무거운 복장과 보호구를 착용한 채 과도한 육체적 활동이 요구되며, 때로는 생명의 위협을 받을 정도의 심각한 상황에 처하게

소사, 부상 등의 위험요인이 산재한 상태에서의 활동은 요구조자 뿐만 아니라 소방공무원 자신도 위험성을 겪게 될 가능성이 높다.

다섯째, 결과성이다. 일반행정이 과정이나 절차가 중요시 되는데 비해, 소방조직은 대형재난으로 인명과 재산피해가 커지면 책임을 면하기 어렵고, 화재 등 각종 대형재난발생시 관계자의 책임을 물어 문책과 처벌이 따르는 경우가 종종 있기 때문에 위기상황에서는 규칙이나 절차에 따라 행동하는 것보다 결과를 강조하는 특수성이 있다.

여섯째, 신속・대응성이다. 화재 등 위험이 상존한 재난현장에서 인명구조 및 수습 등의 소방업무는 국민의 생명과 재산보호에 직결되는 만큼 신속・대응성이 요구되며, 재난관리의 성공여부를 가름하는 결정적 요인이 된다.

일곱째, 가외성이다. 가외성(redundancy)이란 한 기능이 여러 기관에 혼합된 충첩성(overlapping)과 동일 기능이 여러 기관에서 독립적으로 수행되는 중복성(duplication) 등을 포괄하는 개념이다.(백완기, 1992; 이창원・최창현, 2005: 678)[3] 소방은 미래의 불확실한 재난사고를 대비하는 조직이기 때문에 현재 필요한 소방력보다 많은 소방력의 보유가 필요하다.(김명현・홍성주, 2007: 83) 가외성의 논리에 따라 소방인력과 소방장비는 재난사고 없이 대기상태에 있다고 하더라도 남아도는 자원으로 간주되지 않고 언제 발생할지 모를 미래의 재난에 대한 대비가 되어 소방행정조직의 신뢰성, 안정성, 정확성, 적응성을 높이는 것이 된다.

여덟째, 긴급성이다. 화재 등 재난사고 발생 시 이를 신속하게 처리하지 못하고 지연될 경우 대형사고로 이어질 가능성이 높기 때문에 긴급성이 중요시 된다. 즉, 화재 또는 재난이 발생하였을 때 신속한 출동 및 현장 도착 여부는 당해 사고로부터 피해를 최소화 시키는데 결정적인 관건이 된다. 소방업무는 응급환자를 위험에서 구하기 위해서 분초를 다툴 수밖에 없는 긴급을 요하는 직무특성을 갖는다.(김영중 외 5인, 2005: 16)

아홉째, 규제성이다. 소방업무의 특성상 구조・구급 및 각종 서비스의 제공뿐만 아니라 화재발생시 안전을 확보하기 위하여 인・허가 업무처리 등 규제의 기능도 수행함으로써 업무의 효율성 및 처리과정의 합리성을 추구한다.

된다. 그들은 직무상 항상 높은 긴장상태로 대기하고 있어야 하며, 구급이나 인명구조 시 충격적인 상황에 노출됨에 따라 심리적 스트레스가 매우 심각하고 외상 후 스트레스 장애(post-traumatic stress disorder)를 경험하는 경우도 많은 것으로 알려져 있다. 이러한 외상 후 스트레스 장애는 각 개인의 신체 및 정신건강을 위협하고 가정 내 문제를 유발하며 직무수행 기능의 잠식, 직업 만족도 저하, 잦은 결근, 조기 퇴직으로 이어진다(배정이・김윤정, 2010: 138).

3) 랜다우(Landau, 1969)는 가외적 기능을 갖는 조직은 신뢰성을 증진시킬 수 있다고 보았다. 예를 들어, 두 개의 브레이크가 설치된 자동차의 경우 고장 확률이 각각 1/10이면 두 개의 브레이크가 동시에 고장 날 확률은 1/100로 줄어들기 때문이다(이창원・최창현, 2005: 678).

참고 **소방의 업무적 특성**
현장성, 계층성, 전문성, 위험성, 결과성, 신속대응성, 가외성, 긴급성, 규제성

표 1-1 소방조직과 일반조직의 업무 특성 비교

구분	일반행정조직	소방행정조직
현장성	• 대민업무처럼 현장성이 높은 업무도 있지만, 기획이나 정책개발처럼 이론적이거나 현장성이 낮은 업무가 많음	• 재난 현장에서 인명을 구조하고 재산피해를 최소화하여야 하는 현장기능 중심적 업무가 대다수임
계층성	• 상하간의 관계는 행정업무적인 지시와 수행결과 보고가 대부분임 • 부서장과 조직구성원간의 커뮤니케이션이 비교적 용이한 편임	• 상하간의 관계는 행정업무적인 관계와 전술적인 명령체계의 관계를 동시에 가짐 • 지휘관 중심의 수직적인 지시가 관행화 되어 있어 상하간의 커뮤니케이션은 유연하지 못함
전문성	• 전문성이 보통의 수준임 • 전문부서가 분산되어 있음	• 대부분의 현장업무는 고도의 전문지식과 기술이 요구됨
위험성	• 특수부문을 제외한 대부분의 행정은 위험성이 낮음 • 위험성에 대하여 회피적임	• 소방활동의 현장에는 물리적, 화학적 위험이 뒤따름 • 위험성에 대하여 도전적임
결과성	• 생산성, 정량성을 중요시함 • 업무집행 결과가 부정적으로 나와도 업무절차만 정당하였다면 결과에 대하여 책임을 지지 않는 경우가 많음	• 결과가 부정적인 경우 책임을 면하기 어려움 • 현장활동의 결과는 비가역적인 경우가 많음 - 사람의 생명이나 재산피해는 되돌릴 수 없는 비가역성인 반면, 일반행정은 어느 정도 원래의 상태로 되돌릴 수 있는 가역성이 있음 • 그러므로 소방조직은 가외성(redundancy) 원리를 중요시함
신속·대응성	• 비상소집을 하여 사태에 대응하는 민방위 대응방식을 채용하기 때문에 위기에 많은 시간이 소요됨	• 소방력은 상시 대기하므로 대응성이 아주 높음 • 직접적이고 공격적인 사태 대응을 견지함

자료 : 복문수 외(2010: 16-17) 수정

CHAPTER 2

소방의 역사 및 변화

2.1 소방의 유래

인류는 불을 이용하면서부터 문명의 눈부신 발전을 이룩하기 시작하였다. 그러나 불의 이용은 인간의 생활양식을 편리하게 바꾸어 놓기도 하였지만 화재로 인한 안전에 심각한 위험을 초래하기도 하였다.

역사적으로 인류는 약 100만 년 전부터 불을 사용한 흔적이 발견되었으며 50만 년 전 베이징원인(北京原因)이 동굴에서 불을 사용한 증거가 발견되었고, 이 시기에는 불을 사용해 음식을 익혀먹기보다는 불을 신성시하여 숭배의 대상이기도 하였으나 다음의 내용들로 보아 인류가 불을 사용하면서부터 소방 활동이 시작되었다고 볼 수 있다.

- B.C 300년경 로마 시대에 화재진화와 야경(夜警)을 위해 노예로 구성된 소방조직이 있었지만, 역사상 최초의 공식적인 소방조직은 로마제국 시저 황제가 B.C 23년경에 설치한 600명 규모의 소방대(corps of vigiles)로 '공익봉사자'라는 의미를 가진 "The Familia publica"라는 일종의 자위소방이다.
- 중국에서도 이와 유사한 소방조직 활동이 있었는데 13세기경 중국의 항주에서도 1,000~2,000명 규모로 조직하여 주로 경계와 화재진압 활동을 하였다.
- 영국에서는 1643년 내란 시에 Notting-ham 시에서 50명의 부녀 소방대가 조직되어 자위 소방 활동을 하였다.
- 미국에서는 1678년 보스턴에 최초의 직업 소방관제도가 생겨났고 그 이전에는 의용소방대가 화재를 진압하였다.
- 한국에서도 1426년(세종 8년) 우리나라 최초의 공공소방기관인 금화도감(禁火都監)을 설치하였고, 1437년 오늘날의 의용소방대와 비슷한 청장년들로 구성되어 자력으로 방재활동을 수행한 지방의용 금화조직이 공인된 바 있다.

- 역사상 최초로 구성된 공공 소방기관은 로마의 아우구스투스(Augustus)의 통치기간(B.C27～A.D14) 중에 "corps of vigilies"라는 소방경방 조직이다. 이는 오늘날 소방조직의 체제와 유사하였는데 로마 시내를 7개 지역으로 나누어 각 지역에 100～1,000명 정도의 인원으로 구성하여 분업적인 구조로 소방 활동을 하였다.

2.2 소방의 역사와 발전과정

2.2.1 소방의 조직 및 업무

1) 삼국시대

삼국시대의 소방에 관한 기록은 거의 찾아 볼 수 없으나 구전(口傳)되어 오거나 단편적인 사료를 살펴보면 당시의 화재 원인이라는 것은 대개가 서화(쥐구멍불), 아궁이 및 굴뚝 불, 장난 불에 기인한 것이며 대형화재는 아니었던 것으로 사료된다.

그래서 당시 백성들로 하여금 각기 야간 취침 시에는 '자리끼'라는 것을 머리맡에 준비하도록 하였는데, 이것은 지금도 우리 풍속에 남아 있는 머리맡에 물을 떠놓는 물그릇으로서, 화재가 발생하였을 때 이 물을 초기소화에 사용케 하였던 것 같다. 이것도 예방소방의 하나로서 소규모적인 제도라고 할 수 있을 것이다.

삼국시대는 농업을 기반산업으로 어업과 수공업에 의한 직조기술이 발달하였고 국가조직의 완성과 신분제도의 확립으로 사회구성원들 사이에 계층분화와 부족 간 잦은 전란으로 도성이나 읍성 등 대건축물이 축조되고 인가를 서로 연접하게 지어 화재가 사회적 재앙으로 등장하게 되었다. 그러나 대화재시 왕이 친히 이재민을 위문하고 구제하였던 삼국사기의 기록에 비추어 국가에서 구휼 하였으나 소방이 전문적인 행정 분야로는 분화되지 않은 것으로 보인다.

통일신라 이전에는 경주에 시장이 1개였던 것이 통일신라 이후 동・서・남의 3곳에 시장이 생겼는데 삼국유사 권1에도 신라 전성시대 경주 안에는 178,936호가 있었고 부호・대가가 35개나 있었으며 귀족들은 사시(四時)에 따라 별장생활을 하였다는 기록으로 보아 도성 경주가 도시의 면모를 갖추고 있었음은 넉넉히 짐작하고도 남음이 있으며 도시의 번창으로 인구가 조밀해짐에 따라 화재가 많이 발생하므로 방화를 위하여 집을 초옥(草屋)으로 하지 않고 기와를 덮어 집을 짓고 숯을 써서 취사를 한 것으로 볼 때 당시 일반백성들의 방화의식을 쉽게 엿볼 수 있다.

2) 고려시대

고려시대에는 그 전 시대보다 인구와 밀집가옥이 증가하고 잦은 병란 때문에 화재가 더 많이 발생하였는데 개성의 경우 지역이 협소하고 밀집한 건물들로 화재가 발생하면 수 백동씩 연소하는 사례가 빈번하였다. 1021년에는 2,000여 호가 전소하기도 하였고 병란으로 각 궁전과 창고의 대화재도 많았다. 그러나 많은 화재에도 불구하고 별도로 화재를 진압할 조직은 없었으며 군(軍) 조직에서 소방을 담당하였던 것으로 보인다.

관아에서는 화재예방을 엄격히 하도록 하고 화재가 발생하면 엄중 문책하였으며 큰 창고에는 화재를 담당하는 관리를 배치하고 창고를 지하에 만들어 화재를 예방하고 자기(恣器) 굽는 가마를 설치케 하며 기와집을 짓게 하는 등의 제도가 있었다.

민가가 200호 이상 소실된 대형화재만도 20건 이상 달하였다는 고려사의 기록(고려사전 53)에 비추어 고려시대 당시에는 인구의 밀집, 가옥의 증가와 더불어 잦은 병란으로 인하여 삼국시대와 통일신라시대보다도 훨씬 많은 대형화재가 발생하였음을 알 수 있다. 다만, 당시 국가조직상 금화를 위한 별도의 관서 내지 조직은 설치되지 않았으나, 각 관아에서는 금화하는 일을 엄격히 하도록 하고 화재사고가 있을 때에는 이를 규찰하며 대창에는 금화를 담당하는 관리를 배치하고 화재를 방어케 하기 위하여 지하에 창고를 쌓았으며 사요(私窯)를 설치하여 기와집을 짓게 하는 등의 제도가 있었다.

이 시대의 금화제도로 방화에 소홀한 관리에 대한 책임을 물어 현행 면직 처분에 해당하는 현임(現任)박탈을 하기도 하였고, 민간인이 자신의 실화로 전야를 소실하였을 때는 태(笞) 50, 인가・재물을 연소한 경우에는 장(杖) 80의 형을 부과하였으며 관부・요지 및 사가・사택・재물에 방화한 자는 징역 3년 형을 과하는 등 실화 및 방화자에 대한 처벌제도가 시행되었다. 한편, 문종 20년(1066년) 개경의 큰 창고인 운흥창 화재 이후로는 창름(쌀광) 부고에 금화관리자를 배치하고 각 관아와 진(鎭)에는 당직자 또는 그 장을 금화책임자로 하였으며, 어사대가 수시로 점검하여 일직을 궐(자리를 비거나 빠지는 일)하였을 때는 먼저 가둔 후 보고하였다고 한다.

3) 조선시대

조선시대에는 기본법전인 경국대전의 편찬으로 금화법령이 제정되어 금화관서가 설치되었다. 금화(禁火)는 병조, 의금부, 형조, 한성부, 수성금화사 및 5부의 숙식하는 관원이 행순(行巡)하여 화재를 단속하는 일을 말한다. 여기서는 화재 시 타종, 구화패발급, 화재감시, 순찰경계, 구화시설(救火施設) 등을 정하고 있다.

세종 7년(1425년)에 종로 인경각 근처에서 대화재가 발생하고 세종 8년(1426년 2월 15일)에는 이러한 계속된 화재를 계기로 이조에서 건의하여 병조 소속으로 금화도감(禁

火都監)이 설치되었다. 금화도감은 오늘날과 같은 상비소방제도는 아니지만 화재를 방비(防備)할 독자적인 소방 관리부서로서 우리나라 최초의 소방관서이다. 그러나 세종 8년(1426년)에 공조에 속한 성문도감과 병조에 속한 금화도감이 운영상 폐단이 생겨 두 기관을 합병하여 공조에 속하는 수성금화도감으로 개편하였다. 수성금화도감은 성을 수리하고, 화재를 금하고, 하천을 소통시키고, 길과 다리를 수리하는 일을 맡아보게 하였다. 세조 6년(1460년) 5월에는 기구를 개편하고 관원 수를 줄이게 되어 금화도감이 한성부에 합병, 우리나라 최초의 소방관서인 금화도감은 34년 만에 폐지되었다.

한편, 세종13년(1431년)에는 화재를 진압하는 임무를 맡은 금화군을 창설하였는데 이는 우리나라 최초의 소방대로 볼 수 있으며, 세조 13년(1467년) 멸화군으로 개편되었다.

4) 일제 강점기(1919~1945년) : 소방조 및 민간소방체제

- 1894년 갑오개혁(갑오경장)을 통하여 개화를 추진하는 과정에서 한성 5부의 경찰사무를 관장하는 경무청에 화재에 관한 사무를 관장하도록 하였다.
- 1895년 4월 29일 경무청 직제를 제정하면서 그 소속인 총무국에서 「수화・소방에 관하는 사항」을 분장토록 하였으며 이때 만들어진 경무청 처리세칙에서 "수화・소방은 난파선 및 출화・홍수 등에 계하는 구호에 관한 사항"으로 성격 지었는데 여기에서 소방이라는 용어가 역사상 처음 쓰이게 되었다.
- 일제시대에는 대도시 및 개항지에 일본인들이 증가하게 되어 자신들의 재산을 보호하고자 의용소방조를 설치하기 시작했다.
- 1889년 경성에 소방펌프 1대를 비치하여 소방조를 설치한 것이 한국 내 일본인 소방의 효시이다. 이어 1890년대와 1900년대 초반까지 각 개항지에 영사관규칙으로 소방조 규칙이 제정・시행되었고 관민으로부터 갹출금(醵出金)을 거두어 수압펌프를 구입하고 소방조원들에게 출동 수당을 지급하는 상비소방수제도가 생겼다.
- 1909년에는 어사칙령으로 소방조 규칙을 제정・시행하였는데 공설된 소방조 외에 자발적인 조직까지 생겨났으며, 한국인 사회에서도 소방조를 조직하기에 이르렀다.
- 그 후 1910년 9월 29일 총독부 관제를 공포하여 10월 1일부터 실시하였다. 소방행정은 총독부의 외청격으로 존재하여 일제무단통치의 궁극적인 역할을 담당하였으며, 경무총감부에는 경무총장을 두고 독립하여 부령을 발할 수 있도록 하였다.
- 1915년 6월에 조선총독부령으로 소방조 규칙을 제정, 공포하여 전국적으로 소방조를 신설하였으며, 이와 병행하여 경성을 비롯한 주요도시에 소방조와 상비소방수를 배치하였다.
- 1912년에는 경성소방조 상비대를 경성소방소로 개편하였고 1925년에는 조선총독부

지방관제를 개정, 경성에 소방서를 설치하고 그 후 주요도시에 소방서를 설치하기에 이르렀다. 이 시기에 소방장비를 갖추고 훈련을 하게 되었으며 수도를 설치할 때 소화전을 설치하도록 하였으며 화재 보험제도도 실시되었다.

- 이후 1939년 조선총독부령 제104호로 소방조와 수방단을 해체하여 경방단으로 통합하여 평시에는 수화재, 전시에는 공습에 의한 화재를 경계, 방어하는 업무를 수행하게 했다. 같은 해 총독부령에 의해 경무국 내에 방호과를 설치하고 동시에 도 경찰부에도 방호과를 두어 도 소방사무 관할을 방호과에서 전담하였으며,
- 1943년 경무국 방호과를 경비과로 개편함에 따라, 도 경찰부 경비과에서 소방사무를 전담하였다. 일제시대의 자치소방체제는 일본 국내의 민간소방조직체인 소방조 제도를 모방하여 1915년 제정 공포된 조선총독부령 제65호 소방조 규칙에 의거하여 자치제적 조직으로 사회안전의 봉사정신을 각 지방청년을 중심으로 민간소방대를 조직하였다. 이러한 조직이 우리나라 소방조직의 모체가 된 시발점으로 본다.
- 소방조의 조직은 일제통치가 시작된 뒤에도 계속 이어져 왔으나 이것은 일본이 침략정책을 펴기 위한 수단으로 일본의 보호 하에 전국 각지에서 조직되어 1914년 말에는 전국에 635개의 조직과 인원은 56,567명에 달할 정도의 조직체를 확보할 수 있었다.

5) 미 군정시대(과도기 1945~1948년) : 자치소방체재

- 1945년 일본에 대한 연합군의 승리로 제2차 세계대전이 끝나고 미 군정청은 조선총감부를 인수하고 정부기구를 개편하였는데 경무국의 경비과를 인수한 미 군정청은 소방업무와 통신업무를 통폐합하여 소방과를 설치하였고 1945년 11월에는 소방과를 소방부로 개칭하는 동시에 도 경찰부에도 소방과를 설치하였다.
- 1946년 4월 10일 군정법 제66호에 따라 소방부 및 소방위원회를 설치하고 소방조직 및 업무를 경찰로부터 완전독립하여 자치소방체제로 전환하였다. 한편 소방위원회는 중앙소방위원회와 각 도 소방위원회로 구분하여 운영되었다.
  중앙소방위원회는 상무부 토목국(1946년 8월 7일부터 토목부로 변경)에 설치, 7인의 위원으로 구성되었고 각 도에는 5인의 위원으로 도 소방위원회를 설치하였는데 위원들은 소방분야에 전문지식이 있는 사람들로 구성되었으며 봉급을 지급할 수 있도록 하였다.
- 1947년 남조선 과도정부로 개칭된 후에는 중앙소방위원회의 집행기구로 소방청을 설치하였는데 소방청에는 청장 1인과 서기관 1인을 두고 군정고문 1인을 배치하였으며 총무과・소방과・예방과를 두었다.

- 미군은 총독부를 인수한 다음 철도국·체신국·위생국 등을 설치하였으며 1946년에 농무부 토목국을 토목부로 승격하고 중앙소방위원회의 업무까지 관장토록 하였다. 그 다음해인 1947년 중앙경찰 위원회를 설치하였는데 미군정 시절에는 경찰보다도 소방위원회가 1년 이상 먼저 설치되었음을 알 수 있다.
  이때 경무부에 속해있던 소방부는 각 시·읍·면의 감독 하에 운영되는 소방부가 설치되어 소방의 자치화가 시작되었다. 이에 따라 일제시대의 소방조직은 소방대로 개편되었으며 8개에 불과했던 소방관서가 미 군정자치소방체제로 전환 후에는 50여개로 대폭 증설되면서 일본인의 생명과 재산을 보호하던 소방행정이 한 국민의 생명과 재산을 보호하는 소방행정으로 바뀌었다. 또한 서울특별시에는 4개소방서가 증설되고 소방공무원 수는 600여명에 이르렀다.

6) 대한민국 정부 수립 이후 ~ 현재

(1) 초창기(1948~1970년) : 국가소방체제

- 1948년 8월 15일 대한민국 정부가 수립되자 일시적으로 경찰에서 분리되었던 자치소방조직은 국가 소방체제의 틀 속에서 다시 경찰사무로 포함되었다. 이에 따라 중앙위원회는 내무부 치안국 소방과에서 소방업무를 취급하게 되었고 지방은 경찰국 소방과로 이관되었으며 이로써 미군정시대의 소방청을 비롯한 자치소방조직은 경찰조직에 흡수통합, 소방행정 및 소방공무원은 경찰공무원 체제의 적용을 받게 되었다.
- 1970년 정부조직법의 개정으로 내무부의 소방기능을 삭제하고 소방사무를 자치사무로 하도록 자치단체로 이양하였으나 아직 제도적 절차가 마련되지 않아 서울과 부산에서만 소방본부가 발족되어 지방사무로 실시되고 다른 도에서는 계속 경찰기구 내에서 소방업무를 관장하게 되어 국가소방과 지방소방으로 이원화되기 시작하였다.

(2) 과도기(1971~1992년) : 국가·자치 이원체제

- 1975년 인도차이나 사태를 계기로 정부조직법과 내무부 직제 개정으로 민방위 본부가 설치되면서 내무부 치안본부 소방과에서 민방위 본부내의 소방국으로 이전되어 경찰조직으로부터 독립되었다.
- 1975년 소방국이 설치되면서 정원 35명 중 소방국장, 소방과장, 예방과장에 소방공무원은 배제시키고 일반직만으로 구성되었으나 이후 내무부 소방국의 직원을 소방직으로 전문화 하여야 한다는 소방공무원들의 요구와 소방업무의 전문성과 특수성을 고려하여 소방국장은 이사관, 부이사관 또는 소방정감으로 3복수직화 하고 방호

과장과 예방과장은 소방감으로 변경하였다.

이 때 지방소방조직의 변경이 있었는데, 서울과 부산은 기존의 소방본부를 그대로 유지하고 각 도는 민방위국을 설치하고 민방위국 내에 소방과를 두어 소방행정을 담당하였다.

- 각 시・군의 경우 9개 시에는 민방위국에 민방위과, 소방과를 설치하고 24개시에는 민방위과에 민방위계, 소방계를 설치하였다. 기타 군에는 민방위과의 민방위계 내에 소방공무원을 배치하고 소방행정을 수행하다가 업무량의 증가에 따라 소방계로 발전, 1992년 광역자치 소방체제로 전환되면서 다시 폐지되었다.
- 1990년 이후 계속된 재난사고로 1994년 방재국이 신설되고 소방국 내에 구조・구급과를 신설하였다.
- 1991년 12월 14일 소방법이 개정됨에 따라 1992년 4월 10일 각도에 소방본부가 설치됨으로써 소방업무는 시・도지사의 책임으로 일원화되어 현재에 이르고 있다.

(3) 성장기(1992～2004년) : 광역 자치소방체제

1992년 1월 국가소방과 자치소방의 이원화 된 소방체제로 전환하고 정부조직법 제3조의 국가기관인 특별지방행정기관을 지방자치법 제104조에 근거하여 지방자치단체의 직속기관으로 설치하고 9개도에 소방본부를 일제히 설치하여 16개 시・도 중심의 광역자치체제로 전환되었다.

한편 본격적인 지방자치제의 실시에 따라 1995년 1월 1일 소방국 직원과 16개 시・도 소방본부장 및 학교장을 제외한 소방서장을 비롯하여 기타 시・도 소방공무원이 국가공무원에서 지방공무원으로 신분이 변경됨으로써 소방공무원의 신분체계는 이원화되었고 내무부 소방국장과 중앙소방학교장, 서울 및 부산소방본부장은 소방정감으로 기타 시・도 본부장은 소방감으로 지방소방학교장은 소방감 또는 소방정으로 보하였다. 이후 1998년 2월 행정자치부가 출범하면서 다시 재난관리국이 민방위국에 흡수되어 민방위재난관리국으로 통합되었다.

그 후 공공부문의 구조조정이 가속화되면서 다시 방재국이 방재관으로 축소되고 소방국내 장비통신과도 폐지되었다. 당시 공직사회의 구조조정과 지방정부의 기구 재조정 과정에서 선출직 지방자치단체장에 의해 소방조직이 시・도별로 부분적으로나마 민방위 및 재난, 가스안전관리 등 업무를 흡수 통합하는 등 긍정적인 발전과 변화를 보이기도 하였다.

이어서 1999년 5월 24일 정부조직법을 개정 행정자치부 사무에 소방사무를 부활시킴으로써 일정부분 소방행정을 관장하게 되었고, 대구지하철 참사를 계기로 2004년 3월 11일 정부조직법을 개정(법률 제7186호) 행정자치부의 외청으로 독립된 소방방재청 신설의 토대를 마련하였다. 2004년 6월 1일 소방방재청을 개청함으로써 소방은 소방방재청을 중심으로 소방행정의 문제점을 극복하고 재난 및 안전관리기본법, 소방기본법 등 소방관련 법령이 새롭게 정비되면서 소방은 재난의 대응 부문에서 새로운 임무와 역할을 부여받고 효과적인 업무수행을 요구받기에 이르렀다.

(4) 소방방재청(2004년 6월~2014년 11월)

소방방재청은 행정자치부 '민방위재난통제본부'를 전신으로 하여 1990년대 이후 해마다 반복되는 대형 재난으로부터 국민의 생명과 재산을 보호하기 위해 2004년 6월 1일 개청되어 본청 1관 3국 21과 2팀 및 3개의 소속기관으로 조직을 구성한 후 「재난 및 안전관리기본법」 등 19개 법률의 집행을 통해 각종 재난으로부터 국민의 생명과 재산을 보호하는 국가 재난관리 업무를 중추적으로 수행하였다.

(5) 국민안전처(2014년 11월~2017년 10월)

2014년 세월호 침몰 사고를 계기로 정부조직법에 의하여 재난안전에 대한 컨트롤타워 역할을 수행할 국민안전처가 신설되면서 소방방재청은 국민안전처 산하의 부서인 중앙소방본부로 흡수되어 국가 재난관리 업무를 수행하였다.

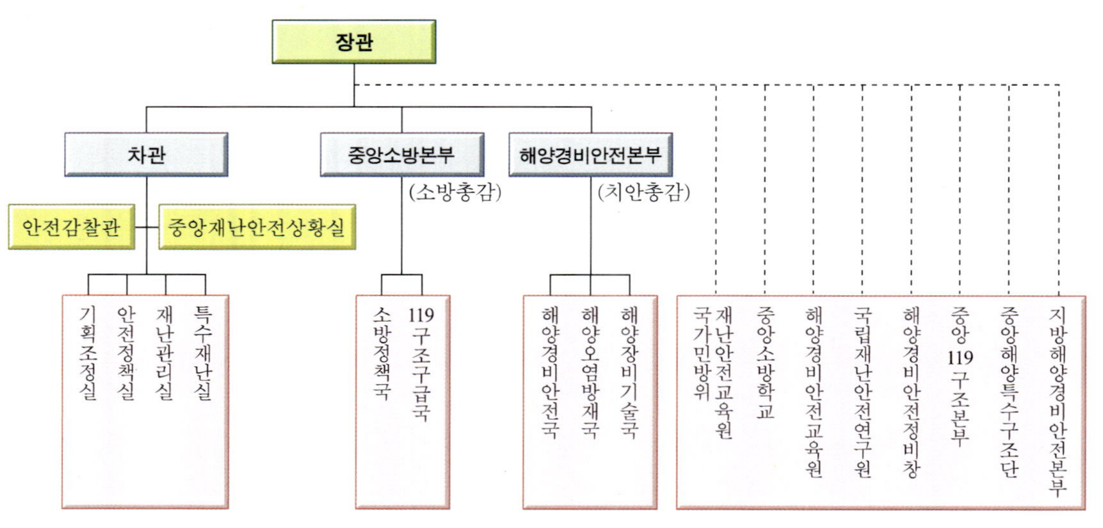

그림 2-1 국민안전처 조직도

(6) 소방청(2017년 11월~현재)

2017년 7월 「정부조직법」이 개정으로 국민안전처가 폐지되고, 행정안전부로 통합되어 지면서, 행안부 산하 외부 독립기관인 소방청으로 개청한 후 국가 재난관리 업무를 수행해 오고 있다. (https://ko.wikipedia.org/wiki/대한민국_소방청)

참고

소방체제 변천

- 자치소방체제(미군정시대) – 국가소방체제(1948) – 이원적 소방체제(1970) – 광역자치소방체제(1992)

소방조직 설치

- 중앙소방위원회 및 소방청 설치(미군정기) – 소방국 설치(1975) – 서울, 부산소방본부 설치(1972) – 모든 시도에 소방본부 설치(1992) – 소방방재청 신설(2004) – 국민안전처 신설(2014) – 소방청 신설(2017)

2.3 소방공무원의 신분

- 1948년 대한민국 정부가 수립되면서 경찰관의 계급, 명칭을 그대로 소방공무원에 적용하였다가 1949년 국가공무원법이 제정되면서 소방직공무원의 신분을 일반직 공무원으로 하였다.
- 1969년 법률 제2077호로 경찰공무원법이 제정됨으로서 일반직 공무원에서 분리되어 별정직인 경찰공무원의 소방직으로 신분이 바뀌었다.
- 1973년 법률 제2502호로 지방소방공무원법이 제정되어 소방공무원의 신분이 국가직은 경찰공무원의 소방직으로, 지방직은 지방소방공무원의 신분으로 이원화 되었다.
- 1977년 법률 제3042호로 소방공무원법이 제정되고 1978년 동법의 시행으로 독자적인 소방공무원 신분이 단일화되기는 하였으나, 임용권자에 따라 국가직소방공무원과 지방직 소방공무원으로 분류되어 여전히 신분의 이원화는 지속되었다.
- 1983년 1월 1일부터 소방공무원법이 개정됨에 따라 되어 별정직의 소방공무원이 특정직으로 전환되었다.
- 1995년 1월에는 일부 중앙 고위직, 중앙소방학교, 중앙119구조본부 소속을 제외한 모든 소방공무원이 시・도 지방직으로 전환되면서 소방공무원은 지방직 공무원이 되었다.

- 2017년 7월 정부에서는 세월호 사고, 강원산불과 같은 대형재난을 계기로 중앙정부 역할의 비중이 높아지자 재난으로부터 국민 보호를 강화하고자 소방청을 개청한 후 국민의 안전을 위협하는 대형화재 및 재난에 대해 국가책임을 강화하고 더불어 소방공무원의 열악한 근무환경을 개선하기 위해 2020년 4월 1일 전국 소방공무원 신분을 국가직으로 일원화하여 지금까지 지속되고 있다.(소방안전 재정수요 추계 및 중앙－지방의 합리적 재원 분담방안, pp.8～9)

참고 **소방공무원 신분의 변화**

- 일반직공무원(1949) – 경찰공무원(1969) – 신분이원화(1973) – 동일법적용(1977) – 지방직일원화(1995) – 국가직전환(2020)
- 신분변화 : 일반직공무원(1949) – 별정직공무원(1969) – 특정직공무원(1983)
- 적용법령 변화 : 국가공무원법(1949) – 경찰공무원법(1969) – 지방소방공무원법(1973) – 소방공무원법(1977)

2.4 소방법의 제정과 개정

1958년 3월 11일 소방법이 최초로 단행 법률로 제정되었으나 이전까지 소방의 주된 업무는 화재의 진압이었다. 1952년 내무부령으로 「소방조사규정」을 만들어 화재예방활동이 시작되었으나 극히 미온적인 소방규제 활동에 지나지 않았다. 이 규정만으로 불충분하므로 소방시설의 설치를 강화하기 위하여 1950년부터 「소방법초안」을 작성하여 1953년 국무회의의 가결을 거쳐 국회에 제출하였으나 제정할 시기가 이르다는 이유로 폐기되었다가 그 후 다시 상정되어 결국 1958년 3월 11일 법률 제485호로 최초의 소방법이 제정・공포되었다.

광복이후 소방법이 제정되기 전까지의 소방의 주된 활동은 화재의 진압에 있었는데 1950년대 후반기부터는 국민들의 일상생활에서 오는 사소한 부주의에 따른 화재 발생요인을 사전에 제거하고 화재에 대한 경각심을 고취시키는 화재예방 활동에 중점을 두기 위하여 화재・풍수해・설해를 예방・경계・진압 또는 방어하며 국민의 생명・신체와 재산을 보호하고 동시에 그로 인한 피해를 경감하여 안녕질서를 유지하고 사회의 복리증진에 기여하고자 전문 54개 조문과 부칙으로 구성하여 제정되었다.

소방법의 제정으로 소방이 단순히 화재만 진압하는 것이 아니라 본격적인 화재예방 활동이 시작되었고 산업발달과 도시화, 대형사고 발생 등으로 화재의 원인과 재난, 재해가 다양화됨에 따라 소방법도 사회변화에 적응하고자 제27차 일부 개정이 있었다(2006년 12월 26일, 법률 제8025호). 2003년 5월 29일 소방관련법을 제정함으로써 기존의 소방법은 폐지되고 소방기본법, 소방시설공사업법, 소방시설설치유지 및 안전관리에 관한 법률, 위험물안전관리법 등으로 세분화(4분법) 하였다.

한편 2003년 2월 대구 지하철 참사가 발생하였고 이를 계기로 통합재난관리의 필요성이 제기되어 2004년 3월 「재난 및 안전관리 기본법」이 제정되었다. 이를 통해 재난 관련 개별법령이 통합되었으며 각종 재난 유형별로 분산되어 있던 재난관리업무를 통합관리 형태로 운영할 수 있는 근거가 마련되었으며, 각종 재난에서의 대응기관으로서 소방의 역할이 한층 중요해졌다.

이후 정부는 정보산업의 급진적 발전과 다양한 부분의 과학기술 진보 등 사회적 개혁 및 변화의 흐름을 등에 업고, 2004년 1월 16일 재정된 「국가균형발전 특별법」에 의거하여 국가균형발전에 이바지함으로써 지역 간의 불균형을 해소하고, 지역의 특성에 맞는 자립적 발전을 통하여 국민생활의 균등한 향상과 국가균형발전을 도모하고자 하였으나, 비도시지역에 거주하는 거주민이 삶의 질 향상을 목표로 도시지역으로 이동하면서 도심화는 급속도로 가속화 되어있다. 이에 따라 사회 및 생활환경의 변화는 급속도로 진행되었고, 이러한 흐름에 따라 새로운 업종(노래방 · 비디오방 · 단란주점 등 다중이용업의 형태)이 양적 · 질적으로 급격히 출현 및 증가하였다. 이러한 업종은 화재 발생 시 많은 인명과 재산피해가 발생되었는데, 국가에서는 이러한 현실에 보다 효과적으로 대처할 수 있도록 「화재예방, 소방시설 설치 유지 및 안전관리에 관한 법률」을 근간으로 하여 각 개별 법령에 규정된 안전기준을 일원화 및 강화하고, 관련 부처와의 유기적인 협조를 통한 다중이용업의 안전을 종합적으로 관리함으로써 화재로 인한 인명 및 재산피해를 최소화하기 위해 2006년 3월 24일 「다중이용업소의 안전관리에 관한 특별법」을 제정하였다.(“소방법령 3”, 중앙소방학교, pp.146～149.)

건축물의 양상 또한 점진적으로 고층화 · 심층화 · 다양화 · 복잡화 되어 변모되었다. 이러한 건축물양상의 변모는 어느 시점에서 거대하고 복잡화된 건축물 구조를 가진 초고층 건축물과 지하연계복합건축물인 두 가지 양상으로 구분되고, 구분된 건축물의 양상에 따라 지어진 건축물은 지역의 랜드마크로서 지역 문화의 성장에 큰 비중을 차지하였다. 하지만, 이러한 건축물을 이용하는 수많은 유동인구와 상주인구로 인해 교통, 환경, 안전 등과 관련한 위험적 문제 또한 나타나게 되었다. 이에 국가에서는 위험적 요소들을 감소하기 위하여 안전관리 대상인 초고층 건축물과 지하연계복합건축물에 대한 별도의 정의가 없음에도 불구하고 건축물의 안전관리와 관련한 법령의 일부 조문을 적용하여 안전관리를 실시하였지만, 통합 및 일원화되지 않은 규정에 의한 안전관리는 안전사각지대 발생으로 기인한 화재, 폭발, 테러 등 각종 재난 발생 시 대규모 재난으로의 확산되어 질 수 있는 위험적 요소들을 감소하기에는 한계가 있는 실정이었는데, 2010년 10월 1일 부산에 위치한 우신골드스위트에서 발생된 화재로 인하여 이러한 한계가 현실적 문제로 다가오게 되었다.

정부에서는 이러한 현실적 문제를 해결하기 위하여 최근 빠르게 증가하는 초고층 건물과 지하연계 복합건축물의 체계적인 관리가 미흡하여 설계단계부터 재난영향성을 검토하고, 관리주체의 일상적인 재난관리 운영계획 수립 및 시행, 이용자에 대한 재난예방교육 및 훈련과 홍보에 필요한 인적·물적 자원을 구축하는 등 종합적인 재난방재시스템을 구축함으로써 초고층 및 지하연계 복합건축물과 그 주변지역에 발생할 수 있는 재난을 사전에 예방하고, 재난 발생 시 거주자 및 이용자의 인명과 재산피해를 최소화 할 수 있도록 종합적인 재난관리체계 구축 및 대응체계 강화를 위하여 2011년 3월 8일 「초고층 및 지하연계 복합건축물 재난관리에 관한 특별법」을 제정하였다.(법령정보센터), ("소방법령3", 중앙소방학교, pp.266~267.)

2017년 7월 26일 정부조직법 개정을 통하여 출범한 소방청은 선제적 화재 예방 및 대형화재 대비·대응체계 마련하여 안전하고 안심되는 대한민국을 위해 "모든 국민이 안심하는 안전한 나라, 대한민국"이라는 슬로건을 걸고 소방이 추진해야 할 핵심전략 및 세부과제를 마련하여 추진하였다. 하지만, 빠르게 노후화 되고 있는 건축물과 다양한 양상으로 신축된 건축물에 내재된 위험요인을 당시 소방관계법령으로 저감하여 소방안전을 확보하기에는 한계가 있는 실정이었는데, 2017년 12월 21일 충청북도 제천시 하소동에 위치한 제천 스포츠센터에서 발생한 화재와 2018년 1월 26일 경상남도 밀양시 가곡동에 위치한 세종병원에서 발생한 화재로 인하여 이러한 한계가 현실적 문제로 다가오게 되었다.

정부에서는 이러한 현실적 문제를 해결하기 위하여 소방청의 주관 아래 건축·소방·전기·가스 분야별 전문가와 시민 참여단으로 점검반을 구성 후 화재위험성이 높고 대형 인명피해가 우려되는 건축물 약 55만개 동을 대상으로 화재 위험요인과 안전시설을 종합적으로 조사하여 대응책을 마련하고자 하였다. 하지만, 이러한 조사를 통하여 현행 법률로 화재 예방정책에 관한 사항과 소방시설 설치 및 관리에 관한 사항 등이 함께 복잡하게 규정되어 있어 국민이 이해하기 어려울 뿐만 아니라, 화재로 인한 피해를 줄이고 체계적인 화재 예방정책 추진에 대한 한계와 변화하는 소방환경에 맞추어 현행 제도의 운영상 나타난 미비점을 반영하기 위한 전면 개정이 필요함을 확인하게 되었다.

이러한 필요성에 따라 정부에서는 소방환경 변화에 따라 화재 발생 원인이 복잡·다양하여 과학적이고 전문적인 화재원인·피해조사 그리고 화재진압 등 소방대응 활동의 적절성 등에 대한 체계적인 조사를 통해 그 결과를 화재예방정책에 반영하여 유사 화재로 인한 피해가 발생하지 않도록 제도와 법령 개선을 위한 환류 체계를 구축하기 위한 목적으로 2021년 6월 8일 「소방의 화재조사에 관한 법률」을 제정하였다. 또한 화재 예방과 안전관리에 관련된 법률 규정을 하나로 통합하여 국민이 이해하기 쉽고, 화재 예방에 관하여 일관되고 체계적인 정책 추진을 위한 목적으로 2021년 11월 30일 기존 「화재예방, 소방시설 설치 · 유지 및 안전관리에 관한 법」에서 화재의 예방 및 안전관리에 관한 사항과 소방시설 설치 및 관리에 관한 사항을 분리 후 각 화재 예방에 관한 사항을 나타내는 「화재의 예방 및 안전관리에 관한 법」과 「소방시설 설치 및 관리에 관한 법」을 제정하였다.(법령정보센터), (2017년 소방청 성과관리전략계획(2017～2021)) (소방청_화재안전특별조사_국민과_함께_대장정을_시작 2018.7.6)

이러한 변천과정을 통하여 소방법은 2023년부터는 「소방기본법」, 「소방의 화재조사에 관한 법률」, 「소방시설공사업법」, 「화재의 예방 및 안전관리에 관한 법」, 「소방시설 설치 및 관리에 관한 법」, 「위험물안전관리법」, 「다중이용업소의 안전관리에 관한 특별법」, 「초고층 및 지하연계 복합건축물 재난관리에 관한 특별법」 등으로 세분화되어 적용된다.

참고 **소방법 제정 역사**

소방법 제정(1958) – 소방법 세분화(2003) – 재난 및 안전관리 기본법 제정(2004) – 다중이용업소법 제정(2006) – 초고층재난관리법, 119구조구급에 관한 법률 제정(2011) – 화재예방법, 화재조사법 제정(2021)

CHAPTER 3

우리나라 소방조직체계

3.1 소방조직체계의 구분

우리나라의 소방조직을 운영주체에 따라 구분하면 다음과 같다.

표 3-1 소방조직의 구분

중앙소방행정조직	지방소방행정조직	민간소방조직	소방 관련 단체
• 소방청 • 중앙소방학교 • 중앙119구조본부 • 국립소방연구원	• 소방본부 • 소방서(119안전센터, 구조대) • 지방소방학교 • 의무소방대 • 119특수대응단 • 소방체험관 • 서울종합방재센터	• 의용소방대 • 소방안전관리자 • 위험물안전관리자 • 자위소방대 • 자체소방대	• 한국소방산업기술원 • 한국소방안전원 • 대한소방공제회 • 소방산업공제조합 등

3.2 중앙소방기관

3.2.1 소방청(소방청과 그 소속기관 직제 및 시행규칙)

소방청은 소방청장이 관장하는 사무를 수행하는 기관이다. 2017년 6월 정부조직법 개정안이 통과되면서 국민안전처 내 중앙소방본부가 소방청으로 바뀌었으며, 조직도는 다

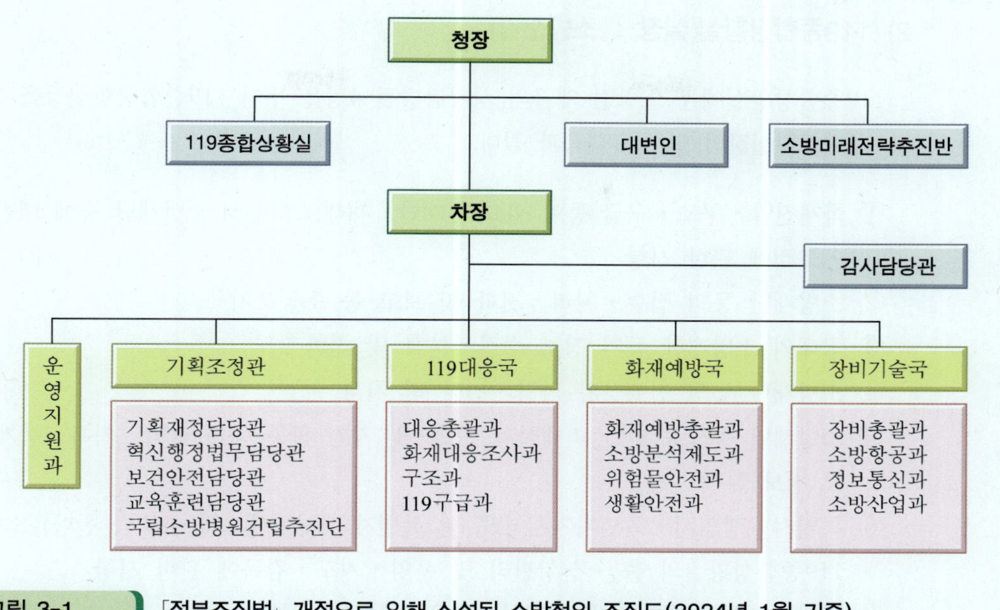

그림 3-1 「정부조직법」 개정으로 인해 신설된 소방청의 조직도(2024년 1월 기준)

음 그림과 같다.

소방청장의 계급은 소방총감이며, 차장의 계급은 소방정감이다. 소방청의 하부조직과 소속기관의 조직 구성과 사무분장은 「소방청과 그 소속기관 직제」에서 규정하고 있다. 소방청의 하부조직으로는 운영지원과 · 119대응국 · 화재예방국 및 장비기술국이 있으며, 청장 밑에는 대변인 및 119종합상황실장 각 1명을 두고, 차장 밑에는 기획조정관과 감사담당관 각 1명을 두도록 하고 있다. 소방청의 소속기관으로 중앙소방학교, 중앙119구조본부를 두며 소방청장 소속의 책임운영기관으로 국립소방연구원을 두고 있다.

3.2.2 하부조직

1) 대변인(소방준감)

대변인이 소방청장을 보좌하여 수행하는 업무는 다음과 같다.

① 주요 정책에 대한 대국민 홍보계획의 수립 · 조정 및 협의 · 지원
② 언론보도 내용에 대한 확인 및 정정보도 등에 관한 사항
③ 온라인대변인 지정 · 운영 등 소셜미디어 정책소통 총괄 · 점검 및 평가
④ 청 내 업무의 대외 발표사항 관리 및 브리핑 지원에 관한 사항

2) 119종합상황실(실장 : 소방준감)

119종합상황실에는 소방정 계급의 상황담당관 4명을 두어 119종합상황실장을 보좌한다. 종합상황실장의 업무는 다음과 같다.

① 화재진압·구조·구급 등이 필요한 재난·재해, 그 밖의 소방재난 등에 대한 관리·조정에 관한 사항
② 소방재난 등의 접수·처리·전파 및 보고 등 초동조치
③ 국내외 소방재난 등의 정보 수집·분석 및 전파
④ 소방재난 등의 진행상황 파악·전달 및 처리
⑤ 소방재난 등으로 인한 피해현황, 구조 및 지원 활동 등의 파악·기록·통계 관리 및 정보 분석
⑥ 특별시·광역시·특별자치시·도 및 특별자치도(이하 "시·도"라 한다) 소방본부 119종합상황실의 출동 상황관리 및 운영·지도·감독에 관한 사항
⑦ 중앙119구급상황관리센터의 설치·운영에 관한 사항
⑧ 항공운항관제에 관한 사항
⑨ 육상에서의 항공기 사고 수색구조의 상황관리에 관한 사항
⑩ 중앙119구조본부의 출동 지령·관제에 관한 사항

3) 기획조정관(소방감)

기획조정관의 하부조직은 기획재정담당관·혁신행정법무담당관·보건안전담당관 및 교육훈련담당관으로 구성되어 있다. 기획조정관 하부조직 부서장의 소방계급으로는 기획재정담당관의 경우 소방준감 또는 소방정에 해당되고, 혁신행정법무담당관·보건안전담당관 및 교육훈련담당관의 경우 계급은 서기관·기술서기관 또는 소방정에 해당된다.

기획조정관이 소방차장을 보좌하여 수행하는 업무는 다음과 같다.

① 각종 정책과 계획, 주요업무계획의 수립·조정 및 총괄
② 각종 지시사항 및 국정과제의 관리
③ 예산의 편성 및 집행의 조정
④ 국회 및 정당 관련 협조 업무의 총괄·조정
⑤ 소방 관련 분야 국제협력 업무의 총괄·지원
⑥ 행정관리 업무의 총괄·조정 및 조직문화의 개선에 관한 사항
⑦ 청 내 정부혁신 관련 과제 발굴·선정, 추진상황 확인·점검 및 관리

⑧ 조직진단 및 평가를 통한 조직과 정원의 관리
⑨ 성과관리 및 성과평가 업무에 관한 사항
⑩ 민원관리 업무의 총괄 · 지원
⑪ 소관 법제업무 및 행정심판 · 행정소송 업무의 총괄
⑫ 소방력 기준의 관리 · 연구 및 개선
⑬ 소방공무원 복무제도의 개선에 관한 사항
⑭ 지방소방관서의 설치 및 지방 소방행정에 대한 지도 · 감독에 관한 사항
⑮ 소방공무원의 보건안전 · 복지증진 등에 관한 사항
⑯ 소방공무원의 복제 등에 관한 사항
⑰ 소방공무원 교육훈련정책의 기획 · 조정 및 총괄
⑱ 소방공무원 교육훈련의 내용 · 방법 · 성과 등 평가 및 제도개선에 관한 사항
⑲ 소방공무원 채용 · 승진시험 및 소속 공무원 채용시험에 관한 사항
⑳ 소방공무원 채용 · 승진시험 등 제도개선에 관한 사항
㉑ 중앙소방학교 및 국립소방연구원 업무의 운영 지원에 관한 사항

4) 감사담당관(소방정)

감시담당관이 소방차장을 보좌하는 업무는 다음과 같다.

① 소방청과 그 소속기관 및 산하단체에 대한 감사에 관한 사항
② 소속 공무원의 재산등록 · 선물신고 및 취업제한에 관한 사항
③ 부패방지종합대책의 수립 · 시행과 진정민원 및 공직기강에 관한 사항
④ 시 · 도 소방본부장 · 소방서장 등의 현장지휘 · 대응 실태 점검 및 지도 · 감독
⑤ 긴급구조통제단 운영 실태 점검 및 지도 · 감독
⑥ 규제심사 및 개선에 관한 사항
⑦ 그 밖에 청장 및 차장이 감사에 관하여 지시한 사항의 처리

5) 운영지원과(과장 : 소방준감)

운영지원과장이 분장하는 업무는 다음과 같다.

① 보안 및 관인 · 관인대장의 관리
② 기록물의 관리 · 보존 및 기록관 운영
③ 정보공개제도의 운영 및 관리

④ 소속 공무원의 복무・급여 및 복리후생
⑤ 소속 공무원의 임용 등 인사 운영에 관한 사항
⑥ 국가와 지방자치단체 간 소방공무원 인사교류의 협의・조정에 관한 사항
⑦ 소방공무원의 임용 및 상훈 등 제도개선에 관한 사항
⑧ 소속 공무원의 징계에 관한 사항
⑨ 국유재산・물품의 관리 및 물품・용역의 구매・조달
⑩ 자금의 운용・회계 및 결산
⑪ 국가비상사태에 대비한 계획의 수립・조정 및 정부 비상훈련에 관한 사항
⑫ 직장예비군 및 민방위대의 운영・관리
⑬ 각종 행사 등의 후원명칭 사용에 관한 사항
⑭ 의무소방대 및 소방관서에 근무하는 사회복무요원의 운영에 관한 사항
⑮ 소방의 날 행사 등 소방 관련 주요행사 운영에 관한 사항
⑯ 청 내 중대재해 관련 안전・보건에 관한 업무의 총괄・관리
⑰ 그 밖에 청 내 다른 부서의 주관에 속하지 아니하는 사항

6) 119 대응국(국장 : 소방감)

119 대응국의 하부조직은 대응총괄과・화재대응조사과・구조과・119구급과가 있다.

119 대응국 하부조직의 소방계급으로는 대응총괄과장의 경우 소방준감이며, 화재대응조사과장・구조과장 및 119구급과장의 경우 계급은 소방준감 또는 소방정이다.

119 대응국장이 분장하는 업무는 다음과 같다.

① 구조・구급에 관한 제도 운영 및 관련 정책의 기획・조정
② 구조・구급 기본계획, 긴급구조대응계획 등의 수립・시행
③ 전국 소방력 동원 등에 관한 사항
④ 중앙긴급구조통제단의 구성・운영 및 지역긴급구조통제단의 지원에 관한 사항
⑤ 긴급구조기관 및 응급의료기관과의 지원・협조체계의 구축에 관한 사항
⑥ 긴급 구조 활동 및 대테러 인명구조・구급활동 대책에 관한 사항
⑦ 각종 주요 행사의 소방안전대책에 관한 사항
⑧ 119 국제구조대의 편성・운영 및 탐색・구조와 관련된 국제기구와의 협력에 관한 사항
⑨ 중앙119구조본부 업무의 운영 지원에 관한 사항
⑩ 시・도 소방본부의 구조・구급활동 평가에 관한 사항

⑪ 구조 · 구급대원 등 교육 · 훈련에 관한 사항
⑫ 긴급구조지원기관의 긴급구조활동 · 능력 평가에 관한 사항
⑬ 수난 및 산악구조에 관한 사항
⑭ 응급환자에 대한 안내 · 상담 및 지도에 관한 사항
⑮ 응급환자를 이송 중인 사람에 대한 응급처치의 지도 및 이송병원 안내에 관한 사항
⑯ 시 · 도 119구급상황관리센터의 설치 · 운영 등에 관한 사항
⑰ 119구급이송 관련 정보망의 설치 · 운영 등에 관한 사항
⑱ 119에 접수된 생활안전 · 위험제거 등 소방지원활동에 관한 사항
⑲ 긴급구조를 위한 개인위치정보의 이용에 관한 사항
⑳ 중앙긴급구조통제단 정보지원 및 상황보고에 관한 사항
㉑ 화재의 경계 및 진화훈련 지도에 관한 사항
㉒ 화재진압 기술의 개발 · 보급에 관한 사항
㉓ 소방용수시설 설치 기준의 운영에 관한 사항
㉔ 화재원인의 조사, 분석, 감식 및 기록유지
㉕ 화재조사 전문자격제도의 관리 · 운영
㉖ 소방 분야 특별사법경찰관리의 운영
㉗ 석유화학단지 사고대응에 관한 사항
㉘ 화재통계 분석 및 연감 발행
㉙ 의용소방대의 운영에 관한 사항

7) 화재예방국(국장 : 소방감)

화재예방국의 하부조직은 화재예방총괄과 · 소방분석제도과 · 위험물안전과 및 생활안전과가 있다.

화재예방국 하부조직의 소방계급으로는 화재예방총괄과장의 경우 소방준감이 해당되고, 소방분석제도과장 · 위험물안전과장 및 생활안전과장의 경우 계급은 서기관 · 기술서기관 또는 소방정이 해당된다.

화재예방국장이 분장하는 업무는 다음과 같다.

① 화재예방, 소방시설의 설치 · 유지 및 안전관리에 관한 사항
② 다중이용업소의 안전관리에 관한 사항
③ 소방대상물 등에 대한 화재안전 정책 및 예방 대책의 수립 · 운영에 관한 사항
④ 화재안전기준의 운영에 관한 사항

⑤ 소방시설관리사 제도의 운영에 관한 사항
⑥ 초고층 건축물 및 지하연계 복합건축물에 대한 재난관리
⑦ 소방시설 등의 자체점검제도 운영에 관한 사항
⑧ 화재배상책임보험 의무가입 등에 관한 사항
⑨ 석유화학단지와 위험물시설의 사고예방을 위한 안전관리계획 수립・시행에 관한 사항
⑩ 위험물의 안전관리 및 분류・표지 기준 등에 관한 사항
⑪ 위험물의 유통실태 분석에 관한 사항
⑫ 위험물 사고조사 운영에 관한 사항
⑬ 소방 관련 빅데이터 분석 및 운영에 관한 사항
⑭ 취약계층 소방안전개선에 관한 사항
⑮ 소방박물관 및 소방체험관의 설립・운영에 관한 사항
⑯ 소방안전교육・홍보 운영 및 제도개선에 관한 사항
⑰ 소방안전교육사 제도의 운영에 관한 사항
⑱ 소방청 내 공공데이터의 제공 및 이용에 관한 사항
⑲ 소방청 내 데이터기반행정 활성화에 관한 사항

8) 장비기술국(국장 : 소방감)

장비기술국의 하부조직은 장비총괄과・소방항공과・정보통신과 및 소방산업과가 있다. 장비기술국 하부조직의 소방계급으로는 장비총괄과장은 소방준감이며, 소방항공과장・정보통신과장 및 소방산업과장은 서기관・기술서기관 또는 소방정이 해당된다.

① 소방장비의 개발・표준관리 및 보급에 관한 사항
② 소방장비 인증제도 운영에 관한 사항
③ 소방장비의 정비 및 유지관리에 관한 사항
④ 소방장비 통합구매 등에 관한 사항
⑤ 항공구조구급 관련 계획의 수립・조정 등에 관한 사항
⑥ 소방항공기 사고조사 등에 관한 사항
⑦ 청 내 정보화 계획의 총괄・조정 및 정보화 예산의 편성・조정・시행
⑧ 청 내 행정정보시스템의 구축・운영에 관한 사항
⑨ 정보자원 및 정보보안・개인정보보호에 관한 사항
⑩ 소방행정통계의 유지・분석 및 연보의 발간

⑪ 소방 관련 정보통신 업무계획의 수립・조정 등에 관한 사항
⑫ 소방 관련 정보통신 보안업무
⑬ 소방산업의 진흥에 관한 사항
⑭ 소방시설업 및 소방기술의 관리에 관한 사항
⑮ 소방용품의 형식승인・성능시험 및 신기술의 인증 등에 관한 사항

3.2.3 소방청의 소속기관

1) 중앙소방학교(교장 : 소방감)

21세기 정보화 시대에 국가안전문화를 책임질 신지식 소방공무원과, 급변하는 복잡하고 다양한 소방환경 변화에 능동적으로 대응하고 대규모 재해・재난 사고와 국제행사 등 소방의 역할증대에 쉽게 적응할 수 있는 유능한 소방인 양성을 목표로 1978년 9월 4일 경기도 수원시에 소방학교가 설립되었다. 수원에 설립된 소방학교는 1986년 12월 31일 충남 천안시로 신축 이전하였고, 1995년 대통령령 제14649호에 근거하여 중앙소방학교로 개칭되었다. 중앙소방학교는 소방교육기관으로서 소방공무원에 대한 교육훈련을 실시하는 것이 주요 업무이다.

소방공무원에 대한 교육훈련은 신임교육, 기본교육, 직무전문교육 등으로 나누어 간부후보생반, 관리자반, 간부반 및 간부 리더십과정, 지휘통제과정, 긴급대응과정, 유형별 대응전문가과정, 응급구조과정, 화재조사전문가과정, 안전교육전문가과정 등 다양한 교육과정을 두어 체계적인 교육훈련을 운영하고 있다.

중앙소방학교의 하부조직은 교육지원과・인재개발과 및 교육훈련과가 있으며, 각 과의 소방계급은 소방정이다.

중앙소방학교가 수행하는 소방 사무는 다음과 같다.

① 소방공무원, 소방간부후보생, 의무소방원 및 소방관서에서 근무하는 사회복무요원의 교육훈련에 관한 사항
② 학생, 의용소방대원, 민간자원봉사자 등에 대한 소방안전체험교육 등 대국민 안전교육훈련에 관한 사항

2) 중앙119 구조본부(본부장 : 소방감)

중앙119구조본부는 1995년 10월 19일 대통령령 제14791호에 의하여 중앙119구조대

직제가 공포되어 국가적 차원의 재난대응을 위한 긴급 구조기관으로 창설된 이래 재난 발생시 한 발 앞선 현장대응으로 국민의 생명과 재산을 보호하는 임무를 수행하고 있다.

중앙119구조본부의 하부조직은 기획협력과·특수대응훈련과 및 특수장비항공과, 119구조견교육대, 119구조상황실이 있으며, 각 과의 과장은 소방정으로, 119구조상황실장 및 119구조견교육대장은 소방령으로 보한다.

중앙119구조본부가 수행하는 소방 사무는 다음과 같다.

① 각종 대형·특수재난사고의 구조·현장지휘 및 지원
② 재난유형별 구조기술의 연구·보급 및 구조대원의 교육훈련
※「재난 및 안전관리 기본법」 제3조 제7호에 따른 긴급구조기관과 같은 조 제8호에 따른 긴급구조지원기관 및 외국의 긴급구조기관으로부터 요청을 받은 인명구조훈련을 포함함.
③ 특별시장·광역시장·특별자치시장·도지사 및 특별자치도지사의 요청 시 중앙119구조본부장이 필요하다고 판단하는 재난사고의 구조 및 지원
④ 위성중계차량 운영에 관한 사항
⑤ 그 밖에 중앙긴급구조통제단장이 필요하다고 판단하는 재난 사고의 구조 및 지원

중앙119구조본부에는 119특수구조대를 두며, 각 특수구조대의 명칭 및 관할구역은 다음 표와 같다.

표 3-2 119특수구조대의 명칭 및 관할구역

명칭	위치	관할구역
수도권119특수구조대	경기도 남양주시	서울특별시, 인천광역시, 경기도
영남119특수구조대	대구광역시 달성군	부산광역시, 대구광역시, 울산광역시, 경상북도, 경상남도
호남119특수구조대	전라남도 화순군	광주광역시, 전라북도, 전라남도, 제주특별자치도
충청·강원119특수구조대	충청북도 충주시	대전광역시, 세종특별자치시, 강원도, 충청북도, 충청남도

119특수구조대장은 다음 사항을 분장한다.

① 관할구역 내 재난현장대응활동의 지휘 및 통제
② 관할구역의 인명구조, 탐색활동, 응급환자 이송 및 화재진화 활동
③ 관할구역 내 장기이식환자 및 장기의 이송

④ 첨단탐색장비 및 119구조견을 활용한 재난현장 인명구조 활동
⑤ 재난현장 지휘본부 설치 및 무선통신체계 구축
⑥ 소속 인력 · 장비 · 항공구조장비 등의 운영 및 유지 · 관리
⑦ 현장활동대원의 안전관리
⑧ 소속 119화학구조센터 운영에 관한 사항
⑨ 관할구역 내 관련 기관과의 업무협조 및 재난대응 지원
⑩ 관할구역 소방공무원 및 재난지원기관 소속 직원에 대한 구조훈련 및 교육
⑪ 국외재난 발생 시 국제구조대 파견 등 긴급 국제구조 업무 지원
⑫ 국가 주요행사 및 지방자치단체 훈련 지원

119특수구조대 소속으로 119화학구조센터를 두며, 각 화학구조센터의 소속, 명칭 및 관할구역은 다음 표와 같다.

표 3-3 119화학구조센터의 명칭 및 관할구역

명칭		위치	관할구역
수도권119 특수구조대	시흥119 화학구조센터	경기도 시흥시	서울특별시, 인천광역시, 경기도
영남119 특수구조대	구미119 화학구조센터	경상북도 구미시	대구광역시, 경상북도
	울산119 화학구조센터	울산광역시 울주군	부산광역시, 울산광역시, 경상남도
호남119 특수구조대	익산119 화학구조센터	전라북도 익산시	전라북도
	여수119 화학구조센터	전라남도 여수시	광주광역시, 전라남도, 제주특별자치도
충청 · 강원 119특수구조대	서산119 화학구조센터	충청남도 서산시	대전광역시, 세종특별자치시, 충청남도
	충주119 화학구조센터	충청북도 충주시	강원도, 충청북도

119화학구조센터장은 다음 사항을 분장한다.

① 관할구역 내 특수사고 재난현장에서의 인명구조활동 및 지원
② 특수사고 재난관리 수습활동 지원
③ 위험물에 대한 사고의 예방 및 대응에 관한 사항

④ 재난현장 지휘본부 설치 및 무선통신체계 구축
⑤ 재난 출동대 편성, 현장작전 지휘대 운영
⑥ 소속 특수차량 및 첨단장비 관리・운영
⑦ 현장활동대원의 안전관리
⑧ 관할구역의 지방관서・긴급구조기관 및 긴급구조지원기관과의 융합대응체계 구축
⑨ 국외 특수사고 발생 시 국제출동 및 지원
⑩ 국가 주요행사 및 지방자치단체 훈련 지원
⑪ 특수사고 유형별 장비・자재 및 대응 약제 확보

3) 국립소방연구원(원장 : '나'등급 고위공무원)

국립소방연구원은 미래소방정책과 첨단 소방기술을 연구하고 장비 선진화를 주관하기 위한 소방청 산하 책임운영기관이다. 기존의 국가 소방연구 기구인 소방과학연구실이 중앙소방학교 내 "과" 단위 기구에 불과하여 변화하는 소방 수요를 충족시키고 현장의 대응력 향상을 위한 기술을 연구하는데 한계가 있어 재난환경의 변화에 따라 미래에 대비한 소방 R&D 역량을 결집할 수 있는 컨트롤 타워 구축이 필요하게 되었다.

국립소방연구원장은 하부조직인 연구기획지원과・화재안전연구실・대응기술연구실, 소방정책연구실과 함께 소방사무를 관장한다.

국립소방연구원이 수행하는 소방사무는 다음과 같다.

① 소방정책의 연구와 소방안전기술의 연구・개발 및 보급에 관한 사항
② 화재원인 및 위험성 화학물질에 대한 과학적 조사・연구・분석 및 감정에 관한 사항
③ 화재진압・구조・구급 등 재난 대응기술 연구・개발 및 실용화 지원에 관한 사항
④ 소방공무원의 소방활동재해 방지 및 보건안전・복지 증진에 관한 사항
⑤ 국내외 소방안전 연구기관과의 교류협력 및 공동연구에 관한 사항

3.3 지방소방행정조직

3.3.1 시 · 도 소방본부(본부장 : 소방정감~소방준감)

시 · 도 소방행정조직은 과거 시 · 도 민방위국 내의 소방과 체제로 운영되어 오던 지방소방행정체제가 1992년부터 광역자치소방체제로 전환되면서 각 시 · 도에 소방본부가 설치되었다.

시 · 도 소방본부는 지역에 따라 소방본부장으로 보임되는 직급이 다르며 표로 정리하면 다음과 같다.

표 3-4 시 · 도 소방본부장 계급

계급	지 역
소방정감(3)	서울, 부산, 경기
소방감(6)	인천, 강원, 충남, 전남, 경북, 경남
소방준감(9)	대구, 광주, 대전, 울산, 세종, 경기북부, 충북, 전북, 제주

이렇게 소방청으로부터 보임된 소방본부장은 각 지방자치단체의 특성을 반영한 「지방자치단체의 행정기구와 정원기준에 관한 규정」 및 시 · 도 행정기구설치 조례에 따라 설치된 하부조직인 소방행정 · 대응 · 예방 · 구조 · 구급과 관련된 과(課) 등과 함께 소방사무를 수행한다. 지방자치단체별로 행정기구의 구성이 다른 관계로 시 · 도 소방본부의 명칭, 조직 구성 및 사무 분장은 조금씩 다르다(소방본부, 소방재난본부, 소방안전본부, 소방재난관리본부 등).

3.3.2 소방서(서장 : 소방준감, 소방정)

「지방소방기관 설치에 관한 규정」에 의하면 각 시 · 도는 지방소방기관(지방소방학교, 소방서, 119특수대응단, 소방체험관)을 설치하려면 그 관할구역의 소방업무를 담당하게 하기 위하여 소방청과 협의하고 당해 시 · 도의 조례로 정하는 바에 따라 소방서를 설치한다. 소방서를 폐지 · 통합하는 경우에도 같다. 소방서장은 소방정으로 보하며[4] 소방서

4) 인구 100만명 이상의 시에 설치된 소방서장의 직급은 소방준감으로 할 수 있다. 이 경우 해당 시에 2개 이상의 소방서가 설치된 경우에는 그 중 1개의 소방서로 한정하여 그 장의 직급을 소방준감으로 할 수 있다.

장은 시·도지사의 명을 받아 소관사무를 통할하고 소속공무원을 지휘·감독한다. 소방서의 과·단·담당관과 그 하부조직 및 분장 사무에 관하여 필요한 사항은 해당 시·도의 규칙으로 정한다. 시·도 소방본부와 마찬가지로, 소방서의 하부조직 구성, 조직 명칭, 사무 분장 또한 조금씩 다르다.

소방서의 설치기준을 살펴보면 소방서는 시·군·구 단위로 설치하는 것이 원칙이되, 소방업무의 효율적인 수행을 위하여 특히 필요한 경우에는 인근 시·군·구를 포함한 지역을 단위로 설치할 수 있도록 하였다. 그리고 소방서의 관할구역에 설치된 119안전센터의 수가 5개를 초과하는 경우에는 소방서를 추가로 설치할 수 있으며, 석유화학단지·공업단지·주택단지 또는 관광단지의 개발 등으로 대형화재의 위험이 있거나 소방수요가 급증하여 특별한 소방대책이 필요한 경우에는 해당 지역마다 소방서를 설치할 수 있다.

119안전센터의 설치기준은 다음과 같이 인구 또는 면적을 기준으로 한다.

① 특별시 : 인구 5만명 이상 또는 면적 2 km^2 이상
② 광역시, 인구 50만명 이상의 시 : 인구 3만명 이상 또는 면적 5 km^2 이상
③ 인구 10만명 이상 50만명 미만의 시·군 : 인구 2만명 이상 또는 면적 10 km^2 이상
④ 인구 5만명 이상 10만명 미만의 시·군 : 인구 1만 5천명 이상 또는 면적 15 km^2 이상
⑤ 인구 5만명 미만의 지역 : 인구 1만명 이상 또는 면적 20 km^2 이상

위의 기준을 충족하지 못하더라도 석유화학단지·공업단지·주택단지 또는 문화관광단지의 개발 등으로 대형 화재의 위험이 있거나 소방 수요가 급증하여 특별한 소방대책이 필요한 경우에는 해당 지역마다 119안전센터를 설치할 수 있다.

3.3.3 시·도 소방학교(학교장 : 소방준감, 소방정)

시·도의 지방소방학교는 과거 시·도의 관할구역 안의 소방공무원에 대한 소방교육의 수요가 증가되자 1986년 7월 서울소방학교의 설치를 시작으로 충청소방학교, 경북소방학교, 광주소방학교, 경기소방학교, 부산소방학교, 인천소방학교, 강원소방학교 순으로 설치되었다. 시·도 소방학교는 지역에 따라 소방학교장 직급이 다른데, 서울·경기도 소방학교는 소방준감의 직급으로, 나머지 시·도 소방학교는 소방정의 직급으로 보하며 소방청에서 임명한다. 소방학교장은 하부조직인 부 또는 과·팀 그리고, 연구실 등의 하부기관을 두고 교육운영 등과 관련한 소방사무를 수행한다.

> **참고** 시 · 도 소방학교 및 교직원(학교장 제외)은 각 시 · 도에 속해있으나, 소방학교장은 소방청 소속이다.

3.3.4 의무소방대

의무소방대는 2001년 3월 4일 6명의 순직자와 3명의 부상자가 발생한 서울 홍제동 단독주택 화재를 계기로 현장 소방 인력 부족 문제를 해결하기 위해 군 복무 대신 소방업무를 수행하는 전환복무 형태로 도입된 제도이다. 2001년 8월 14일 의무소방대 설치법이 제정 공포됨으로써 시행되었고, 의무소방원은 병역법 제25조 제1항 제1호의 규정에 의거 전환 복무된 자 중에서 임용되었으며 전국의 소방관서에 배치되었다.

하지만 2018년 전환복무 · 대체복무 제도가 폐지되었고, 2023년 6월로 의무소방대 운영이 종료되었다.

3.4 민간소방조직

3.4.1 의용소방대

의용소방대는 화재는 물론 각종 재난의 방지와 그 수습에 적극 참여하여 주민의 생명과 재산을 보호하며, 시 · 읍 · 면 단위로 그 지역에 거주하는 주민 중에서 봉사와 희생정신을 가진 자들로 조직된 무보수의 민간봉사단체이다.

의용소방대는 일제강점기인 1939년 마을 단위의 소방조를 통합하여 도지사 감독 하에 경찰서장이 지휘하는 경방단을 설치하면서 조직되었으며, 일제강점기가 종결되면서 경방단이 해체되고 다시 소방조가 조직되었다. 1958년 소방법 제정 시 의용소방대 설치근거를 마련한 것을 계기로 계속 발전되어 오늘에 이르고 있으며 1975년 민방위 발족 후에는 시 · 군 조례로 의용 소방대를 조직하여 운영해 오다가 1992년 1월 1일 광역자치체제로 전환되면서 시 · 도 조례에 의한 의용소방대 활동이 새롭게 시작되었다. 「의용소방대 설치 및 운영에 관한 법률」과 각 시 · 도의 조례에 의거하여 운영하고 있다.

시 · 도지사 또는 소방서장은 재난현장에서 화재진압, 구조 · 구급 등의 활동과 화재예방활동에 관한 업무를 보조하기 위하여 의용소방대를 설치할 수 있으며, 의용소방대는 시 · 도, 시 · 읍 또는 면에 둔다.

의용소방대원은 그 지역에 거주 또는 상주하는 주민 가운데 희망하는 사람을 임명하며 의용소방대의 업무는 다음과 같다.

① 화재의 경계와 진압업무의 보조
② 구조 · 구급 업무의 보조
③ 화재 등 재난 발생 시 대피 및 구호업무의 보조
④ 화재예방업무의 보조
⑤ 그 밖에 행정안전부령으로 정하는 사항

3.4.2 특정소방대상물의 소방안전관리자

특정소방대상물 소방안전관리자 제도는 관계인의 책임 하에 수행하도록 하면서 일정규모 이상의 대형소방대상물의 경우는 소방안전관리자를 두도록 의무화하여 자율적인 화재 예방 및 소방업무를 수행하는 제도를 말한다. 특정소방대상물 중 전문적인 안전관리가 요구되는 대통령령으로 정하는 특정소방대상물(이하 "소방안전관리대상물"이라 한다)의 관계인은 소방안전관리업무를 수행하기 위하여 소방안전관리자를 선임하여야 한다. 이 때 특정소방대상물의 관계인은 그 장소에 대한 소방안전 관리업무를 수행하여야 하며, 대통령령이 정하는 일정규모 이상의 특정소방대상물의 관계인은 대통령령이 정하는 자를 소방안전관리자로 선임하거나 일정한 자로 하여금 그 소방안전관리업무를 대행하도록 하되 그 소방안전관리자가 소방안전관리업무를 성실히 수행할 수 있도록 지도 · 감독하여야 한다.(소방시설 설치 및 관리에 관한 법률 제20조)

3.4.3 위험물안전관리자

위험물안전관리자의 자격, 선임, 신고에 관한 부분은 위험물 파트에서 설명하도록 한다.

3.4.4 자위소방대

자위소방대는 특정소방대상물, 공공기관 등에 화재를 예방하고 화재 발생 시 초기대응을 하는 민간에서 조직한 소방대를 의미한다.

「화재의 예방 및 안전관리에 관한 법률」 상 소방안전관리대상물[5)]의 소방안전관리자는 자위소방대 및 초기대응체계의 구성, 운영 및 교육에 대한 업무를 담당한다.

자위소방대는 화재 발생 시 비상연락, 초기소화 및 피난유도와 화재 발생 시 인명・재산피해 최소화를 위한 조치를 효율적으로 수행할 수 있도록 편성・운영하되, 소방안전관리대상물의 규모・용도 등의 특성을 고려하여 응급구조 및 방호안전기능 등을 추가하여 수행할 수 있도록 편성할 수 있다.

3.4.5 자체소방대

자체소방대는 「위험물안전관리법」과 「소방기본법」에 규정되어 있는데, 「위험물안전관리법」 제19조에서는 다량의 위험물을 저장・취급하는 제조소 등으로서 대통령령이 정하는 제조소 등이 있는 동일한 사업소에서 대통령령이 정하는 수량 이상의 위험물을 저장 또는 취급하는 경우 당해 사업소의 관계인은 대통령령이 정하는 바에 따라 당해 사업소에 자체소방대를 설치하여야 한다고 규정하고 있다.

「소방기본법」 제20조의 2에 규정된 바에 따르면, 자체소방대는 화재를 진압하거나 구조・구급 활동을 하기 위하여 관계인이 설치하는 상설 조직체를 뜻하며, 위의 「위험물안전관리법」 제19조 및 그 밖의 다른 법령에 따라 설치된 자체소방대를 포함하고 있어 「위험물안전관리법」상 자체소방대보다 더 큰 범주의 자체소방대를 의미한다. 자체소방대는 민간소방조직이지만, 소방대가 현장에 도착한 경우에는 소방대장의 지휘・통제에 따라야 하며, 소방청장, 소방본부장 또는 소방서장은 자체소방대의 역량 향상을 위하여 필요한 교육・훈련 등을 지원할 수 있다.

5) 특정소방대상물 중 전문적인 안전관리가 요구되는 대통령령으로 정하는 특정소방대상물

3.5 소방 관련 단체

3.5.1 한국소방산업기술원

한국소방산업기술원(KFI ; Korea Fire Institute, 이하 “기술원”)은 소방산업의 진흥·발전을 효율적으로 지원하여 소방산업 발전기반을 조성하고, 소방제품 및 위험물 시설에 대한 안전성과 품질을 확보함으로써 대국민 소방안전에 기여함을 목적으로 설립된 대한민국 소방청 산하 위탁집행형 준정부기관이다.

기술원의 명칭에 대한 연혁은 1977년 6월 1일 한국소방검정협회 창립 이후 1979년 7월 1일 재단법인 한국소방검정공사로 개칭되었고, 구소방법이 전면개정됨에 따라 1992년 7월 1일 특수법인 한국소방검정공사로 개원되었고, 2008년 12월 6일 시행되는 「소방산업의 진흥에 관한 법률」에 의해 개원되어 지금까지 사용하고 있다.

기술원은 「소방산업의 진흥에 관한 법률」에서 규정하고 있는데, 기술원의 설립, 지원 및 감독은 소방청장이 실시한다.

기술원은 다음의 사업을 행한다.

① 소방산업의 육성과 소방산업 기술진흥을 위한 정책·제도의 조사·연구
② 소방산업의 기반조성 및 창업지원
③ 소방산업 전문인력의 양성 지원
④ 소방산업 발전을 위한 소방장비 보급의 확대와 마케팅 지원
⑤ 소방산업의 발전을 위한 국제협력 및 해외진출의 지원
⑥ 소방사업자의 품질관리능력과 전문성 향상에 필요한 사업
⑦ 소방장비의 품질 확보, 품질 인증 및 신기술·신제품에 관한 인증 업무
⑧ 소방산업에 관한 데이터베이스의 구축·운영, 출판, 기술 강습 및 홍보
⑨ 소방용 기계·기구, 소방시설 및 위험물 안전에 관한 조사·연구·기술개발 및 지원
⑩ 탱크안전성능시험
⑪ 소방청장, 시·도지사 또는 소방기관의 장이 위탁하거나 대행하게 하는 사업
⑫ 그 밖에 기술원의 설립 목적을 달성하는데 필요한 사업

다음 그림은 한국소방산업기술원의 조직도를 나타내고 있다.

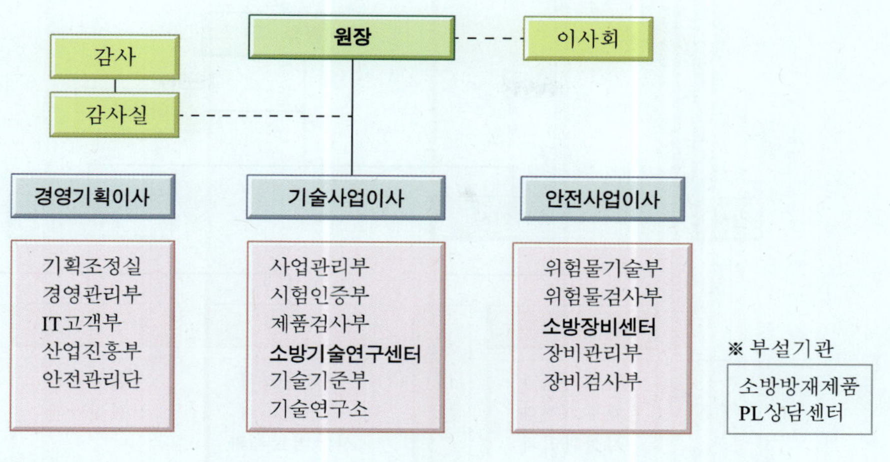

그림 3-2 한국소방산업기술원 조직도

3.5.2 한국소방안전원

한국소방안전원(KFSI ; Korea Fire Safety Institute, 이하 "안전원")은 소방기술과 안전관리기술의 향상 및 홍보, 그 밖의 교육・훈련 등 행정기관이 위탁하는 업무의 수행과 소방 관계 종사자의 기술 향상을 위하여 1980년에 설립된 대한민국의 법인이다.

한국소방안전협회의 명칭에 대한 연혁은 1980년 10월 7일 한국소방안전협회로 설립된 이후 2018년 7월 10일 한국소방안전원으로 개원하여 지금까지 사용하고 있다.

안전원은 「소방기본법」에서 규정하고 있는데, 안전원의 설립 인가, 감독은 소방청장이 실시한다.

안전원은 다음 각 호의 업무를 수행하도록 되어 있다.

① 소방기술과 안전관리에 관한 교육 및 조사・연구
② 소방기술과 안전관리에 관한 각종 간행물 발간
③ 화재 예방과 안전관리의식 고취를 위한 대국민 홍보
④ 소방업무에 관하여 행정기관이 위탁하는 업무
⑤ 소방안전에 관한 국제협력
⑥ 그 밖에 회원에 대한 기술지원 등 정관으로 정하는 사항

다음 그림은 한국소방안전원의 조직도를 나타내고 있다.

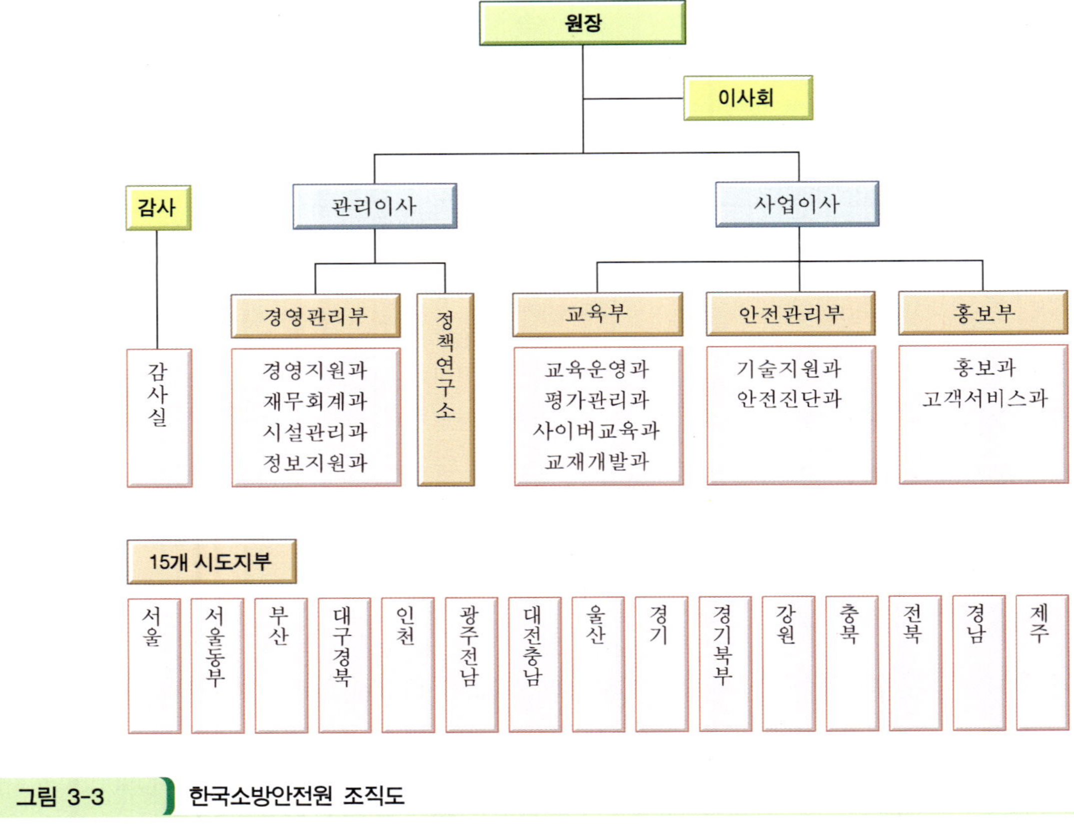

그림 3-3 한국소방안전원 조직도

3.5.3 그 외 단체

그 외 소방 관련 단체로 소방산업공제조합, 대한소방공제회, 한국화재소방학회, 한국화재보험협회, 한국소방기술사회, 한국소방시설관리협회, 한국소방시설협회, 한국소방기술인협회, 한국소방시설관리사협회 등이 있다.

참고

- 의무소방대 : 지방소방행정조직
- 의용소방대 : 민간소방조직

CHAPTER 4

소방자원관리

4.1 인적 자원관리

4.1.1 소방공무원법 개요

1) 목적

소방공무원의 책임 및 직무의 중요성과 신분 및 근무조건의 특수성에 비추어 그 임용, 교육훈련, 복무, 신분보장 등에 관하여 「국가공무원법」에 대한 특례를 규정하는 것을 목적으로 한다.

2) 정의

① "임용"이란 신규채용 · 승진 · 전보 · 파견 · 강임 · 휴직 · 직위해제 · 정직 · 강등 · 복직 · 면직 · 해임 및 파면을 말한다.
② "전보"란 소방공무원의 같은 계급 및 자격 내에서의 근무기관이나 부서를 달리하는 임용을 말한다.
③ "강임"이란 동종의 직무 내에서 하위의 직위에 임명하는 것을 말한다.
④ "복직"이란 휴직 · 직위해제 또는 정직(강등에 따른 정직을 포함한다) 중에 있는 소방공무원을 직위에 복귀시키는 것을 말한다.

3) 소방공무원의 계급

소방공무원의 계급은 총 11단계이다(참고 : 일반직공무원은 9단계이다).

표 4-1 소방공무원의 계급

계급	계급장	근속승진	최저근무연수	계급정년	임용권자	시보기간
소방사		4년 이상	1년	* 계급정년 : 없음 * 연령정년 : 60세	소방청장 임용	6개월
소방교		5년 이상	1년			
소방장		6년 6개월 이상	2년			
소방위		8년 이상	2년			1년
소방경			3년			
소방령			3년	14년	소방청장 제청 → 국무총리 → 대통령 임용	
소방정			4년	11년		
소방준감				6년		
소방감				4년		
소방정감						
소방총감					대통령 임명	

참고 **관련 법령에서의 정의**

- 소방공무원임용령
  1. "소방기관"이라 함은 소방청, 특별시 · 광역시 · 특별자치시 · 도 · 특별자치도(이하 "시 · 도"라 한다)와 중앙소방학교 · 중앙119구조본부 · 국립소방연구원 · 지방소방학교 · 서울종합방재센터 · 소방서 · 119특수대응단 및 소방체험관을 말한다.
  2. 필수보직기간"이란 소방공무원이 다른 직위로 전보되기 전까지 현 직위에서 근무하여야 하는 최소기간을 말한다.
- 국가공무원법
  1. "직위(職位)"란 1명의 공무원에게 부여할 수 있는 직무와 책임을 말한다.
  2. "직급(職級)"이란 직무의 종류 · 곤란성과 책임도가 상당히 유사한 직위의 군을 말한다.
  3. "정급(定級)"이란 직위를 직급 또는 직무등급에 배정하는 것을 말한다.
  4. "강임(降任)"이란 같은 직렬 내에서 하위 직급에 임명하거나 하위 직급이 없어 다른 직렬의 하위 직급으로 임명하거나 고위공무원단에 속하는 일

반직공무원을 고위공무원단 직위가 아닌 하위 직위에 임명하는 것을 말한다.
5. "전직(轉職)"이란 직렬을 달리하는 임명을 말한다.
6. "전보(轉補)"란 같은 직급 내에서의 보직 변경 또는 고위공무원단 직위 간의 보직 변경을 말한다.
7. "직군(職群)"이란 직무의 성질이 유사한 직렬의 군을 말한다.
8. "직렬(職列)"이란 직무의 종류가 유사하고 그 책임과 곤란성의 정도가 서로 다른 직급의 군을 말한다.
9. "직류(職類)"란 같은 직렬 내에서 담당 분야가 같은 직무의 군을 말한다.
10. "직무등급"이란 직무의 곤란성과 책임도가 상당히 유사한 직위의 군을 말한다.

3) 소방공무원 인사위원회

가. 소방청에 소방공무원인사위원회를 두며, 시・도지사가 임용권을 행사하는 경우에는 시・도에 인사위원회를 둔다.

나. 인사위원회의 구성 및 운영에 필요한 사항은 대통령령으로 정한다.

다. 인사위원회는 다음의 사항을 심의한다.

(1) 소방공무원의 인사행정에 관한 방침과 기준 및 기본계획에 관한 사항

(2). 소방공무원의 인사에 관한 법령의 제정・개정 또는 폐지에 관한 사항

(3) 그 밖에 소방청장과 시・도지사가 해당 인사위원회의 회의에 부치는 사항

4.1.2 소방공무원 임용

1) 소방공무원 임용(소방공무원법 제6조)

가. 소방령 이상

(1) 소방령 이상의 소방공무원 : 소방청장의 제청으로 국무총리를 거쳐 대통령이 임용한다.

(2) 소방총감 : 대통령이 임명한다.

(3) 소방령 이상 소방준감 이하의 소방공무원에 대한 전보, 휴직, 직위해제, 강등, 정직 및 복직은 소방청장이 한다.

나. 소방경 이하 : 소방청장이 임용한다.

다. 임용권의 위임

(1) 대통령 : 임용권의 일부를 대통령령으로 정하는 바에 따라 소방청장 또는 시

· 도지사에게 위임할 수 있다.

- 대통령이 소방청장에게 위임

  소방청과 그 소속기관의 소방정 및 소방령에 대한 임용권과 소방정인 지방소방학교장에 대한 임용권

- 대통령이 시 · 도지사에게 위임

  시 · 도 소속 소방령 이상의 소방공무원에 대한 임용권(소방본부장 및 지방소방학교장은 제외)

(2) 소방청장 : 임용권의 일부를 대통령령으로 정하는 바에 따라 시 · 도지사 및 소방청 소속기관의 장에게 위임할 수 있다.

- 소방청장이 시 · 도지사에게 위임

  1. 시 · 도 소속 소방령 이상 소방준감 이하의 소방공무원에 대한 전보 · 휴직, 직위해제, 강등, 정직 및 복직에 관한 권한(소방본부장 및 지방소방학교장 제외)
  2. 소방정인 지방소방학교장 에 대한 휴직. 직위해제, 정직 및 복직에 관한 권한
  3. 시 · 도 소속 소방경 이하의 소방공무원에 대한 임용권

- 소방청장이 소속 기관의 장에게 위임

  1. 소방청 소속기관의 소방경 이하의 임용권
  2. 소방청 소속기관의 소방령에 대한 휴직 · 직위해제 · 전보 · 정직 및 복직

(3) 시 · 도지사는 임용권의 일부를 대통령령으로 정하는 바에 따라 그 소속기관의 장에게 다시 위임할 수 있다.

라. 임용권자(임용권을 위임받은 사람을 포함)는 대통령령으로 정하는 바에 따라 소속 소방공무원의 인사기록을 작성 · 보관하여야 한다.

2) 신규채용(소방공무원법 제7조)

가. 소방공무원의 신규채용은 공개경쟁시험으로 한다. 다만, 소방위의 신규채용은 소방간부후보생으로서 정하여진 교육훈련을 마친 사람 중에서 한다.

나. 다음 각 호의 어느 하나에 해당하는 경우에는 경력경쟁채용시험(경력 등 응시요건을 정하여 같은 사유에 해당하는 다수인을 대상으로 경쟁의 방법으로 채용하는 시험)으로 소방공무원을 채용할 수 있다. 다만, 다수인을 대상으로 시험을 실시하는 것이 적당하지 아니하여 대통령령으로 정하는 경우에는 다수인을 대상으로 하지 아니한 시험으로 소방공무원을 채용할 수 있다.

(1) 직위가 없어지거나 과원이 되어 퇴직한 소방공무원이나 신체·정신상의 장애로 장기 요양이 필요하여 휴직하였다가 휴직기간이 만료되어 퇴직한 소방공무원을 퇴직한 날부터 3년(공무상 부상 또는 질병으로 인한 휴직의 경우에는 5년) 이내에 퇴직 시에 재직하였던 계급 또는 그에 상응하는 계급의 소방공무원으로 재임용하는 경우
(2) 공개경쟁시험으로 임용하는 것이 부적당한 경우에 임용예정 직무에 관련된 자격증 소지자를 임용하는 경우
(3) 임용예정직에 상응하는 근무실적 또는 연구실적이 있거나 소방에 관한 전문기술교육을 받은 사람을 임용하는 경우
(4) 5급 공무원의 공개경쟁채용시험이나 변호사시험에 합격한 사람을 소방령 이하의 소방공무원으로 임용하는 경우
(5) 외국어에 능통한 사람을 임용하는 경우
(6) 경찰공무원을 그 계급에 상응하는 소방공무원으로 임용하는 경우
(7) 소방 업무에 경험이 있는 의용소방대원을 소방사 계급의 소방공무원으로 임용하는 경우

3) 시보임용(소방공무원법 제10조)

가. 소방공무원을 신규채용할 때에는 소방장 이하는 6개월간 시보로 임용하고, 소방위 이상은 1년간 시보로 임용하며, 그 기간이 만료된 다음 날에 정규 소방공무원으로 임용한다. 다만, 대통령령으로 정하는 경우에는 시보임용을 면제하거나 그 기간을 단축할 수 있다.
나. 휴직기간, 직위해제기간 및 징계에 의한 정직처분 또는 감봉처분을 받은 기간은 '가'의 시보임용 기간에 포함하지 아니한다.
다. 소방공무원으로 임용되기 전에 그 임용과 관련하여 소방공무원 교육훈련기관에서 교육훈련을 받은 기간은 '가'의 시보임용 기간에 포함한다 .
라. 시보임용 기간중에 있는 소방공무원이 근무성적 또는 교육훈련성적이 불량할 때에는 면직시키거나 면직을 제청할 수 있다.

4) 승진심사위원회(소방공무원법 제16조)

가. 승진심사를 하기 위하여 소방청에 중앙승진심사위원회를 두고, 소방청 및 대통령령으로 정하는 소속기관에 보통승진심사위원회를 둔다. 시·도지사가 임용권을 행

사하는 경우에는 시 · 도에 보통승진심사위원회를 둔다. (이하 "승진심사위원회"라 한다.)

나. 승진심사위원회는 계급별 승진심사대상자명부의 선순위자(先順位者) 순으로 승진 임용하려는 결원의 5배수의 범위에서 승진후보자를 심사 · 선발한다.

다. 승진후보자로 선발된 사람에 대해서는 승진심사위원회가 설치된 소속기관의 장이 각 계급별로 심사승진후보자명부를 작성한다.

라. 승진심사위원회의 구성 · 관할 및 운영에 필요한 사항은 대통령령으로 정한다.

4.1.3 소방교육훈련

1) 교육훈련기관(소방공무원법 제20조)

가. 소방청장은 모든 소방공무원에게 균등한 교육훈련의 기회가 주어지도록 교육훈련에 관한 종합적인 기획 및 조정을 하여야 하며, 소방공무원의 교육훈련을 위한 소방학교를 설치영하여야 한다.

나. 시 · 도지사는 소속 소방공무원의 교육훈련을 위한 교육훈련기관을 설치 · 운 · 운영할 수 있다.

다. 소방청장 또는 시 · 도지사는 교육훈련을 위하여 필요할 때에는 대통령령으로 정하는 바에 따라 소방공무원을 국내외의 교육기관에 위탁하거나 「지방공무원 교육훈련법」 제8조에 따른 교육훈련기관에서 교육훈련을 받게 할 수 있다.

2) 소방교육훈련정책위원회(소방공무원 교육훈련규정 제3조)

가. 소방청장은 소방공무원의 교육훈련 정책 및 발전과 관련한 다음 각 호의 사항을 심의 · 조정하기 위하여 필요한 경우 소방교육훈련정책위원회(이하 "위원회"라 한다)를 구성 · 운영할 수 있다.

1. 교육훈련 정책의 목표 및 추진방향에 관한 사항
2. 장 · 단기 교육훈련 발전 및 제도 개선에 관한 사항
3. 교육훈련 관련 시설 · 장비의 개선 및 예산확보에 관한 사항
4. 소방학교의 교육훈련과정 협의 · 조정에 관한 사항
5. 교육훈련과정의 교과목 및 교재의 공동개발 · 활용에 관한 사항
6. 교육훈련시설 및 교수요원 상호 활용에 관한 사항
7. 그 밖에 소방공무원 교육훈련 발전에 필요한 사항

표 4-2 교육훈련의 구분 · 대상 · 방법

구 분			대상	방법
1. 기본 교육 훈련	가. 신임교육	「소방공무원임용령」 제24조 제1항에 따른 교육훈련	• 법 제10조에 따라 시보임용이 예정된 사람 • 법 제10조에 따라 시보임용된 사람으로서 시보임용 전에 신임교육을 받지 않은 사람	교육훈련기관에서의 교육으로 실시
	나. 관리역량 교육	승진후보자(「소방공무원 승진임용 규정」 제26조 또는 제37조에 따른 승진후보자명부에 등재된 사람을 말한다) 또는 승진임용된 사람이 받는 교육훈련	소방위 계급(소방위 계급으로의 승진후보자를 포함한다)	
			소방경 계급(소방경 계급으로의 승진후보자를 포함한다)	
			소방령 계급(소방령 계급으로의 승진후보자를 포함한다)	
	다. 소방정책 관리자교육		소방정 계급(소방정 계급으로의 승진후보자를 포함한다)	
2. 전문교육훈련		담당하고 있거나 담당할 직무 분야에 필요한 전문성을 강화하기 위한 교육훈련	소방령 이하	직장훈련으로 실시. 다만, 직장훈련으로 실시하기 곤란한 경우에는 교육훈련기관에서의 교육으로 실시하되, 교육훈련기관에서의 교육으로도 실시하기 곤란한 경우에는 위탁교육훈련으로 실시
3. 기타교육훈련		제1호 및 제2호에 속하지 않는 교육훈련으로서 소속 소방기관의 장의 명에 따른 교육훈련	모든 계급	
4. 자기개발 학습		소방공무원이 직무를 창의적으로 수행하고 공직의 전문성과 미래지향적 역량을 갖추기 위하여 스스로 하는 학습 · 연구활동	모든 계급	

※ 비고 : 해당 계급에 임용되기 직전 또는 해당 계급에서 신임교육을 받은 사람은 해당 계급의 관리역량교육을 받은 것으로 본다.

나. 위원회는 위원장 1명을 포함하여 50명 이내의 위원으로 구성한다.

다. 위원회의 위원장은 소방청 차장이 되고, 위원은 다음 각 호의 사람이 된다.

1. 소방청 기획조정관

2. 소방청 소방공무원 교육훈련 담당 과장급 공무원
3. 중앙소방학교의 장
4. 특별시 · 광역시 · 특별자치시 · 도 · 특별자치도(이하 "시 · 도"라 한다) 소방본부의 소방공무원 교육훈련 담당 과장급 공무원
5. 각 지방소방학교의 장
6. 소방청 소속 과장급 직위의 공무원 중 소방청장이 지명하는 사람

라. 위원장은 제1항 각 호와 관련된 전문적 · 기술적 자문이 필요하다고 인정하는 경우에는 관계 전문가로 구성된 자문단을 구성 · 운영할 수 있다.

마. 위원회의 회의는 재적위원 과반수의 출석으로 개의(開議)하고, 출석위원 과반수의 찬성으로 의결한다.

바. 소방청장은 위원회의 구성 목적을 달성했다고 인정하는 경우에는 위원회를 해산할 수 있다.

사. 제1항부터 제6항까지에서 규정한 사항 외에 위원회의 구성 및 운영에 필요한 사항은 소방청장이 정한다.

3) 교육훈련의 구분 등(소방공무원 교육훈련규정 제5조)

가. 소방공무원의 교육훈련은 기본교육훈련, 전문교육훈련, 기타교육훈련 및 자기개발학습으로 구분한다.

나. 소방공무원의 교육훈련은 교육훈련기관에서의 교육, 직장훈련 및 위탁교육훈련의 방법으로 한다.

4.1.4 징계

1) 종류(국가공무원법, 소방공무원 징계령)

징계는 파면, 해임, 강등, 정직, 감봉, 견책으로 구분한다. 공무원신분의 배제 여부에 따라 배제징계(파면, 해임)와 교정징계(강등, 정직, 감봉, 견책)로 구분하고, 징계양정의 경중에 따라 중징계(파면, 해임, 강등, 정직)와 경징계(감봉, 견책)로 구분한다.

(1) 중징계

① 파면 : 공무원의 신분을 배제하는 징계로서 처분일로부터 5년간 공무원으로 임용

자격이 제한되며, 퇴직수당의 2분의 1을 감한다.

② 해임 : 공무원의 신분을 배제하는 징계로서 처분일로부터 3년간 공무원으로 임용 자격이 제한된다.

③ 강등 : 강등은 1계급 아래로 직급을 내리고 공무원신분은 보유하나 3개월 간 직무에 종사하지 못하며 그 기간 중 보수의 전액을 감하고, 18개월간 승진이 제한된다.

④ 정직 : 1월 이상 3월 이하의 기간 중 공무원의 신분은 보유하나 직무에 종사하지 못하며 그 기간 중 보수의 전액을 감하고, 18개월간 승진이 제한된다.

(2) 경징계

① 감봉 : 1월 이상 3월 이하의 기간 중 보수의 3분의 1을 감하는 징계로서 일정기간 12개월간 승진이 제한된다.

② 견책 : 전과에 대하여 훈계하고 회개하게 하는 징계로서 6개월간 승진이 제한된다.

2) 징계위원회(소방공무원법 제28조)

가. 소방준감 이상의 소방공무원에 대한 징계의결은 「국가공무원법」에 따라 국무총리 소속으로 설치된 징계위원회에서 한다.

나. 소방정 이하의 소방공무원에 대한 징계의결을 하기 위하여 소방청 및 대통령령으로 정하는 소방기관에 소방공무원 징계위원회를 둔다.

다. 시 · 도지사가 임용권을 행사하는 소방공무원에 대한 징계의결을 하기 위하여 시 · 도 및 대통령령으로 정하는 소방기관에 징계위원회를 둔다.

라. 소방공무원 징계위원회의 구성 · 관할 · 운영, 징계의결의 요구 절차, 징계 대상자의 진술권, 그 밖에 필요한 사항은 대통령령으로 정한다.

4.2 물적 자원관리

4.2.1 소방장비

소방자동차 등 소방장비의 분류・표준화와 그 관리 등에 필요한 사항은 소방장비관리법에서 정하고 있다.

1) 소방장비의 정의(소방장비관리법 제2조)

"소방장비"란 소방업무를 효과적으로 수행하기 위하여 필요한 기동장비・화재진압장비・구조장비・구급장비・보호장비・정보통신장비・측정장비 및 보조장비를 말한다.

※ 소방장비의 종류는 총 8가지이다.

2) 소방장비의 분류(소방장비관리법 시행령 별표 1)

표 4-3 소방장비의 분류

	구 분	품 목
1. 기동장비 자체에 동력원이 부착되어 자력으로 이동하거나 견인되어 이동할 수 있는 장비	가. 소방자동차	소방펌프차, 소방물탱크차, 소방화학차, 소방고가차, 무인방수차, 구조차 등
	나. 행정지원차	행정 및 교육지원차 등
	다. 소방선박	소방정, 구조정, 지휘정 등
	라. 소방항공기	고정익항공기, 회전익항공기 등
2. 화재진압장비 화재진압활동에 사용되는 장비	가. 소화용수장비	소방호스류, 결합금속구, 소방관창류 등
	나. 간이소화장비	소화기, 휴대용 소화장비 등
	다. 소화보조장비	소방용 사다리, 소화 보조기구, 소방용 펌프 등
	라. 배연장비	이동식 송・배풍기 등
	마. 소화약제	분말 소화약제, 액체형 소화약제, 기체형 소화약제 등
	바. 원격장비	소방용 원격장비 등
3. 구조장비 구조활동에 사용되는 장비	가. 일반구조장비	개방장비, 조명기구, 총포류 등
	나. 산악구조장비	등하강 및 확보장비, 산악용 안전벨트, 고리 등
	다. 수난구조장비	급류 구조장비 세트, 잠수장비 등
	라. 화생방 및 대테러 구조장비	경계구역 설정라인, 제독・소독장비, 누출물 수거장비 등

	마. 절단 구조장비	절단기, 톱, 드릴 등
	바. 중량물 작업장비	중량물 유압장비, 휴대용 윈치(winch : 밧줄이나 쇠사슬로 무거운 물건을 들어 올리거나 내리는 장비를 말한다), 다목적 구조 삼각대 등
	사. 탐색 구조장비	적외선 야간 투시경, 매몰자 탐지기, 영상송수신장비 세트 등
	아. 파괴장비	도끼, 방화문 파괴기, 해머 드릴 등
4. 구급장비 구급활동에 사용되는 장비	가. 환자평가장비	신체검진기구 등
	나. 응급처치장비	기도확보유지기구, 호흡유지기구, 심장박동회복기구 등
	다. 환자이송장비	환자운반기구 등
	라. 구급의약품	의약품, 소독제 등
	마. 감염방지장비	감염방지기구, 장비소독기구 등
	바. 활동보조장비	기록장비, 대원보호장비, 일반보조장비 등
	사. 재난대응장비	환자분류표 등
	아. 교육실습장비	구급대원 교육실습장비 등
5. 정보통신장비 소방업무 수행을 위한 의사전달 및 정보교환·분석에 필요한 장비	가. 기반보호장비	항온항습장비, 전원공급장비 등
	나. 정보처리장비	네트워크장비, 전산장비, 주변 입출력장치 등
	다. 위성통신장비	위성장비류 등
	라. 무선통신장비	무선국, 이동 통신단말기 등
	마. 유선통신장비	통신제어장비, 전화장비, 영상음향장비, 주변장치 등
6. 측정장비 소방업무 수행에 수반되는 각종 조사 및 측정에 사용되는 장비	가. 소방시설 점검장비	공통시설 점검장비, 소화기구 점검장비, 소화설비 점검장비 등
	나. 화재조사 및 감식장비	발굴용 장비, 기록용 장비, 감식감정장비 등
	다. 공통측정장비	전기측정장비, 화학물질 탐지·측정장비, 공기성분 분석기 등
	라. 화생방 등 측정장비	방사능 측정장비, 화학생물학 측정장비 등
7. 보호장비 소방현장에서 소방대원의 신체를 보호하는 장비	가. 호흡장비	공기호흡기, 공기공급기, 마스크류 등
	나. 보호장구	방화복, 안전모, 보호장갑, 안전화, 방화두건 등
	다. 안전장구	인명구조 경보기, 대원 위치추적장치, 대원 탈출장비 등
8. 보조장비 소방업무 수행을 위하여 간접 또는 부수적으로 필요한 장비	가. 기록보존장비	촬영 및 녹음장비, 운행기록장비, 디지털이미지 프린터 등
	나. 영상장비	영상장비 등
	다. 정비기구	일반정비기구, 세탁건조장비 등
	라. 현장지휘소 운영장비	지휘 텐트, 발전기, 출입통제선 등
	마. 그 밖의 보조장비	차량이동기, 안전매트 등

※ 비고 : 위 표에서 분류된 소방장비의 분류 기준·절차 및 소방장비의 세부적인 품목 등에 관한 사항은 소방청장이 정한다.

4.2.2 소방용수시설

1) 소방용수시설의 설치 및 관리(소방기본법 제10조)

(1) 시 · 도지사는 소방활동에 필요한 소방용수시설 [소화전(消火栓) · 급수탑(給水塔) · 저수조(貯水槽)] 을 설치하고 유지 · 관리하여야 한다. 다만, 「수도법」 제45조에 따라 소화전을 설치하는 일반수도사업자는 관할 소방서장과 사전협의를 거친 후 소화전을 설치하여야 하며, 설치 사실을 관할 소방서장에게 통지하고, 그 소화전을 유지 · 관리하여야 한다.

(2) 시 · 도지사는 소방자동차의 진입이 곤란한 지역 등 화재발생 시에 초기 대응이 필요한 지역으로서 대통령령으로 정하는 지역에 비상소화장치를 설치하고 유지 · 관리할 수 있다.

참고

- 소방용수시설 : 소화전(消火栓) · 급수탑(給水塔) · 저수조(貯水槽)
- 비상소화장치 : 소방호스 또는 호스릴 등을 소방용수시설에 연결하여 화재를 진압하는 시설이나 장치
- 비상소화장치 설치대상 지역
  ① 화재경계지구
  ② 시 · 도지사가 설치가 필요하다고 인정하는 지역

2) 소방용수표지(소방기본법 시행규칙 별표 2)

(1) 지하에 설치하는 소화전 또는 저수조의 경우

- 맨홀 뚜껑은 지름 648 mm 이상의 것으로 할 것. 다만 , 승하강식 소화전의 경우에는 이를 적용하지 않는다.
- 맨홀 뚜껑에는 "소화전 · 주정차금지" 또는 "저수조 · 주정차금지"의 표시를 할 것
- 맨홀 뚜껑 부근에는 노란색 반사도료로 폭 15 cm의 선을 그 둘레를 따라 칠할 것

(2) 지상에 설치하는 소화전, 저수조 및 급수탑의 경우

- 안쪽 문자는 흰색, 바깥쪽 문자는 노란색으로, 안쪽 바탕은 붉은색, 바깥쪽 바탕은 파란색으로 하고 반사재료를 사용하여야 한다.
- 위의 표지를 세우는 것이 매우 어렵거나 부적당한 경우에는 그 규격 등을 다르게 할 수 있다.

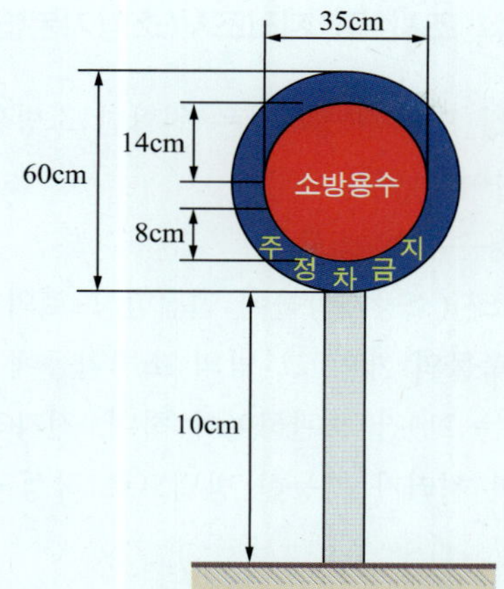

그림 4-1 소방용수표시

3) 소방용수시설 설치 기준(소방기본법 시행규칙 별표 3)

(1) 공통기준

① 주거지역 · 상업지역 및 공업지역에 설치하는 경우 : 소방대상물과의 수평거리를 100미터 이하가 되도록 할 것

② 그 외의 지역에 설치하는 경우 : 소방대상물과의 수평거리를 140미터 이하가 되도록 할 것

(2) 소방용수시설별 설치기준

① 소화전의 설치기준 : 상수도와 연결하여 지하식 또는 지상식의 구조로 하고, 소방용호스와 연결하는 소화전의 연결금속구의 구경은 65밀리미터로 할 것

② 급수탑의 설치기준 : 급수배관의 구경은 100밀리미터 이상으로 하고, 개폐밸브는 지상에서 1.5미터 이상 1.7미터 이하의 위치에 설치하도록 할 것

③ 저수조의 설치기준

- 지면으로부터의 낙차가 4.5미터 이하일 것
- 흡수부분의 수심이 0.5미터 이상일 것
- 소방펌프자동차가 쉽게 접근할 수 있도록 할 것
- 흡수에 지장이 없도록 토사 및 쓰레기 등을 제거할 수 있는 설비를 갖출 것
- 흡수관의 투입구가 사각형의 경우에는 한 변의 길이가 60센티미터 이상, 원형의 경우에는 지름이 60센티미터 이상일 것
- 저수조에 물을 공급하는 방법은 상수도에 연결하여 자동으로 급수되는 구조일 것

4) 소방용수시설 조사 및 지리조사(소방기본법 시행규칙 제7조)

(1) 소방본부장 또는 소방서장은 원활한 소방활동을 위하여 다음의 조사를 월 1회 이상 실시하여야 한다.
  ① 소방용수시설 조사
  ② 지리조사(소방대상물에 인접한 도로의 폭 · 교통상황, 도로주변의 토지의 고저 · 건축물의 개황 그 밖의 소방활동에 필요한 지리에 대한 조사)

(2) 조사결과는 2년간 보관하여야 하며, 전자적 처리가 불가능한 특별한 사유가 없으면 전자적 처리가 가능한 방법으로 작성 · 관리하여야 한다.

4.3 재정적 자원관리

1) 소방장비 등에 대한 국고보조(소방기본법 제9조)

(1) 국가는 소방장비의 구입 등 시 · 도의 소방업무에 필요한 경비의 일부를 보조한다.

(2) 국고보조 대상사업의 범위와 기준보조율은 대통령령으로 정한다.

2) 국고보조 대상사업의 범위와 기준보조율(소방기본법 시행령 제2조)

(1) 국고보조 대상사업의 범위

① 다음 각 목의 소방활동장비와 설비의 구입 및 설치(종류 및 규격은 행정안전부령으로 정함)
  • 소방자동차
  • 소방헬리콥터 및 소방정
  • 소방전용통신설비 및 전산설비
  • 그 밖에 방화복 등 소방활동에 필요한 소방장비

② 소방관서용 청사의 건축
  ※ 국고보조 대상사업의 범위에 소방관서용 청사는 건축만 해당한다. (대수선은 해당하지 않음)

(2) 국고보조 대상사업의 기준보조율(보조금 관리에 관한 법률 시행령)

119 구조장비 확충의 기준보조율은 50%이다.

CHAPTER 5

소방의 기능

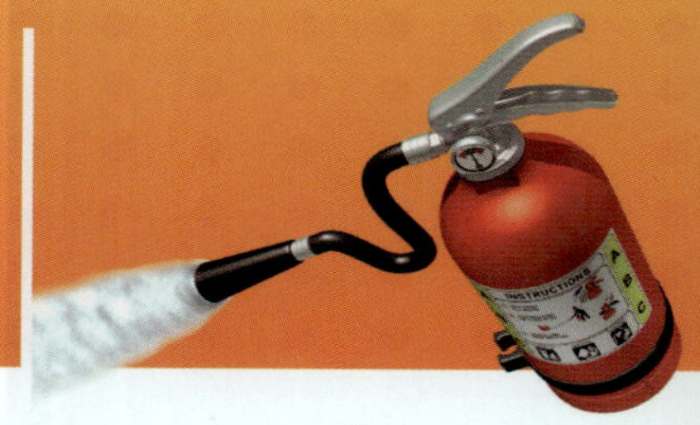

5.1 화재의 예방 · 경계 · 소방활동(진압) · 조사활동

화재의 예방 · 경계 · 소방활동(진압) · 조사활동은 화재위해요소를 제거하기 위한 예방조치활동, 소방상 특히 위험성이 있는 지역의 예방업무 실행을 위한 화재예방강화지구 지정 및 예방조치활동, 불을 사용하는 설비 및 특수가연물에 대한 관리 및 그에 따른 예방조치활동, 소방활동을 위한 경보의 발령 및 그에 따른 조치활동 그리고 화재조사활동으로 구분할 수 있다.

5.1.1 화재위해요소를 제거하기 위한 예방조치 활동

소방관서장[6]은 「화재의 예방 및 안전관리에 관한 법률」 제17조에 따라 화재 발생 위험이 크거나 소화 활동에 지장을 줄 수 있다고 인정되는 행위나 물건에 대하여 행위 당사자나 그 물건의 소유자, 관리자 또는 점유자에게 다음과 같이 명령할 수 있다.

(1) 모닥불, 흡연 등 화기의 취급, 풍등 등 소형열기구 날리기, 용접 · 용단 등 불꽃을 발생시키는 행위 그 밖에 화재예방상 위험하다고 인정되는 행위의 금지 또는 제한
(2) 목재, 플라스틱 등 가연성이 큰 물건의 제거, 이격, 적재 금지 등
(3) 소방차량의 통행이나 소화 활동에 지장을 줄 수 있는 물건의 이동

6) 소방청장, 소방본부장 또는 소방서장

5.1.2 소방상 특히 위험성이 있는 지역의 예방업무 실행을 위한 화재예방강화지구 지정 및 예방조치 활동

1) 화재예방강화지구로의 지정

소방상 화재발생 우려가 크거나 화재가 발생할 경우 피해가 클 것으로 예상되는 지역에 대한 화재의 예방은 행정적 주체인 시・도지사, 소방청장, 소방관서장으로 구분되어 이루어진다.

(1) 시・도지사에 의한 화재예방강화지구로의 지정

① 시장지역
② 공장・창고가 밀집한 지역
③ 목조건물이 밀집한 지역
④ 노후・불량건축물이 밀집한 지역
⑤ 위험물의 저장 및 처리 시설이 밀집한 지역
⑥ 석유화학제품을 생산하는 공장이 있는 지역
⑦ 「산업입지 및 개발에 관한 법률」 제2조 제8호에 따른 산업단지
⑧ 소방시설・소방용수시설 또는 소방출동로가 없는 지역
⑨ 「물류시설의 개발 및 운영에 관한 법률」 제2조 저6호에 따른 물류단지
⑩ 그 밖에 제1호부터 제9호까지에 준하는 지역으로서 소방관서장이 화재예방강화지구로 지정할 필요가 있다고 인정하는 지역

참고 **화재예방강화지구 지정지역 중 밀집한 지역**
- 공장・창고, 목조건물, 노후・불량건축물, 위험물 저장 및 처리시설

(2) 소방청장에 의한 화재예방강화지구로의 지정

소방청장은 시・도지사가 화재예방강화지구로 지정할 필요가 있는 지역을 화재예방강화지구로 지정하지 아니하는 경우 해당 시・도지사에게 해당 지역의 화재예방강화지구 지정을 요청할 수 있다.

(3) 소방관서장에 의한 화재예방강화지구 내에서 화재예방활동 등

① 화재예방강화지구 안의 소방대상물의 위치・구조 및 설비 등에 대하여 화재안전조사

② 화재안전조사를 한 결과 화재의 예방강화를 위하여 필요하다고 인정할 때에는 관계인에게 소화기구, 소방용수시설 또는 그 밖에 소방에 필요한 설비(이하 "소방설비 등"이라 한다)의 설치(보수, 보강을 포함한다. 이하 같다)를 명할 수 있다.

③ 화재예방강화지구 안의 관계인에 대하여 소방에 필요한 훈련 및 교육을 연 1회 이상 실시할 수 있다.

2) 화재안전조사

소방관서장은 다음 어느 하나에 해당하는 경우 화재안전조사를 실시할 수 있다. 다만, 개인의 주거(실제 주거용도로 사용되는 경우에 한정한다)에 대한 화재안전조사는 관계인의 승낙이 있거나 화재발생의 우려가 뚜렷하여 긴급한 필요가 있는 때에 한정한다.

① 「소방시설 설치 및 관리에 관한 법률」 제22조에 따른 자체점검이 불성실하거나 불완전하다고 인정되는 경우

② 화재예방강화지구 등 법령에서 화재안전조사를 하도록 규정되어 있는 경우

③ 화재예방안전진단이 불성실하거나 불완전하다고 인정되는 경우

④ 국가적 행사 등 주요 행사가 개최되는 장소 및 그 주변의 관계 지역에 대하여 소방안전관리 실태를 조사할 필요가 있는 경우

⑤ 화재가 자주 발생하였거나 발생할 우려가 뚜렷한 곳에 대한 조사가 필요한 경우

⑥ 재난예측정보, 기상예보 등을 분석한 결과 소방대상물에 화재의 발생 위험이 크다고 판단되는 경우

⑦ 제1호부터 제6호까지에서 규정한 경우 외에 화재, 그 밖의 긴급한 상황이 발생할 경우 인명 또는 재산 피해의 우려가 현저하다고 판단되는 경우

3) 화재안전취약자에 대한 지원

소방관서장은 어린이, 노인, 장애인 등 화재의 예방 및 안전관리에 취약한 자(이하 "화재안전취약자"라 한다)의 안전한 생활환경을 조성하기 위하여 다음 표의 화재안전취약자에 대한 지원의 대상・범위・방법의 기준에 따라 소방용품의 제공 및 소방시설의 개선 등 필요한 사항을 지원하기 위하여 노력하여야 한다. 다만, 화재안전취약자에 대한 지원의 대상・범위・방법의 기준에서 규정하고 있는 사항 외에 지원의 방법 및 절차 등에 관하여 필요한 사항은 소방청장이 정한다.

소방관서장은 관계 행정기관의 장에게 화재안전취약자에 대한 지원의 대상・범위・방

법의 기준에 따른 지원이 원활히 수행되는 데 필요한 협력을 요청할 수 있으며, 이 경우 요청받은 관계 행정기관의 장은 특별한 사정이 없으면 요청에 따라야 한다.

표 5-1 화재안전취약자에 대한 지원의 대상·범위·방법의 기준

화재안전취약자에 대한 지원의 대상		방법 등
관계법령	대상	
「국민기초생활 보장법」 제2조 제2호	수급자	1. 소방시설 등의 설치 및 개선 2. 소방시설 등의 안전점검 3. 소방용품의 제공 4. 전기·가스 등 화재위험 설비의 점검 및 개선
「장애인복지법」 제6조	중증장애인	
「한부모가족지원법」 제5조	지원대상자	
「노인복지법」 제27조의 2	홀로 사는 노인	
「다문화가족지원법」 제2조 제1호	다문화가족의 구성원	

비고
1. 소방관서장이 화재안전에 취약하다고 인정하는 사람의 경우 화재안전취약자에 대한 지원의 대상에 해당된다.
2. 소방관서장은 화재안전취약자에 대한 지원의 대상에 한하여 화재안전을 위하여 필요하다고 인정되는 사항에 대하여는 지원할 수 있다.

4) 화재의 예방 등에 대한 지원

소방청장은 화재예방강화지구 안의 소방대상물의 위치·구조 및 설비 등에 대하여 화재안전조사 후 도출된 결과(이하 '화재안전조사결과'라 한다)에 근거하여 소방설비 등(소화기구, 소방용수시설 또는 그 밖에 소방에 필요한 설비)의 설치를 명하는 경우 해당 관계인에게 소방설비 등의 설치에 필요한 지원을 할 수 있으며, 관계 중앙행정기관의 장 및 시·도지사에게도 해당사항에 대하여 필요한 협조를 요청할 수 있다.

참고 **유사한 용어 비교정리**

- 소방설비 등 : 소화기구, 소방용수시설, 또는 그 밖에 필요한 설비
- 소방시설 : 소화경비, 경보설비, 피난구조설비, 소화용수설비, 소화활동설비로서 대통령령으로 정하는 것
- 소화설비 : 물 또는 그 밖의 소화약제를 사용하여 소화하는 기계, 기구 또는 설비
- 소화기구 : 소방대상물에서 화재가 발생 할 경우 초기에 화재를 진압할 수 있는 간편한 기구
- 소방시설 → 소화설비(소방시설의 한 종류) → 소화기구(소화설비의 한 종류)

이에 시 · 도지사는 화재안전조사결과에 근거하여 소방설비 등의 설치에 대한 필요한 사항에 대하여 소방청장의 요청이 있거나 화재예방강화지구 안의 소방대상물의 화재안전 성능 향상을 위하여 필요한 경우 시 · 도의 조례로 정하는 바에 따라 소방설비 등의 설치에 필요한 비용을 지원할 수 있다.

5) 화재안전영향평가

'화재안전영향평가'란 소방청장이 화재발생 원인 및 연소과정을 조사 · 분석하는 등의 과정에서 법령이나 정책의 개선이 필요하다고 인정되는 경우 그 법령이나 정책에 대한 화재 위험성의 유발요인 및 완화 방안에 대한 평가를 말한다.

이러한 화재안전영향평가의 방법 · 절차 · 기준 등에 필요한 사항은 다음과 같다, 다만, 규정한 사항 외에 화재안전영향평가의 방법 · 절차 · 기준 등에 관하여 필요한 사항은 소방청장이 정한다.

① 화재안전영향평가를 하는 경우 화재현장 및 자료 조사 등을 기초로 화재 · 피난 모의실험 등 과학적인 예측 · 분석 방법으로 실시할 수 있다.

② 화재안전영향평가를 위하여 필요한 경우 해당 법령이나 정책의 소관 기관의 장에게 관련 자료의 제출을 요청할 수 있는데, 이와 같은 경우 자료 제출을 요청받은 소관 기관의 장은 특별한 사유가 없으면 이에 따라야 한다.

③ 소방청장은 화재안전영향평가심의회(이하 "심의회"라 한다)의 심의를 거쳐 다음 사항이 포함된 화재안전영향평가의 기준을 정한다.

1. 법령이나 정책의 화재위험 유발요인
2. 법령이나 정책이 소방대상물의 재료, 공간, 이용자 특성 및 화재 확산 경로에 미치는 영향
3. 법령이나 정책이 화재피해에 미치는 영향 등 사회경제적 파급 효과
4. 화재위험 유발요인을 제어 또는 관리할 수 있는 법령이나 정책의 개선 방안

6) 화재의 경계(화재 위험경보)

화재 위험경보의 절차는 소방관서장이 주체가 되며 「기상법」 제13조, 제13조의2 및 제13조의4에 따른 기상현상 및 기상영향에 대한 예보 · 특보 · 태풍예보에 따라 화재의 발생 위험이 높다고 분석 · 판단되는 경우 화재 위험경보를 발령하고, 보도기관을 이용하거나 정보통신망에 게재하는 등 적절한 방법을 통하여 이를 일반인에게 알려지게 된다.

이러한 화재 위험경보 발령 절차 및 조치사항에 관하여 필요한 사항은 소방청장이 정한다.

5.1.3 불을 사용하는 설비 및 특수가연물에 대한 관리 및 그에 따른 예방조치 활동

보일러, 난로, 건조설비, 가스·전기시설, 그 밖에 화재 발생 우려가 있는 설비 또는 기구 등의 위치·구조 및 관리와 화재 예방을 위하여 불을 사용할 때 지켜야 하는 사항은 다음의 표와 같으며, 규정된 것 외에 불을 사용하는 설비의 세부관리기준은 시·도의 조례로 정한다.

표 5-2 보일러 등의 위치·구조 및 관리와 화재예방을 위하여 불의 사용에 있어서 지켜야 하는 사항

종류	내 용
보일러	1. 가연성 벽·바닥 또는 천장과 접촉하는 증기기관 또는 연통의 부분은 규조토 등 난연성 단열재로 덮어씌워야 한다. 2. 경유·등유 등 액체연료를 사용하는 경우에는 다음 각목의 사항을 지켜야 한다. 가. 연료탱크는 보일러본체로부터 수평거리 1미터 이상의 간격을 두어 설치할 것 나. 연료탱크에는 화재 등 긴급상황이 발생하는 경우 연료를 차단할 수 있는 개폐밸브를 연료탱크로부터 0.5미터 이내에 설치할 것 다. 연료탱크 또는 연료를 공급하는 배관에는 여과장치를 설치할 것 라. 사용이 허용된 연료 외의 것을 사용하지 않을 것 마. 연료탱크가 넘어지지 않도록 받침대를 설치하고, 연료탱크 및 연료탱크 받침대는 「건축법 시행령」 제2조 제10호에 따른 불연재료(이하 "불연재료"라 한다)로 할 것 3. 기체연료를 사용하는 경우에는 다음 각목에 의한다. 가. 보일러를 설치하는 장소에는 환기구를 설치하는 등 가연성가스가 머무르지 않도록 할 것 나. 연료를 공급하는 배관은 금속관으로 할 것 다. 화재 등 긴급 시 연료를 차단할 수 있는 개폐밸브를 연료용기 등으로부터 0.5미터 이내에 설치할 것 라. 보일러가 설치된 장소에는 가스누설경보기를 설치할 것 4. 화목(火木) 등 고체연료를 사용할 때에는 다음 사항을 지켜야 한다. 가. 고체연료는 보일러 본체와 수평거리 2미터 이상 간격을 두어 보관하거나 불연재료로 된 별도의 구획된 공간에 보관할 것 나. 연통은 천장으로부터 0.6미터 떨어지고, 연통의 배출구는 건물 밖으로 0.6미터 이상 나오도록 설치할 것 다. 연통의 배출구는 보일러 본체보다 2미터 이상 높게 설치할 것 라. 연통이 관통하는 벽면, 지붕 등은 불연재료로 처리할 것 마. 연통재질은 불연재료로 사용하고 연결부에 청소구를 설치할 것 4. 보일러와 벽·천장 사이의 거리는 0.6미터 이상 되도록 하여야 한다.

	5. 보일러를 실내에 설치하는 경우에는 콘크리트바닥 또는 금속 외의 불연재료로 된 바닥 위에 설치하여야 한다.
난로	1. 연통은 천장으로부터 0.6미터 이상 떨어지고, 연통의 배출구는 건물 밖으로 0.6미터 이상 나오게 설치해야 한다. 2. 가연성 벽 · 바닥 또는 천장과 접촉하는 연통의 부분은 규조토 등 난연성 또는 불연성의 단열재로 덮어씌워야 한다. 3. 이동식난로는 다음의 장소에서 사용해서는 안 된다. 다만, 난로가 쓰러지지 않도록 받침대를 두어 고정시키거나 쓰러지는 경우 즉시 소화되고 연료의 누출을 차단할 수 있는 장치가 부착된 경우에는 그렇지 않다. 가. 「다중이용업소의 안전관리에 관한 특별법」 제2조 제1항 제4호에 따른 다중이용업소 나. 「학원의 설립 · 운영 및 과외교습에 관한 법률」 제2조 제1호에 따른 학원 다. 「학원의 설립 · 운영 및 과외교습에 관한 법률 시행령」 제2조 제1항 제4호에 따른 독서실 라. 「공중위생관리법」 제2조 제1항 제2호에 따른 숙박업, 같은 항 제3호에 따른 목욕장업 및 같은 항 제6호에 따른 세탁업의 영업장 마. 「의료법」 제3조 제2항 제1호에 따른 의원 · 치과의원 · 한의원, 같은 항 제2호에 따른 조산원 및 같은 항 제3호에 따른 병원 · 치과병원 · 한방병원 · 요양병원 · 정신병원 · 종합병원 바. 「식품위생법 시행령」 제21조 제8호에 따른 식품접객업의 영업장 사. 「영화 및 비디오물의 진흥에 관한 법률」 제2조 제10호에 따른 영화상영관 아. 「공연법」 제2조 제4호에 따른 공연장 자. 「박물관 및 미술관 진흥법」 제2조 제1호에 따른 박물관 및 같은 조 제2호에 따른 미술관 차. 「유통산업발전법」 제2조 제7호에 따른 상점가 카. 「건축법」 제20조에 따른 가설건축물 타. 역 · 터미널
건조설비	1. 건조설비와 벽 · 천장 사이의 거리는 0.5미터 이상 되도록 하여야 한다. 2. 건조물품이 열원과 직접 접촉하지 아니하도록 하여야 한다. 3. 실내에 설치하는 경우에 벽 · 천장 또는 바닥은 불연재료로 하여야 한다.
가스 · 전기 시설	1. 가스시설의 경우 「고압가스 안전관리법」, 「도시가스사업법」 및 「액화석유가스의 안전관리 및 사업법」에서 정하는 바에 따른다. 2. 전기시설의 경우 「전기사업법」 및 「전기안전관리법」에서 정하는 바에 따른다.
불꽃을 사용하는 용접 · 용단 기구	용접 또는 용단 작업장에서는 다음 각 목의 사항을 지켜야 한다. 다만, 「산업안전보건법」 제38조의 적용을 받는 사업장에는 적용하지 않는다. 1. 용접 또는 용단 작업장 주변 반경 5미터 이내에 소화기를 갖추어 둘 것 2. 용접 또는 용단 작업장 주변 반경 10미터 이내에는 가연물을 쌓아두거나 놓아두지 말 것. 다만, 가연물의 제거가 곤란하여 방화포 등으로 방호조치를 한 경우는 제외한다.
노 · 화덕 설비	1. 실내에 설치하는 경우에는 흙바닥 또는 금속 외의 불연재료로 된 바닥이나 흙바닥에 설치하여야 한다. 2. 노 또는 화덕을 설치하는 장소의 벽 · 천장은 불연재료로 된 것이어야 한다. 3. 노 또는 화덕의 주위에는 녹는 물질이 확산되지 아니하도록 높이 0.1미터 이상의 턱을 설치하여야 한다. 4. 시간당 열량이 30만 킬로칼로리 이상인 노를 설치하는 경우에는 다음 각목의 사항을 지켜야 한다. 가. 「건축법」 제2조 제1항 제7호에 따른 주요구조부(이하 "주요구조부"라 한다)는 불연재료 이상으로 할 것

	나. 창문과 출입구는 「건축법 시행령」 제64조에 따른 60분+ 방화문 또는 60분 방화문으로 설치할 것 다. 노 주위에는 1미터 이상 공간을 확보할 것
음식조리를 위하여 설치하는 설비	「식품위생법 시행령」 제21조 제8호에 따른 식품접객업 중 일반음식점 주방에서 조리를 위하여 불을 사용하는 설비를 설치하는 경우에는 다음 각 목의 사항을 지켜야 한다. 가. 주방설비에 부속된 배출덕트(공기 배출통로)는 0.5밀리미터 이상의 아연도금강판 또는 이와 동등 이상의 내식성 불연재료로 설치할 것 나. 주방시설에는 동물 또는 식물의 기름을 제거할 수 있는 필터 등을 설치할 것 다. 열을 발생하는 조리기구는 반자 또는 선반으로부터 0.6미터 이상 떨어지게 할 것 라. 열을 발생하는 조리기구로부터 0.15미터 이내의 거리에 있는 가연성 주요구조부는 석면판 또는 단열성이 있는 불연재료로 덮어씌울 것

비고
1. "보일러"란 사업장 또는 영업장 등에서 사용하는 것을 말하며, 주택에서 사용하는 가정용 보일러는 제외한다.
2. "건조설비"란 산업용 건조설비를 말하며, 주택에서 사용하는 건조설비는 제외한다.
3. "노·화덕설비"란 제조업·가공업에서 사용되는 것을 말하며, 주택에서 조리용도로 사용되는 화덕은 제외한다.
4. 보일러, 난로, 건조설비, 불꽃을 사용하는 용접·용단기구 및 노·화덕설비가 설치된 장소에는 소화기 1개 이상을 갖추어 두어야 한다.

화재가 발생하는 경우 불길이 빠르게 번지는 고무류·면화류·석탄 및 목탄 등 대통령령으로 정하는 특수가연물(特殊可燃物)의 저장 및 취급 기준은 다음 표와 같다.

표 5-3 특수가연물의

품 명		수 량
면화류		200킬로그램 이상
나무껍질 및 대팻밥		400킬로그램 이상
넝마 및 종이부스러기		1,000킬로그램 이상
사류(絲類)		1,000킬로그램 이상
볏짚류		1,000킬로그램 이상
가연성고체류		3,000킬로그램 이상
석탄·목탄류		10,000킬로그램 이상
가연성액체류		2세제곱미터 이상
목재가공품 및 나무부스러기		10세제곱미터 이상
고무류·플라스틱류	발포시킨 것	20세제곱미터 이상
	그 밖의 것	3,000킬로그램 이상

비고
1. "면화류"라 함은 불연성 또는 난연성이 아닌 면상 또는 팽이모양의 섬유와 마사(麻絲) 원료를 말한다.

2. 넝마 및 종이부스러기는 불연성 또는 난연성이 아닌 것(동식물유가 깊이 스며들어 있는 옷감・종이 및 이들의 제품을 포함한다)에 한한다.
3. "사류"라 함은 불연성 또는 난연성이 아닌 실(실부스러기와 솜털을 포함한다)과 누에고치를 말한다.
4. "볏짚류"라 함은 마른 볏짚・마른 북더기와 이들의 제품 및 건초를 말한다.
5. "가연성고체류"라 함은 고체로서 다음 각목의 것을 말한다.
   가. 인화점이 섭씨 40도 이상 100도 미만인 것
   나. 인화점이 섭씨 100도 이상 200도 미만이고, 연소열량이 1그램당 8킬로칼로리 이상인 것
   다. 인화점이 섭씨 200도 이상이고 연소열량이 1그램당 8킬로칼로리 이상인 것으로서 융점이 100도 미만인 것
   라. 1기압과 섭씨 20도 초과 40도 이하에서 액상인 것으로서 인화점이 섭씨 70도 이상 섭씨 200도 미만이거나 나목 또는 다목에 해당하는 것
6. 석탄・목탄류에는 코크스, 석탄가루를 물에 갠 것, 조개탄, 연탄, 석유코크스, 활성탄 및 이와 유사한 것을 포함한다.
7. "가연성액체류"라 함은 다음 각목의 것을 말한다.
   가. 1기압과 섭씨 20도 이하에서 액상인 것으로서 가연성 액체량이 40중량퍼센트 이하이면서 인화점이 섭씨 40도 이상 섭씨 70도 미만이고 연소점이 섭씨 60도 이상인 물품
   나. 1기압과 섭씨 20도에서 액상인 것으로서 가연성 액체량이 40중량퍼센트 이하이고 인화점이 섭씨 70도 이상 섭씨 250도 미만인 물품
   다. 동물의 기름기와 살코기 또는 식물의 씨나 과일의 살로부터 추출한 것으로서 다음의 1에 해당하는 것
      (1) 1기압과 섭씨 20도에서 액상이고 인화점이 250도 미만인 것으로서 「위험물안전관리법」 제20조 제1항의 규정에 의한 용기기준과 수납・저장기준에 적합하고 용기외부에 물품명・수량 및 "화기엄금" 등의 표시를 한 것
      (2) 1기압과 섭씨 20도에서 액상이고 인화점이 섭씨 250도 이상인 것
8. "고무류・플라스틱류"란 불연성 또는 난연성이 아닌 고체의 합성수지제품, 합성수지반제품, 원료합성수지 및 합성수지 부스러기(불연성 또는 난연성이 아닌 고무제품, 고무반제품, 원료고무 및 고무 부스러기를 포함한다)를 말한다. 다만, 합성수지의 섬유・옷감・종이 및 실과 이들의 넝마와 부스러기는 제외한다.

5.1.4 화재예방을 위한 경보의 발령 및 그에 따른 조치 활동

소방에서는 「소방기본법 시행규칙」 제10조에 의거하여 화재예방, 소방활동 또는 소방훈련을 위하여 사용되는 소방신호의 종류와 방법을 다음과 같이 규정하고 있으며, 「소방기본법」 제20조에 따라 소방대상물에 화재, 재난・재해, 그 밖의 위급한 상황이 발생한 경우 해당 소방대상물의 관계인에게 소방대가 현장에 도착할 때까지 경보를 울리거나 대피를 유도하는 등의 방법으로 사람을 구출하는 조치 또는 불을 끄거나 불이 번지지 아니하도록 필요한 조치를 하도록 하고 있다.

(1) 경계신호 : 화재예방상 필요하다고 인정되거나 「화재의 예방 및 안전관리에 관한 법률」 제20조의 규정에 의한 화재위험경보시 발령
(2) 발화신호 : 화재가 발생한 때 발령

(3) 해제신호 : 소화활동이 필요 없다고 인정되는 때 발령

(4) 훈련신호 : 훈련상 필요하다고 인정되는 때 발령

표 5-4 소방신호의 방법(제10조 제2항 관련)

신호방법 / 종별	타종신호	사이렌신호	그 밖의 신호
경계신호	1타와 연2타를 반복	5초 간격을 두고 30초씩 3회	"통풍대" "게시판" 적색 화재경보발령중 백색
발화신호	난타	5초 간격을 두고 5초씩 3회	
해제신호	상당한 간격을 두고 1타씩 반복	1분간 1회	"기" 적색 백색
훈련신호	연3타 반복	10초 간격을 두고 1분씩 3회	

비고
1. 소방신호의 방법은 그 전부 또는 일부를 함께 사용할 수 있다.
2. 게시판을 철거하거나 통풍대 또는 기를 내리는 것으로 소방활동이 해제되었음을 알린다.
3. 소방대의 비상소집을 하는 경우에는 훈련신호를 사용할 수 있다.

5.1.5 화재조사 활동

화재조사 활동은 화재원인을 조사하고 화재로 인한 물적·인적 피해의 산정과 화재의 예방·홍보 및 이에 대한 대책 마련 등의 자료로 활용하기 위한 목적으로 진행되어지는 소방의 행정적 행위 중 하나이다.

소방청장, 소방본부장 또는 소방서장(이하 "소방관서장"이라 한다)은 화재발생 사실을 알게 된 때에는 지체 없이 화재조사를 하여야 한다. 이 경우 수사기관의 범죄수사에 지장을 주어서는 아니 된다. 소방관서장은 화재조사를 하는 경우 아래의 사항에 대하여 조사하여야 한다.

(1) 화재원인에 관한 사항

(2) 화재로 인한 인명·재산피해상황

(3) 대응활동에 관한 사항
(4) 소방시설 등의 설치 · 관리 및 작동 여부에 관한 사항
(5) 화재발생건축물과 구조물, 화재유형별 화재위험성 등에 관한 사항
(6) 소방특별조사의 실시 결과에 관한 사항

화재조사 절차는 「소방의 화재조사에 관한 법률 시행령」(약칭 : 화재조사법 시행령) 제3조에 따라 다음 표와 같이 실시된다. 다만, 사상자가 많거나 사회적 이목을 끄는 화재 등 대통령령으로 정하는 대형화재 등이 발생한 경우 종합적이고 정밀한 화재조사를 위하여 유관기관 및 관계 전문가를 포함한 화재합동조사단을 구성 · 운영하기도 한다.[출처 : 소방의 화재조사에 관한 법률(약칭 : 화재조사법) 제5조]

표 5-5 화재조사의 절차 · 내용

화재조사 절차		화재조사 내용
1	현장출동 중 조사	화재발생 접수, 출동 중 화재상황 파악 등
2	화재현장 조사	화재의 발화(發火)원인, 연소상황 및 피해상황 조사 등
3	정밀조사	감식 · 감정, 화재원인 판정 등
4	화재조사 결과 보고	-

5.2 소방시설의 설치유지 및 안전관리

5.2.1 특정소방대상물에 설치하는 소방시설의 유지 관리

가. 특정소방대상물의 관계인은 대통령령으로 정하는 소방시설을 화재안전기준에 따라 설치 · 관리하여야 한다. 이 경우 「장애인 · 노인 · 임산부 등의 편의증진 보장에 관한 법률」 제2조 제1호에 따른 장애인 등이 사용하는 소방시설(경보설비 및 피난구조설비를 말한다)은 대통령령으로 정하는 바에 따라 장애인 등에 적합하게 설치 · 관리하여야 한다.
나. 소방본부장이나 소방서장은 소방시설이 화재안전기준에 따라 설치 · 관리되고 있지 아니할 때에는 해당 특정소방대상물의 관계인에게 필요한 조치를 명할 수 있다.
다. 특정소방대상물의 관계인은 소방시설을 설치 · 관리하는 경우 화재 시 소방시설의

기능과 성능에 지장을 줄 수 있는 폐쇄(잠금을 포함한다. 이하 같다) · 차단 등의 행위를 하여서는 안 된다. 다만, 소방시설의 점검 · 정비를 위하여 필요한 경우 폐쇄 · 차단은 할 수 있다.

라. 소방청장, 소방본부장 또는 소방서장은 소방시설의 작동정보 등을 실시간으로 수집 · 분석할 수 있는 시스템(이하 "소방시설정보관리시스템"이라 한다)을 구축 · 운영할 수 있다.

마. 소방청장, 소방본부장 또는 소방서장은 소방시설의 작동정보를 해당 특정소방대상물의 관계인에게 통보하여야 한다.

바. 소방시설정보관리시스템 구축 · 운영의 대상은 「화재의 예방 및 안전관리에 관한 법률」 제24조 제1항 전단에 따른 소방안전관리대상물 중 소방안전관리의 취약성 등을 고려하여 「소방시설 설치 및 관리에 관한 법률 시행령」 제12조에 의하여 정하고, 그 밖에 운영방법 및 통보 절차 등에 필요한 사항은 「소방시설 설치 및 관리에 관한 법률 시행규칙」 제15조에 의하여 정한다.

5.2.2 건설현장의 임시소방시설 설치 및 관리

가. 「건설산업기본법」 제2조 제4호에 따른 건설공사를 하는 자(이하 "공사시공자"라 한다)는 특정소방대상물의 신축 · 증축 · 개축 · 재축 · 이전 · 용도변경 · 대수선 또는 설비 설치 등을 위한 공사 현장에서 인화성(引火性) 물품을 취급하는 작업 등 대통령령으로 정하는 작업(이하 "화재위험작업"이라 한다)을 하기 전에 설치 및 철거가 쉬운 화재대비시설(이하 "임시소방시설"이라 한다)을 설치하고 관리하여야 한다.

나. 소방시설공사업자가 화재위험작업 현장에 소방시설 중 임시소방시설과 기능 및 성능이 유사한 것으로서 「소방시설 설치 및 관리에 관한 법률 시행령」 제18조에서 정하는 소방시설을 화재안전기준에 맞게 설치 및 관리하고 있는 경우에는 공사시공자가 임시소방시설을 설치하고 관리한 것으로 본다.

다. 소방본부장 또는 소방서장은 위의 제1항이나 제2항에 따라 임시소방시설 또는 소방시설이 설치 및 관리되지 아니할 때에는 해당 공사시공자에게 필요한 조치를 명할 수 있다.

라. 제1항에 따라 임시소방시설을 설치하여야 하는 공사의 종류와 규모, 임시소방시설의 종류 등에 필요한 사항은 「소방시설 설치 및 관리에 관한 법률 시행령」 제18조 및 별표로 정하고, 임시소방시설의 설치 및 관리 기준은 소방청장이 정하여 고시한다.

5.2.3 피난시설, 방화구획 및 방화시설의 관리

가. 특정소방대상물의 관계인은 「건축법」 제49조에 따른 피난시설, 방화구획 및 방화시설에 대하여 정당한 사유가 없는 한 다음의 행위를 하여서는 안 된다.

1. 피난시설, 방화구획 및 방화시설을 폐쇄하거나 훼손하는 등의 행위
2. 피난시설, 방화구획 및 방화시설의 주위에 물건을 쌓아두거나 장애물을 설치하는 행위
3. 피난시설, 방화구획 및 방화시설의 용도에 장애를 주거나 「소방기본법」 제16조에 따른 소방활동에 지장을 주는 행위
4. 그 밖에 피난시설, 방화구획 및 방화시설을 변경하는 행위

나. 소방본부장이나 소방서장은 특정소방대상물의 관계인이 「소방시설 설치 및 관리에 관한 법률」 제16조 제1항에서 제시하고 있는 어느 하나에 해당하는 행위를 한 경우에는 피난시설, 방화구획 및 방화시설의 관리를 위하여 필요한 조치를 명할 수 있다.

5.2.4 내용연수를 고려한 소방용품의 관리

가. 특정소방대상물의 관계인은 내용연수가 경과한 소방용품을 교체하여야 한다. 이 경우 내용연수를 설정하여야 하는 소방용품의 종류 및 그 내용연수 연한에 필요한 사항은 「소방시설 설치 및 관리에 관한 법률 시행령」 제19조에 따라 정하는데, 내용연수를 설정해야 하는 소방용품은 분말형태의 소화약제를 사용하는 소화기이며 소화기의 내용연수는 10년으로 한다.

나. 「소방용품의 품질관리 등에 관한 규칙」 제2조의 2에 의거하여 소방용품의 성능을 확인받은 경우에는 그 사용기한을 연장할 수 있다.

5.2.5 소방시설 등의 자체점검

1) 소방시설 등의 자체점검

가. 특정소방대상물의 관계인은 그 대상물에 설치되어 있는 소방시설 등이 이 법이나 이 법에 따른 명령 등에 적합하게 설치·관리되고 있는지에 대하여 다음의 구분에 따른 기간 내에 스스로 점검하거나 「소방시설 설치 및 관리에 관한 법률」 제34조

에 따른 점검능력 평가를 받은 관리업자 또는 「소방시설 설치 및 관리에 관한 법률 시행규칙」 제19조로 정하는 기술자격자(이하 "관리업자 등"이라 한다)로 하여금 정기적으로 점검(이하 "자체점검"이라 한다)하게 하여야 한다. 이 경우 관리업자 등이 점검한 경우에는 그 점검 결과를 행정안전부령으로 정하는 바에 따라 관계인에게 제출하여야 한다.

1. 해당 특정소방대상물의 소방시설 등이 신설된 경우 : 「건축법」 제22조에 따라 건축물을 사용할 수 있게 된 날부터 60일
2. 1. 외의 경우 : 「소방시설 설치 및 관리에 관한 법률 시행규칙」 제20조에서 정하는 기간

나. 자체점검의 구분 및 대상, 점검인력의 배치기준, 점검자의 자격, 점검 장비, 점검방법 및 횟수 등 자체점검 시 준수하여야 할 사항은 「소방시설 설치 및 관리에 관한 법률 시행규칙」 제20조에 따라 정한다.

다. 관리업자 등으로 하여금 자체점검하게 하는 경우의 점검 대가는 「엔지니어링산업 진흥법」 제31조에 따른 엔지니어링사업의 대가 기준 가운데 「소방시설 설치 및 관리에 관한 법률 시행규칙」 제21조로 정하는 방식에 따라 산정한다.

라. 다만, 소방청장은 소방시설 등 자체점검에 대한 품질확보를 위하여 필요하다고 인정하는 경우에는 특정소방대상물의 규모, 소방시설 등의 종류 및 점검인력 등에 따라 관계인이 부담하여야 할 자체점검 비용의 표준이 될 금액(이하 "표준자체점검비"라 한다)을 정하여 공표하거나 관리업자 등에게 이를 소방시설 등 자체점검에 관한 표준가격으로 활용하도록 권고할 수 있다.

마. 표준자체점검비의 공표 방법 등에 관하여 필요한 사항은 소방청장이 정하여 고시한다.

바. 관계인은 천재지변이나 그 밖에 대통령령으로 정하는 사유로 자체점검을 실시하기 곤란한 경우에는 「소방시설 설치 및 관리에 관한 법률 시행령」 제33조에서 정하는 바에 따라 소방본부장 또는 소방서장에게 면제 또는 연기 신청을 할 수 있다. 이 경우 소방본부장 또는 소방서장은 그 면제 또는 연기 신청 승인 여부를 결정하고 그 결과를 관계인에게 알려주어야 한다.

2) 소방시설 등의 자체점검 결과의 조치 등

가. 특정소방대상물의 관계인은 제22조 제1항에 따른 자체점검 결과 소화펌프 고장 등 「소방시설 설치 및 관리에 관한 법률 시행령」 제34조에서 정하는 중대위반사항(이하 이 조에서 "중대위반사항"이라 한다)이 발견된 경우에는 지체 없이 수리 등 필

요한 조치를 하여야 한다.

나. 관리업자 등은 자체점검 결과 중대위반사항을 발견한 경우 즉시 관계인에게 알려야 한다. 이 경우 관계인은 지체 없이 수리 등 필요한 조치를 하여야 한다.

다. 특정소방대상물의 관계인은 「소방시설 설치 및 관리에 관한 법률」 제22조 제1항에 따라 자체점검을 한 경우에는 그 점검 결과를 「소방시설 설치 및 관리에 관한 법률 시행규칙」 제23조에서 정하는 바에 따라 소방시설 등에 대한 수리·교체·정비에 관한 이행계획(중대위반사항에 대한 조치사항을 포함한다. 이하 이 조에서 같다)을 첨부하여 소방본부장 또는 소방서장에게 보고하여야 한다. 이 경우 소방본부장 또는 소방서장은 점검 결과 및 이행계획이 적합하지 아니하다고 인정되는 경우에는 관계인에게 보완을 요구할 수 있다.

라. 특정소방대상물의 관계인은 제3항에 따른 이행계획을 「소방시설 설치 및 관리에 관한 법률 시행규칙」 제23조에서 정하는 바에 따라 기간 내에 완료하고, 소방본부장 또는 소방서장에게 이행계획 완료 결과를 보고하여야 한다. 이 경우 소방본부장 또는 소방서장은 이행계획 완료 결과가 거짓 또는 허위로 작성되었다고 판단되는 경우에는 해당 특정소방대상물을 방문하여 그 이행계획 완료 여부를 확인할 수 있다.

마. 제4항에도 불구하고 특정소방대상물의 관계인은 천재지변이나 그 밖에 「소방시설 설치 및 관리에 관한 법률 시행령」 제35조 제1항에 기술된 사유로 이행계획을 완료하기 곤란한 경우에는 소방본부장 또는 소방서장에게 「소방시설 설치 및 관리에 관한 법률 시행규칙」 제24조에서 정하는 바에 따라 이행계획 완료를 연기하여 줄 것을 신청할 수 있다. 이 경우 소방본부장 또는 소방서장은 연기 신청 승인 여부를 결정하고 그 결과를 관계인에게 알려주어야 한다.

바. 소방본부장 또는 소방서장은 관계인이 이행계획을 완료하지 아니한 경우에는 필요한 조치의 이행을 명할 수 있고, 관계인은 이에 따라야 한다.

3) 점검기록표 게시 등

가. 자체점검 결과 보고를 마친 관계인은 관리업자 등, 점검일시, 점검자 등 자체점검과 관련된 사항을 점검기록표에 기록하여 특정소방대상물의 출입자가 쉽게 볼 수 있는 장소에 게시하여야 한다. 이 경우 점검기록표의 기록 등에 필요한 사항은 「소방시설 설치 및 관리에 관한 법률 시행규칙」 제25조로 정한다.

나. 소방본부장 또는 소방서장은 다음의 사항을 전산시스템 또는 인터넷 홈페이지 등을 통하여 국민에게 공개할 수 있다. 이 경우 공개 절차, 공개 기간 및 공개 방법

등 필요한 사항은 「소방시설 설치 및 관리에 관한 법률 시행령」 제36조에 따라 정한다.

1. 자체점검 기간 및 점검자
2. 특정소방대상물의 정보 및 자체점검 결과
3. 그 밖에 소방본부장 또는 소방서장이 특정소방대상물을 이용하는 불특정다수인의 안전을 위하여 공개가 필요하다고 인정하는 사항

5.3 위험물 안전관리

5.3.1 위험물 시설의 유지 및 관리

가. 제조소등의 관계인은 당해 제조소 등의 위치·구조 및 설비가 「위험물안전관리법」 제5조 제4항의 규정에 따른 기술기준에 적합하도록 유지·관리하여야 한다.

나. 시·도지사, 소방본부장 또는 소방서장은 제조소등의 유지·관리의 상황이 「위험물안전관리법」 제5조 제4항의 규정에 따른 기술기준에 부적합하다고 인정하는 때에는 그 기술기준에 적합하도록 제조소등의 위치·구조 및 설비의 수리·개조 또는 이전을 명할 수 있다.

5.3.2 위험물안전관리자의 선임 및 자격 등

가. 제조소등의 관계인은 위험물의 안전관리에 관한 직무를 수행하게 하기 위하여 제조소등마다 위험물의 취급에 관한 자격이 있는 자(이하 "위험물취급자격자"라 한다)를 위험물안전관리자(이하 "안전관리자"라 한다)로 선임하여야 한다. 다만, 제조소등에서 저장·취급하는 위험물이 「화학물질관리법」에 따른 유독물질에 해당하는 경우 등 대통령령으로 정하는 경우에는 당해 제조소등을 설치한 자는 다른 법률에 의하여 안전관리업무를 하는 자로 선임된 자 가운데 대통령령이 정하는 자를 안전관리자로 선임할 수 있다.

나. 안전관리자를 선임한 제조소등의 관계인은 그 안전관리자를 해임하거나 안전관리자가 퇴직한 때에는 해임하거나 퇴직한 날부터 30일 이내에 다시 안전관리자를 선임하여야 한다.

다. 제조소등의 관계인이 안전관리자를 선임한 경우에는 선임한 날부터 14일 이내에 행정안전부령으로 정하는 바에 따라 소방본부장 또는 소방서장에게 신고하여야 한다.

라. 제조소등의 관계인이 안전관리자를 해임하거나 안전관리자가 퇴직한 경우 그 관계인 또는 안전관리자는 소방본부장이나 소방서장에게 그 사실을 알려 해임되거나 퇴직한 사실을 확인받을 수 있다.

마. 안전관리자를 선임한 제조소등의 관계인은 안전관리자가 여행 · 질병 그 밖의 사유로 인하여 일시적으로 직무를 수행할 수 없거나 안전관리자의 해임 또는 퇴직과 동시에 다른 안전관리자를 선임하지 못하는 경우에는 국가기술자격법에 따른 위험물의 취급에 관한 자격취득자 또는 위험물안전에 관한 기본지식과 경험이 있는 자를 대리자(代理者)로 지정하여 그 직무를 대행하게 하여야 한다. 이 경우 대리자가 안전관리자의 직무를 대행하는 기간은 30일을 초과할 수 없다.

바. 안전관리자는 위험물을 취급하는 작업을 하는 때에는 작업자에게 안전관리에 관한 필요한 지시를 하는 등 「위험물안전관리법 시행규칙」 제55조에서 정하는 바에 따라 위험물의 취급에 관한 안전관리와 감독을 하여야 하고, 제조소등의 관계인과 그 종사자는 안전관리자의 위험물 안전관리에 관한 의견을 존중하고 그 권고에 따라야 한다.

사. 제조소등에 있어서 위험물취급자격자가 아닌 자는 안전관리자 또는 「위험물안전관리법」 제5항에서 기술하고 있는 대리자가 참여한 상태에서 위험물을 취급하여야 한다.

아. 다수의 제조소등을 동일인이 설치한 경우 관계인은 「위험물안전관리법 시행령」 제12조에서 정하는 바에 따라 1인의 안전관리자를 중복하여 선임할 수 있다. 이 경우 대통령령이 정하는 제조소등의 관계인은 「위험물안전관리법」 제5항에 따른 대리자의 자격이 있는 자를 각 제조소등별로 지정하여 안전관리자를 보조하게 하여야 한다.

자. 제조소등의 종류 및 규모에 따라 선임하여야 하는 안전관리자의 자격은 「위험물안전관리법 시행령」 제13조 정한다.

5.3.3 예방규정의 수립과 실행

가. 제조소등의 관계인은 당해 제조소등의 화재예방과 화재 등 재해발생시의 비상조치를 위하여 「위험물안전관리법 시행규칙」 제63조에서 정하는 바에 따라 예방규정

을 정하여 당해 제조소등의 사용을 시작하기 전에 시·도지사에게 제출하여야 한다. 예방규정을 변경한 때에도 또한 같다.

나. 시·도지사는 제조소등의 관계인으로부터 제출되어진 예방규정이 「위험물안전관리법」 제5조 제3항의 규정에 따른 기준에 적합하지 아니하거나 화재예방이나 재해발생시의 비상조치를 위하여 필요하다고 인정하는 때에는 이를 반려하거나 그 변경을 명할 수 있다.

다. 제조소등의 관계인과 그 종업원은 예방규정을 충분히 잘 익히고 준수하여야 한다.

5.3.4 정기점검 및 정기검사

가. 「위험물안전관리법 시행규칙」 제16조에서 정하는 제조소등의 관계인은 그 제조소등에 대하여 「위험물안전관리법 시행규칙」 제64조에서 같은 법 제69조까지 기술된 내용을 참고하여 「위험물안전관리법」 제5조 제4항의 규정에 따른 기술기준에 적합한지의 여부를 정기적으로 점검하고 점검결과를 기록하여 보존하여야 한다.

나. 정기점검을 한 제조소등의 관계인은 점검을 한 날부터 30일 이내에 점검결과를 시·도지사에게 제출하여야 한다.

다. 정기점검의 대상이 되는 제조소등의 관계인 가운데 「위험물안전관리법 시행령」 제17조에서 정하는 제조소등의 관계인은 「위험물안전관리법 시행규칙」 제70조에서 같은 법 제72조까지 기술된 내용에서 정하는 바에 따라 소방본부장 또는 소방서장으로부터 해당 제조소등이 「위험물안전관리법」 제5조 제4항에 따른 기술기준에 적합하게 유지되고 있는지의 여부에 대하여 정기적으로 검사를 받아야 한다.

참고 **정기점검 및 정기검사 구분**

- 실행주체 : 정기점검(관계인), 정기검사(소방본부장 또는 소방서장)
- 대상범위 : 정기점검 > 정기검사

5.4 구조 · 구급 행정관리와 구조 · 구급 활동

5.4.1 소방청과 시 · 도 소방본부의 구조 · 구급 행정관리

1) 소방청의 구조 · 구급 행정관리

(1) 구조 · 구급 기본계획 등의 수립 · 시행

소방청장은 「119구조 · 구급에 관한 법률」 제3조에 제시된 국가 등의 책무에 관한 업무를 수행하기 위하여 관계 중앙행정기관의 장과 협의하여 「119구조 · 구급에 관한 법률 시행령」 제2조에서 정하는 바에 따라 다음의 사항을 포함하여 구조 · 구급 기본계획(이하 "기본계획"이라 한다)을 수립 · 시행하여야 한다.

1. 구조 · 구급서비스의 질 향상을 위한 정책의 기본방향에 관한 사항
2. 구조 · 구급에 필요한 체계의 구축, 기술의 연구개발 및 보급에 관한 사항
3. 구조 · 구급에 필요한 장비의 구비에 관한 사항
4. 구조 · 구급 전문인력 양성에 관한 사항
5. 구조 · 구급활동에 필요한 기반조성에 관한 사항
6. 구조 · 구급의 교육과 홍보에 관한 사항
7. 그 밖에 구조 · 구급업무의 효율적 수행을 위하여 필요한 사항

(2) 구조 · 구급 집행계획의 수립 · 시행

소방청장은 기본계획에 따라 매년 연도별 구조 · 구급 집행계획(이하 "집행계획"이라 한다)을 수립 · 시행하여야 한다.

(3) 수립된 기본계획 및 집행계획의 제출

소방청장은 수립된 기본계획 및 집행계획을 시 · 도지사에게 통보하고 국회 소관 상임위원회에 제출하여야 한다.

(4) 기본계획 및 집행계획 수립을 위해 요구되는 협조사항

소방청장은 기본계획 및 집행계획을 수립하기 위하여 필요한 경우에는 관계 중앙행정기관의 장 또는 시 · 도지사에게 관련 자료의 제출을 요청할 수 있다. 이 경우 자료제출을 요청받은 관계 중앙행정기관의 장 또는 시 · 도지사는 특별한 사유가 없으면 이에 따라야 한다.

2) 시 · 도 소방본부의 구조 · 구급 행정관리

(1) 시 · 도 소방본부의 구조 · 구급집행계획의 수립 · 시형

소방본부장은 기본계획 및 집행계획에 따라 관할 지역에서 신속하고 원활한 구조 · 구급활동을 위하여 매년 특별시 · 광역시 · 특별자치시 · 도 · 특별자치도(이하 "시 · 도"라 한다) 구조 · 구급 집행계획(이하 "시 · 도 집행계획"이라 한다)을 수립하여 소방청장에게 제출하여야 한다.

(2) 시 · 도 집행계획 수립을 위해 요구되는 협조사항

소방본부장은 시 · 도 집행계획을 수립하기 위하여 필요한 경우에는 해당 특별자치도지사 · 시장 · 군수 · 구청장(자치구의 구청장을 말한다. 이하 같다)에게 관련 자료의 제출을 요청할 수 있다. 이 경우 자료제출을 요청받은 해당 특별자치도지사 · 시장 · 군수 · 구청장은 특별한 사유가 없으면 이에 따라야 하며, 시 · 도 집행계획의 수립시기 · 내용, 그 밖에 필요한 사항은 「119구조 · 구급에 관한 법률 시행령」 제4조에 기술된 내용에 따라 정한다.

※ 기본계획(5년, 전년 8/31까지) – 집행계획(매년, 전년 10/31까지) – 시도집행계획(매년, 전년 12/31까지)

5.4.2 구조대 및 구급대 등의 편성 · 운영

1) 구조대의 편성 · 운영

(1) 구조대의 편성 · 운영

소방청장 · 소방본부장 또는 소방서장(이하 "소방청장 등"이라 한다)은 위급상황에서 요구조자의 생명 등을 신속하고 안전하게 구조하는 업무를 수행하기 위하여 「119구조 · 구급에 관한 법률 시행령」 제5조에서 정하는 바에 따라 다음과 같이 119구조대(이하 "구조대"라 한다)를 편성하여 운영하여야 한다.

① 일반구조대 : 시 · 도의 규칙으로 정하는 바에 따라 소방서마다 1개 대(隊) 이상 설치하되, 소방서가 없는 시 · 군 · 구(자치구를 말한다. 이하 같다)의 경우에는 해당 시 · 군 · 구 지역의 중심지에 있는 119안전센터에 설치할 수 있다.

② 특수구조대 : 소방대상물, 지역 특성, 재난 발생 유형 및 빈도 등을 고려하여 시 ·

도의 규칙으로 정하는 바에 따라 특수구조대를 설치할 수 있다. 특수구조대는 지역을 관할하는 소방서에 설치하지만, 고속국도구조대는 아래에서 설명하는 직할구조대에 설치할 수 있다.

1. 화학구조대 : 화학공장이 밀집한 지역
2. 수난구조대 : 「내수면어업법」 제2조 제1호에 따른 내수면지역
3. 산악구조대 : 「자연공원법」 제2조 제1호에 따른 자연공원 등 산악지역
4. 고속국도구조대 : 「도로법」 제10조 제1호에 따른 고속국도(이하 "고속국도"라 한다)
5. 지하철구조대 : 「도시철도법」 제2조 제3호 가목에 따른 도시철도의 역사(驛舍) 및 역 시설

③ 직할구조대 : 대형·특수 재난사고의 구조, 현장 지휘 및 테러현장 등의 지원 등을 위하여 소방청 또는 시·도 소방본부에 설치하되, 시·도 소방본부에 설치하는 경우에는 시·도의 규칙으로 정하는 바에 따른다.

④ 테러대응구조대 : 테러 및 특수재난에 전문적으로 대응하기 위하여 소방청과 시·도 소방본부에 각각 설치하며, 시·도 소방본부에 설치하는 경우에는 시·도의 규칙으로 정하는 바에 따른다.

참고 **소방의 업무적 특성**

- 테러대응구조대는 특수구조대가 아니다.
- 특수구조대는 소방서에 설치하지만, 그 중 고속국도구조대는 직할구조대(소방청, 소방본부)에도 설치할 수 있다.

(2) 119구조대원의 자격 기준

구조대원은 소방공무원으로서 다음의 어느 하나에 해당하는 자격을 갖춘 자에 이어야 한다.

① 소방청장이 실시하는 인명구조사 교육을 받았거나 인명구조사 시험에 합격한 사람

② 국가·지방자치단체 및 「공공기관의 운영에 관한 법률」 제4조에 따른 공공기관의 구조 관련 분야에서 근무한 경력이 2년 이상인 사람

③ 「응급의료에 관한 법률」 제36조에 따른 응급구조사 자격을 가진 사람으로서 소방청장이 실시하는 구조업무에 관한 교육을 받은 사람

(3) 119구조대에서 갖추어야 할 장비의 기준

구조대는 「119구조・구급에 관한 법률 시행규칙」 제3조에서 기술된 사항을 고려하여 장비를 구비하여야 한다.

2) 구급대

(1) 구급대의 편성・운영

소방청장 등은 위급상황에서 발생한 응급환자를 응급처치하거나 의료기관에 긴급히 이송하는 등의 구급업무를 수행하기 위하여 「119구조・구급에 관한 법률 시행령」 제10조에서 정하는 바에 따라 다음과 같이 119구급대(이하 "구급대"라 한다)를 편성하여 운영하여야 한다.

① 일반구급대 : 시・도의 규칙으로 정하는 바에 따라 소방서마다 1개 대 이상 설치하되, 소방서가 설치되지 아니한 시・군・구의 경우에는 해당 시・군・구 지역의 중심지에 소재한 119안전센터에 설치할 수 있다.

② 고속국도구급대 : 교통사고 발생 빈도 등을 고려하여 소방청, 시・도 소방본부 또는 고속국도를 관할하는 소방서에 설치하되, 시・도 소방본부 또는 소방서에 설치하는 경우에는 시・도의 규칙으로 정하는 바에 따른다

(2) 119구급대원의 자격 기준

구급대원은 소방공무원으로서 다음의 어느 하나에 해당하는 자격을 갖춘 자에 이어야 한다. 다만, 소방청장이 실시하는 구급업무에 관한 교육을 받은 사람에 해당하는 구급대원은 구급차 운전과 구급에 관한 보조업무만 할 수 있다.

① 「의료법」 제2조 제1항에 따른 의료인
② 「응급의료에 관한 법률」 제36조 제2항에 따라 1급 응급구조사 자격을 취득한 사람
③ 「응급의료에 관한 법률」 제36조 제3항에 따라 2급 응급구조사 자격을 취득한 사람
④ 소방청장이 실시하는 구급업무에 관한 교육을 받은 사람

(3) 119구급대에서 갖추어야 할 장비의 기준

구급대는 「119구조・구급에 관한 법률 시행규칙」 제7조에서 기술된 사항을 고려하여 장비를 구비하여야 한다.

참고

구조대 vs 구급대 기준

1) 설치기준
- 구조대 : 일반, 특수(고속국도 제외) → 소방서
  고속국도 → 소방관서
- 직할, 테러대응 → 소방본부, 소방청
- 구급대 : 일반 → 소방서
  고속국도 → 소방관서

2) 자격기준
- 구조대 : 인명구조사 교육 또는 합격, 구조 경력 2년
  응급구조사 자격자 + 구조업무 교육 수료
- 구급대 : 의료인, 응급구조사(1급, 2급) 자격 취득, 구급업무 교육 수료

3) 119 항공대

(1) 119 항공대의 편성과 운영

소방청장 또는 소방본부장은 초고층 건축물 등에서 요구조자의 생명을 안전하게 구조하거나 도서·벽지에서 발생한 응급환자를 의료기관에 긴급히 이송하기 위하여 119항공대(이하 "항공대"라 한다)를 편성하여 운영한다.

(2) 119 항공대의 자격 기준

구조대원의 자격기준 또는 구급대원의 자격기준을 갖추고, 소방청장이 실시하는 항공구조·구급과 관련된 교육을 마친 사람으로 한다.

항공대의 편성과 운영, 업무 및 항공대원의 자격기준, 그 밖에 필요한 사항은 대통령령으로 정한다.

(3) 119항공대에서 갖추어야 할 장비의 기준

항공대는 「119구조·구급에 관한 법률 시행규칙」 제9조에서 기술된 사항을 고려하여 장비를 구비하여야 한다.

4) 119 구조견대

(1) 119 구조견대의 편성과 운영

소방청장과 소방본부장은 위급상황에서 「소방기본법」 제4조에 따른 소방활동의 보조 및 효율적 업무 수행을 위하여 119구조견대를 편성하여 운영한다.

이러한 119구조견대에 활동하는 구조견에 대한 양성·보급 및 구조견 운용자의 교육·훈련을 위하여 구조견 양성·보급기관을 설치·운영하여야 한다.

(2) 119 구조견대의 기준

119구조견대의 편성·운영 및 제2항에 따른 구조견 양성·보급 기관의 설치·운영, 그 밖에 필요한 사항은 「119구조·구급에 관한 법률 시행규칙」 제19조의 5에 따른다.

(3) 119구조견대에서 갖추어야 할 장비의 기준

119구조견대는 「119구조·구급에 관한 법률 시행규칙」 제13조의 3에 기술된 사항을 고려하여 장비를 구비하여야 한다.

5) 국제구조대

(1) 국제구조대의 편성과 운영

소방청장은 국외에서 대형재난 등이 발생한 경우 재외국민의 보호 또는 재난발생국의 국민에 대한 인도주의적 구조 활동을 위하여 교부장관과 협의를 거쳐 국제구조대를 편성하여 재난발생국에 파견할 수 있다. 이러한 경우 파견 및 장비의 지원에 대하여 소방청장은 국제구조대의 파견과 관련한 중앙행정기관의 장 또는 시·도지사에게 요청할 수 있는데, 특별한 사유가 없으면 요청에 따라야 한다.

소방청장은 국외에서 대형재난 등이 발생하지 않은 경우 국제구조대를 국외의 대형재난 등 발생 시 국외에 파견할 것에 대비하여 구조대원에 대한 교육훈련 등을 할 수 있는데, 이와 같은 경우 국외재난대응능력을 향상시키기 위한 목적으로 국제연합 등 관련 국제기구와의 협력체계 구축, 해외재난정보의 수집 및 기술연구 등을 위한 시책을 추진할 수 있다.

(2) 국제구조대의 기준

국제구조대의 편성, 파견, 교육훈련 및 국제구조대원의 귀국 후 건강관리와 그 밖에 필요한 사항은 「119구조·구급에 관한 법률 시행령」 제7조에서 같은 법 8조까지 따른다.

(3) 국제구조대에서 갖추어야 할 장비의 기준

국제구조대는 「119구조·구급에 관한 법률 시행규칙」 제6조에서 기술된 사항을 고려하여 장비를 구비하여야 한다.

5.4.3 구조 · 구급활동 등

(1) 구조 · 구급활동

소방청장 등은 위급상황이 발생한 때에는 구조 · 구급대를 현장에 신속하게 출동시켜 인명구조, 응급처치 및 구급차등의 이송, 그 밖에 필요한 활동을 하게 하여야 하며, 누구든지 구조 · 구급활동을 방해하여서는 안 된다. 다만, 소방청장 등은 대통령령으로 정하는 위급하지 아니한 경우에는 구조 · 구급대를 출동시키지 아니할 수 있다.

(2) 유관기관과의 협력

소방청장 등은 구조 · 구급활동을 함에 있어서 필요한 경우에는 시 · 도지사 또는 시장 · 군수 · 구청장에게 협력을 요청할 수 있다. 이러한 경우 특별한 사유가 없으면 시 · 도지사 또는 시장 · 군수 · 구청장은 소방청장의 요청에 따라야 한다.

(3) 구조 · 구급활동을 위한 긴급조치

소방청장 등은 구조 · 구급활동을 위하여 필요하다고 인정하는 때에는 다른 사람의 토지 · 건물 또는 그 밖의 물건을 일시사용, 사용의 제한 또는 처분을 하거나 토지 · 건물에 출입할 수 있다. 이와 같은 조치로 인하여 손실을 입은 자가 있는 경우에는 「119구조 · 구급에 관한 법률 시행령」 제22조에서 정하는 바에 따라 그 손실을 보상하여야 한다.

(4) 구조된 사람과 물건의 인도 · 인계

소방청장 등은 구조활동으로 구조된 사람(이하 "구조된 사람"이라 한다) 또는 신원이 확인된 사망자의 경우 그 보호자 또는 유족에게 지체 없이 인도하여야 하고, 구조 · 구급활동과 관련하여 회수된 물건(이하 "구조된 물건"이라 한다)의 소유자가 있는 경우에는 소유자에게 그 물건을 인계하여야 한다.

다만, 다음 어느 하나에 해당하는 때에는 구조된 사람, 사망자 또는 구조된 물건을 특별자치도지사 · 시장 · 군수 · 구청장(「재난 및 안전관리 기본법」 제14조 또는 제16조에 따른 재난안전대책본부가 구성된 경우 해당 재난안전대책본부장을 말한다. 이하 같다)에게 인도하거나 인계하여야 한다.

① 구조된 사람이나 사망자의 신원이 확인되지 아니한 때
② 구조된 사람이나 사망자를 인도받을 보호자 또는 유족이 없는 때
③ 구조된 물건의 소유자를 알 수 없는 때

(5) 구조된 사람의 보호

구조된 사람을 인도받은 특별자치도지사·시장·군수·구청장은 구조된 사람에게 숙소·급식·의류의 제공과 치료 등 필요한 보호조치를 취하여야 하며, 사망자에 대하여는 영안실에 안치하는 등 적절한 조치를 취하여야 한다.

(6) 구조된 물건의 처리

구조된 물건을 인계받은 특별자치도지사·시장·군수·구청장은 이를 안전하게 보관하여야 한다. 이러한 경우 인계받은 물건의 처리절차와 그 밖에 필요한 사항은 「119구조·구급에 관한 법률 시행령」 제23조에 따라 정한다.

(7) 가족 및 유관기관의 연락

구조·구급대원은 구조·구급활동을 함에 있어 현장에 보호자가 없는 요구조자 또는 응급환자를 구조하거나 응급처치를 한 후에는 그 가족이나 관계자에게 구조경위, 요구조자 또는 응급환자의 상태 등을 즉시 알려야 한다.

다만, 구조·구급대원은 요구조자와 응급환자의 가족이나 관계자의 연락처를 알 수 없는 때에는 위급상황이 발생한 해당 지역의 특별자치도지사·시장·군수·구청장에게 그 사실을 통보하여야 한다. 이와 같은 경우 경찰관서에 신원의 확인을 의뢰할 수 있다.

(8) 구조·구급활동을 위한 지원요청

소방청장 등은 구조·구급활동을 함에 있어서 인력과 장비가 부족한 경우에는 「119구조·구급에 관한 법률 시행령」 제24조에 따라 관할구역 안의 의료기관, 「응급의료에 관한 법률」 제44조에 따른 구급차 등의 운용자 및 구조·구급과 관련된 기관 또는 단체(이하 이 조에서 "의료기관 등"이라 한다)에 대하여 구조·구급에 필요한 인력 및 장비의 지원을 요청할 수 있다. 이 경우 요청을 받은 의료기관 등은 정당한 사유가 없으면 이에 따라야 한다. 또한 이러한 구조·구급활동에 참여하는 사람은 소방청장 등의 조치에 따라야 하고, 지원활동에 참여한 구급차 등의 운용자는 소방청장 등이 지정하는 의료기관으로 응급환자를 이송하여야 한다. 이와 같이 구조·구급활동에 참여한 의료기관등에 대하여는 소방청장 등은 그 비용을 보상할 수 있다.

(9) 구조·구급대원과 경찰공무원의 협력

구조·구급대원은 범죄사건과 관련된 위급상황 등에서 구조·구급활동을 하는 경우에는 경찰공무원과 상호 협력하여야 한다. 특히 요구조자나 응급환자가 범죄사건과 관련이 있다고 의심할만한 정황이 있는 경우에는 즉시 경찰관서에 그 사실을 통보하고 현장의 증거보존에 유의하면서 구조・구급활동을 하여야 한다. 다만, 생명이 위독한 경우에는 먼저 구조하거나 의료기관으로 이송하고 추후 경찰관서에 그 사실을 통보할 수 있다.

(10) 구조・구급활동의 기록관리

소방청장 등은 구조・구급활동상황 등을 기록하고 이를 보관하여야 한다. 이러한 경우 구조・구급활동상황일지의 작성・보관 및 관리, 그 밖에 필요한 사항은 「119구조・구급에 관한 법률 시행규칙」 제17조와 같은 법 제18조에 따라 정한다.

(11) 이송환자에 대한 정보 수집

소방청장 등은 구급대가 응급환자를 의료기관으로 이송한 경우 이송환자의 수 및 증상을 파악하고 응급처치의 적절성을 자체적으로 평가하기 위하여 필요한 범위에서 해당 의료기관에 주된 증상, 사망여부 및 상해의 경중 등 응급환자의 진단 및 상태에 관한 정보를 요청할 수 있다. 이 경우 요청을 받은 의료기관은 정당한 사유가 없으면 이에 따라야 한다.

(12) 구조・구급대원에 대한 안전사고방지대책 등 수립・시행

소방청장은 구조・구급대원의 안전사고방지대책, 감염방지대책, 건강관리대책 등(이하 "안전사고방지대책 등"이라 한다)을 수립・시행하여야 한다. 이러한 안전사고방지대책 등의 수립에 관하여 필요한 사항은 「119구조・구급에 관한 법률 시행령」 제25조에 따라 정한다.

(13) 감염병환자등의 통보 등

질병관리청장 및 의료기관의 장은 구급대가 이송한 응급환자가 「감염병의 예방 및 관리에 관한 법률」 제2조 제13호부터 제15호까지 및 제15호의 2의 감염병환자, 감염병의사환자, 병원체보유자 또는 감염병의심자(이하 이 조에서 "감염병환자 등"이라 한다)인 경우에는 그 사실을 소방청장 등에게 즉시 통보하여야 한다. 이 경우 정보시스템을 활용하여 통보할 수 있다. 만약, 감염병환자 등과 접촉한 구조・구급대원이 발생한 경우 적절한 치료를 받을 수 있도록 조치하여야 한다.

이러한 감염병환자 등에 대한 구체적인 통보대상, 통보 방법 및 절차, 조치 방법 등에 필요한 사항은 「119구조・구급에 관한 법률 시행령」 제25조의 2에 따라 정한다.

(14) 구조 · 구급활동으로 인한 형의 감면

다음의 어느 하나에 해당하는 자가 구조 · 구급활동으로 인하여 요구조자를 사상에 이르게 한 경우 그 구조 · 구급활동 등이 불가피하고 구조 · 구급대원 등에게 중대한 과실이 없는 때에는 그 정상을 참작하여 「형법」 제266조부터 제268조까지의 형을 감경하거나 면제할 수 있다.

① 「119구조 · 구급에 관한 법률」 제4조 제3항에 따라 위급상황에 처한 요구조자를 구출하거나 필요한 조치를 한 자
② 「119구조 · 구급에 관한 법률」 제13조 제1항에 따라 구조 · 구급활동을 한 자

PART 02 재난관리

CHAPTER 6

재난 및 재난관리의 개념

6.1 재난의 정의 및 분류

6.1.1 재난의 정의

우리나라는 재난 및 안전관리 기본법 제3조(정의)에서 재난이란 "국민의 생명・신체 재산과 국가에 피해를 주거나 줄 수 있는 것"으로 정의하고 있다. 과거에는 "하늘에서 비롯된 것으로 인간의 통제를 벗어난 해로운 영향"이라는 Disaster 어원에서 시작하였으나 시대와 사회환경・경제발전에 따라 재난의 정의 범위가 확대 적용되었다.

또한 재난경감 국제전략(UN ISDR)에서는 "지역 또는 사회 자체의 인적・물적 자원만으로는 대체할 수 없을 정도로 인적, 물적, 경제・환경적 피해를 초래하여 영향을 받은 지역 또는 사회가 극도로 혼란한 상태"로서 위험요인(Hazard)과 취약요인(Vulnerability)이 결합된 상태로 정의하고 있다.

참고

Disaster

- Dis : 분리, 파괴, 불일치 aster : 라틴어로 a strum 또는 star를 의미
- 별의 배열이 맞지 않아 생기는 하나의 재앙

위험요인(Hazard)

- 인명손상, 재산피해, 사회・경제적 혼란, 환경화 등 잠재적으로 피해를 유발할 수 있는 물리적 사건, 현상 및 인간활동
- 자연적 요인과 인위적 요인으로 구분

취약요인(Vulnerability)

- 지역 또는 사회의 물리적, 사회적 경제적 환경적 요소에 따라 그 지역 또는 사회와 위험의 영향을 받기 쉬운 정도(위험에 대한 노출정도)

6.1.2 재난과 유사개념 정의

1) 위기

어떤 판단, 결단, 선택 등을 의미하는 그리스어 krisis에서 시작된 위기(Crisis)는 자연현상 또는 인간의 실수나 고의, 사회적 상황으로부터 피해를 받는 사회체계의 범위가 지역사회 이상이면서 체계의 존립이나 구성원의 생명・건강・재산에 위해를 가하는 사건이나 성향(이재은, 2012)으로 학문차원에서 정의하고 있다. 이에 따라 현대사회에서는 위기의 개념을 다양하고 폭넓게 사용하고 있지만 협의의 개념으로는 재난과 같은 개념을 의미하고 있다.

2) 위험

위험은 바람직하지 않은 결과가 발생할 수 있는 불확실한 상황(Uncertain Situation)으로서 사회체계의 복잡성이 증가함에 따라 위험도 함께 증가하고 있다. 위험은 본질적으로 아직 발생하지 않았지만, 위협이 되는 파멸과 관련이 있다.

3) 재앙

재앙의 정의는 "뜻하지 아니하게 생긴 불행한 변고 또는 천재지변으로 인한 불행한 사고"이다. 재난보다 재앙의 개념은 피해영향과 충격이 큰 것을 의미한다.

4) 재해

일반적으로 재해를 재난과 동일한 의미로 사용되거나 일부에서는 재해가 재난의 범위보다 넓은 의미라고 하나 우리나라에서는 자연재해대책법 제2조(정의) "재해란 「재난 및 안전관리기본법」 제3조 제1호에 따른 재난으로 발생하는 피해"라고 정의하였으며 「재해경감을 위한 기업의 자율활동지원에 관한 법률」 제2조에서도 재해란 재난으로 인하여 발생하는 피해라고 정의하고 있다. 따라서 재난은 사건을 뜻하며 재해는 그 사건을 통하여 발생한 피해라고 정의할 수 있다.

참고

- 협의(狹義) : 어떤 말의 개념을 정의할 때 좁은 의미
- 광의(廣義) : 어떤 말의 개념을 정의할 때 넓은 의미

6.1.3 재난의 특성

1) 누적성

1978년 터너는 재난을 단순히 뜻밖의 사고로 보지 않고, 오랜 시간에 걸쳐 누적된 위험 요인들이 특정 시점에서 표출되는 '배양의 과정'으로 정의하였다. 즉, 재난은 비가시적으로 누적된 위험 발발 요인들이 중요한 역할을 하며, 이러한 요인들은 재난의 발생뿐만 아니라 전개 과정에서도 작용할 수 있다.

2) 불확실성

재난의 불확실성은 재난에 대한 기존의 불명확한 특성이 변할 수 있고, 그에 따라 재난관리조직도 정상적인 대응이 단순한 확대를 넘어선 선례가 없는 조치를 할 수밖에 없다. 재난은 선형적·기계적인 과정만 따르는 것이 아니라 비선형적·유기적 또는 진화적인 과정을 따를 수도 있다.(Hills, 1998)

불확실성은 재난의 모든 과정에서 나타날 가능성이 크며, 재난 발생 이전에는 누적성과 연관하여 비가시적인 요인들이 누적되고 배양되면서 재난의 발생 가능성이 커지고, 이러한 누적인 발생 요인 간의 상호작용을 예측하기 어렵기 때문에 재난 자체가 어디서 발생할지 정확하게 예측할 수 없게 되며, 재난 발생 후에도 위험 자체가 기존의 기술적·사회적 장치와 맞물려 어떻게 전개될지 알 수 없으드로 재난관리 조직 간의 권한 및 범위 등이 새로이 요구되고 재난의 대응 및 복구 단계가 변화될 가능성을 나타내고 있다.

3) 복잡성

재난의 특징 중에 복잡성을 정의할 때에는 두 가지 측면에서 살펴볼 수 있다. 재난 자체가 지니고 있는 복잡성과 재난 발생 이후에 재난관리측면에서의 복잡성으로 구분된다.

재난 자체에서 발생하는 복잡성은 재난의 크기, 강도, 규모로 볼 수 있으며 Hills는 복잡성에 대해서는 최초에 발생한 재난과 다른 재난의 발생을 복잡성으로 정의할 수 있다고 하였다.

재난 발생 이후에 복잡성은 관련 기관들 간의 관계에서 비롯된 복잡성으로 정의할 수 있다. 재난 발생 이후 복잡성을 두 가지 측면으로 나누어보면 재난 발생 이전과 비교할 때 재난 발생 이후의 단계에서 재난관리 행정의 경계 자체가 확대되는 것(남궁근, 1995)과 재난 발생 이후의 단계에서는 기존의 재난관리 조직의 개입 범위가 축소되는 것(Drabek,

1985)으로 나누어진다. 이러한 측면에서 살펴보면 재난의 예방단계와 달리 재난이 발생한 이후라면 복수의 기관이 참여하게 되고, 그에 따라 관련 기관들 간의 권한 설정, 역할분담, 조정의 문제가 야기될 수 있다.

4) 상호작용성

재난의 상호작용성은 일반적으로 재난의 복잡성과의 연관성이 크다. 정의로만 살펴보게 되면 자연적, 기술적, 사회적으로 구분되는 재난들과 그 원인이 되는 위험요인들이 단독적으로 진행되는 것이 아니라 상호간의 복잡하게 작용하면서 확대되거나 재발한다는 뜻으로 정의할 수 있다. 과거에는 자연재난에서만 상호작용성을 중요시하였으나 사회발전 등을 통하여 사회재난에서도 상호작용성을 나타날 수 있으며, 이는 다양한 재난의 물리적 위험요인들이 지역사회가 가지고 있는 취약성들과 상호작용하면서 재난을 확대 유발할 수 있다.

5) 인지성

인지성이라는 측면에서는 하나의 사건을 어떤 관점에서 해석하느냐에 따라 나타나는 특성이라고 할 수 있다. 재난이 발생하였을 때 재난관리자는 단순한 '기술적인 사고' 생각할 수 있으나 재난의 피해자들에게는 대재앙으로 인식할 수 있다. 이처럼 언어에 내제된 모호성으로 인하여 재난의 배양과정에서 정보수집과 의사소통의 어려움이 발생하고 그에 따라 재난의 발발요인이 축적된다.(Gherardi et al., 1998)

참고

- 누적(累積) : 포개어 여러 번 쌓음 또는 포개져 여러 번 쌓임
- 비가시적(非可視的) : 눈으로 볼 수 없는 것 = 불가시적
- 선형적(線型的) : 선처럼 길게 일렬로 나아가는 또는 그런 것
- 상호작용(相互作用) : 두 개 이상의 요인이 조합되어 결과에 영향을 미치는 작용
- 가시적(可視的) : 눈으로 볼 수 있는 것
- 불확실성(不確實性) : 하지 아니한 성질 또는 그런 상태
- 복잡성(複雜性) : 갈피를 잡기 어려울 만큼 여러 가지가 얽혀 있거나 어수선한 성질
- 인지(認知) : 어떤 사실을 인정하여 앎

6.1.4 재난의 분류

1) 이론적 재난 분류

(1) 존슨(David K. Jone)의 분류

재난의 발생원인과 재난현상에 따라 크게 분류하고 이를 자연재난과 준자연재난, 인적재난으로 구분하였다. 또한 소분류로 자연재난을 지구물리학적 재난, 생물학적 재난으로 구분하였다. 존슨의 분류에서의 특징은 장시간이 소요되는 공해, 온난화, 염수화, 토양침식 등을 재난에 포함시키고 있다.

표 6-1 David K. Jone 재난분류

<table>
<tr><th colspan="6">존슨의 재난</th></tr>
<tr><th colspan="4">자연재난</th><th>준자연재난</th><th>인적재난</th></tr>
<tr><th colspan="3">지구물리학적 재난</th><th>생물학적 재난</th><td rowspan="3">스모그현상
온난화현상
사막화현상
염수화현상
눈사태
산성화, 홍수
토양침식 등</td><td rowspan="3">공해
광화학연무
폭동
교통사고
폭발사고
전쟁 등</td></tr>
<tr><th>지형학적 재난</th><th>지질학적 재난</th><th>기상학적 재난</th><td rowspan="2">세균 질병
유독식물
유독동물 등</td></tr>
<tr><td>산사태
염수토양 등</td><td>지진
화산
쓰나미 등</td><td>안개, 눈, 해일
번개, 토네이도
폭풍, 태풍, 가뭄
이상기온 등</td></tr>
</table>

(2) 아네스(Br. J. Anesth)의 분류

재난을 자연재난과 인적재난으로 대분류하고, 자연재난을 기후성 재난과 지진성 재난, 인적재난을 고의성 여부에 따른 사고성 재난과 계획적 재난으로 소분류하였다. 존슨과 달리 아네스는 피해가 장시간에 걸쳐 발생하고 인명피해를 발생이 미미한 대기오염, 수질오염 등을 제외한 것이 큰 차이점이라고 할 수 있다.

참고

- 존슨의 재난분류체계는 일반행정관리 분야까지 포함하여 광범위한 분류로서 재난관리 측면에서는 적용하기에는 범위가 넓다는 문제점을 가지고 있다.
- 아네스의 재난 분류는 미국의 지역재난계획에서 주로 원용하고 있다.
- 원용(援用) → 자기의 주장이나 학설을 세우기 위하여 문헌이나 관례 따위를 끌어다 씀

표 6-2 Br. J. Anesth 재난 분류

아네스의 재난			
자연재난		인적재난	
기후성 재난	지진성 재난	사고성 재난	계획적 재난
태풍 수해 설해	지진 화산폭발 해일	• 교통사고(자동차, 철도, 항공, 선박사고) • 산업사고(건축물 붕괴, 기계시설물 사고) • 폭발사고(갱도, 가스, 화학, 폭발물) • 화재사고 • 생물학적사고(박테리아, 바이러스, 독혈증) • 화학적사고(부식성물질, 유독물질) • 방사능사고	테러 폭동 전쟁

2) 우리나라 법령상의 재난 분류

우리나라의 법령상 재난분류는 「재난 및 안전관리 기본법」 제3조(정의) 제1항에 따라 자연재난과 사회재난으로 분류하고 있으며 제2항에 해외재난까지도 재난의 분류에 포함되어 있다.

(1) 자연재난

태풍, 홍수, 호우(豪雨), 강풍, 풍랑, 해일(海溢), 대설, 한파, 낙뢰, 가뭄, 폭염, 지진, 황사(黃砂), 조류(藻類) 대발생, 조수(潮水), 화산활동, 소행성·유성체 등 자연우주물체의 추락·충돌, 그 밖에 이에 준하는 자연현상으로 인하여 발생하는 재해를 말한다.

(2) 사회재난

화재·붕괴·폭발·교통사고(항공사고 및 해상사고를 포함한다)·화생방사고·환경오염사고 등으로 인하여 발생하는 대통령령으로 정하는 규모 이상의 피해와 국가핵심기반의 마비, 「감염병의 예방 및 관리에 관한 법률」에 따른 감염병 또는 「가축전염병예방법」에 따른 가축전염병의 확산, 「미세먼지 저감 및 관리에 관한 특별법」에 따른 미세먼지 등으로 인한 피해를 말한다.

(3) 해외재난

대한민국의 영역 밖에서 대한민국 국민의 생명·신체 및 재산에 피해를 주거나 줄 수 있는 재난으로서 정부차원에서 대처할 필요가 있는 재난을 말한다.

참고

복합재난

- 둘 이상의 재난이 동시에 하나의 장소에서 발생
- 둘 이상의 재난이 동시에 발생, 순차적으로 일어나지만 첫 번째 재난이 두 번째 재난에 영향을 미치는 재난
- 하나의 재난이 국가, 지역에 영향을 미치는 다른 재난형태로 발전(테러, 전쟁, 전염병 등)

해외재난의 다른 법령의 범위

- 「해외긴급구호에 관한 법률 제2조 제2항」 대한민국의 영역 밖에서 발생한 천재지변 · 대형사고 그 밖의 재해 또는 사고로 인한 신체 및 재산상의 대규모 피해

6.2 재난관리의 개념과 단계별 정의

6.2.1 재난관리의 정의 및 성격

1) 재난관리의 정의

우리나라에서 재난관리라고 하면 「재난 및 안전관리 기본법」 제3조(정의)에 나타낸 바와 같이 재난의 예방 · 대비 · 대응 및 복구를 위하여 하는 모든 활동을 말한다. 즉, 재난으로 발생하는 피해를 최소화하기 위한 모든 활동으로 정의할 수 있다.

2) 재난관리의 보편적, 일반적 성격(채진, 2023)

- 재난관리책임에 있어 보편성과 일반성을 지닌다.
- 재난관리는 공동관리적 성격을 지닌다.
- 현재사회에서는 재난관리의 일상화가 요구된다.
- 재난관리는 인간 생명의 존엄성에 대한 존중을 전제가치로 삼는다.
- 재난관리는 모든 학문분야의 종합적이고 총체적 동원한다.

3) 재난관리의 원칙

재난관리의 원칙(방재학회, 2014 : 5-6)의 목표는 국민의 생명과 재산을 보호하고 안정된 삶

을 유지하는데 있다.

(1) 사전대비의 원칙

재난은 관리가 가능하다는 인식하에 단계적인 대비 및 대응을 통한 체계적인 관리가 필요하다. 물론 발생이 불가피한 자연재난에 대해서는 즉각적인 대응을 통해 피해를 최소화하는 것이 중요하며 예방이 가능한 사회재난은 발생 가능한 원인을 파악하는 것을 물론, 적절한 대비가 요구된다. 이를 위해 각종 정책과 예방・대비계획을 발전시켜야 하며 실제적인 훈련, 점검보완 등을 통해 사전예방 및 철저한 대비체계를 구축하여야 한다.

(2) 현장중심의 원칙

재난의 초기에 피해 최소화를 위하여 사고현장의 가용한 수단을 이용한 현장대응이 중요시된다. 이에 따라 신속한 신고접수, 경보발령체계유지, 즉각적인 현장조치능력, 효과적인 대응수단운용이 중요시된다.

(3) 지휘통일의 원칙

재난대응을 위해서는 단일 지휘통제체계 유지가 중요시되며 중앙정부에서 지방정부, 유관기관, 민간기관 등을 통합운용하고 재난현장대응조직 등을 총괄하여 조정・통제할 수 있는 지휘통제 시스템의 확립이 중요시된다.

(4) 정보공유의 원칙

정확한 재난정보를 기초로 하여 적합한 대응요소를 적절하게 활용하기 위해 관련 기관들의 정보공유가 중요시된다. 평소에는 가용자원에 대한 통제가 유지되고 재난에 대한 각종 정보가 생산 및 통합되는 종합상황실을 운용하여 생산된 정보를 적시에 전파하는 등 원활한 의사소통을 위한 유무선 통신체계가 수립되어야 한다.

(5) 상호협력의 원칙

형태와 성격, 규모가 다양한 각종 재난에 대응하기 위해서는 능력이 상이한 각각의 대응자원을 통합하는 것이 중요하며, 모든 대응요소들의 밀접한 상호 협력이 원칙이다. 따라서 이러한 재난 관련 조직들은 수시로 긴밀하게 정보를 교환하고, 가용한 인적・물적 자원의 현황을 관리・유지하며, 각 조직의 능력을 숙지하는 것이 상호 협력의 기본이다.

6.2.2 재난관리의 단계별 정의

우리나라 「재난 및 안전관리 기본법」에서 정의하고 있는 재난관리에서 나타내고 있는 모든 활동은 일반적인 재난관리에서의 재난의 발생순서와 연관하여 예방, 대비, 대응, 복구의 순으로 재난의 단계별 정의를 할 수 있다. 본 단계를 간단히 정의하면 다음 표와 같이 나타낼 수 있다.

표 6-3 재난관리 4단계 및 주요내용

구분		주요 내용
재난발생 이전 단계	예방	재난발생을 사전에 억제하기 위한 일련의 활동 구조적 경감활동과 비구조적 경감활동으로 구분
	대비	재난에 있어서 실제 수행해야 할 제반사항을 사전 조직, 예산확보, 계획, 준비, 재난관리 시스템 구축, 교육, 훈련을 평가함으로서 재난에 신속하게 대응할 수 있는 사전 준비활동
재난발생 이후 단계	대응	재난발생시 국민의 생명, 신체, 재산을 보호하기 위한 일련의 활동
	복구	재난발생 이전의 상태로 회복하는 단계

1) 재난의 예방단계

예방(mitigation)은 위험 감소 계획을 결정・집행하고, 각종 재난으로부터 인간의 생명과 재산에 대한 위험의 정도를 감소시키는 장기적인 정책으로 이루어졌다. 따라서 예방은 재난이 실제로 발생하기 전에 재난 촉발 요인을 제거하거나 재난 요인이 표출되지 않도록 억제하거나 차단하는 활동을 의미한다.

예방 단계 활동으로는 사전 예방 대책의 수립, 재난 피해 감소방안의 마련, 재난 영향의 예측 및 평가, 이전 기준 설정, 재난 요인 사전 제거, 위험 요인에의 노출 감소 등이 있다. 구체적인 세부 활동에는 규제 및 법령의 정비, 재난취약시설에 대한 주기적 점검 및 규제, 주요 재난시설에 대한 연계 관리계획의 수립, 재난업무의 전담요원 확보, 위험시설이나 취약시설에 대한 보수・보강 계획, 위험요소에 대한 사전관리, 발생 가능한 것으로 판단되는 재난의 탐색 및 조치, 개발 사업에 대한 사전 재난영향 평가, 재난영향 감소를 위한 강제 규제 방안 마련, 기상정보 및 재난 취약 요인에 대한 분석 등이 있다.

이러한 예방활동을 통해 재난으로 인한 인명과 재산의 피해를 최소화하고, 사회적 혼란과 스트레스의 최소화, 중요시설물의 유지, 사회 기반시설의 보호, 정신적 건강 보호, 정부와 공무원의 법적 책임 감소, 정부 활동을 위한 긍정적인 정치적 결과 제공 등과 같은 성과나 편익을 얻을 수 있다.

2) 재난의 대비단계

대비(preparedness)는 재난 발생 시의 대응 활동을 사전에 준비하기 위한 대응 능력 개발 활동을 말한다.(Clary, 1985 : 20; Petack, 1985 : 3; McLoughlin, 1985 : 166)

대비 단계에서의 활동은 사전 훈련 및 협조 체계의 유지, 대응 자원의 확보 및 비축, 그리고 재난경보 체계의 구축 등이 포함된다. 세부 사항으로는 재난 유형별 사전 교육훈련 실시, 표준운영절차(SOP)의 확립, 재난 종류별 유관 기관 확인, 자원 보유기관의 확인 및 응급 복구를 위한 자재비축 및 장비의 가동 준비, 자원 수송 및 통제 계획의 수립, 필요한 자원의 긴급 자원 대책 수립, 재난 예보·경보 시설 및 체계의 구축, 주민 대피를 위한 홍보 업무의 체계화, 그리고 재난 관련 비상 방송 협조 체계의 구축 등이 있다.

3) 재난의 대응단계

대응(response)은 재난이 발생한 경우 재난관리 기관들의 각종 임무 및 기능을 실제 적용하는 활동으로서, 대응 활동은 예방, 대비 단계의 활동과 연계하여 제2의 손실 발생 가능성을 줄이고, 복구 단계에서 발생할 수 있는 문제들을 미리 최소화시키는 활동을 의미한다.(Drabeck, 1985 : 85 :Petak, 1985 : 3) 대응 단계의 주요 활동으로는 대응 기관 사이의 협조 및 조정, 피해자 보호 및 구호 조치, 피해 상황 파악 및 응급 복구 등이 있다. 그리고 세부 활동으로는 현장지휘소 및 상황실 운영, 관련 기관 사이의 의견 조정 및 의사 결정, 대응 기관별 활동 목표와 역할의 명확화, 피해자 및 이재민의 수용시설 확보 및 관리, 희생자 탐색구조와 응급의료 지원, 의연금품과 구호물자 전달체계, 긴급복구계획의 수립 등이 있다.

4) 재난의 복구단계

복구(recovery)는 피해지역이 재난 발생 직후부터 재난 발생 이전 상태로 회복될 때까지의 장기적인 활동 과정으로서, 초기 재난 상황으로부터 정상 상태로 돌아올 때까지 지속적으로 지원을 제공하는 활동을 의미한다. 복구단계의 활동으로는 복구 상황의 점검 및 관리, 피해 파악 및 긴급 지원, 재난 발생 원인에 대한 분석 및 평가가 있으며, 세부 활동으로는 중장기 복구계획 수립 및 복구의 우선순위 결정, 복구장비 및 예산 확보를 위한 방안 마련, 복구 지원을 위한 관계 기관들과의 협조, 피해 상황의 집계, 긴급 지원물품의 제공, 피해자 보상 및 배상관리, 재난 발생원인 및 문제점 조사, 개선안의 마련 및 유사 재난 재발 방지책 마련, 피해 유발 책임자 및 책임기관에 대한 법적 처리 등이 있다.

6.2.3 재난관리의 방식

1) 분산관리방식

전통적 재난관리 제도는 유형별 재난의 특징을 강조하는 것에서부터 시작된다. 이것은 1930년대 전통적인 조직이론의 등장과 함께 합리성을 목표로 하는 조직이 전문화의 원리를 택하도록 하는 행정 이론적 환경과 일치하는 시기에 생겨났다. 이러한 재난관리의 분산관리 방식은 지진, 수해, 유독물, 설해, 화재 등 재난의 종류에 상응하여 대응 방식에 차이가 있다는 것을 강조한다. 따라서 재난 종류별 계획이 수립되며, 대응 책임기관도 각각 다르게 배정되어 관리하는 방식이다.

표 6-4 재난관리 방식별 장 · 단점 비교

유형	유형별 관리 방식	통합관리 방식
성격	분산관리 방식	통합적 관리 방식
관련부처 및 기관	다수 부처 및 기관의 단순 병렬	단일 부처 조정 하의 병렬적 다수 부처 및 기관
책임범위와 부담	소관 재난에 대한 관리 책임, 부담 분산	모든 재난에 대한 관리 책임, 과도한 부담 가능성
관련부처의 활동 범위	특정 재난에 대한 관리활동	모든 재난에 대한 종합적 관리활동과 독립적 활동의 병행
정보전달 체계	정보 전달의 다원화	정보 전달의 일원화
재난 대응	대응 조직 없음(사실상 소방)	통합 대응/지휘통제 용이(소방)
재난에 대한 인지 능력	미약, 단편적	강력, 종합적
장점	• 한 재해 유형을 한 부처가 지속적으로 담당하므로 경험축적 및 전문성 제고가 용이 • 한 사안에 대한 업무의 과다 방지	• 재난 발생 시 총괄적 자원 동원과 신속한 대응성 확보 • 자원봉사자 등 가용자원을 효과적으로 활용
단점	• 복잡한 재난에 대한 대처 능력에 한계 • 각 부처 간 업무의 중복 및 연계 미흡 • 재원 마련과 배분의 복잡성	• 종합관리 체계를 구축하는 데 많은 어려움이 따름. • 부처 이기주의 및 기존 조직들의 반대 가능성이 높고 업무와 책임이 과도하게 한 조직에 집중됨.
대표적인 국가	일본	미국

2) 통합관리 방식

분산관리 방식은 재난 시 유사 기관 간의 중복 대응과 과잉 대응의 문제를 야기하였고, 비현실적인 계획서와 다수 기관 간의 조정·통제에 대하여 여러 가지 반복되는 문제를 야기하게 되었다. 이러한 분산 관리의 문제점을 보완하고자 제시된 것이 통합관리 방식이다.

FEMA의 창설에 이론적 근거로 제시된 통합관리 방식(IEMS ; Integrated Emergency Management System)은 재난관리의 전체과정이라 할 수 있는 예방－대비－대응－복구 활동을 종합 관리한다는 의미이며, 모든 재난은 피해 범위, 대응 지원, 대응 방식에서 유사하다는 것을 그 이론적 근거로 삼고 있다. 그러나 제도론적 관점에서의 통합관리의 개념은 대응 단계에서의 모든 자원을 통합 관리한다는 의미가 아니라 재난 대응에 필요한 기능별로 책임기관을 지정하고, 유사 시 참여 기관들을 효과적으로 조정하고 통제하는 '조정적 의미'로 해석된다.

6.3 재난 및 안전관리 기본법

「재난 및 안전관리 기본법」의 입법 취지는

① 국민의 생명과 재산보호를 최우선 가치로, 안전하고 지속가능한 안전사회를 지향하는 국가재난관리 체계를 구현한다.
② 재난관련법 통합 및 안전관련 타 법령과의 유기적인관계 설정을 통한 명실상부한 재난 및 안전관리 기본법으로서의 성격을 확립한다.
③ 이원화된 전통적 재난과 국가기반체계 마비 등 새로운 형태의 재난을 포함하였다.
④ 국가재난관리정책, 정책심의기구, 재난대책기구 등 재난유형별로 다원화되어 있던 재난 및 안전관리 정책기구를 통합하여 일원화하였다.
⑤ 지방자치단체의 재난관리 기능을 제고, 유관기관과의 협력체계를 강화, 현장지휘체계 확립 등 현장대응 능력 강화를 위한 실질적 법적 지위를 부여하였다.
⑥ 재난관리를 위한 과학기술의 진흥, 관련사업 육성 등 전문화된 재난관리시스템 기반조성을 위한 제도적 장치를 마련하였다.

「재난 및 안전관리 기본법」은 2004년 제정된 이래 수차례 개정을 거쳐 현재에 이른다. 「재난 및 안전관리 기본법」의 목적은 각종 재난으로부터 국토를 보존하고 국민의 생명·

신체 및 재산을 보호하기 위하여 국가와 지방자치단체의 재난 및 안전관리체제를 확립하고, 재난의 예방 · 대비 · 대응 · 복구와 안전문화 활동, 그 밖에 재난 및 안전관리에 필요한 사항을 규정함을 목적으로 하고 있다. 특히 2013년 8월 6일 일부 개정으로 재난관리 활동에 안전문화 활동을 추가하였으며, 재난의 종류를 자연재난과 사회재난으로 단순화한 것이 특징이다.

「재난 및 안전관리 기본법」의 기본 이념은 재난을 예방하고 재난이 발생할 경우 그 피해를 최소화하는 것이 국가와 지방자치단체의 기본적인 임무임을 확인하고, 모든 국민과 국가 · 지방자치단체가 국민의 생명 및 신체의 안전과 재산 보호에 관련된 행위를 할 때에는 안전을 우선적으로 고려함으로써 국민이 재난으로부터 안전한 사회에서 생활할 수 있도록 함을 기본 이념으로 하고 있다. 이처럼 재난 및 안전관리 기본법은 우리나라 국민의 안전권 확보를 위한 법령이라고 볼 수 있다. 우리나라 헌법 제34조 제6항에서도 "국가는 재해를 예방하고 그 위험으로부터 국민을 보호하기 위하여 노력해야 한다."라고 명시되어 있는 것처럼, 국가와 지방자치단체는 국민의 생명과 신체 및 재산을 보호를 위하여 우선적으로 노력하여야 하고, 이를 통하여 안전한 사회를 만들어야 한다.

「재난 및 안전관리 기본법」은 10장으로 구성되어 있다. 1장은 총칙으로 목적, 기본 이념, 정의,국가 및 국민의 책무 등의 내용을 담고 있다. 2장은 안전관리기구 및 기능으로 중앙안전관리위원회, 중앙재난안전대책본부, 재난안전상황실 등에 대하여 설명하고 있다. 3장은 안전관리계획을 포함하고 있으며, 4장은 재난의 예방, 5장은 재난의 대비, 6장은 재난의 대응, 7장은 재난의 복구로 각각 구성되어 있다. 8장은 안전문화진흥에 대한 규정이 있고, 9장은 보칙, 10장은 벌칙으로 구성되어 있다.

6.3.1 안전관리기구 및 기능

우리나라의 재난관리 상시조직으로 중앙부처에서는 행정안전부를 들 수 있고, 지방자치단체의 경우, 시 · 도 재난안전 담당 부서와 시 · 군 · 구 재난안전 담당 부서를 들 수 있다. 특히, 현 정부 들어서 재난과 안전에 대한 관심이 증대되어 문재인정부가 들어서면서, 행정안전부의 재난안전관리본부를 신설하였으며, 육상재난의 전문대응기관인 소방청을 독립시켰다. 「재난 및 안전관리 기본법」상의 국가 재난관리 체계는 중앙안전관리위원회, 중앙재난안전대책본부, 중앙사고수습본부, 중앙긴급구조통제단 등으로 구성되어 있다.

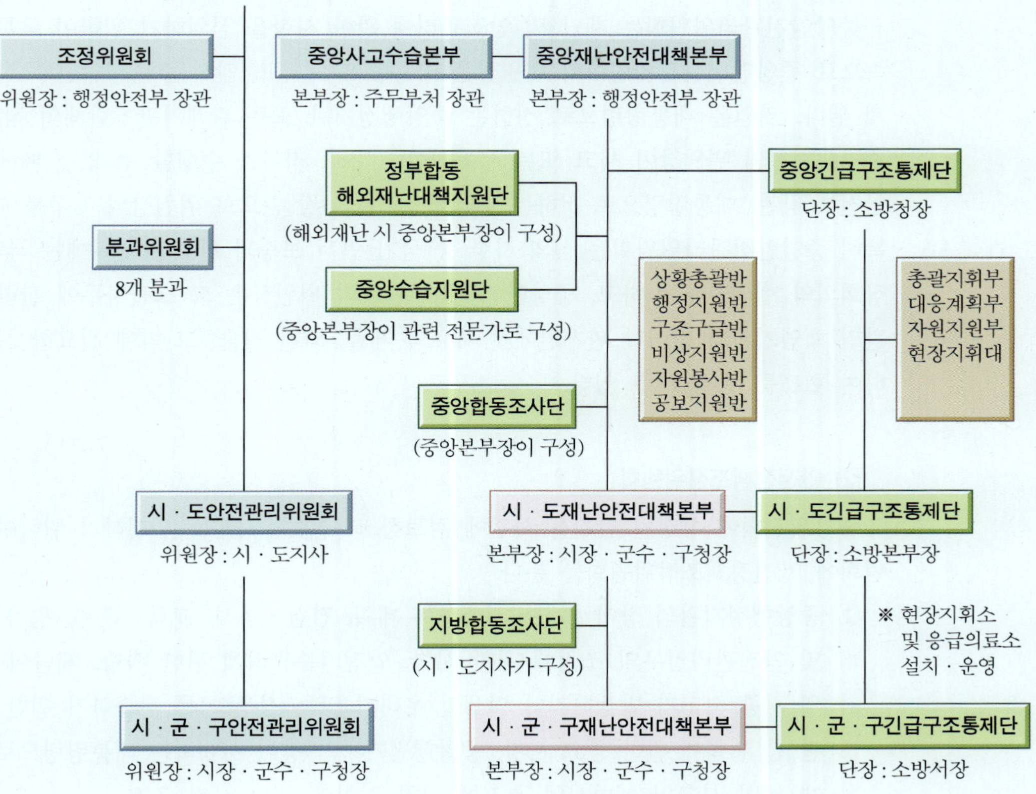

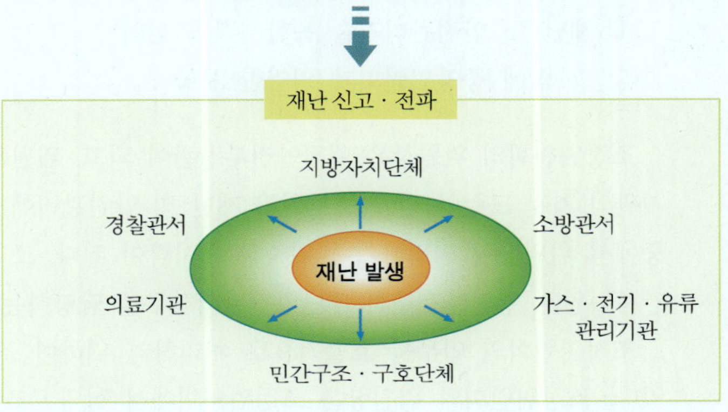

그림 6-1 국가 재난관리 체계

1) 중앙안전관리위원회

(1) 중앙안전관리위원회

중앙안전관리위원회는 재난 및 안전관리에 관한 사항을 심의하기 위하여 국무총리 소속으로 중앙안전관리위원회의 위원장은 국무총리가 되고, 간사는 행정안전부 장관이 맡게 된다. 위원은 대통령령으로 정하는 중앙행정기관 또는 관계기관·단체의 장이 되며, 중앙위원회의 위원장이 사고 또는 부득이한 사유로 직무를 수행할 수 없을 때에는 행정안전부 장관, 대통령령으로 정하는 중앙행정기관의 장 순으로 위원장의 직무를 대행한다. 특히 중앙안전관리위원회는 심의 사항 중 국가 안전 보장과 관련된 경우에는 국가안전보장회의와 협의하여야 하고, 중앙안전관리위원회의 위원장은 그 소관사무에 관하여 재난관리 책임기관의 장이나 관계인에게 자료의 제출, 의견 진술, 그 밖에 필요한 사항에 대하여 협조를 요청할 수 있다.

(2) 안전정책조정위원회

중앙위원회에 상정될 안건을 사전에 검토하고 다음의 사무를 수행하기 위하여 중앙위원회에 안전정책조정위원회를 둔다.

① 중앙행정기관의 장이 수립·시행하는 계획, 점검·검사, 교육·훈련, 평가 등 재난 및 안전관리업무의 조정에 관한 사항, 안전기준관리에 관한 사항, 재난이나 그 밖의 각종 사고가 발생하거나 발생할 우려가 있는 경우 이를 수습하기 위한 관계 기관 간 협력에 관한 중요 사항, 중앙행정기관의 장이 시행하는 대통령령으로 정하는 재난 및 사고의 예방사업 추진에 관한 사항에 대한 사전 조정

② 국가안전관리집행계획의 심의

③ 국가핵심기반의 지정에 관한 사항의 심의

④ 재난 및 안전관리기술 종합계획의 심의

⑤ 그 밖에 중앙위원회가 위임한 사항

조정위원회의 위원장은 행정안전부장관이 되고, 위원은 대통령령으로 정하는 중앙행정기관의 차관 또는 차관급 공무원과 재난 및 안전관리에 관한 지식과 경험이 풍부한 사람 중에서 위원장이 임명하거나 위촉하는 사람이 된다. 조정위원회에 간사위원 1명을 두며, 간사위원은 행정안전부의 재난안전관리사무를 담당하는 본부장이 된다.

조정위원회의 업무를 효율적으로 처리하기 위하여 조정위원회에 실무위원회를 둘 수 있다. 조정위원회의 위원장은 조정위원회에서 심의·조정된 사항 중 대통령령으로 정하는 중요 사항에 대해서는 조정위원회의 심의·조정 결과를 중앙위원회의 위원장에게 보고하여야 한다. 조정위원회의 위원장은 중앙위원회 또는 조정위원회에서 심의·조정된

사항에 대한 이행상황을 점검하고, 그 결과를 중앙위원회에 보고할 수 있다. 조정위원회 및 실무위원회의 구성 및 운영 등에 필요한 사항은 대통령령으로 정한다.

참고 **안전정책조정위원회 구성**

① 기획재정부차관, 교육부차관, 과학기술정보통신부차관, 외교부차관, 통일부차관, 법무부차관, 국방부차관, 행정안전부의 재난안전관리사무를 담당하는 본부장, 문화체육관광부차관, 농림축산식품부차관, 산업통상자원부차관, 보건복지부차관, 환경부차관, 고용노동부차관, 여성가족부차관, 국토교통부차관, 해양수산부차관 및 중소벤처기업부차관. 이 경우 복수차관이 있는 기관은 재난 및 안전관리 업무를 관장하는 차관으로 한다.
② 국가정보원 제2차장, 방송통신위원회 상임위원, 국무조정실 제2차장 및 금융위원회 부위원장
③ 그 밖에 재난 및 안전관리에 관한 지식과 경험이 풍부한 사람 중에서 조정위원회 위원장이 임명하거나 위촉하는 사람

조정위원회의 회의는 위원이 요청하거나 위원장이 필요하다고 인정하는 경우에 위원장이 소집한다. 조정위원회의 회의는 재적위원 과반수의 출석으로 개의하고, 출석위원 과반수의 찬성으로 의결한다. 위원장은 회의 안건과 관련하여 필요하다고 인정하는 경우에는 관계 공무원과 민간전문가 등을 회의에 참석하게 하거나 관계 기관의 장에게 자료 제출을 요청할 수 있다. 이 경우 요청을 받은 관계 공무원과 관계 기관의 장은 특별한 사유가 없으면 요청에 따라야 한다. 규정한 사항 외에 조정위원회의 구성 및 운영 등에 필요한 사항은 위원장이 정한다.

(3) 지역위원회

지역별로 해당 지역에 대한 재난 및 안전관리정책에 관한 사항, 안전관리계획에 관한 사항, 해당 지역을 관할하는 재난관리 책임기관이 수행하는 재난 및 안전관리 업무의 추진에 관한 사항, 재난이나 그 밖의 각종 사고가 발생하거나 발생할 우려가 있는 경우 이를 수습하기 위한 관계 기관 간 협력에 관한 사항, 다른 법령이나 조례에 따라 해당 위원회의 권한에 속하는 사항 등의 사항을 심의・조정하기 위하여 특별시장・광역시장・특별자치시장・도지사・특별자치도지사 소속으로 시・도 안전관리위원회를 두고, 시장・군수・구청장 소속으로 시・군・구 안전관리위원회를 두고 있다. 시・도위원회의 위원장은 시・도지사가 되고, 시・군・구위원회의 위원장은 시장・군수・구청장이 되며, 지역위원회에 안전정책실무조정위원회를 두어, 시・도위원회와 시・군・구위원회의 회의에 부칠 의안을 검토하고, 재난 및 안전관리에 관한 관계기관 간의 협의・조정 등을 하

도록 규정하고 있다.

(4) 재난방송협의회

재난에 관한 예보·경보·통지나 응급조치 및 재난관리를 위한 재난방송이 원활히 수행될 수 있도록 중앙위원회에 중앙재난방송협의회를 둘 수 있다. 지역 차원에서 재난에 대한 예보·경보·통지나 응급조치 및 재난방송이 원활히 수행될 수 있도록 지역위원회에 시·도 또는 시·군·구 재난방송협의회를 둘 수 있다. 중앙재난방송협의회의 구성 및 운영에 필요한 사항은 대통령령으로 정하고, 지역재난방송협의회의 구성 및 운영에 필요한 사항은 해당 지방자치단체의 조례로 정하도록 하고 있다. 중앙재난방송협의회는 위원장 1명과 부위원장 1명을 포함한 25명 이내의 위원으로 구성한다. 중앙재난방송협의회의 효율적 운영을 위하여 중앙재난방송협의회에 간사 1명을 두되, 간사는 과학기술정보통신부의 재난방송 업무를 담당하는 공무원 중에서 과학기술정보통신부장관이 지명하는 사람이 된다. 중앙재난방송협의회는 구성원 과반수의 출석과 출석위원 과반수의 찬성으로 의결한다.

(5) 안전관리민관협력위원회

재난 및 안전관리 기본법이 2013년 8월 일부 개정되면서, 안전관리민관협력위원회가 신설되었다. 즉, 조정위원회의 위원장은 재난 및 안전관리에 관한 민관 협력 관계를 원활히 하기 위하여 중앙안전관리민관협력위원회를 구성·운영할 수 있다. 지역위원회의 위원장은 재난 및 안전관리에 관한 지역 차원의 민관 협력 관계를 원활히 하기 위하여 시·도 또는 시·군·구 안전관리민관협력위원회를 구성·운영할 수 있다. 중앙민관협력위원회의 구성 및 운영에 필요한 사항은 대통령령으로 정하고, 지역민관협력위원회의 구성 및 운영에 필요한 사항은 해당 지방자치단체의 조례로 정하도록 하고 있다.

한편, 행정안전부 장관은 시·도위원회의 운영과 지방자치단체의 재난 및 안전관리 업무에 대하여 필요한 지원과 지도를 할 수 있으며, 시·도지사는 관할구역의 시·군·구위원회의 운영과 시·군·구의 재난 및 안전관리 업무에 대하여 필요한 지원과 지도를 할 수 있다.

중앙안전관리민관협력위원회는 공동위원장 2명을 포함하여 35명 이내의 위원으로 구성한다. 중앙민관협력위원회의 공동위원장은 행정안전부의 재난안전관리사무를 담당하는 본부장과 위촉된 민간위원 중에서 중앙민관협력위원회의 의결을 거쳐 행정안전부 장관이 지명하는 사람이 된다. 중앙민관협력위원회의 공동위원장은 중앙민관협력위원회를 대표하고, 중앙민관협력위원회의 운영 및 사무에 관한 사항을 총괄한다.

민간위원의 임기는 2년으로 하며, 위원의 사임 등으로 새로 위촉된 위원의 임기는 전임위원 임기의 남은 기간으로 한다. 중앙민관협력위원회의 회의는 재적위원 과반수의 출석으로 개의하고, 출석위원 과반수의 찬성으로 의결한다. 중앙민관협력위원회의 회의 등에 참석하는 위원 등에게는 예산의 범위에서 수당 등을 지급할 수 있다. 다만, 공무원이 그 소관 업무와 관련하여 참석하는 경우에는 그러하지 아니하다. 중앙민관협력위원회의 회의는 다음의 어느 하나에 해당하는 경우에 공동위원장이 소집할 수 있다.

① 제14조 제1항에 따른 대규모 재난의 발생으로 민관협력 대응이 필요한 경우
② 재적위원 4분의 1 이상이 회의소집을 요청하는 경우
③ 그 밖에 공동위원장이 회의 소집이 필요하다고 인정하는 경우

재난 발생 시 신속한 재난대응 활동 참여 등 중앙민관협력위원회의 기능을 지원하기 위하여 중앙민관협력위원회에 대통령령으로 정하는 바에 따라 재난긴급대응단을 둘 수 있다. 재난긴급대응단은 중앙민관협력위원회에 참여하는 유관기관, 단체・협회 또는 기업에서 파견된 인력으로 구성한다. 재난긴급대응단은 재난현장에서 임무의 수행에 관하여 통합지원본부의 장 또는 현장지휘를 하는 긴급구조통제단장)의 지휘・통제를 따른다.

2) 중앙재난안전대책본부

(1) 중앙재난안전대책본부

재난관리에서 특히 대규모 재난의 예방・대비・대응・복구 등 재난관리를 총괄 및 조정하기 위한기구가 필요한데, 재난 및 안전관리 기본법에서는 이를 재난안전대책본부로 정하고 있다 즉, 대통령령으로 정하는 대규모 재난의 예방・대비・대응・복구 등에 관한 사항을 총괄・조정하고 필요한 조치를 하기 위하여 행정안전부에 중앙재난안전대책본부를 두고, 중앙대책본부의 본부장은 행정안전부 장관이 되며, 중앙대책본부장은 중앙대책본부의 업무를 총괄하고 필요하다고 인정하면 중앙재난안전대책본부 회의를 소집할 수 있다.

다만, 해외재난의 경우에는 외교부 장관이 중앙대책본부장의 권한을 행사하게 되고, 「원자력시설 등의 방호 및 방사능 방재 대책법」에 따른 방사능 재난의 경우에는 중앙방사능방재대책본부의 장이 중앙대책본부장의 권한을 행사하도록 규정하고 있다. 재난의 효과적인 수습을 위하여 ① 국무총리가 범정부적 차원의 통합 대응이 필요하다고 인정하는 경우, ② 행정안전부 장관이 국무총리에게 건의하거나 수습본부장의 요청을 받아 행정안전부 장관이 국무총리에게 건의하는 경우에는 국무총리가 중앙대책본부장의 권한을 행사할 수 있다. 이 경우 행정안전부 장관, 외교부장관(해외재난의 경우에 한정한다) 또는 원자력안전위원회 위원장(방사능 재난의 경우에 한정)이 차장이 된다.

중앙대책본부장은 대규모 재난이 발생하거나 발생할 우려가 있는 경우에는 대통령령으로 정하는 바에 따라 실무반을 편성하고 중앙재난안전대책본부 상황실을 설치하는 등 해당 대규모 재난에 대하여 효율적으로 대응하기 위한 체계를 갖추어야 하고, 중앙재난안전상황실 및 재난안전상황실과 인력, 장비, 시설 등을 통합·운영할 수 있다. 또한 중앙대책본부장은 국내 또는 해외에서 발생한 대규모재난의 수습을 지원하기 위하여 관계 중앙행정기관 및 관계 기관·단체의 재난관리에 관한 전문가 등으로 수습지원단을 구성하여 현지에 파견할 수 있고, 중앙대책본부장은 구조·구급·수색 등의 활동을 신속하게 지원하기 위하여 행정안전부·소방청 또는 해양경찰청 소속의 전문 인력으로 구성된 특수기동구조대를 편성하여 재난현장에 파견할 수 있다. 수습지원단의 구성과 운영 및 특수기동구조대의 편성과 파견 등에 필요한 사항은 대통령령으로 정하도록 하고 있다.

중앙대책본부장의 권한을 살펴보면 ① 중앙대책본부장은 대규모 재난을 효율적으로 수습하기 위하여 관계 재난관리 책임기관의 장에게 행정 및 재정상의 조치, ② 소속 직원의 파견, 그 밖에 필요한 지원을 요청할 수 있고, 요청을 받은 관계 재난관리 책임기관의 장은 특별한 사유가 없으면 요청에 따라야 한다. 이때 파견된 직원은 대규모 재난의 수습에 필요한 소속 기관의 업무를 성실히 수행하여야 하며, 대규모 재난의 수습이 끝날 때까지 중앙대책본부에서 상근하여야 한다. 또한, ③ 중앙대책본부장은 해당 대규모 재난의 수습에 필요한 범위에서 수습본부장 및 지역대책본부장을 지휘할 수 있다.

① 수습지원단

- 중앙대책본부장은 국내 또는 해외에서 발생한 대규모재난의 수습을 지원하기 위하여 관계 중앙행정기관 및 관계 기관·단체의 재난관리에 관한 전문가 등으로 수습지원단을 구성하여 현지에 파견할 수 있다.
- 중앙대책본부장은 구조·구급·수색 등의 활동을 신속하게 지원하기 위하여 행정안전부·소방청 또는 해양경찰청 소속의 전문 인력으로 구성된 특수기동구조대를 편성하여 재난현장에 파견할 수 있다. 수습지원단의 구성과 운영 및 특수기동구조대의 편성과 파견 등에 필요한 사항은 대통령령으로 정한다.
- 수습지원단은 재난 유형별로 관계 재난관리책임기관의 전문가 및 민간 전문가로 구성한다. 다만, 해외재난의 경우에는 따로 수습지원단을 구성하지 아니하고 「119구조·구급에 관한 법률」 제9조에 따른 국제구조대로 갈음할 수 있다.수습지원단의 단장은 수습지원단원 중에서 중앙대책본부장이 지명하는 사람이 되고, 단장은 수습지원단원을 지휘·통솔하며 운영을 총괄한다. 중앙대책본부장은 신속한 재난상황의 파악, 현장지도·관리 등을 위하여 수습지원단을 현지에 파견하기 전에 중앙대책본부 소속 직원을 재난현장에 파견할 수 있다.

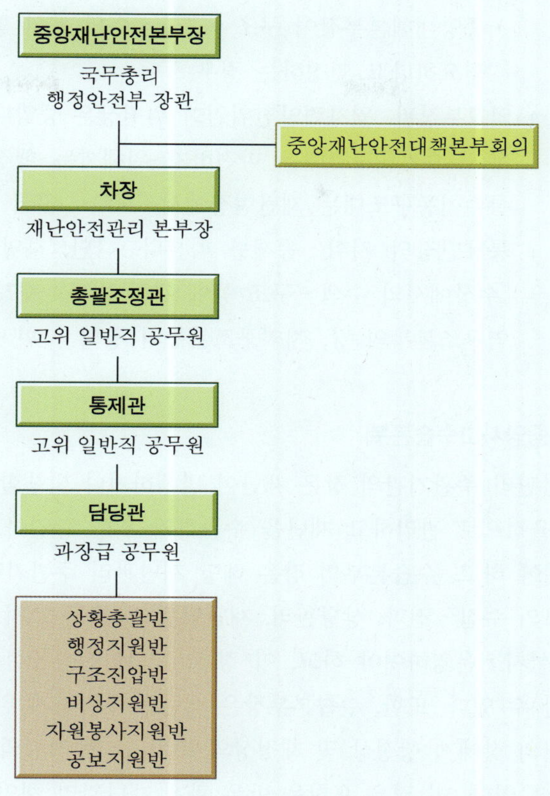

그림 6-2 중앙재난안전대책본부의 조직도

② 특수기동구조대

- 중앙대책본부장은 구조·구급·수색 등의 활동을 신속하게 지원하기 위하여 행정안전부 소속의 전문 인력으로 구성된 특수기동구조대를 편성하여 재난현장에 파견할 수 있다. 중앙대책본부장은 특수기동구조대의 대원을 행정안전부 중앙119구조본부 및 중앙해양특수구조단 소속 공무원 중에서 선발하고, 특수기동구조대 대장을 특수기동구조대의 대원 중에서 지명한다. 중앙대책본부장은 재난유형별로 필요한 전문 인력을 추가할 수 있다.
- 중앙대책본부장은 다음에 해당하는 경우 특수기동구조대를 재난 현장에 파견할 수 있다
  - 각급 통제단장 또는 「수상에서의 수색·구조 등에 관한 법률」 제7조에 따른 중앙구조본부의 장, 광역구조본부의 장, 지역구조본부의 장이 중앙대책본부장에게 요청하는 경우

- 중앙대책본부장이 구조・구급・수색 등의 활동을 신속하게 지원하기 위하여 필요하다고 인정하는 경우

- 외교부장관, 원자력안전위원회 위원장은 중앙대책본부장의 권한을 행사하는 경우 특수기동구조대를 파견하기 위해서는 행정안전부장관과 협의하여야 한다. 특수기동구조대는 재난현장에서 구조・ 구급・수색 등의 활동에 관하여 각급 통제단장의 지휘・통제를 따른다. 다만, 해양에서 발생하는 재난에 관하여는 「수상에서의 수색・구조 등에 관한 법률」 제7조에 따른 중앙구조본부의 장, 광역구조본부의 장, 지역구조본부의 장의 지휘・통제를 따른다.

(2) 중앙사고수습본부

재난관리 주관기관의 장은 재난이 발생하거나 발생할 우려가 있는 경우에는 재난상황을 효율적으로 관리하고 재난을 수습하기 위한 중앙사고수습본부를 신속하게 설치・운영하여야 하고, 수습본부의 장은 해당 재난관리 주관기관의 장이 된다. 수습본부장은 재난정보의 수집・전파, 상황관리, 재난발생 시 초동 조치 및 지휘 등을 위한 수습본부상황실을 설치・운영하여야 하고, 이 경우, 재난안전상황실과 인력, 장비, 시설 등을 통합・운영할 수 있다. 또한, 수습본부장은 재난을 수습하기 위하여 필요하면 관계 재난관리 책임기관의 장에게 행정상 및 재정상의 조치, 소속 직원의 파견, 그 밖에 필요한 지원을 요청할 수 있다. 이 경우 요청을 받은 관계 재난관리 책임기관의 장은 특별한 사유가 없으면 요청에 따라야 한다. 수습본부장은 지역사고수습본부를 운영할 수 있으며, 지역사고수습본부의 장은 수습본부장이 지명한다.

또한 수습본부장은 해당 재난의 수습에 필요한 범위에서 시・도지사 및 시장・군수・구청장(시・도 대책본부 및 시・군・구 대책본부가 운영되는 경우에는 해당 본부장)을 지휘할 수 있고, 수습본부장은 재난을 수습하기 위하여 필요하면 대통령령으로 정하는 바에 따라 수습지원단을 구성・운영할 것을 중앙대책본부장에게 요청할 수 있으며, 수습본부의 구성・운영 등에 필요한 사항은 대통령령으로 정한다.

(3) 지역재난안전대책본부

① 지역재난안전대책본부의 의의

해당 관할구역에서 재난 및 안전관리에 관한 사항을 총괄・조정하고 필요한 조치를 위하여 시・도지사는 시・도 재난안전대책본부를 두고 있고, 시장・군수・구청장은 시・군・구 재난안전대책본부를 둔다. 지역대책본부의 본부장은 시・도지사 또는 시장・군수・구청장이 되며, 지역대책본부장은 지역대책본부의 업무를 총괄하고, 필요하다고 인정하면 대통령령으로 정하는 바에 따라 지역재난안전대책

본부 회의를 소집할 수 있다. 그리고 시·군·구 대책본부의 장은 재난 현장의 총괄·지휘 및 조정을 위하여 재난 현장 통합지원본부를 설치·운영할 수 있다. 이 경우 통합지원본부의 장은 긴급구조에 대해서는 제52조에 따른 시·군·구 긴급구조통제단장의 현장지휘에 협력하여야 한다. 통합지원본부의 장은 관할 시·군·구의 부단체장이 되며, 실무반을 편성하여 운영할 수 있다. 지역대책본부 및 통합지원본부의 구성과 운영에 필요한 사항은 해당 지방자치단체의 조례로 정하도록 규정하고 있다.

② 지역대책본부장의 권한

지역대책본부장의 권한을 살펴보면, 지역대책본부장은 재난의 수습을 효율적으로 하기 위하여 해당 시·도 또는 시·군·구를 관할구역으로 하는 재난관리 책임기관의 장에게 행정 및 재정상의 조치나 그 밖에 필요한 업무 협조를 요청할 수 있고, 이 경우 요청을 받은 재난관리 책임기관의 장은 특별한 사유가 없으면 요청에 따라야 한다. 또한, 지역대책본부장은 재난의 수습을 위하여 필요하다고 인정하면 해당 시·도 또는 시·군·구의 전부 또는 일부를 관할구역으로 하는 재난관리 책임기관의 장에게 소속 직원의 파견을 요청할 수 있다. 이 경우 요청을 받은 재난관리 책임기관의 장은 특별한 사유가 없으면 즉시 요청에 따라야 한다. 특히, 파견된 직원은 지역대책본부장의 지휘에 따라 재난수습의 필요한 소속 기관의 업무를 성실히 수행하여야 하며, 재난수습이 끝날 때까지 지역대책본부에서 상근하여야 한다.

③ 재난현장 통합자원봉사지원단의 설치

지역대책본부장은 재난의 효율적 수습을 위하여 지역대책본부에 통합자원봉사지원단을 설치·운영할 수 있다 행정안전부장관은 통합자원봉사지원단의 원활한 운영을 위하여 필요한 경우 지방자치단체에 대하여 행정 및 재정적 지원을 할 수 있다. 행정안전부장관, 시·도지사 및 시장·군수·구청장은 통합자원봉사지원단의 원활한 운영을 위하여 필요한 경우 자원봉사 관련 업무 종사자에 대한 교육훈련을 실시할 수 있다. 통합자원봉사지원단의 구성·운영에 관하여 필요한 사항은 해당 지방자치단체의 조례로 정한다.

3) 재난안전상황실

(1) 재난안전상황실

대규모 재난 발생 시 초동 조치 및 지휘를 효과적으로 수행하기 위해서는 상황실이 필요한데, 재난 및 안전관리 기본법에서는 재난안전상황실을 두도록 규정하고 있다. 즉, 행정안전부, 시·도지사 및 시장·군수·구청장은 재난정보의 수집·전파, 상황관리, 재난 발생 시 초동 조치 및 지휘 등의 업무를 수행하기 위하여, 행정안전부의 경우에는 중앙재난안전상황실을, 시·도지사 및 시장·군수·구청장의 경우에는 시·도별 및 시·군·구별 재난안전상황실을 상시 설치·운영하도록 하고 있다. 또한, 중앙행정기관의 장은 소관 업무 분야의 재난 상황을 관리하기 위하여 재난안전상황실을 설치·운영하거나 재난 상황을 관리할 수 있는 체계를 갖추어야 한다. 그리고 재난관리 책임기관의 장도 재난에 관한 상황 관리를 위하여 재난안전상황실을 설치·운영할 수 있으며, 재난안전상황실은 중앙재난안전상황실 및 다른 기관의 재난안전상황실과 유기적인 협조체계를 유지하고, 재난관리 정보를 공유하여야 한다.

(2) 재난 신고

누구든지 재난의 발생이나 재난이 발생할 징후를 발견하였을 때에는 즉시 그 사실을 시장·군수·구청장·긴급구조기관, 그 밖의 관계 행정기관에 신고하여야 한다. 신고를 받은 시장·군수·구청장과 그 밖의 행정기관의 장은 관할 긴급구조기관의 장에게, 긴급구조기관의 장은 그 소재지 관할시장·군수·구청장 및 재난 관리 주관기관의 장에게 통보하여 응급 대처 방안을 마련할 수 있도록 조치하여야 한다.

(3) 재난상황의 보고

시장·군수·구청장, 소방서장, 해양경찰서장, 재난관리책임기관의 장, 국가핵심기반을 관리하는 기관·단체의 장은 그 관할구역, 소관 업무 또는 시설에서 재난이 발생하거나 발생할 우려가 있으면 재난상황에 대해서는 즉시, 응급조치 및 수습현황에 대해서는 지체 없이 각각 행정안전부장관, 관계 재난관리주관기관의 장 및 시·도지사에게 보고하거나 통보하여야 한다. 이 경우 재난관리 주관기관의 장 및 시·도지사는 보고받은 사항을 확인·종합하여 행정안전부 장관에게 통보하여야 한다.

시장·군수·구청장이나 소방서장 또는 해양경찰서장은 재난이 발생한 경우 또는 재난 발생을 신고 받거나 통보받은 경우에는 즉시 관계 재난관리 책임기관의 장에게 통보하여야 한다.

(4) 해외 재난 상황의 보고 및 관리

해외 재난 상황의 경우에는 외교부 장관에게 보고하여야 한다. 즉, 재외공관의 장은 관할구역에서 해외재난이 발생하거나 발생할 우려가 있으면 즉시 그 상황을 외교부 장관에게 보고하여야 한다. 보고를 받은 외교부 장관은 지체 없이 해외재난 발생 또는 발생 우려 지역에 거주하거나 체류하는 대한민국 국민의 생사 확인 등 안전 여부를 확인하고, 행정안전부 장관과 관계 중앙행정기관의 장과 협의하여 해외 재난 국민의 보호를 위한 방안을 마련하여 시행하여야 한다. 해외 재난 국민의 가족 등은 외교부 장관에게 해외 재난 국민의 생사 확인 등 안전 여부 확인을 요청할 수 있고, 이 경우 외교부 장관은 특별한 사유가 없으면 그 요청에 따라야 한다.

4) 긴급구조통제단

(1) 중앙 긴급구조통제단

긴급구조에 관한 사항의 총괄·조정, 긴급구조기관 및 긴급구조 지원기관이 하는 긴급구조 활동의 역할 분담과 지휘·통제를 위하여 소방청에 중앙긴급구조통제단을 두고, 중앙통제단장은 소방청장이 된다. 중앙통제단장은 긴급구조를 위하여 필요하면 긴급구조 지원기관 간의 공조 체제를 유지하기 위하여 관계기관·단체의 장에게 소속 직원의 파견을 요청할 수 있으며, 이 경우 요청을 받은 기관·단체의 장은 특별한 사유가 없으면 요청에 따라야 한다. 중앙통제단의 구성·기능 및 운영에 필요한 사항은 대통령령으로 정하도록 규정하고 있다.

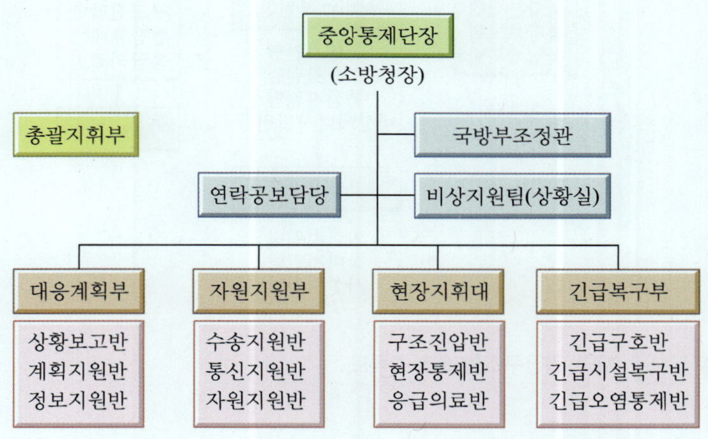

그림 6-3 중앙 긴급구조통제단 조직도

(2) 지역긴급구조통제단

지역별 긴급 구조에 관한 사항의 총괄·조정 해당 지역에 소재하는 긴급구조기관 및 긴급구조 지원기관 간의 역할 분담과 재난 현장에서의 지휘·통제를 위하여 시·도의 소방본부에 시·도 긴급구조통제단을 두고, 시·군·구의 소방서에 시·군·구 긴급구조통제단을 둔다. 시·도 긴급구조통제단과 시·군·구 긴급구조통제단에는 각각 단장 1명을 두되, 시·도 긴급구조통제단의 단장은 소방본부장이 되고 시·군·구 긴급구조통제단의 단장은 소방서장이 된다. 지역통제단장은 긴급구조를 위하여 필요하면 긴급구조 지원기관 간의 공조 체계를 유지하기 위하여 관계기관·단체의 장에게 소속 직원의 파견을 요청할 수 있다. 이 경우 요청을 받은 기관·단체의 장은 특별한 사유가 없으면 요청에 따라야 하며, 지역통제단의 기능과 운영에 관한 사항은 대통령령으로 정하도록 하고 있다.(재난 및 안전관리 기본법, §50)

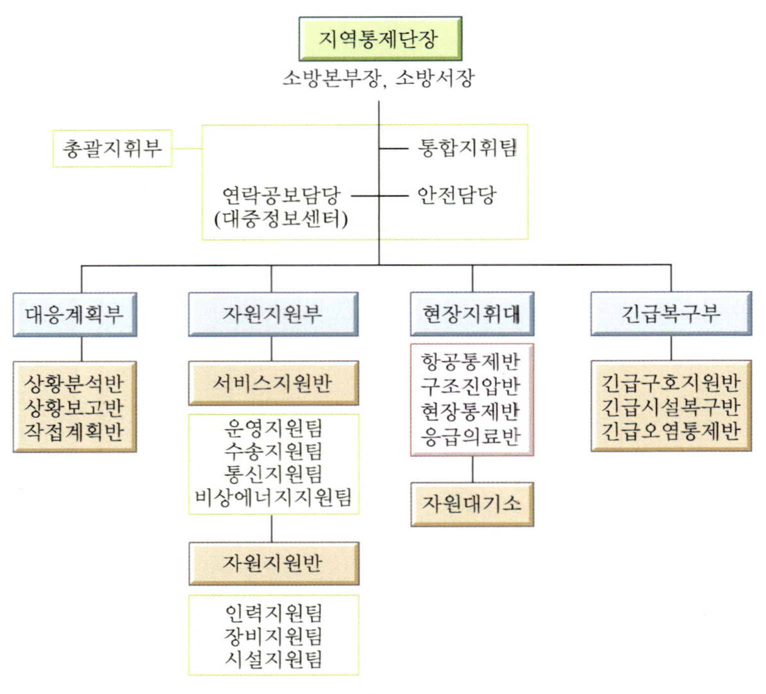

그림 6-4 지역 긴급구조통제단 조직도

PART 03

연소이론

연소이론 제 7 장

CHAPTER 7

연소이론

7.1 연소의 개요

1) 연소란 화학반응의 일종으로서 가연성 물질이 공기 중의 산소와 만나 빛과 열을 수반하며, 급격히 산화(Rapid Oxidation Process)하는 현상을 말한다.
2) 산화반응이란 어떤 물질이 산소(O_2)와 결합(반응)하는 것을 총칭하는 용어로서, 이들 반응 중 빛과 열을 수반하며 에너지를 방출하는 반응만을 연소반응이라 한다.
3) 어떤 물질이 산소와 반응하지만 열과 빛을 수반하지 않으면 이 반응은 산화반응이긴 하지만 연소반응이라 하지 않는다.

- 산소와의 결합(반응)
  - $CH_4 + 2O_2 \rightarrow CO_2 + 2H_2O$

    메탄(CH_4)이란 가연물이 산소(O_2)와 결합(반응)하여 이산화탄소(CO_2), 물(H_2O)을 생성

  - $C_3H_8 + 5O_2 \rightarrow 3CO_2 + 4H_2O$

    프로판(C_3H_8)이란 가연물이 산소(O_2)와 결합(반응)하여 이산화탄소(CO_2), 물(H_2O)을 생성

- 전자를 잃는 현상
  - $Fe \rightarrow Fe(2^+) + 2e^-$: 철이 전자 2개를 잃고 $Fe(2^+)$가 된다.

    철이 산소와 결합할 때 위와 같이 전자를 잃고 결합하여 산화철을 형성하게 되는데 이때의 반응은 산화반응이라고 하고 연소반응이라고 하지 않음. 그 이유는 빛과 열을 수반하지 않기 때문

3) 연소반응은 발열반응이라고 하는데 이는 에너지 변환의 한 과정으로서 발열은 물질이 보유한 화학에너지가 열에너지로 변환할 때 발생한다. 이는 연소 전후 생성열 차이로 나타나며 발생한 열은 물질의 온도상승에 사용된다.

7.2 연소의 3요소(가연물, 산소공급원, 점화원)

1) 가연물

(1) 불에 타기 쉬운 물질이나 물건으로 산소와 반응할 때 발열반응을 일으켜 연소가 지속되기 쉬운 것을 말한다.

(2) 가연물은 산화, 즉 산소(O_2)와 결합(반응)하기 쉬운 물질이라 할 수 있고, 산화되기 쉽다는 것은 활성화(점화)에너지가 작고 발열량이 많아 연소하기 쉽다는 말이다.

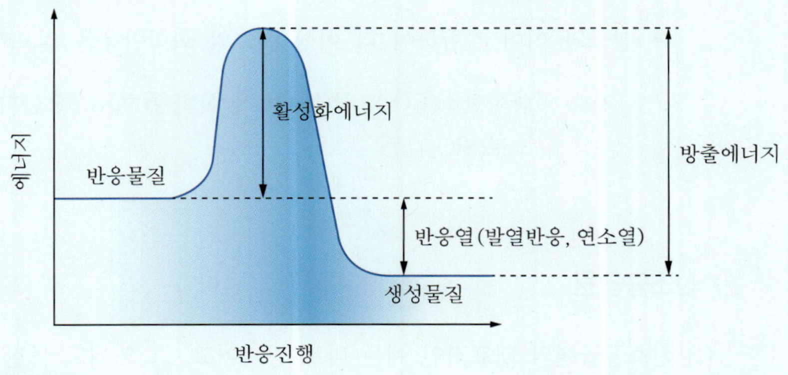

그림 7-1 활성화에너지

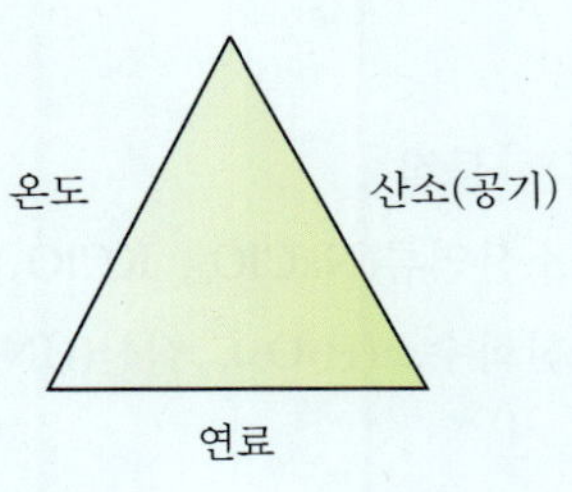

산소(공기)
온도
연료(바닥)
연쇄반응

그림 7-2 연소의 3요소 또는 4요소

(3) 가연물이 되기 위한 조건

구비 조건	상세 설명
발열량이 클 것	산화되기 쉬운 물질은 발열량이 크다.
표면적이 클 것	산소와의 접촉면적이 커야 연소가 쉽다.
활성화 에너지가 작을 것	산화되기 쉬운 물질은 활성화 에너지가 작다.
열전도도가 작을 것	열전도도가 작으면 열축적이 쉽다.
발열반응 일 것	가연물은 산소와 반응 시 반드시 발열반응을 해야 한다.
연쇄반응을 수반할 것	연소현상이 연쇄적으로 발생해야 한다.

(4) 가연물이 될 수 없는 물질

- 주기율표 0족(8족) 원소인 불활성(비활성) 기체

  예 : 헬륨(He), 네온(Ne), 아르곤(Ar), 제논(Xe), 라돈(Rn), 크립톤(Kr) 등

- 산소와 흡열반응 하는 물질

  예 : 질소(N_2) 또는 질소산화물(NO, NO_2, N_2O)

- 산소와 이미 결합하여 더 이상 산소와 화학반응을 일으키지 않는 물질

  예 : 이산화탄소(CO_2), 물(H_2O), 삼산화황(SO_3), 오산화인(P_2O_5), 규조토(SiO_2) 등

2) 산소공급원

(1) 산소공급원의 대표적인 예는 바로 공기이고, 그 외에도 물질 자체 내에 산소를 포함하고 있는 물질이 있는데 대표적인 예는 산화제와 자기반응성 물질이 있다.

(2) 산화제

① 분자 내에 산소를 함유하고 있는 물질
② 제1류 위험물[산화성 고체 – 염소산염류($NaClO_3$, $KClO_3$) 등]
③ 제6류 위험물[산화성 액체 – 과산화수소(H_2O_2), 질산(HNO_3)]
④ 오존(O_3)

(3) 자기반응성(연소성) 물질

① 제5류 위험물

② 연소에 필요한 산소를 물질 자체적으로 함유하고 있는 물질로서 연소속도가 매우 빠르고 폭발적인 연소현상을 일으키는 물질

③ 유기과산화물, 질산에스테르류, 니트로화합물, 니트로소화합물, 아조화합물, 디아조화합물, 히드록실아민염류 등이 있음

3) 점화원

(1) 가연물이 연소반응을 시작할 때 필요한 에너지를 활성화 에너지라고 하는데, 점화원은 이러한 에너지를 공급해 주는 역할을 하는 여러 종류의 에너지원을 말한다.

(2) 점화원, 즉 에너지원은 일반적으로 열원으로 구분되는데 열적, 기계적, 전기적, 화학적 등으로 분류한다.

(3) 점화원의 종류

① 화학열 에너지 : 연소열, 자연발열, 분해열, 용해열, 생성열

연소열	어떤 물질 1 mol 또는 1 g이 완전연소할 때 발생하는 열
자연발열	어떤 물질이 외부로부터 열의 공급을 받지 않고 내부의 반응열의 축적만으로 온도가 상승하여 발화점에 도달하는데 필요한 열
분해열	어떤 화합물 1 mol이 상온에서 가장 안정된 상태의 성분원소로 분해할 때 발생하는 열
용해열	어떤 물질 1 mol이 용매에 용해될 때 발생하는 열
생성열	발열반응에 의해 화합물이 생성될 때 발생하는 열

② 전기열 에너지 : 저항열, 유도열, 유전열, 아크열, 정전기열, 낙뢰에 의한 열

저항열	도체 물질에 전류를 흘려보내면 도체 물질이 갖는 전기 저항 때문에 전기에너지의 일부가 열로 변화되어 발생하는 열
유도열	도체 주위의 자장(자기장, 자계)에 의해 전위차가 발생될 때 유도전류에 의해 발생하는 열
유전열	절연 물질에 누설전류가 흐를 때 발생되는 열
아크열	회로가 개폐기 및 차단기에 의해 개방되거나 닫힐 때 발생되는 열
정전기열	서로 다른 두 물질이 접촉하였다가 떨어질 때 축적되는 전하를 정전기라 하며, 스파크 방전이 일어날 때 발생하는 열
낙뢰에 의한 열	번개나 구름에 축적된 전하가 다른 구름이나 반대 전하를 가진 지면으로의 방전이 일어날 때 발생하는 열

③ 기계열 에너지 : 마찰열, 압축열, 스파크열

마찰열	두 물질(특히 고체)을 마주 대고 마찰시키면 운동에 대한 저항 현상으로 발생하는 열
마찰스파크열	금속물체와 다른 고체물체의 충돌에 의해 발생하는 열
압축열	밀폐된 계 내부에서 단열 압축 시 발생하는 열

④ 기타 점화원

나화	담뱃불, 성냥, 라이터불, 토치램프, 가스레인지의 작은 화염, 보일러, 난로 등
고온표면	전열기, 가열로, 배기관, 연통의 고온부, 금속용융물, 슬래그, 가스불꽃에 의한 절단부 등
단열압축	반응기 내 이상반응(Runaway Reaction, 폭주반응), 탱크 내 급작스러운 온도 상승에 의한 압력증가 등(예 : 경유차량 엔진 점화)
정전기	가연성 가스·미스트의 분출, 석유류의 유동·이송·여과, 대전서열이 차이가 나는 물체 간 접촉·박리 시 발생되는 정전기에 의해 발화하는 것
복사열	태양광선의 열, 화염의 복사열 등에 의해 발화하는 것

4) 연쇄반응

(1) 연쇄반응은 연소의 4요소 중 하나로 화학적 반응에서 지속적으로 활성라디칼(O^+, OH^+, H^+)이 발생되는 과정이다.

(2) 즉, 활성라디칼이 원인계 → 생성계 → 원인계로 이동하면서 반응이 지속되는 과정으로 연쇄반응이 지속되기 위해서는 물질의 전파반응, 분기반응을 통해 연쇄전달체(Chain carrier)가 지속되어야 한다.

(3) 연쇄반응억제는 이러한 연쇄전달체의 발생을 억제하여 연쇄반응을 차단함으로써 소화하게 되는 것으로 화학적소화, 부촉매를 활용한 소화방법이라 한다.

연쇄반응	연쇄반응 억제(Halon 1301)
$H_2 + 2e \rightarrow 2H^+$ $H^+ + O_2 \rightarrow OH^+ + O^+$ $OH^+ + H_2 \rightarrow H_2O + H^+$ $O^+ + H_2 \rightarrow OH^+ + H^+$	$OH + H_2 \rightarrow H_2O + H^+$ $H^+ + O_2 \rightarrow OH^+ + O^+$ $OH^+ + HBr \rightarrow H_2O + Br$ $Br + CF_3H(RH) \rightarrow HBr + CF_3(R)$

7.3 연소 특성

1) 인화와 발화

(1) 발화에는 자연발화(Spontaneous ignition)와 인화에 의한 발화(Pilot ignition, 열면 발화)의 2가지 형태로 분류할 수 있다.

(2) 자연발화는 발열과 방열의 관점에서 볼 때 발열은 적지만 방열이 더 적은 경우로 계 내의 축열과정을 통해 발생되는데 이런 자연발화를 일으키는 원인에는 산화열, 분해열, 흡착열, 중합열, 미생물열(발효열) 등이 있다.

(3) 인화에 의한 발화는 불꽃 또는 전기 스파크와 같은 점화원과의 직접적인 접촉으로 가연성 증기와 공기의 혼합기체에서 불꽃연소가 일어나는 것을 말한다. 인화를 일으키는 점화원(에너지원)으로서는 나화, 정전기, 복사열, 단열압축, 전기불꽃 등이 있다.

구분	자연발화	인화에 의한 발화
발생현상	열축적 − 온도상승 − 반응가속 − 온도상승반복 − 발화온도 이상시 발화	에너지 조건을 충족하는 착화원의 존재에 의해 발화가 시작 화염전파의 과정을 거쳐 계속적인 연소
점화원	점화원 무(無)	점화원 유(有)
조건	물적 조건 + 에너지 조건 필요	물적 조건만 필요
현상적	밀폐계에서 존재	개방계에서 존재
원인	산화열에 의한 발화 분해열에 의한 발화 흡착열에 의한 발화 중합열에 의한 발화 미생물(발효열)에 의한 발화	나화, 고온표면(열면) 충격마찰, 전기불꽃 정전기, 복사열 단열압축 등

7.4 연소범위(폭발범위)

1) 연소범위

연소가 일어나는데 필요한 가연성가스나 증기의 농도범위를 말한다.

2) 종류

소범위는 말 그대로 농도 범위를 나타내기 때문에 상한과 하한이 있으며 연소를 일으킬 수 있는 최저농도를 연소하한계, 최고농도를 연소상한계라고 한다.

(1) 연소하한계(Lower Flammability Limit, LFL)

① 공기 중에서 가장 낮은 농도에서 연소할 수 있는 부피
② 지연성가스는 多, 가연성가스는 小 그 이하에서는 연소할 수 없는 한계치
③ 따라서 연소하한계를 가연물의 최저 용량비라 한다.

(2) 연소상한계(Upper Flammability Limit, UFL)

① 공기 중에서 가장 높은 농도에서 연소할 수 있는 부피
② 지연성 가스는 小, 가연성가스는 多 그 이상에서는 연소할 수 없는 한계치
③ 따라서 연소상한계를 가연물의 최대 용량비라 한다.

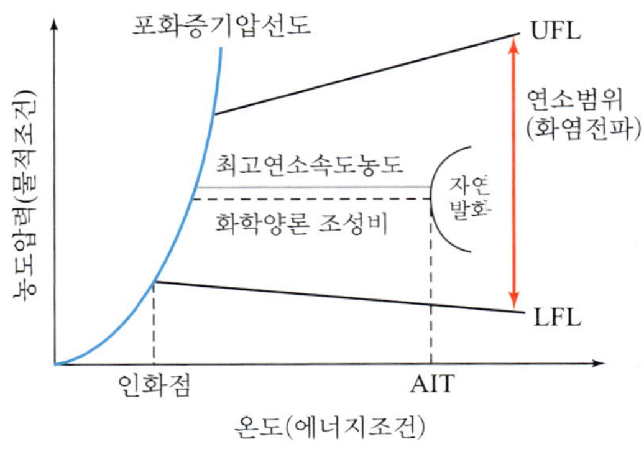

그림 7-3 연소한계곡선

3) 연소범위의 영향요소

(1) 온도

- 온도가 높아지면 기체분자의 운동이 증가하므로 반응성이 활발해진다.
- 온도가 높을 때 : 열의 발열속도 > 방열속도 → 연소범위 넓어진다.
- 온도가 낮을 때 : 열의 발열속도 < 방열속도 → 좁아지거나 없어진다.
- 기체분자의 평균속도는 온도가 올라가면 증가하고 온도가 내려가면 감소한다.
- 기체는 충분한 운동에너지를 가지고 충돌해야 반응하는데 온도가 오르면 분자간 운동이 활발하여지고 충돌횟수도 많아진다.

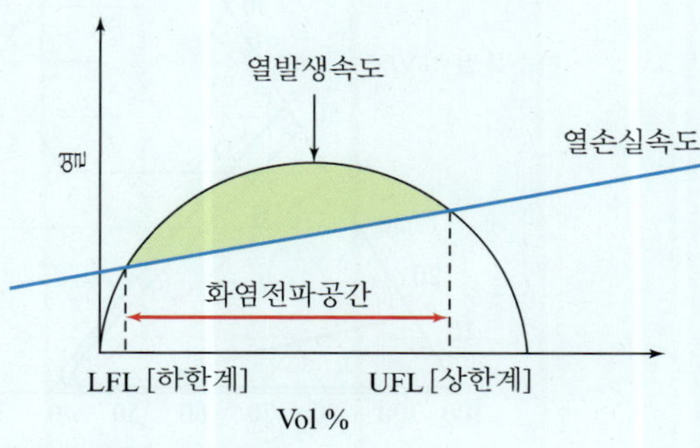

그림 7-4 연소범위에 대한 온도의 영향 개념도

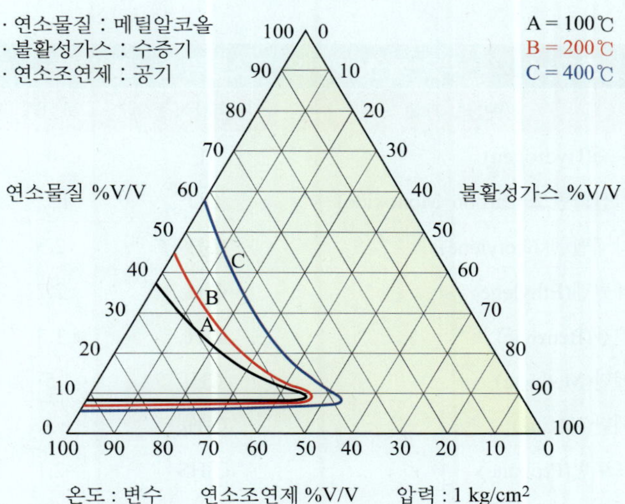

그림 7-5 연소범위에 대한 온도의 영향

(2) 압력

- 압력상승 시 연소범위가 넓어진다(단, CO는 좁아진다).
- 하한계보다는 상한계의 영향이 크다.
- 압력이 높아지면 연소범위가 넓어지고, 다만 1 atm 이하에서는 큰 변화가 없다.
- 폭발은 온도, 압력, 조성의 관계에서 일어나며, 발화온도는 압력에 영향을 받는다.

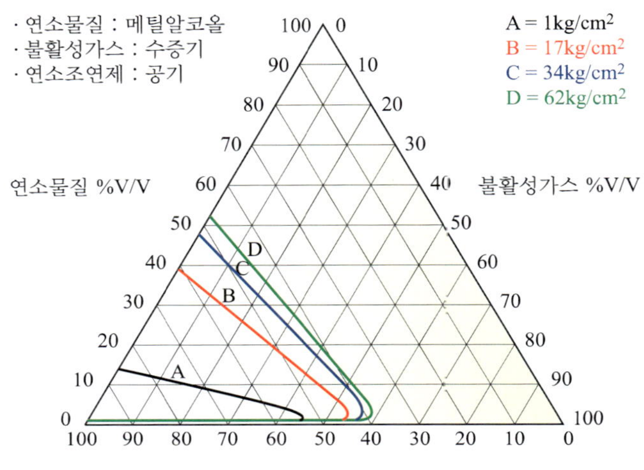

그림 7-6 연소범위에 대한 압력의 영향

표 7-1 주요 가연성기체의 연소범위 및 발화온도

가연성 기체	분자식	하한계	상한계	발화온도[℃]
수소(Hydrogen)	H_2	4	75	400
일산화탄소(Carbon Monoxide)	CO	12.5	74	–
아세틸렌(Acetylene)	C_2H_2	2.5	81	305
에틸렌(Ethylene)	C_2H_4	2.7	36	490
벤젠(Benzene)	C_6H_6	1.3	7.9	560
메탄(Methane)	CH_4	5	15	540
에탄(Ethane)	C_2H_6	3	12.4	–
프로판(Propane)	C_3HS	2.1	9.5	450
부탄(Butane)	C_4H_{10}	1.86	8.41	405
헵탄(Heptane)	C_7H_{16}	1.05	6.7	215

4) 연소범위 관련 계산식

(1) 존스(Jones)식

- 단일가스 성분의 연소범위를 구하는 식

$$LFL = 0.55C_{st},\ UFL = 3.5C_{st}$$

$$C_{st} = \frac{\text{연료몰수}}{\text{연료몰수} + \text{공기몰수}} \times 100$$

(2) 르샤틀리에(Le Chatelier)식

- 혼합가스 성분의 연소범위를 구하는 식

$$\frac{100}{L} = \frac{V_1}{L_1} + \frac{V_2}{L_2} + \frac{V_3}{L_3} + \cdots,\quad \frac{100}{U} = \frac{V_1}{U_1} + \frac{V_2}{U_2} + \frac{V_3}{U_3} + \cdots$$

여기서, L : 혼합가스 연소범위 하한계
U : 혼합가스 연소범위 상한계
V_1, V_2, V_3 : 각 성분의 체적[vol %]
L_1, L_2, L_3 : 각 성분의 연소범위 하한계[vol %]
U_1, U_2, U_3 : 각 성분의 연소범위 상한계[vol %]

- 주의점 : $V_1 + V_2 = 100$ 또는 $V_1 + V_2 = 1$
- 가연성가스 + 불연성 가스일 경우 가연성 가스만 백분율하여 계산한다.

(3) 위험도(Hazard, H)

$$H = \frac{U - L}{L}$$

여기서, H : 위험도
U : 연소 상한계(UFL)
L : 연소하한계(LFL)

표 7-2 주요 가연성 기체의 연소한계 및 위험도

가연성 기체	하한계	상한계	위험도
수소(Hydrogen)	4	75	$H=\frac{75-4}{4}=17.75$
아세틸렌(Acetylene)	2.5	81	$H=\frac{81-2.5}{2.5}=31.4$
메탄(Methane)	5	15	$H=\frac{15-5}{5}=2$
프로판(Propane)	2.1	9.5	$H=\frac{9.5-2.1}{2.1}=3.52$

7.5 인화점, 연소점, 발화점

1) 인화점(Flash Point)

(1) 정의

① 가연물에 불꽃 등 점화원을 접촉할 때 인화되는 최저의 온도를 말한다.
② 물적조건(가연물)과 에너지조건(점화원)이 만나는 최저온도이다.
③ 포화증기압과 연소하한계가 만나는 최저온도이다.
④ 가연성 혼합기를 형성하는 최저온도이다.

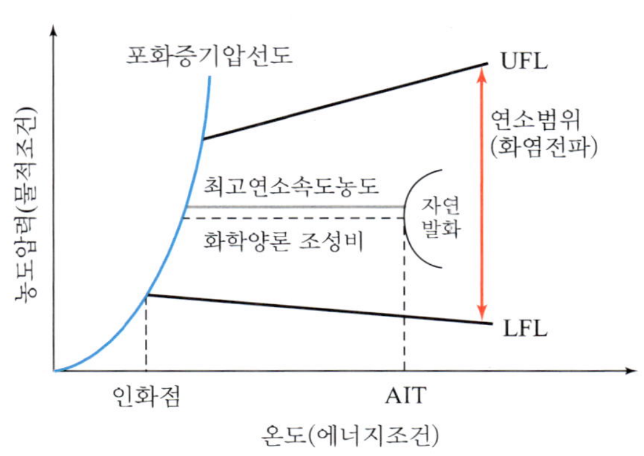

그림 7-7 연소범위(인화점)

참고 **주요물질 인화점**

구 분	품 명	인화점[℃]
특수인화물(−20°C 이하)	디에틸에테르	−45
	산화프로필렌	−37
	이황화탄소	−30
제1석유류(21°C 미만)	휘발유	−20∼−43
	아세톤	−18
알코올류	메틸알코올	11
	에틸알코올	13
제2석유류(21°C 이상∼70°C 미만)	등유	43∼72
	경유	50∼70
	나프탈렌	80

2) 연소점(Fire Point)

(1) 정의

① 액체 가연물을 인화점보다 더 높은 온도로 계속 가열하여 불꽃을 가까이 접촉하였을 때 계속해서 연소하는 온도에 이른다. 이 온도를 연소점이라고 하며 인화점과 구별한다.

② 가연물의 연소상태가 지속될 수 있는 온도를 말하며, 일반적으로 인화점보다 5∼10°C 정도 높은 온도로서 화염은 5초 이상 유지될 수 있다. 이것은 가연성 증기의 발생속도가 연소속도보다 빠를 때 이루어진다.

∴ 인화점 < 연소점

3) 발화점(Autoignition Temperature, AIT)

(1) 정의

① 발화점이란 가연성 혼합기체에 열 등의 형태로 에너지가 주어졌을 때 스스로 발화하기 시작하는 온도로서 주위로부터 충분한 에너지를 받아서 스스로 발화할 수 있는 최저온도를 말한다. 일반적으로 발화점은 스스로 발화하는 온도를 말하기 때문에 자연발화온도라고도 한다.

② 발화라고 하는 현상은 발열속도가 방열속도보다 클 경우 계에 열이 축적되고 온도가 상승하여 발화온도 이상이 되었을 때 발생한다. 따라서 동일 물질의 경우 인화점, 연소점보다 높은 온도를 나타낸다.

∴ 인화점 < 연소점 < 발화점

③ 발화점이 낮을수록 화재 위험성은 크며, 황린(34°C), 이황화탄소(100°C), 셀룰로이드(180°C), 아세트알데히드(185°C) 등은 발화의 위험이 크다.

물 질	발화온도[℃]	물 질	발화온도[℃]
황린	34	에틸알코올	363
황화린	100	종이류	405～410
이황화탄소	100	아세틸렌	406～440
셀룰로이드	180	목재	410～450
아세트알데히드	185	프로판	423
등유	257	톨루엔	480
적린	260	에탄	520～630
가솔린	300	메탄	537
역청탄	360	아세톤	560

참고 **소인화점, 연소점, 발화점 정의**

① 인화점 : 외부에너지(점화원)에 의해 발화하기 시작하는 최저온도
② 연소점 : 외부에너지를 제거해도 자력으로 연소를 지속할 수 있는 최저온도
③ 발화점 : 스스로 점화할 수 있는 최저온도

4) 최소발화에너지(MIE)

(1) 정의

① 최소발화에너지(Minimum Ignition Energy, MIE)는 가연성 가스 및 공기와의 혼합기체에 점화원을 접촉하여 발화시키는데 필요한 최소 에너지를 말한다.

② 최소발화에너지는 혼합기의 온도, 압력, 조성 등에 따라 달라지며, 최소발화에너지의 경우 탄화수소계 가연성 기체에서 약 0.25 mJ, 특히 수소는 0.02 mJ 정도로 작은 전기불꽃으로도 충분히 발화원이 될 수 있음을 알 수 있다.

참고 **물질의 위험성을 나타내는 성질**

① 온도가 높을수록 위험
② 압력이 클수록 위험
③ 연소범위가 넓을수록 위험
④ 연소속도, 연소열, 증기압이 클수록 위험
⑤ 인화점, 발화점, 융점, 비점이 낮을수록 위험
⑥ 증발열, 비열, 표면장력, 비중이 작을수록 위험
⑦ 발화(착화)에너지가 작을수록 위험

(2) 영향 요소

① 온도가 상승하면 분자운동이 활발하므로 최소발화에너지는 작아진다.
② 압력이 상승하면 분자 간의 거리가 가까워지므로 최소발화에너지는 작아진다.
③ 농도가 증가하면 분자 간의 유효 충돌 횟수가 증가하므로 최소발화에너지는 작아진다.
④ 열전도율이 낮아지면 열축적이 용이하여 최소발화에너지는 작아진다.

7.6 연소의 형태

7.6.1 개요

1) 연소의 형태는 연소의 상황에 따라 구분하는 방법과 가연물의 상태변화에 따라 구분하는 방법 그리고 불꽃의 존재 유무에 따라 구분하는 방법 등이 있다.
2) 연소의 상황에 따라 구분하는 방법은 발열과 방열의 관점으로, 열의 발생(발열)과 발산(방열)이 균형을 유지하면서 연소하는 정상연소와 균형이 깨져 연소속도가 급격히 증가하여 폭발적으로 연소하거나 산소나 열의 공급이 원활하지 못해 소극적으로 연소하는 비정상연소가 있다.
3) 가연물의 상태변화에 따라 구분하는 방법에는 가연성 고체, 액체, 기체의 상태변화에 따라 확산연소, 예혼합연소, 증발연소, 분해연소, 분무연소, 표면연소, 자기연소 등으로 구분한다.
4) 불꽃의 존재유무에 따라 구분하는 방법에는 불꽃이 있는 불꽃연소와 불꽃이 없는 작열연소로 구분하며, 불꽃이 있는 불꽃연소에는 확산연소, 예혼합연소, 자연발화가

있고 불꽃 없이 빛만 내는 작열연소에는 표면연소(=무염연소, 백열연소, 작열연소)와 훈소가 있다.

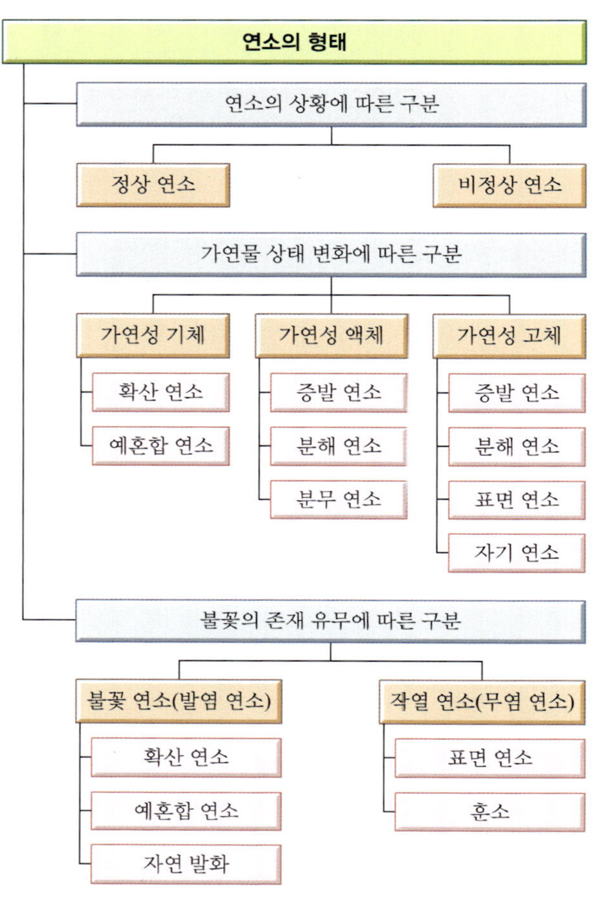

그림 7-8 연소의 형태 개념도

7.6.2 연소의 상황에 따른 연소의 형태

1) 정상연소

(1) 연소 시의 조건이 양호하여 정상적으로 연소가 이루어지는 경우로 충분한 공기의 공급이 이루어질 때의 연소를 말한다.

(2) 연소상의 문제점이 발생되지 않고 연소장치, 기기 및 기구에서의 열효율도 높다.

2) 비정상연소

(1) 연소 시의 조건이 좋지 않아 정상적으로 연소가 이루어지지 않는 경우로 공기의 공급이 불충분한 경우의 연소를 말한다.

(2) 연소상의 문제점이 많이 발생되므로 연소장치, 기기 및 기구의 안전관리에 주의가 요구된다.

7.6.3 가연물의 상태변화에 따른 연소의 형태

1) 기체의 연소

(1) 일정한 양의 가연성 기체에 산소를 접촉시킨 상태에서 점화원을 주게 되면 산소와 접촉하고 있는 부분부터 불꽃을 내면서 연소하게 되는데 이것을 기체의 연소라 한다.

(2) 기체의 연소는 불꽃이 있으나 불티가 없는 연소로서 불꽃연소 또는 발염연소라고 한다.

(3) 불꽃연소는 예열대의 존재 유무에 따라 예열대가 존재하지 않는 확산연소와 예열대가 존재하여 화염을 자력으로 수반하는 예혼합연소가 있다.

(4) 기체 연소의 가장 큰 특징은 예혼합연소에 의해 폭발을 수반하는 것으로, 고체나 액체는 산소를 공급한다고 해도 폭발을 일으키지 않는다.

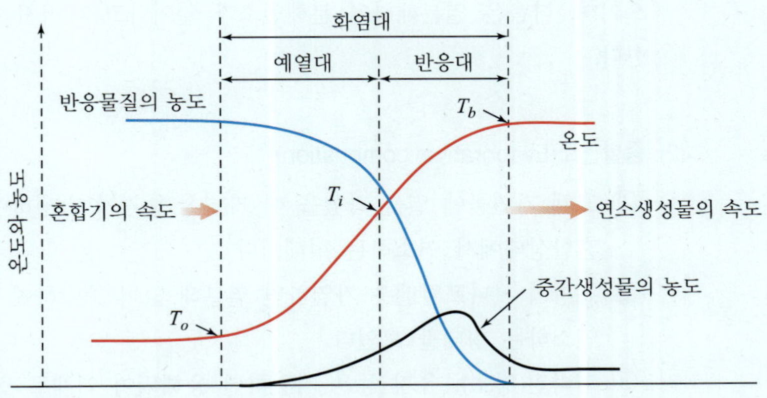

그림 7-9 예혼합연소 개념도

2) 액체의 연소

(1) 액체의 연소는 액체 가연물이 연소할 때 액체 자체가 연소하는 것이 아니라 액체 표면에서 발생된 증기가 연소하는 증발연소와 액체가 비휘발성인 경우에 열분해하여 그 분해가스가 공기와 혼합하여 연소하는 분해연소가 있다.

(2) 또한, 점도가 높고 휘발성이 낮은 액체(중질유 등)를 가열 등의 방법으로 점도를 낮추어 분무기(버너)로 미세입자로 분무하고 공기와 혼합시켜 연소시키는 방법인 분무연소(＝액적연소)가 있다.

(3) 일반적으로 액체의 연소는 대부분 증발연소이다.

참고 **액체상태의 연소형태 물질**

연소형태	물 질
증발연소	가솔린, 등유, 경유, 알코올, 아세톤 등
분해연소	중유, 아스팔트유 등
분무연소	벙커C유 등

3) 고체의 연소

(1) 고체 가연물에 열을 가했을 때 우선적으로 증발할 수 있는 가연물은 증발연소를 일으키며, 다음은 열분해하여 분해연소가 일어나고 나머지 남은 물질은 표면연소를 한다.

(2) 증발연소(Evaporative combustion)

① 고체 가연물에 열을 가했을 때 가연성 증기가 발생하여 발생한 증기와 공기의 혼합상태에서 연소하는 형태이다.

② 유황이나 나프탈렌은 가열하면 열분해 없이 증발하여 증기와 공기가 혼합하여 연소하는 형태를 보인다.

③ 파라핀(양초), 유지 등은 가열하면 융해되어 액체로 변하게 되고 지속적인 가열로 기화되면서 증기가 되어 공기와 혼합하여 연소하는 형태를 보인다.

(3) 분해연소(Destructive combustion)

① 고체 가연물에 열을 가했을 때 열분해 반응을 일으켜 생성된 가연성 증기가 공기와 혼합하여 연소하는 형태이다.

② 생성된 가연성 혼합기의 연소가 진행되면 반응열에 의해 고체 가연물의 열분해는 계속 진행되며 가연물이 없어질 때까지 계속된다.

③ 목재, 석탄, 종이, 플라스틱 등의 연소가 대표적인 예이다.

(4) 표면연소(Surface combustion)

① 고체 가연물의 표면에서 산소와 반응하여 연소하는 현상으로 휘발성분이 없어 가연성 증기증발도 없고 열분해반응도 없기 때문에 불꽃이 없는 것이 특징이다.

② 보통 직접연소라고도 하며, 발염을 동반하지 않기 때문에 무염연소라고도 한다. 연소속도는 비교적 느린 편이다.

③ 숯, 코크스, 목탄, 금속분(마그네슘 등)의 연소가 대표적인 예이다.

(5) 자기연소(Self combustion)

① 제5류 위험물과 같이 가연성이면서 자체 내에 산소를 함유하고 있어 공기 중의 산소를 필요로 하지 않는 연소형태로서 내부연소라고도 한다.

② 셀룰로이드, TNT 등은 분자 내에 산소를 가지고 있어 가열시 열분해에 의해 가연성 증기와 함께 산소를 발생하여 자신의 분자 속에 포함되어 있는 산소에 의해 연소한다.

③ 공기 중의 산소가 부족하여도 연소가 빠르게 진행되며 외부에 산소가 존재할 경우 폭발로도 진행될 수 있다.

참고 **고체상태의 연소형태 물질**

연소형태	물 질
증발연소	유황, 나프탈렌, 파라핀(양초), 유지 등
분해연소	목재, 석탄, 종이, 플라스틱, 고무 등
표면연소	숯, 코크스, 목탄, 금속분(마그네슘 등)
자기연소	셀룰로이드, TNT, 니트로글리세린, 니트로화합물 등

7.6.4 연소의 일반적인 양상

1) 흡열 – 열을 흡수
2) 분해 – 고체(열분해), 액체(증발), 기체(휘발)
3) 혼합 – 가연성기체 + 공기 → 가연성 혼합기 형성
4) 연소 – 점화원 또는 발화온도 이상시 연소 시작
5) 배출
   (1) 흡열－분해－혼합－연소－배출을 통한 연소생성물과 흡열－분해－배출을 통한 분해생성물이 있다.
   (2) 연소생성물은 완전연소일 경우 CO_2, H_2O가 발생, 불완전연소일 경우 CO, 타르가 발생 된다.
   (3) 분해생성물은 열분해 후 온도가 낮아져 액화상태인 응축을 통해 계외로 빠져나가기 때문에 상대적으로 많은 독성물질을 함유하여 다른 연소에 비해 더욱 위험하다.

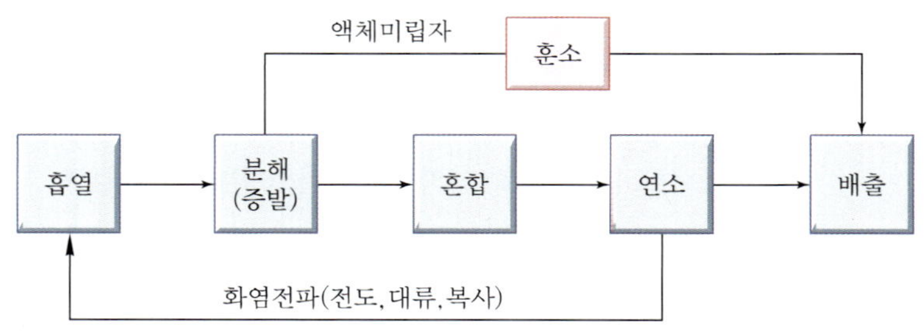

그림 7-10 연소의 일반적인 양상

7.6.5 완전연소와 불완전연소의 차이점

비고	완전연소	불완전연소
산소공급	충분	불충분
연소온도	더 높다.	낮다.
화염의 색	더 밝게 보임.	상대적으로 덜 밝음.
연소생성물 (탄화수소화합물)	CO_2, H_2O	CO, 타르

7.7 불꽃연소와 작열연소

7.7.1 불꽃연소의 개요

1) 연소사면체(Fire tetrahedron)에 의한 연소로 연소속도가 빠르고 불꽃과 열을 내면서 연소하므로 표면화재라고도 하며, 연소의 4요소 중 하나인 연쇄반응을 수반한다.
2) 즉, 연료의 표면에서 불꽃(화염)을 발생시키며 연소한다.
3) 연소 시 가연성 가스와 산소가 높은 농도에서 낮은 농도로 이동한다는 Fick의 법칙에 따라 가연성 가스와 산소가 반응에 의해 농도가 0이 되는 화염 쪽으로 이동하는 확산 과정으로 연소가 이루어진다.
4) 고체의 열분해, 액체의 증발에 따른 기체의 확산에 의한 연소, 연소속도가 매우 빠르며 시간당 방출열량이 많다.
5) 화염에서의 온도는 낮거나 높게 나타나는 현상이 반복되며 평균값은 800～1,000°C가 된다. 연소반응은 화염온도가 충분히 높아야 하며 대개 1,300°C 이상 되어야 지속 가능하다.

참고

불꽃연소
불꽃이 발생하는 연소
→ 표면화재(Surface Fire)

7.7.2 작열연소의 개요

1) 연소의 3요소에 의해 가연물이 연소하는 것으로 순조로운 연쇄반응 현상이 없으며, 연소속도가 느리고 불꽃이 없는 것이 특징이다.
2) 연료의 표면에서 불꽃(화염)이 발생하지 않고 작열하면서 연소하는 현상으로 표면연소라고도 하며 화재의 양상은 산소의 공급이 불충분한 상태에서 진행되는 연소로 심부화재(Deep seated fire)라고도 한다.
3) 작열연소는 휘발분이나 열분해 성분을 거의 함유하지 않는 연료에서 발생하며 다음과 같은 2가지 연소형태를 나타낸다.
   (1) 흡열을 통해 열분해 생성물을 방출하지 않고 진동에너지에 의해 고상 결합이 분리되면서 일어나는 연소형태이다. 대표적인 것이 숯의 연소이다.

(2) 휘발분이 적을 경우 증기압이 낮아 거의 대류를 일으키지 못하고 산소가 높은 농도에서 낮은 농도로 이동한다는 Fick의 법칙에 의해 표면에서 산소와 반응하면서 일어나는 연소형태이다. 대표적인 것이 숨뭉치의 연소이다.

참고

작열연소
불꽃이 없는 연소, 불티만 있는 연소
→ 심부화재 (Deep Seated Fire)

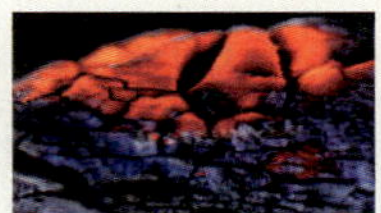

7.7.3 불꽃연소와 작열연소의 물성 비교

구분	불꽃연소	작열연소(표면연소)
연소특성	• 고체의 열분해, 액체의 증발에 따른 기체의 확산 등 연소양상이 매우 복잡	• 고비점 액체생성물과 타르가 응축되어 공기 중에서 무상의 연기 형성 • 휘발분이 없음
불꽃여부	• 연료의 표면에서 불꽃을 발생하며 연소	• 연료의 표면에서 불꽃을 발생하지 않고 작열하면서 연소
화재구분	• 표면화재	• 심부화재
연소속도	• 연소속도가 매우 빠르다.	• 연소속도가 느리다.
방출열량	• 시간당 방출열량이 많다.	• 시간당 방출열량이 적다.
연쇄반응	• 연쇄반응이 일어난다.	• 연쇄반응이 일어나지 않는다.
적응화재	• A, B, C급 화재 적응	• A급 화재 적응
에너지	• 고에너지 화재	• 저에너지 화재
연기형태	• Dark smoke	• Light smoke
연소가스	• CO_2↑, CO↓	• CO↑, CO_2↓
소음	• None to much	• None
연소물질	• 열가소성 합성수지류 • 가솔린, 석유류의 인화성액체 • 메탄, 프로판, 수소, 아세틸렌 등의 가연성가스	• 열경화성 합성수지류 • 코크스, 목탄(숯) 및 금속분(Al, Mg, Na)
소화대책	• 연소 3요소 이론의 냉각·질식·제거 외에 연쇄반응의 억제에 의한 소화대책	• 연쇄반응이 없으므로 연소 3요소 이론의 냉각·질식·제거의 소화대책
CO_2소화	• 34% 질식소화 • 방사시간 1분 이내	• 34% 질식소화 및 냉각소화 • 방사시간 7분 이내

7.7.4 불꽃연소와 작열연소의 연소범위 비교

1) 불꽃연소 – 화염전파공간인 연소범위 영역에서 발생된다.
2) 작열연소 – 연소범위 이외의 영역에서 발생된다.

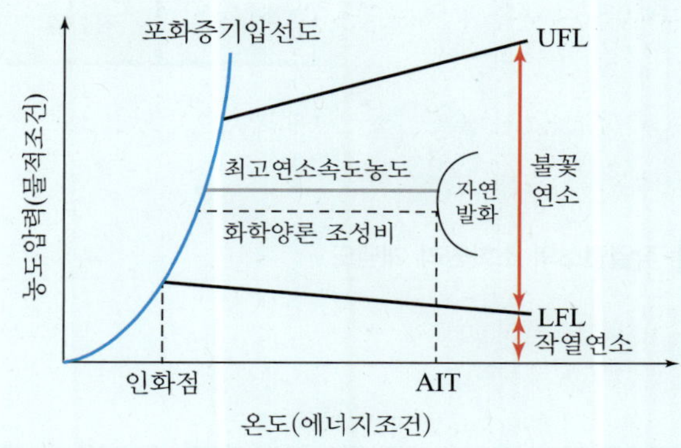

그림 7-11 불꽃연소와 작열연소의 연소범위 비교

7.7.5 불꽃연소와 작열연소의 소화대책 비교

1) 불꽃연소 – 질식, 냉각, 제거, 억제 소화 또는 물리적 소화 + 화학적 소화
2) 작열연소 – 질식, 냉각, 제거 소화 또는 물리적 소화

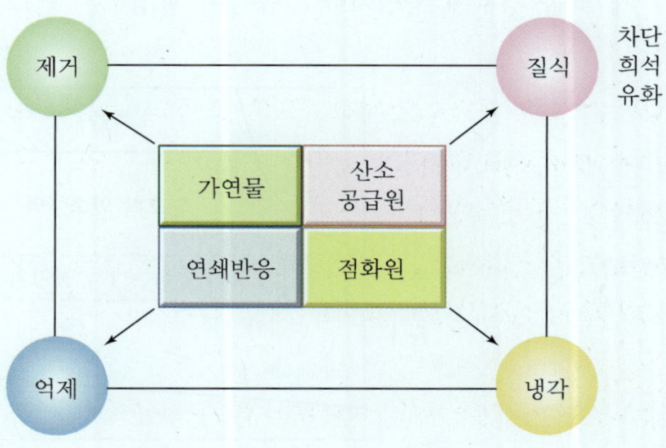

그림 7-12 불꽃연소의 소화원리 개념도

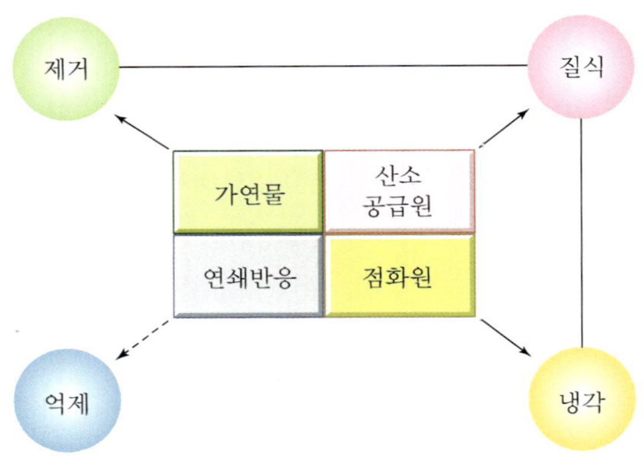

그림 7-13 작열연소의 소화원리 개념도

7.8 연소 시 발생되는 이상현상

7.8.1 불완전 연소(Incomplete Combustion)

1) 산소량이 부족하여 산화반응을 완전히 완료하지 못해 일산화탄소, 그을음, 카본 등과 같은 미연소물이 생기는 연소 현상
2) 염공(炎孔)[7]에서 연료가스가 연소 시 가스와 공기의 혼합이 불충분하거나 연소온도가 낮을 경우에 황염이나 그을음이 발생하는 연소 현상

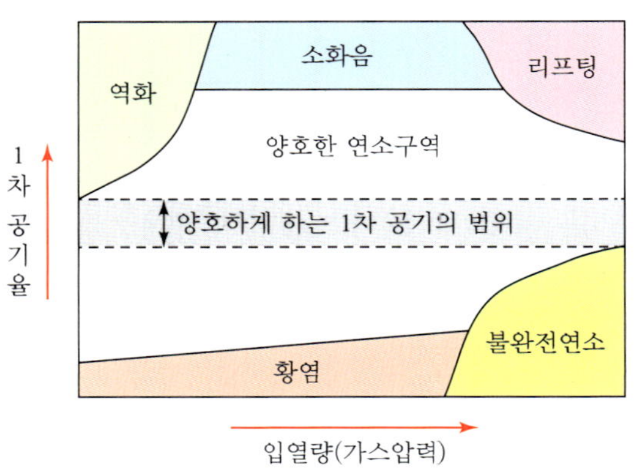

그림 7-14 분젠버너의 연소특성도

7) 가스버너에서 연료가스 또는 연료가스와 공기의 혼합가스를 분출시키기 위한 가스 분사구

3) 불완전 연소의 원인
   (1) 공기와의 접촉 및 혼합이 불충분할 때
   (2) 과대한 가스량 또는 필요량의 공기가 없을 때
   (3) 배기가스의 배출이 불량할 때
   (4) 불꽃이 저온 물체에 접촉되어 온도가 내려갈 때

7.8.2 역화(Back Fire)

1) 연료가 연소 시 연료의 분출속도가 연소속도보다 느릴 때 불꽃이 염공 속으로 빨려 들어가 혼합관 속에서 연소하는 현상을 말한다.
2) 역화의 원인
   (1) 1차 공기가 적어 혼합기체의 양이 적은 경우
   (2) 공급가스의 압력이 낮을 경우
   (3) 염공이 크거나 부식에 의해 확대되었을 경우

7.8.3 선화(Lifting)

1) 불꽃이 염공 위에 들뜨는 현상으로 염공에서 연료가스의 분출속도가 연소속도보다 빠를 때 발생
2) 리프팅의 원인
   (1) 1차 공기가 너무 많아 혼합기체의 양이 많은 경우
   (2) 공급가스의 압력이 높을 경우
   (3) 버너의 염공이 작거나 거의 막혔을 경우

7.8.4 황염(Yellow Tip)

1) 불꽃의 색이 황색으로 되는 현상으로 염공에서 연료가스의 연소 시 공기량의 조절이 적정하지 못하여 완전연소가 이루어지지 않을 때에 발생한다.
2) 황염의 원인 : 1차 공기가 부족할 때

7.8.5 블로우오프(Blow Off)

1) 염공에서 연료가스의 분출속도가 연소속도보다 클 때, 주위 공기의 움직임에 따라 불꽃이 날려서 꺼지는 현상을 말한다.
2) 선화(Lifting)상태에서 분출속도가 더 증가하면 결국 화염이 꺼지는 현상

7.9 연소생성물의 종류와 유해 작용

7.9.1 연소생성물의 개요

1) 연소란 가연성 물질이 공기 중의 산소와 만나 열과 빛을 수반하며 산화하는 현상을 말한다.
2) 연소는 발열반응을 통해 연소생성물을 생성하고 가연물의 고온화를 통해 연소를 지속시킨다.
3) 연소생성물에는 열, 연기, 빛, 화염(불꽃), 연소가스 등이 있다.
4) 연소생성물은 인체에 열적 손상과 비열적 손상으로 피해를 주는데 열적 손상에는 대류와 복사열을 통한 화상과 열응력이 있고, 비열적 손상에는 마취성·자극성·독성 가스의 연소(유해)가스와 연기 등이 있다.
5) 특히, 유해가스 흡입 시 판단능력, 방향감각 상실 및 패닉현상에 의해 피난이 지연되어 더욱 많은 유독가스를 흡입하게 되고, 결국 치명적인 결과를 초래할 수 있다.

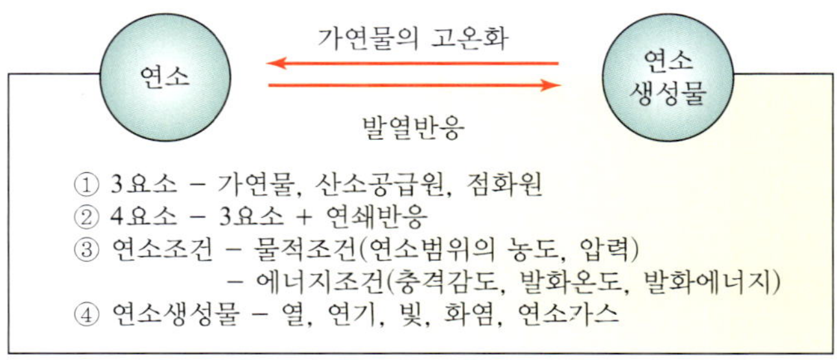

그림 7-15 연소의 일반적인 개념도

7.9.2 연소 시 열특성

1) 현열(= 감열 : Sensible Heat)

(1) 물질의 상태변화 없이 온도변화에만 필요한 열량
(2) 수식

$$Q = m \cdot c \cdot \Delta t$$

여기서, Q : 현열(kcal, cal)
m : 질량(kg, g)
c : 비열(kcal/kg·°C, cal/g·°C)
Δt : 온도차(°C)

2) 잠열(Latent Heat)

(1) 물질의 온도변화 없이 상태변화에만 필요한 열량
(2) 수식

$$Q = m \cdot \gamma$$

여기서, Q : 잠열(kcal, cal)
m : 질량(kg, g)
γ : 융해잠열, 증발잠열(kcal/kg, cal/g)

- 고체 → 액체 : 얼음의 융해잠열[80 kcal/kg)]
- 액체 → 기체 : 물의 증발잠열[539 kcal/kg)]

3) 비열(Specific Heat)

(1) 1 g (kg)의 물체를 1°C만큼 상승시키는데 필요한 열량[cal(kcal)/g(kg) · °C]
(2) 물의 비열(1.0 kcal/kg · °C)은 다른 물질에 비해 크다. → 물입자가 많은 열량 흡수 → 냉각효과가 뛰어남.

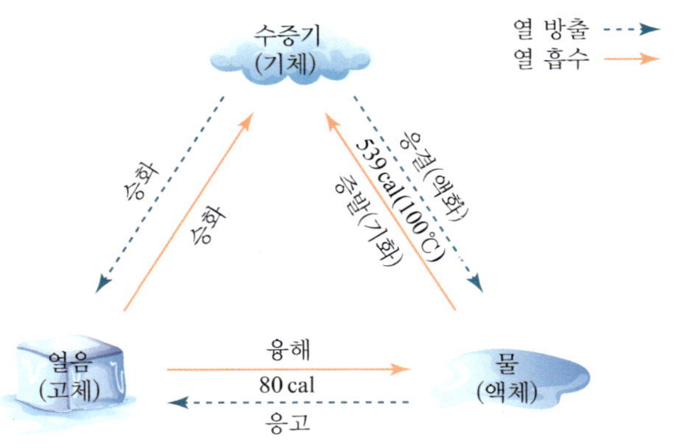

그림 7-16 물의 상태 변화 개념도

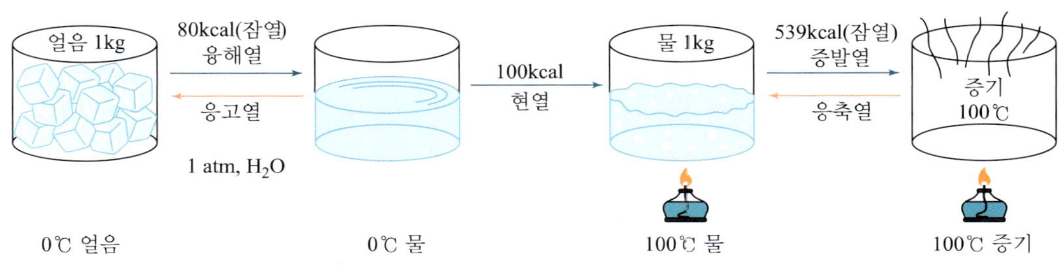

그림 7-17 물의 상태 변화

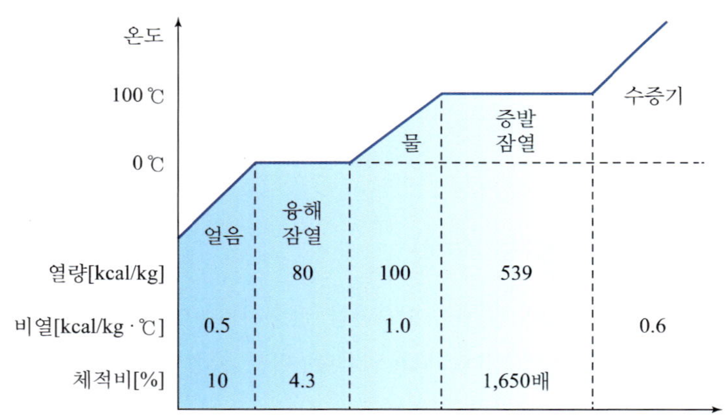

그림 7-18 물의 수소결합에 의한 특성

문제 15°C 물 1kg이 200°C 증기로 변할 때 흡수되는 열량을 구하시오.
답 684 kcal

풀이 ① 물이 수증기로 변할 때 필요한 열량

Q = 물의 현열 + 물의 증발잠열 + 수증기의 현열

② 계산과정

$$Q = m \cdot c \cdot \Delta t + m \cdot \gamma + m \cdot c \cdot \Delta t$$

$$= 1 \times 1 \times (100 - 15) + 1 \times 539 + 1 \times 0.6 \times (200 - 100)$$

$$= 684\,\text{kcal}$$

4) 고열기체

(1) 사람이 장시간 고열에 노출되면 체온의 상승으로 뇌신경중추에 손상을 입어 일사병과 동일한 결과를 초래하여 사망한다.

(2) 또한, 폐 속으로 들어간 열로 인해 혈압저하와 혈액순환장애로 사망할 수 있다.

5) 복사열

(1) 대규모 건물화재, 석유류 탱크화재 등 강한 복사열을 받는 장소에 있을 경우 탈수와 체온상승으로 인해 현기증, 구역질, 두통, 허탈감, 경련, 실신 등 열중증이 된다.

(2) 강한 복사열을 받는 환경 하에서 소화활동을 할 경우 복사열에 대한 반사성과 단열성이 있는 방열복을 착용하지만 장시간 진화작업 시 피로가 가중된다.

(3) 인간이 피부에 느끼는 고통과 복사열 강도

인체상태	복사열 강도(kcal/m^2 · h)
장시간 노출에 견디는 최대 방사열	1,080
고통을 느끼기 시작	1,260
1분 후 고통	1,800
10~20초 후 고통	3,600
3초 후 고통, 10~20초에 불에 데어 살이 부어오름	9,000

(4) 공기온도와 생존한계시간

공기온도(℃)	143	120	100	65
생존한계시간(분)	5 이하	15 이하	25 이하	60 이하

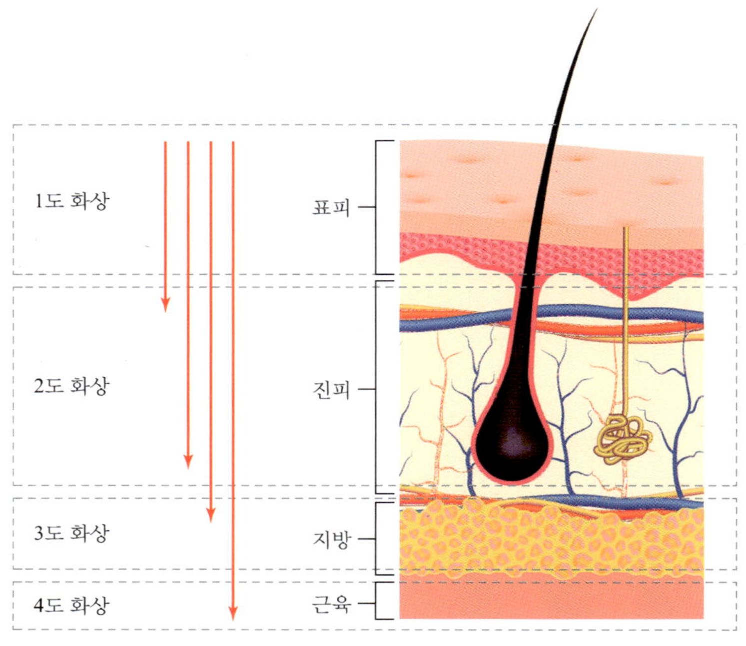

그림 7-19 화상의 분류

표 7-3 화상 종류별 특징, 증상 및 치료방법

<table>
<tr><th>분류</th><th>특징</th><th colspan="2">증상 및 치료방법</th></tr>
<tr><td>1도 화상</td><td>홍반성</td><td colspan="2">• 표피에 국한된 손상으로 그 부위가 빨간 색깔을 띠고 심한 통증을 느낌
• 태양광이나 부엌에서 약하게 데인 정도
• 국소연고제로만으로 효과가 있으며 흉터가 남지 않음</td></tr>
<tr><td rowspan="3">2도 화상</td><td rowspan="3">수포성</td><td colspan="2">• 진피까지 손상되어 그 부위가 분홍 색깔을 띠고 분비물이 모여 물집이 생김
• 진피 손상깊이에 따라 얕은 2도와 깊은 2도로 나누어진다.</td></tr>
<tr><td>얕은 2도
(표재성)</td><td>• 표피 전부와 진피의 1/3까지 화상
• 과열된 온수나 불꽃 화상에 의해 발생
• 1~2주 내에 재상피화가 일어나면서 치유
오랫동안 연한 변색</td></tr>
<tr><td>깊은 2도
(심재성)</td><td>• 표피 전부와 진피의 2/3까지 화상
• 3~8주 치료로 재상피화
• 염증이 생기면 3도 화상으로 전환됨</td></tr>
<tr><td>3도 화상</td><td>괴사성</td><td colspan="2">• 표피와 진피 외에 피하지방까지 손상
• 통증이 없고, 검고 희고 붉은 가피를 가짐
• 피부이식 수술이 필요하며 심한 흉터가 남음</td></tr>
<tr><td>4도 화상</td><td>흑사성
(탄화성)</td><td colspan="2">• 피부전층은 물론 근육이나 뼈까지 손상
• 고압전기에 의한 감전에 의한 화상
• 피부이식 수술, 사지절단 수술 등이 필요</td></tr>
</table>

6) 열전달 방법

(1) 네 가지 온도의 관계 : 그림 7-20 및 표 7-4 참조

(2) 온도차가 발생되어 열이 높은 곳에서 낮은 곳으로 이동하는 것을 열전달(전열)이라 한다.

(3) 열전달 방법에는 전도, 대류, 복사 등이 있다.

(4) 연소(화재)확대 요인에는 비화, 접염, 복사 등이 있다.

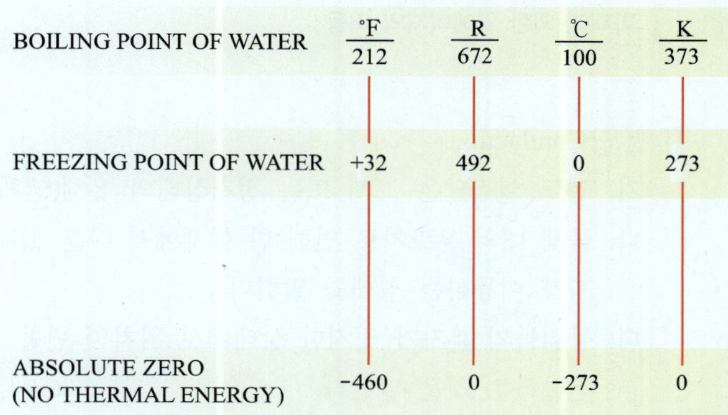

그림 7-20 4가지 온도의 상관관계

표 7-4 온도별 단위환산

온 도	단위 환산
°F 화씨온도(Fahrenheit)	$°F = \frac{9}{5}°C + 32$
°C 섭씨온도(Celsius)	$°C = \frac{5}{9}(°F - 32)$
K 켈빈온도(Kelvin)	$K = °C + 273.15$, $K = \frac{5}{9}R$
R 랭킨온도(Rankine)	$R = °F + 460$

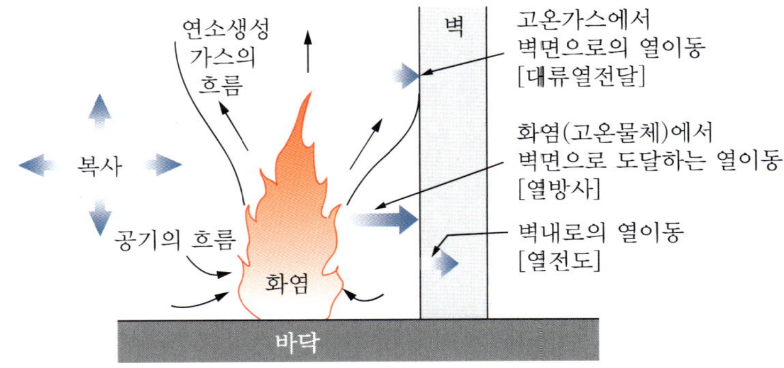

그림 7-21 화재에 의한 열에너지의 이동

① 전도(Conduction)

가. 전도 열전달은 고체 또는 정지상태의 유체(액체, 기체) 내에서 이루어진다.

나. 물체 내의 온도차로 인해 한 물체에서 다른 물체로 직접접촉에 의하여 열에너지가 이동하는 상태를 말한다.

다. 물질들의 분자가 정지한 상태에서 위치의 변동 없이 분자의 진동에 의해 열을 전달하는 것을 말한다.

라. 완전 진공상태에서는 열은 전달되지 않는다.

마. 고체는 기체보다 열전도율이 높다.

바. Fourier의 열전도 법칙을 따른다.

$$\dot{q} = kA\frac{(T_2 - T_1)}{l}$$

여기서, $\dot{q}$: 열유동율, 물질을 통해 전달되는 열량(W, J/sec)

k : 물질의 열전도율(W/mK)

T_1, T_2 : 물질 양면의 온도(K)

l : 물질의 두께(m)

A : 표면적(m^2)

사. 주택의 벽면용 단열재의 경우

- 벽의 면적이 클수록 열 손실이 많다(면적 : A).
- 날씨가 추울수록 열 손실이 많다(실내외 공기 온도차 : ΔT).
- 같은 재료일 때 벽이 두꺼울수록 열손실이 적다(벽두께 : Δl).

② 대류(Convection)

가. 대류 열전달은 고체 표면과 움직이는 유체 사이에서 분자의 불규칙한 운동과 거시적인 유체의 유동에 의해 이루어진다.

나. 유체(액체, 기체)입자의 유동에 의해 열에너지가 전달되는 현상이다.

다. 유체의 유동에 의해 연소확대의 원인이 된다.

라. 대류는 화재의 이동경로, 연소확대, 화재의 형태나 특성에 가장 큰 영향을 미친다.

마. 고층건물에서 발생한 대형화재는 대부분 대류 때문에 발생한다고 해도 과언이 아니다.

바. 대류는 Newton의 냉각법칙을 따른다.

$$\dot{q}'' = k\frac{(T_2 - T_1)}{l} = h(T_2 - T_1), \quad h = \frac{k}{l}$$

여기서, h : 대류 전열계수 또는 대류 열전달계수

사. 대류 열전달은 유체의 유동이 외부로부터 작용하는 힘에 의해 이루어지는가 또는 온도차로 인한 부력에 의해 발생하는 가에 따라 강제대류(Forced convection)와 자연대류(Natural convection)로 구분된다.

아. 강제대류 – 선풍기, 겨울철 바람

- 여름에 더운 날 선풍기를 튼다고 해서 방안의 공기 온도가 낮아지는 것은 전혀 아닌데도 시원한 것은 강제대류에 의해 사람의 피부와 공기와의 열전달계수가 높아졌기 때문이다.
- 겨울에 살을 에는 듯한 바람도 역시 열전달계수를 높여주었기 때문이다.

자. 자연대류 – 냉난방 방향

- 뜨거운 공기는 가벼워 위로 올라가고 차가운 공기는 무거워 아래로 내려온다.
- 냉방을 할 경우에는 바람을 위로 향하게 하여 방 위쪽의 더운 공기를 식히고 자연스럽게 무거운 찬 공기는 아래로 내려오게 하여 순환되도록 한다.
- 난방을 할 경우에는 바람을 아래로 향하게 하여 자연대류에 의해 방 위쪽으로 올라가 순환되도록 한다.
- 이러한 이유로 중앙 냉난방식의 경우 에어컨은 천장에 라디에이터는 아래에 설치한다.

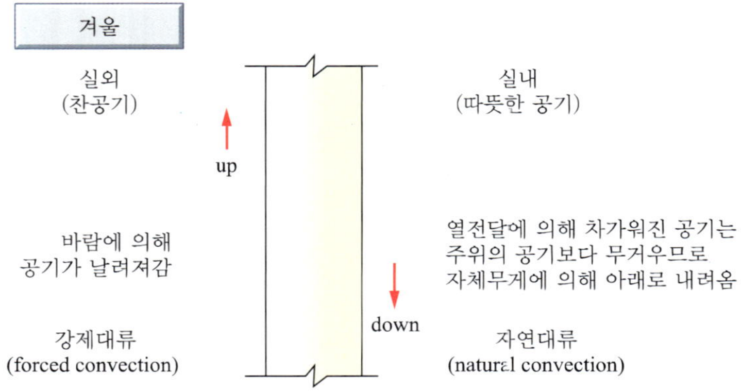

그림 7-22 건물에서 자연대류와 강제대류

③ 복사(Radiation)

가. 태양이 지구를 따뜻하게 해주는 현상이다.

나. 복사 열전달은 물질에서 방사되는 에너지가 전자기적인 파동에 의해 전달됨으로써 이루어진다.

다. 전도와 대류는 물질을 매개체로 열에너지가 전달되지만 복사의 경우 서로 떨어져 있는 두 물체 사이에 열에너지가 전자파 형태로 복사되어 다른 물체에 도달하고, 이 복사 에너지가 흡수되면 열로 변하는 현상이다.

라. 진공상태에서는 손실이 없으며, 공기 중에서도 거의 손실이 없다.

마. 복사열은 일직선으로 이동한다.

바. 복사는 스테판-볼츠만의 법칙에 따른다.

$$\dot{q}'' = \sigma AF(T_1^4 - T_2^4)$$

여기서, σ : 스테판-볼츠만 상수 5.67 × 10-8 (w/m^2k^4)

A : 열전달 면적(m^2)

F : 기하하적 Factor

T_1 : 고온(°K)

T_2 : 저온(°K)

- 복사열은 절대온도 4제곱의 차에 비례하고, 열전달 면적에 비례한다.

사. 화염직경의 두 배 이상 떨어진 목표물에 대한 복사열 계산

$$\dot{q}'' = \frac{X_r \dot{Q}}{4\pi r^2}$$

여기서, $\dot{Q}$: 화재의 연소에너지 방출(kw)

X_r : 총 방출에너지 중 복사된 에너지 분율(0.15 ~ 0.6)

r : 화재중심과 목표물과의 거리(m)

$4\pi r^2$: 구의 표면적

아. 건물재료에서 복사에 의한 상호작용

- 투과 : 복사 에너지가 재료를 통과하는 것
- 흡수 : 복사 에너지가 현열의 형태로 변환되어 재료 내에 저장되는 것
- 반사 : 복사 에너지가 재료 표면에서 반사되는 것
- 방사 : 복사 에너지가 재료 표면에서 방출되는 것

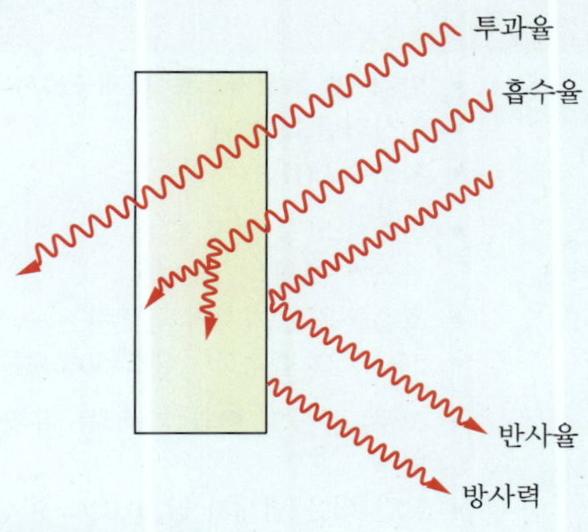

그림 7-23 건물재료에서 복사에 의한 상호 작용

7.9.3 연소 시 유해가스 특성

1) 유해(연소)가스 발생상황

(1) 산소농도는 급강하하여 Flashover 직후 약 2%

(2) CO_2농도는 급상승하여 최고 15%, CO농도는 6%

(3) CO > HCl > HCN > NH_3 순서로 많이 발생

(4) HCl은 합성계, 나머지는 천연계에서 많이 발생

(5) CO농도는 화재하중이 클수록 환기량이 적을수록 증대

2) 유해(연소)가스의 분류

유해(연소)가스는 마취성 가스, 자극성가스, 독성가스로 분류한다.

(1) 마취성 가스 – CO, HCN, 고농도 CO_2, 저농도 O_2
(2) 자극성 가스 – HCl, HF, HBr, 아크롤레인, 폼알데하이드
(3) 독성 가스 – CO, HCl, HCN, NH_3, $COCl_2$, SO_2, NO_2

3) 유해(연소)가스 위험특성

종류	위 험 특 성	TLV–TWA (ppm)
일산화탄소 (CO)	• 마취 및 독성가스로 화재중독사의 가장 주된 유해가스 • 이산화탄소(CO_2) • 황화수소(H_2S)	50
이산화탄소 (CO_2)	• 연소가스 중 가장 많은 양을 차지하나 CO_2 자체는 유독성 가스가 아님 • 호흡률을 증가시켜 공존하는 독성가스의 흡입증대 • 2% – 호흡속도·심도 50% 증가, 3% – 100% 증가	5,000
황화수소 (H_2S)	• 고무, 동물의 털과 가죽 등 유황함유물의 불완전 연소 시 발생 • 달걀 썩은 냄새가 남, 0.02% 이상의 농드에서는 후각 마비 • 0.04% 농도에서 30분 이상 호흡 시 우험, 0.08%농도 시 치명상	10
이산화황 아황산가스 (SO_2)	• 고무, 동물의 털 · 가죽, 이황화탄소(CS_2) 등 유황함유물의 완전 연소 시 발생 • 자극성 가스로 눈, 호흡기 등의 점막을 자극 • 0.05% 농도에서 단시간 노출시 위험	5
암모니아 (NH_3)	• 질소함유물인 수지류, 나무 등 이 탈 때 발생, 냉동시설의 냉매로 사용 • 강자극성 가스로 눈, 코, 목, 폐에 자극 • 0.25~0.65% 농도에서 30분 이상 노출 시 사망	25
시안화수소 (HCN)	• 질소함유물의 불완전 연소 시 발생, 기체는 청산가스 • 강자극성 가스로 호흡 곤란, 0.3[%]이상 농도에서 즉사	10
이산화질소 (NO_2)	• 플라스틱 등 질소함유물의 고온 연소 시 발생 • 흡입 시 인후통, 흡입량이 많을 경우 5~10시간 후 폐수종 초래	2

염화수소 (HCl)	• PVC(폴리염화비닐, 건축물내의 전선) 등 염소함유물이 탈 때 발생 • 호흡기 장애로 폐혈관계 손상	5
포스겐 ($COCl_2$)	• PVC 등 염소함유물이 고온 연소 시, 사염화탄소(CCl_4) 사용 시 발생 • 인명살상용 독가스 – 유태인의 대량학살용도로 사용	0.1
아크롤레인 (CH_2CHCHO)	• 석유제품, 유지류(기름성분) 등이 탈 때 발생 • 자극성이 크고 맹독성	0.1

참고 **가연성가스 이면서 독성가스인 물질**

• 황화수소(H_2S), 암모니아(NH_3)

7.10 폭발

1) 폭발의 개요

(1) 폭발은 착화까지는 연소와 동일하나, 착화 이후 급격한 압력의 전파로 폭음과 함께 파괴를 수반하는 것으로 기체나 액체의 팽창, 상변화 등의 물리현상이 압력발생의 원인이 되는 물리적 폭발과 물체의 연소, 분해, 중합 등의 화학반응으로 압력이 상승하는 화학적 폭발로 구분한다.

(2) 물리적 폭발은 화학적인 변화 없이 상의 변화에 의한 폭발로서 원인계와 생성계가 동일하므로 온도를 낮추는 대책과 용기강도를 강화시키는 대책이 필요하며 대표적인 것이 BLEVE (Boiling Liquid Expanding Vapor Explosion ; 비등액체 팽창 증기폭발)이다.

(3) 화학적 폭발은 급격한 화학적인 변화에 의한 폭발로서 원인계와 생성계가 동일하지 않으므로 물적 조건과 에너지 조건을 통한 예방대책과 Passive적인 방화대책이 필요하며 대표적인 것이 UVCE (Unconfined Vapor Cloud Explosion ; 자유공간 증기운 폭발)이다.

2) 폭발 조건 및 예방대책

(1) 폭발은 착화까지는 연소와 동일하므로, 폭발의 조건은 발화, 연소의 조건과 동일하며, 폭발의 예방대책도 발화, 연소의 예방대책과 동일하다.

(2) 폭발의 조건에는 물적 조건인 폭발범위(연소범위)의 농도, 압력과 에너지 조건인 발화온도, 발화에너지, 충격감도가 있으며, 또 다른 관점으로는 연소의 4요소 관점이 있다.

(3) 따라서 폭발의 예방대책에는 물적 조건과 에너지 조건의 제어가 필요하며 연소의 4요소 메커니즘을 끊음으로써 가능하다.

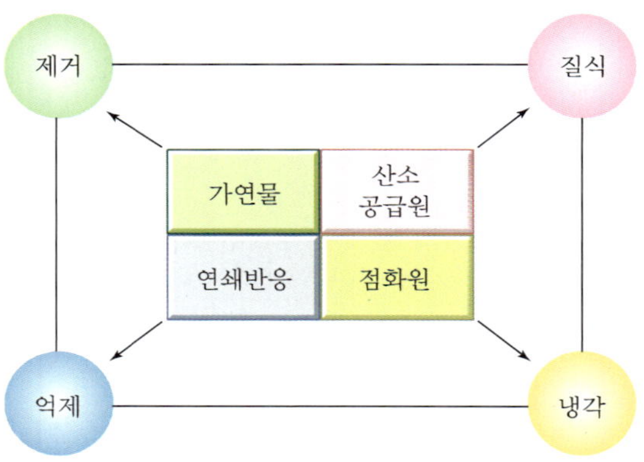

그림 7-24 폭발방지 기본개념

3) 화학적 폭발과 물리적 폭발

① 폭발은 착화까지는 연소와 동일하나 착화 이후 급격한 압력의 전파로 폭음과 함께 파괴를 수반하는 것으로, 폭발을 공정별로 분류하면 원자핵의 분열 또는 융합에 의해 발생되는 핵폭발, 물리적인 변화를 주체로 한 고압용기의 과열, 탱크의 감압 파손, 폭발적 증발 등의 물리적 폭발, 화학반응이 관여하는 연소, 분해, 중합 등에 의한 화학적 폭발 그리고 물리적 폭발과 화학적 폭발의 양립에 의한 폭발 등으로 분류할 수 있다.

② 여기서, 물리적 폭발은 기체나 액체의 팽창, 상변화 등의 물리현상이 압력 발생의 원인이 되는 경우이며, 화학적 폭발은 물체의 연소, 분해, 중합 등의 화학반응으로 압력이 상승하는 것이다.

③ 일반적으로 압력용기의 파열, 보일러 파열 등은 물리적 폭발이고, 프로판 · LNG 등의 가스폭발, 화약류의 고체폭발, 아세틸렌 등의 분해폭발, 석탄 · 알루미늄 분진

(Dust) 등이 공기 중에 부유한 상태에서 일어나는 분진폭발 등은 화학적 폭발의 예이다.

④ 또한 폭발이 발생할 때의 원인 물질의 물리적 상태에 따라 기상 폭발과 응상 폭발로 분류할 수 있는데, 응상이란 고상(固相)과 액상(液相)의 총칭으로 기상에 비해 그 밀도가 $10^2 \sim 10^3$배이므로 응상 폭발과 기상 폭발은 그 양상이 다르다. 일반적으로 화학적 폭발은 기상에서 많이 발생되고, 물리적 폭발은 응상에서 많이 발생하므로 기상 폭발은 화학적 폭발로 응상 폭발은 물리적 폭발로 분류하기도 한다.

(1) 기상 폭발(화학적 폭발)

① 가스 폭발

- 가연성 가스와 지연성 가스와의 혼합기체에서(가연성 혼합기가 형성된 상태) 발생하는데 물적 조건과 에너지 조건을 만족하여야 한다. 즉, 폭발범위 내에 있고 점화원(불씨, 정전기 등)이 존재하여야 한다.
- 다량의 가연성 가스 또는 기화하기 쉬운 가연성 액체가 지표면에 유출되어 다량의 혼합기체가 형성되어 폭발이 일어나는 증기운 폭발이 대표적인 예이다.

② 분무 폭발

- 고압의 유압설비 일부가 파손되어 내부의 가연성 액체가 공기 중에 분출되고 이것의 미세한 액적이 무상(霧狀)으로 되어 공기 중에 부유하고 있을 때 착화에너지가 주어지면 발생한다.
- 분무 폭발과 비슷한 것으로 박막폭굉이 있으며 이것은 압력유, 윤활유가 공기 중에 분무될 때 발생한다.

③ 분진 폭발

- 가연성 고체의 미분이 공기 중에 부유하고 있을 때에 어떤 착화원에 의해 폭발하는 현상으로 단위용적당 발열량이 크기 때문에 역학적 파괴효과는 가스 폭발보다 클 수 있다.
- 분진 폭발을 예방하기 위해서는 불활성 가스로 완전히 치환하던가, 산소농도를 약 5% 이하로 하고, 점화원을 제거하여야 한다.
- 분진 폭발을 일으키는 대표적인 물질에는 밀가루, 석탄가루, 먼지, 전분, 플라스틱 분말, 금속분(Al, Mg, Zn, Ti 등) 등이다.

참고 **분진 폭발의 조건**

① 가연성 분진　　② 지연성 가스(공기)
③ 점화원의 존재　　④ 밀폐된 공간

참고 **분진 폭발이 일어나지 않는 물질**
① 물과 반응하여 가연성기체를 발생하지 않는 것
② 시멘트, 석회석, 탄산칼슘($CaCO_3$), 생석회(CaO)

④ 분해 폭발

- 분해에 의해 생성된 가스가 열팽창 되며, 이때 생기는 압력상승과 이 압력의 방출에 의해 일어나는 폭발현상으로 분해폭발은 가스폭발의 특수한 경우이다.
- 일반적으로 분해는 흡열 반응이지만, 이와 달리 발열 반응을 수반하는 에틸렌, 산화에틸렌, 아세틸렌, 과산화물 등이 대표적인 물질이다.

(2) 응상 폭발(물리적 폭발)

① 수증기 폭발

- 용융금속이나 Slag같은 고온물질이 물속에 투입되었을 경우 고온물질이 갖는 열이 저온의 물에 짧은 시간에 전달되면 일시적으로 물은 과열상태로 되고 조건에 따라서는 순간적으로 급격하게 비등하며, 상변화(액상 → 기상)에 따른 폭발이 발생한다. 응상폭발의 대표적인 사고이다.
- 수증기 폭발은 착화원과 가연물도 필요치 않는 상변화인 물리적 폭발로 물과 고온 물질이 직접 접촉하지 않도록 하는 예방대책이 필요하다.

② 과열액체 증기 폭발

- 보일러와 같이 고압의 포화수를 저장하고 있는 용기가 파손 등의 원인으로 동체의 일부분이 개방되면 용기내압이 급속히 하락되어 일부 액체가 급속히 기화하면서 증기압이 급상승하여 용기가 파괴되면서 폭발하는 현상으로 대표적인 것이 보일러 폭발이다.
- 가압된 용기에서 기액평형에 있는 액체의 압력이 저하하면 과열액체가 된다. 이는 압력저하가 빠를 때만 가능하며 이는 과열온도에 대응하는 증기압인 폭발적 비등에 의해 폭발하는 현상으로 대표적인 것이 LP 가스탱크의 폭발이다.

③ 저온액화가스 증기 폭발

- LNG 등의 저온액화가스가 상온의 물위에 유출될 때 급격하게 기화되면서 증기폭발이 발생하게 되는데 막비등의 조건에서는 발생하지 않지만 액과 액의 접촉이 가능한 수면에 강하게 낙하시키면 액화가스가 비점 이상으로 과열한계 온도까지 과열되어 순간적으로 돌비가 생겨 증기폭발을 일으킨다.
- 증기폭발의 의미를 정확히 전달하기 어렵기 때문에 미국에서는 최근 Rapid

Phase Transition (RPT : 급속 상변화)라고 한다.

참고

폭발의 종류

화학적 폭발(기상)	물리적 폭발(응상)
가스폭발 – 증기운 폭발 고체폭발 – 화약류 분해폭발 – 아세틸렌 분진폭발 – 석탄, 알루미늄 분진 분무폭발 – 박막폭굉	압력방출에 의한 폭발 수증기 폭발 과열액체 증기폭발(보일러) 저온액화가스 증기폭발

폭발 물질 분류

폭발 종류	물 질
분해폭발	과산화물, 아세틸렌, 다이너마이트
분진폭발	밀가루, 석탄가루, 먼지, 전분, 플라스틱 분말, 금속분
중합폭발	염화비닐, 시안화수소
분해·중합폭발	산화에틸렌
산화폭발	압축가스, 액화가스

폭발에 영향을 주는 변수

① 주위의 온도
② 주위의 압력
③ 폭발성 물질의 조성
④ 폭발성 물질의 물리적 성질
⑤ 주위의 기하학적 조건 : 개방 또는 밀폐
⑥ 착화원의 성질 : 형태, 에너지, 지속시간
⑦ 가연성 물질의 양
⑧ 가연성 물질의 유동 상태 : 난류
⑨ 착화 지연시간
⑩ 가연성 물질이 방출되는 속도

4) 폭굉과 폭연

(1) 폭굉(Detonation)

① 충격파에 의한 반응으로서 연소의 전파속도가 음속보다 빠른 폭발 현상이다.
② 폭발반응은 충격파에너지에 의한 화학반응에 의해 전파되어 가는 현상이다.
③ 압력상승은 초기 압력의 10배 이상이며, 화염전파속도는 약 1,000～3,500 m/s 이다.

(2) 폭연(Deflagration)

① 발열반응으로서 연소의 전파속도가 음속보다 느린 폭발 현상이다.

② 압력상승은 초기 압력의 8배 정도이며, 화염전파속도는 약 0.1 ~ 10 m/s이다.

③ 폭굉으로 전이될 수 있다.

표 7-5 폭굉과 폭연의 구분

구분	폭연	폭굉
화염전파속도	0.1 ~ 10 m/s로서 음속 이하[아음속(亞音速)]	1,000 ~ 3,000 (3,500) m/s로서 음속 이상[초음속(超音速)]
화염전파에 필요한 에너지	열전달인 전도, 대류, 복사	충격파에 의한 압력
폭발압력	8배	10배 이상(통상적으로 20배 이상)
화재의 파급효과	크다.	작다.
충격파	발생하지 않는다.	발생한다.
파면에서 온도, 압력, 밀도	연소파를 소반하는 난류확산(연속적)	충격파는 수반하는 불연속적
에너지 방출속도	물질 전달 속도에 기인한다.	물질 전달 속도에 기인하지 않고 아주 짧은 시간 내에 방출

5) 폭발의 기타 분류

(1) 블레비(Boiling Liquid Expanding Vapor Explosion, BLEVE)

① BLEVE는 비등액체 팽창 증기폭발로 화학적인 변화 없이 상의 변화에 의한 폭발로서 원인계와 생성계가 동일한 물리적 폭발의 대표적인 예이다.

② BLEVE는 인화성 또는 가연성 액체 저장탱크 지역에 화재발생 시 화재열에 의해 저장탱크 온도가 상승하고 탱크가 파열되며 발생하는 폭발로서 온도를 낮추는 대책과 용기의 강도를 강화시키는 대책이 필요하다.

③ 발생 메커니즘

- 액체가 들어있는 탱크 주위에 화재 발생
- 화재열에 의해 탱크벽 가열
- 액체의 온도상승, 탱크 내 압력증가
- 탱크의 강도가 항복강도 이하로 떨어져 탱크 균열
- 탱크 균열로 인한 액상, 기상의 동적 평형상태가 깨짐
- 급격한 압력저하로 탱크내벽에 강한 충격을 주어 탱크 파열, Fire Ball로 발전

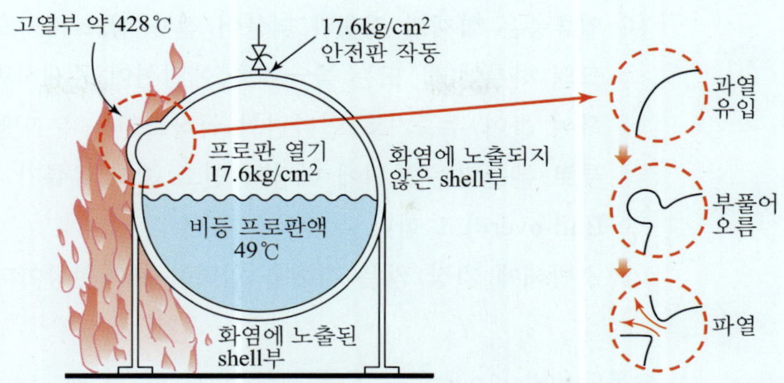

그림 7-25 BLEVE 발생 메커니즘

(2) 증기운 폭발(Unconfined Vapor Cloud Explosion, UVCE)

① UVCE는 자유공간 증기운 폭발로서 급격한 화학 반응으로 발생하며, 원인계와 생성계가 다른 화학적 폭발의 대표적인 예이다.

② UVCE는 저장탱크에서 유출된 가스가 증기운을 형성하여 떠다니다가 점화원과 접촉 시 발생할 수 있는 누설착화형 폭발사고로 가장 위험한 사고 유형이다.

③ 발생 메커니즘

- 인화성 또는 가연성 액체 저장탱크에서 가스가 누설되어 급격히 증발
- 증발된 가스와 공기와 혼합하여 증기운 형성(실제로는 압축가스의 팽창이나 휘발성 액체의 증발로 인해 발생)
- 형성된 증기운이 주위 점화원으로부터 점화
- 폭연에서 폭굉과정을 거쳐 UVCE를 일으킴, Fire Ball로 발전

(3) 보일오버(Boil-over) – 물, 수증기 팽창

① 단일성분 액체인 경질유는 끓는점이 같아 화염 중심부는 약 1,400~1,500°C에 이르며, 아래로 내려감에 따라 온도는 낮아져 액면에서는 비점이 되고 액체 내에서는 비점 아래로 서서히 감소하여 열류층을 형성하지 못한다.

② 다성분 액체인 중질유는 끓는점이 달라 저장탱크에 화재가 장기간 진행되면 유류 중 가벼운 성분은 유류 표면층에서 증발하여 연소되고, 무거운 성분은 화염의 온도에 의해 가열, 축적되어 200~300°C의 열류층(Heat Layer)을 형성한다.

③ 열류층의 온도는 200~300°C로 열류층 아래로 열흐름이 생기고, 이 열흐름에 의해 반대 방향으로 물질이 이동하여 고온층은 천천히 하강한다.

④ 열류층은 화재의 진행과 더불어 점차 탱크 바닥으로 도달하게 되는데 이때 탱크의 하부에 물 또는 물-기름 에멀션이 존재하면 뜨거운 열류층의 온도에 의하여 물이 수증기로 변하면서 급작스러운 부피팽창에 의하여 유류가 탱크 외부로 분출되는 동시에 다량의 연소 중인 유류가 탱크 밖으로 분출되는 현상을 Boil-over라고 한다.

⑤ 소방대에 가장 많은 피해를 입히는 재해현상이다.

(4) 슬롭오버(Slop-over) – 기름 팽창

① 열류층(Heat Layer)을 형성한 다성분 액체인 중질유는 열류층 아래로 열흐름이 생기고 반대 방향(⇅)으로 물질의 이동이 생기나 소화활동 중 소방대에 의해 고온층의 표면에 물, 포말 등 찬 물질이 투입되게 되면 열흐름과 물질의 이동이 같은 방향으로(⇈) 교란되어 열류층을 탱크 밖으로 비산시키며 연소하는 현상이다.

② 이 고온층의 표면에서부터 소화작업 등에 의한 물, 포말이 주입되면 수분이 급격히 증발하며 유면에 거품이 형성되거나, 열류의 교란에 의하여 고온층 아래의 찬기름이 급히 열팽창하여 유면을 밀어 올려, 유류는 불이 붙은 채 탱크벽을 타고 넘게 된다.

(5) 프로스오버(Froth-over) – 거품

① 탱크 속의 물이 점성을 가진 뜨거운 기름의 표면 아래에서 끓을 때 기름이 넘쳐흐르는 현상으로, 이것은 화재 이외의 경우로 물이 고점도 유류 아래서 비등할 때 탱크 밖으로 물과 기름이 거품과 같은 상태로 넘치는 현상이다.

② 전형적인 예는, 뜨거운 아스팔트가 물이 약간 채워진 무개 탱크차에 옮겨질 때 일어난다. 고온의 아스팔트에 의해서 탱크차 속의 물이 가열되고 끓기 시작하면 아스팔트는 탱크차 밖으로 넘치게 된다.

③ 또한, 유류 탱크 아래쪽에 물이나 물-기름 혼합물이 존재하고 있는 상태에서 물의 비점 이상의 온도를 가진 폐유 등을 상당량 주입할 때도 프로스오버가 발생한다.

참고 **기타 재해 현상**

① 오일오버(Oil-over)

저장탱크 내에 저장된 유류 저장량이 내용적의 50% 이하로 충전되어 있을 때 화재로 인하여 탱크가 폭발하는 현상

② 파이어볼(Fire ball)

인화성 또는 가연성 액체 저장탱크가 파열되면서 Flash 증발을 일으켜 가연성 증기가 대량으로 분출되고 상승하여 버섯형 화염을 만드는 현상으로 폭발에 의한 과압에 화재에 의한 복사열이 가중되므로 더욱 위험한 형태이다.

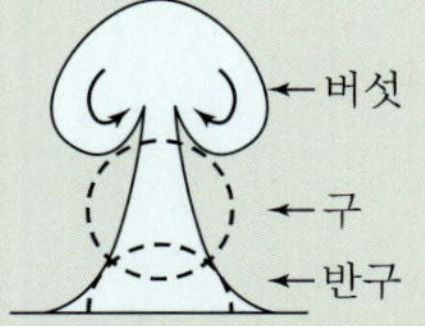

③ 액면화재(Pool fire)

용기나 저장조 내와 같이 치수가 정해진 액면위의 석유화재를 Pool fire라고 한다. 즉, 개방된 용기에 탄화수소계 위험물이 저장된 상태에서 증발되는 연료에 착화되어 난류확산화염을 발생하는 화재로 화재초기에 진화하지 않으면 진화가 어려워 Boil-over나 Slop-over 등의 탱크화재 재해현상으로 확대될 수 있다.

④ 분출화재(Jet fire)

탄화수소계 위험물의 이송배관이나 용기로부터 위험물이 고속으로 누출될 때 점화되어 발생하는 난류 확산형 화재로 복사열에 의한 막대한 피해를 발생시키는 화재의 대표적인 유형이다.

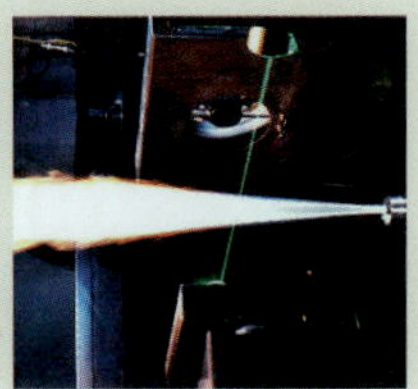

MEMO

화재이론

CHAPTER 8

화재의 정의

8.1 화재의 정의

1) 소방청 소방의 화재조사에 관한 법률 제2조 제1호

화재(火災)란 "사람의 의도에 반하거나 고의에 의해 발생하는 연소현상으로서 소화시설 등을 사용하여 소화할 필요가 있거나 또는 화학적인 폭발현상"을 말한다.

(1) '반하거나'의 뜻은 과실에 의한 화재를 의미하는 것으로 화기취급 중 발생하는 실화뿐만 아니라 부작위에 의한 자연발화까지 포함하며 '고의에 의해'라는 뜻은 사람의 의도에 의한 방화를 의미한다.

(2) '연소현상'은 가연성 물질이 공기 중의 산소와 만나 빛과 열을 수반하며 급격히 산화하는 현상을 의미한다.

(3) '소화시설 등을 사용하여 소화할 필요가 있다.'라는 것은 사회공익을 해치거나 경제적인 손실 및 인명피해를 초래하기 쉬우므로 이를 방지할 필요성이 있다는 것을 의미한다.

(4) '폭발현상'은 착화까지는 연소와 동일하나 착화 이후 급격한 압력의 전파로 폭음과 함께 파괴를 수반하는 현상을 의미한다.

2) 화재에 대한 여러 가지 정의

(1) 학문적 정의

가연성물질이 산소와 반응하여 열과 빛을 발생하면서 연소하는 현상으로 인간에게 물질적・신체적인 손해를 주는 재해이다.

(2) 국제표준화기구(ISO)

시간적・공간적으로 제어되지 않고 확대되는 급격한 연소현상이다.

(3) 미국 USFA, National Fire Incident Reporting System 실무서

파괴적이고 통제되지 않는 가연성 고체・액체・기체의 연소를 말하며 폭발을 포함한다.

(4) 일본 화재보고취급요령 제1 총칙2

인간의 의도에 반하여 발생 혹은 확대되거나 방화에 의하여 발생되어 소화의 필요가 있는 연소현상으로서 이것을 소화하기 위하여 소화시설 또는 이것과 같은 정도의 효과가 있는 것의 이용을 필요로 하는 것 또는 인간의 의도에 반하여 발생 또는 확대된 폭발현상을 말한다.

참고

① NFPA 921 : 다양한 강도의 빛과 열을 발생시키는 급격한 산화현상
② 형법상 화재 : 불을 놓아 동산, 부동산 등 재물을 소훼하는 것, 방화와 실화는 다르게 해석함.
③ 민법상 화재 : 고의 또는 과실로 인한 위법행위로 타인에게 손해를 가한 자는 그 손해를 배상할 필요가 있다고 표현함.
④ 화재의 특성 : 우발성, 확대성, 불안전성
⑤ 화재로 인한 피해 감소 대책 : 화재의 예방, 화재의 발견, 화재의 진압

화재의 발생현황, 소방청 통계연감

① 발화요인별 : 부주의 > 전기적요인 > 미상 > 기계적요인 > 방화・방화의심
② 부주의요인별 : 담배꽁초 > 음식물조리 > 쓰레기소각 > 불씨・불꽃・화원 > 기타
③ 전기적요인별 : 미확인 > 단락절연절화 > 과부하・과전류 > 단락접촉불량 > 기타
④ 방화요인별 : 미상 > 단순우발적 > 기타 > 가정불화 > 불만해소
⑤ 장소별 : 주택 > 차량 > 아파트 > 음식점 > 공장 > 점포 > 창고
⑥ 계절별 : 겨울 > 봄 > 가을 > 여름

8.2 국가별 화재분류 기준

8.2.1 국가별 화재분류 기준

화재 분류	국 내			일본	미국 (NFPA 10)	국제표준화 (ISO 7165)	색상
	검정 기준	KS기준	가스법				
일반(보통) 화재	A급	A급		A급	A급	A급	백색
유류 화재	B급	B급		B급	B급	B급 C급(가스)	황색
전기 화재	C급	C급		C급	C급		청색
금속 화재	-	D급		-	D급	D급	무색
가스 화재			E급				황색
식용유 화재	-	-		-	K급	F급	

1) 국내

(1) 국내에서는 화재구분을 수동식소화기의 형식승인 및 검정기술기준에 따라 A, B, C급 화재로 분류한다.

(2) 그러나 한국산업규격(KS)기준에서는 검정기술기준에 금속화재를 D급으로, 고압가스안전관리법 시행규칙 제2조에서는 가스화재를 E급으로 규정하고 있다.

2) NFPA의 경우

(1) NFPA 10에서는 화재구분을 A, B, C, D, K급화재로 분류하고 있으며, 국내의 검정기술기준에는 없는 D급과 K급 화재를 별도로 규정하고 있다.

(2) D급 화재는 금속화재로서 다른 화재에 비해 발생빈도는 높지 않으나 화재 시 높은 온도가 발생하며 발화 후 소화가 어려운 관계로 별도의 소화약제를 개발하기 위하여 제정하였다.

(3) K급 화재란 식용유 화재로서 제3종 분말소화약제인 ABC분말 소화기로 소화가 곤란한 화재이므로, 별도의 화재로 구분하고 있다.

> **참고**
> - ABC분말 소화기 : A/B/C등급 화재를 소화할 수 있고, 인산암모늄(담홍색)을 주성분으로 하고 있다.
> - K급 식용유 화재 : 물, ABC분말 소화기로 소화가 곤란하여 취급상 상당부분 주의가 필요하다.

3) 국제표준화기구(ISO 7165)의 경우

(1) 유류화재에서 NFPA에서는 가연성 가스의 화재까지 포함시킨 반면 ISO에서는 가스화재를 별도의 화재로 분류를 하였으며, 통전중인 전기로 인한 화재는 분류되지 않고 있다. 즉, C급을 전기화재가 아닌 가스화재로 분류하고 있다.

(2) 또한, 식용류 화재에서 NFPA는 K급으로 가연성 요리재료를 포함하는 요리기구 화재까지 포함시킨 반면 ISO에서는 F급으로 조리에 의한 화재로만 분류하고 있다.

8.2.2 일반화재(A급 화재)

1) 일반 화재의 개요

(1) 일반화재는 보통화재라고도 하며, 산소와 친화력이 강한 물질에 의한 화재로 생성된 연기가 백색이며, 연소 후 재를 남기고 다량의 물과 물을 포함하는 액체의 냉각작용이 가장 중요한 소화방법인 대상물의 화재를 말한다.

(2) 특수가연물(면화류, 종이 등), 합성수지(열경화성, 열가소성), 섬유(천연, 합성), 나무 등 우리 생활주변에 가장 많이 존재하는 가연물에 의한 화재로 다른 화재에 비해 발생빈도 및 피해액이 가장 높으며 생활주변에서 흔히 볼 수 있는 화재이다.

2) 일반 화재의 발생원인

일반 화재는 주택, 아파트, 공장, 백화점, 고층건축물 등에서 많이 발생되며, 유류・전기 등의 취급 및 사용 시의 부주의로 발생하는 등 다양한 원인이 있다.

(1) 불을 취급 사용하는 시설의 취급 부주의

(2) 타다 남은 불티의 취급 부주의

(3) 화기 및 열원을 취급 사용하는 장소에서의 담뱃불 취급 부주의
(4) 어린이들의 불장난
(5) 개인의 감정에 의한 방화
(6) 유류 및 전기로 인한 주택, 공장 화재

참고

- 일반화재의 화재 원인은 부주의, 전기, 설비결함, 방화 등 다양한 요인에 의하여 발생되고 있으며, 매년 소방청 화재통계연감을 통하여 정보를 제공하고 있다.

3) 일반 화재의 예방대책

(1) 일반화재를 일으키는 가연물의 종류와 수는 매우 다양하므로 화기 또는 열원의 취급·사용 시에는 화재를 일으킬 우려가 있는 가연물의 접촉을 멀리하고, 가연물은 항상 지정된 장소에 저장 또는 보관하여야 한다.

(2) 특히, 화기 또는 열원의 취급·사용 시에는 화기취급 책임자의 지시에 따라 관리 및 운영이 되어야 하며 안전수칙을 반드시 준수하도록 하여야 한다.

8.2.3 유류 화재(B급 화재)

1) 유류 화재의 개요

(1) 유류화재는 액체 가연물(가연성액체 포함)의 취급 부주의에 의한 화재로 생성된 연기가 황색 또는 흑색(일반적으로)이며, 연소 후 재를 남기지 않고 공기의 차단효과에 의한 질식작용이 가장 중요한 소화방법인 대상물의 화재를 말한다.

(2) 위험물안전관리법 시행령 별표1의 제4류 위험물인 특수인화물류, 석유류, 알코올류, 동식물류 등의 인화성 액체와 가연성 액체에 의한 화재로 일반 화재보다 화재의 위험성이 크고 연소성이 좋기 때문에 매우 위험한 화재이다.

2) 유류 화재의 발생원인

유류 화재를 발생시키는 액체 가연물은 대부분 상온 이하의 인화점을 가지므로 상온에서 가연성혼합기(발생된 가연성 증기와 공기가 혼합되어 연소범위에 들어간 상태)를 형

성하기 쉬운데, 가연성혼합기를 형성한 상태에서 점화원인 열이나 화기에 접촉되면 쉽게 발화되어 화재가 발생할 수 있는데 이것을 나타내면 다음과 같다.

(1) 유류 표면으로부터 발생된 증기가 공기와 적당히 혼합되어 연소범위 내에 있는 상태(가연성 혼합기 형성)에서 점화원인 열 또는 화기에 접촉되었을 때
(2) 유류나 난방 기기 · 기구의 취급 · 사용 시 부주의로 흘러나온 유류에 점화원인 열 또는 화기에 접촉되었을 때
(3) 유류나 난방 기기 · 기구를 장시간 과열시켜 놓고 자리를 비우거나 관리가 소홀하여 부근의 가연성 물질에 인화되었을 때
(4) 연소나 난방기구의 전도, 가연성물질의 낙하 등에 의해 발화되었을 때

3) 유류 화재의 예방대책

(1) 열기구는 본래의 사용목적 이외의 다른 용도로 사용하지 말아야 하며 열기구 주변이나 가까운 장소에 가연성 물질을 비치해서는 안 된다.
(2) 또한, 한 방향으로 열기가 나가도록 되어 있는 열기구의 경우에는 가연물을 그 방향으로부터 1 m 이상의 이격거리를 유지한다.
(3) 유류는 유류 이외의 다른 물질과 함께 저장해서는 아니 되며 열 또는 화기를 절대로 가까이 해서는 안 된다. 특히, 가솔린 등 인화성이 높은 물질은 적당한 용도에 맞게 사용하여야 한다.
(4) 액체 가연물로부터 발생되는 증기의 양을 억제시켜야 하며, 가연성 혼합기가(공기 중에서 연소범위의 농도가) 형성되지 않도록 환기시설을 하거나 통풍을 양호하게 해야 한다.

8.2.4 전기 화재(C급 화재)

1) 전기 화재의 개요

(1) 전기화재는 전기 자체가 유인(誘因)되어 발화한다는 의미의 화재가 아니고 전기에 의한 기기 · 기구의 발열체가 발화원이 되는 화재로 생성된 연기가 청색이며, 공기의 차단효과인 질식작용이 가장 중요한 소화방법인 대상물의 화재를 말한다.
(2) 전기화재는 그 형태가 매우 다양하고 원인 규명이 곤란한 화재로, 전기에너지를 이용하는 각종 기계류의 설계 부적합, 구조적인 결함, 시설의 취급소홀, 사용자의 부

주의, 안전수칙 미준수 등에 의해서 발생되고 있다.

2) 전기 화재의 발생원인

전기 화재의 주요 발화원인은 전기기기·기구의 불량 또는 과열, 배선 불량, 이동식 절연기기(전기장판, 전기난로, 다리미 등) 및 고정식 절연기기(건조기, 전기로)의 취급 및 사용 시의 부주의로 발생하는 등 다양한 원인이 있다. 이 중 원인을 알 수 없는 미확인을 제외한 전기기기·기구의 절연열화 등에 의한 단락이 가장 많은 부분을 차지하며 그 다음으로 과부하·과전류, 누전·지락의 순으로 발생하였고 이 외에 접속부 과열, 열적경과, 불꽃방전(Spark) 등이 있다.

(1) 단락(합선)에 의한 발화(발생원인 중 가장 높은 비율을 차지)
(2) 과전류·과부하에 의한 발화
(3) 누전에 의한 발화
(4) 지락에 의한 발화
(5) 도체 접속부 과열에 의한 발화
(6) 불꽃방전(Spark)에 의한 발화

3) 전기 화재의 예방대책

(1) 적절한 용량의 전기기기·기구의 전기제품을 선택해야 한다.
(2) 전기 개폐기용 퓨즈는 적정용량의 것을 사용한다.
(3) 전열기용 전선은 비닐절연전선 대신 열에 잘 견딜 수 있는 내열 고무절연전선을 사용한다.
(4) 플러그와 콘센트는 견고하게 제조되어 있어야 하며, 서로 접촉하는 부분의 연결이 잘 될 수 있는 것을 선택하여 사용한다.
(5) 하나의 콘센트에 여러 가지 선을 연결하거나 다량의 전기기기·기구를 사용하지 않도록 한다(문어발식 배선 금지).
(6) 플러그를 제거할 때에는 전선을 잡아당기지 말고, 반드시 몸체를 잡고 제거한다.

8.2.5 금속 화재(D급 화재)

1) 금속 화재의 개요

(1) 금속 화재는 금속 및 금속의 분말 · 박편 · 리본 등에 의해서 발생되는 화재로 생성된 연기는 무색이며, 물과 반응하여 수소(H_2), 아세틸렌(C_2H_2) 등과 같은 가연성 가스를 발생하는 금수성 물질의 화재로 물 및 물을 포함한 소화약제를 사용하여 소화해서는 안 되는 화재이다(주수소화 금지).

(2) 위험물안전관리법 시행령 별표1의 제1류 위험물인 산화성 고체의 무기과산화물, 제2류 위험물인 가연성 고체의 철분, 마그네슘, 금속분 등, 제3류 위험물인 금수성 및 자연발화성 물질인 칼륨, 나트륨, 알킬알루미늄 등에 의한 화재로 일반 화재나 유류 화재에 비해서 발생 빈도는 낮지만 적절한 소화대책도 부족하여 다른 화재에 비해 예방대책이 더 중요한 화재이다.

(3) 가장 적응성이 좋은 소화제는 건조사(마른모래)이며, 특히 알킬기(C_nH_{2n+1})와 알루미늄의 유기금속화합물(R_3Al)인 알킬알루미늄 화재 시 가장 적합한 소화약제는 팽창질석이나 팽창진주암이다.

2) 금속 화재의 발생원인

금속 화재는 금속 가공 시 발생되는 많은 열의 축적과 금속의 분진에 의해서 화재가 발생할 수 있는데 이것을 나타내면 다음과 같다.

(1) 금속의 정밀가공 시에 축적되는 열이 금속표면에 붙어 있는 금속가루(미분말)에 전달되어 발열이 방열보다 커지면 화재가 발생된다.

(2) 마그네슘, 칼륨, 나트륨은 발화점이 낮은데 미세한 분말의 경우 수분과 접촉 시 수분이 촉매 역할을 하여 화재가 발생할 위험성이 높다.

3) 금속 화재의 예방대책

(1) 금속의 가공 시 금속분(미분말 · 박편 · 리본)의 발생을 억제한다.

(2) 금속의 가공 시 발생되는 열의 축적을 방지한다.

(3) 금속의 가공 작업장에는 금속분(미분말 · 박피 · 리본)이 공기 중에 부유하지 않도록 환기시설을 설치한다.

(4) 금속의 가공 작업장에는 건조한 상태가 되지 않도록 적정한 습도를 유지한다(단,

금수성 물질을 취급하는 경우는 예외로 한다).

(5) 자연발화성의 금속은 보호액 또는 저장용기에 넣어 밀전하여야 한다.

(6) 금수성의 금속 및 금속분(미분말 · 박편 · 리본)은 물 또는 습기와 접촉하지 않도록 하여야 한다.

8.2.6 가스 화재(E급 화재)

1) 가스 화재의 개요

(1) 가스 화재는 에너지의 원천이 되는 연료용 가스에 의해서 주로 발생되고 있으며, 이를 취급 및 사용하는 사람의 부주의 또는 불안정한 상태에서 발생되는데 폭발과 함께 폭굉을 동반하기 때문에 많은 사상자가 발생되는 화재이다.

(2) 가스 화재를 일으키는 가연성 가스는 상태에 따라 압축, 액화, 용해가스로 존재한다.

(3) 가스는 대부분 기체 상태로 존재하며, 불규칙하게 운동하고 있으므로 저장 · 취급이 곤란하며 연소범위가 넓어 점화원이 존재할 경우 화재를 일으킬 위험성이 다른 가연성 물질보다 높은 편이다.

(4) 가스를 연소성에 따라 분류하면 가연성, 불연성, 지연성 가스로 분류한다.

2) 가스 화재의 발생원인

가스 화재는 도시가스, 천연가스(LNG), 수소가스, 아세틸렌, LP가스(LPG) 등의 가연성 가스가 배관이나 기타 설비에서 누설되어 공기 중의 산소와 만나 가연성 혼합기를 형성한 상태에서 점화원에 의해 착화되어 연소되는 화재이다.

(1) 가스의 사용 및 취급 시 부주의에 의해 발생

(2) 가스기구 · 기기 및 설비 등의 불량제품에 의해 발생

(3) 가스기구 · 기기 및 설비 등의 취급 시 부주의에 의해 발생

(4) 가스기구 · 기기 및 설비 등의 관리 소홀로 인한 가스누설에 의해 발생

(5) 가스배관의 부식으로 인한 가스배관의 폭발에 의해 발생

표 8-1 가스 상태별 분류

구분	설 명	종류
압축가스	• 상온에서 압축하여도 액화하기 어려운 가스로 임계온도가 상온보다 낮아 상온에서 압축시켜도 액화되지 않고 단지 기체 상태로 압축된 가스 • 일정한 압력에 의하여 압축되어 있는 가스 • 용기에 충전할 때 압축가스의 압력은 약 12 MPa 이상 • 상용온도 또는 35°C에서 게이지 압력이 1 MPa 이상의 기체상태의 가스	수소 산소 질소 메탄
액화가스	• 상온에서 가압 또는 냉각에 의해 비교적 쉽게 액화되는 가스로 임계온도가 상온보다 높아 상온에서 비교적 쉽게 액화되어 액체 상태로 용기에 충전하는 가스 • 고압가스안전관리법 시행규칙 – 대기압에서의 비점이 40°C 이하 또는 상용온도 이하 • 사용온도에서 압력이 0.2 MPa가 되는 경우의 온도가 35°C 이하인 가스	암모니아 염소 산화에틸렌 이산화탄소 LP가스
용해가스	• 고압가스 용기 속에 다공물질을 충전한 후 용제를 넣고 그 안에 가스를 고압으로 용해시켜 저장한 가스 • 아세틸렌가스는 압축하거나 액화시키면 분해폭발을 일으키므로 용기에 다공물질과 가스를 잘 녹이는 용제[아세톤, DMF (디메틸폼아미드)]를 넣어 용해시켜 충전한다. • 15°C 온도에서 압력이 0 MPa를 초과하는 가스	아세틸렌

표 8-2 가스의 연소성에 따른 분류

구분	설 명	종류
가연성 가스	• 고압가스안전관리법 시행규칙 제2조 제1항 제1호 • 수소, 메탄, 에탄, 프로판 등 32종과 공기 중에 연소하는 가스로서 폭발 한계 하한이 10% 이하인 것과 폭발한계의 상한과 하한의 차가 20% 이상인 것	수소 메탄 에탄 부탄 프로판 등
불연성 가스	• 자기 스스로 연소하지 못하고, 다른 물질을 연소시키는 성질도 갖지 않는 가스 • 연소와 무관한 가스이다.	질소 이산화탄소 아르곤
조연성 가스	• 다른 가연성 물질과 혼합되었을 때 폭발이나 연소가 일어날 수 있도록 도움을 주는 가스 • 지연성 가스라고도 한다.	공기 산소 염소

참고

천연가스(LNG)

- 액화천연가스(liquefied natural gas, LNG)는 천연가스의 주성분인 메탄을 저장과 운송을 위해 액화시킨 것

LP가스(LPG)

- 액화석유가스(liquefied petroleum gas, LPG, LP gas)는 유전에서 원유를 채취하거나 원유 정제 시 나오는 탄화수소 가스를 비교적 낮은 압력(6~7 kg/cm^2)을 가하여 냉각 액화시킨 것

3) 가스 화재의 예방대책

(1) 가스기구·기기 및 설비 등에 적합한 연료만을 사용한다.

(2) 가스기구·기기 및 설비 등의 통풍을 양호하게 한다.

(3) 가스사용 시설의 밸브, 콕(Cock) 부분에 비누거품을 발라 가스의 누설여부를 확인한다.

(4) 가스 누설 시 창문을 열어 환기를 시킨다. 이때 환기를 위한 배기팬이나 다른 전기기구의 사용은 스파크 등의 점화원을 발생시키는 역할을 하므로 사용하지 말아야 한다.

8.2.7 식용류 화재(K, F급 화재)

1) 식용류 화재의 개요

(1) 식용류 화재란 미국방화협회(NFPA 10)에서는 K급으로 정의하며, 가연성 튀김기름을 포함한 요리재료(식물성 또는 동물성 기름 및 지방)뿐만 아니라 이를 사용하는 요리기구의 화재까지 포함한다. 반면에, 국제표준화기구(ISO 7165)에서는 F급으로 조리에 의한 화재로만 분류하고 있다.

(2) 식용유 화재는 인화성 액체, 가연성 액체 등의 유류화재인 B급 화재와 화재 메커니즘이 달라 별도의 대책이 필요하다. 즉, 유류화재는 유면상의 화염을 제거하면 소화가 가능하지만, 식용류 화재는 유면상의 화염을 제거하여도 기름의 온도가 발화점 이상이기 때문에 곧바로 재발화한다.

2) 식용류 화재와 유류 화재의 비교

(1) 유류 화재는 흡열 → 증발 → 혼합 → 연소 → 배출의 연소 메커니즘을 갖고, 복사열에 의한 액면의 증발을 통해 연소가 진행되기 때문에 화염이 제거되면 복사열에 의한 증발이 없어 재발화 가능성이 없다. 즉, 유류는 발화점이 비점보다 높아, 비점 이상의 온도에서만 액면상의 증발을 통해 발화할 수 있으므로 화염이 꺼지면 재발화 하지 않는다.

(2) 식용류 화재는 인화점과 발화점의 차이가 적고 발화점[288°C (550°F)~385°C (725°F)]이 비점보다 낮아 비점 이하의 온도에서도 액면상의 증발을 통해 발화할 수 있으므로, 화염을 제거해도 식용류의 온도가 발화점 이상인 상태가 되므로 곧바로 재발화 할 수 있다. 식용류화재는 자체 발화온도보다 50°F 이상 낮게 유지하여야 재발화를 방지할 수 있다.

참고

(1) 섭씨온도 : 섭씨온도Celsius, centigrade scale)는 1 atm에서의 물의 어는점을 0도, 끓는점을 100도로 정한 온도 체계이며, 기호는 °C이다.

(2) 화씨온도 : 화씨온도(Fahrenheit)는 독일의 다니엘 가브리엘 파렌하이트(Daniel Gabriel Fahrenheit)의 이름을 딴 온도 단위이며, 기호로는 °F를 쓴다. 물이 어는 온도는 32도(섭씨 0도)이며, 물이 끓는 온도는 212도(섭씨 100도)이므로, 이 사이의 온도는 180등분된다.

• 섭씨온도와의 변환식 : [°F] = [°C] × 9/5 + 32, [°C] = ([°F] − 32) × 5/9

3) 식용류 화재의 소화대책

(1) 중탄산나트륨($NaHCO_3$)의 비누화 소화효과 이용
제1종 분말소화약제($NaHCO_3$) 방출 시 나트륨 이온이 금속비누를 만들고 이 비누가 거품을 형성하여 질식효과를 갖는 현상으로, 생성된 비누상 물질은 가연성 액체의 표면을 덮어 질식소화 효과와 함께 재발화 억제효과를 나타내며 수증기와 비누가 포를 형성하여 소화를 돕는다.

(2) 강화액 소화기인 K급 소화기 사용

(3) 거품 형태의 폼 방사

(4) 냄비 뚜껑, 방석 등으로 덮어 공기 공급을 차단한다(질식소화)

(5) 배추 등의 야채를 넣어 식용류의 온도를 낮춘다(냉각소화)

CHAPTER 9

건축물의 화재성상

9.1 건축물의 화재 성상

1) 개요

(1) 건축물 내에서의 화재는 건축물의 형태, 내부구조, 용도, 내부에 존재하는 가연물의 종류 및 총량 등에 따라 연소성상이 크게 달라진다.

(2) 건축물 내에서의 화재는 크게 건축물 자체가 연소되어 전면적인 화재가 되는 목조 건축물 화재와 내화구조로 된 건축물 내부의 마감재료 및 가연물이 연소되어 발생되는 내화건축물 화재로 크게 구분된다.

건축물의 화재성상은 화재가 발생하는 기상조건 · 화재의 지속시간 · 실에 설치된 개구부의 형태 등에 따라 크게 달라질 수 있다.

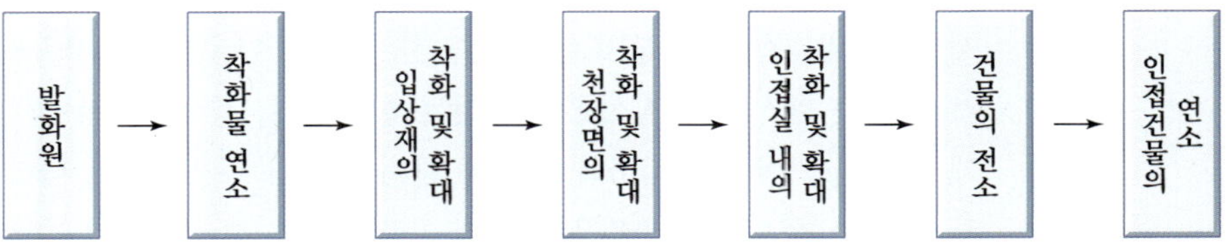

그림 9-1 건축물 화재의 확대과정

(3) 건축물 내부에서 발생하는 화재는 발화원의 불씨가 가연물에 착화하여 서서히 진행되다가 커튼, 가구 등 수직 요소의 가연물 등에 착화되고 천장으로 빠르게 진행되면서 본격적인 화재로 진행되는 형태가 많다.

2) 건축물 내에서의 화재 진행과정

건축물 내에서의 화재 진행과정은 발화원의 불씨가 가연물에 착화되는 초기, 화원의 확대로부터 플래시오버(Flash Over)에 이르는 성장기, 본격적인 화재가 되는 최성기, 가연물이 연소하여 없어지는 감쇠기의 4단계로 나뉜다.

(1) 착화 초기, 성장기 : 발화단계, 백색연기에서 흑색연기로 변화
(2) 플래시오버 : 실내가 순간적으로 화염이 충만, 모든 가연물 착화
(3) 최성기 : 온도가 최고점에 도달, 화염분출이 강해짐
(4) 감쇠기 : 가연물이 대부분 소실, 연기발생 저감됨

건축물의 화재성상의 이해는 초기 화재 대응을 위한 소방시설 설치, 피난 및 내화, 구조 및 구급 등의 시점을 검토하기 위하여 매우 중요하다.

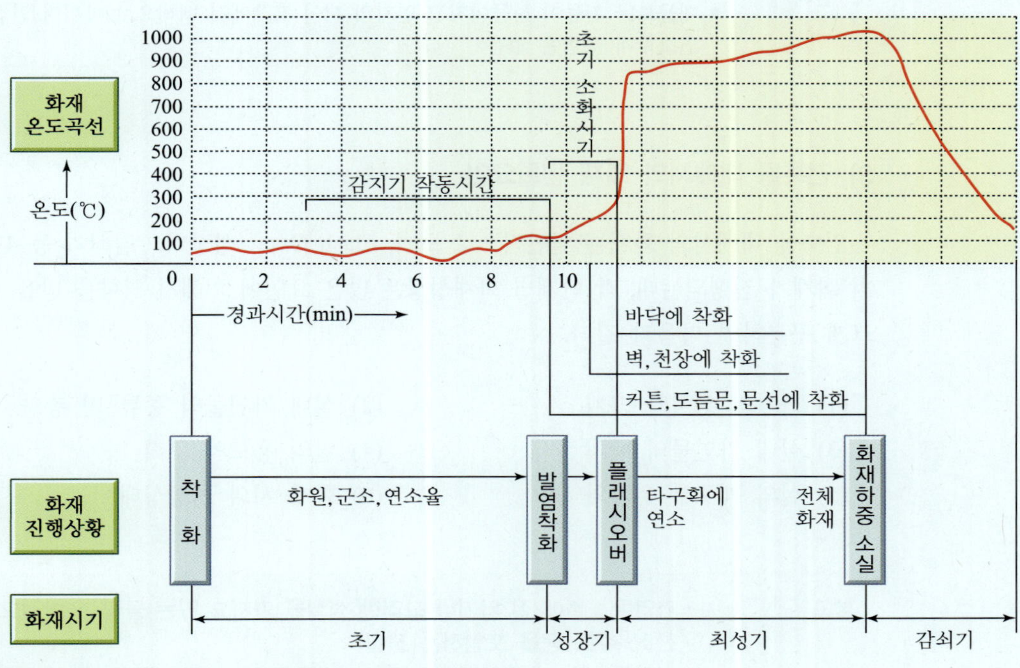

그림 9-2 건축물 화재의 진행과정(내부 공간 화재)

표 9-1	건축물 화재의 진행과정에 따른 화재성상
진행과정	화재 성상
초기	• 실내온도가 아직 크게 상승되지 않은 발화단계르 화원이나 착화물의 종류 등에 따라 달라지기 때문에 조건에 따라 일정하지 않은 단계 • 가연물이 열분해하여 가연성 가스를 발생하는 시기로 창 등의 개구부로부터 흰색의 연기가 분출되고 있음
성장기	• 실내에 있는 내장재에 착화하여 플래시오버(Flash Over)에 이르는 단계 • 창 등의 개구부로부터 짙은 농도의 검은색 연기가 분출되고, 화재의 범위가 넓어지며 건물전체로 불이 확대되려고 하는 시기
최성기	• Flash Over 이후 실내에 있는 가연물 또는 내장재가 격렬하게 연소되는 단계 • 화염이 개구부를 통하여 출화되고 실내온도가 화재 중 최고온도에 이르는 시기 • 연기의 발생량은 약간 감소하지만, 화재실의 창유리가 파괴되어 화염의 분출이 증가되고 강한 복사열의 영향으로 인접 건물로의 연소확대 위험이 높아짐
감쇠기	• 쇠퇴기, 종기라고도 하며 실내에 있는 가연물 또는 내장재가 대부분 소실되어 화재가 약해지는 단계로 진화 때까지를 말함 • 대들보나 기둥이 허물어지고 연기의 색이 흑색에서 백색으로 바뀌며 인접건물로의 연소확대 위험은 없음

3) 건축물 내에서의 화재 변화요인

건축물 내에서의 화재는 일반적으로 초기, Flash Over, 성장기, 감쇠기 등 4단계에 걸쳐 화재가 진행되는데, 각 단계별 화재성상은 많은 요인에 의해서 영향을 받을 수 있으나 크게 구분하면 다음과 같다.

(1) 화원의 위치와 크기
(2) 실내 가연물의 종류 및 총량
(3) 실내 가연물의 배치
(4) 실의 용도와 구획
(5) 실의 개구부 위치와 크기
(6) 화재 시의 기상상태

참고

• 가연물 : 불에 잘 타거나 그러한 성질을 가지고 있는 물질, 일반적으로 탄소, 산소, 수소 등을 포함하는 물질
• 내화건축물 : 철근콘크리트 구조 · 벽돌구조 · 석조 · 콘크리트 블록 구조 등의 재료를 활용하여 화재에 대해서 안전한 건축물을 의미한다.
• 건축물 화재성장 곡선의 중요성 : 건축물의 화재성장곡선은 소화의 방법, 피난, 구조, 소방활동 등에 대한 전반적인 활동을 이해하는데 매우 중요한 사항이기 때문에 반드시 그 흐름을 파악할 필요가 있다.

9.2 목조건축물의 화재

1) 개요

(1) 목조건축물은 구조체, 내・외부 마감재, 문짝 등이 연소하기 쉬운 가연물이기 때문에 내화건축물에 비해 Flash Over에 도달하는 시간이 빠르다. 또한, 건축물 자체에 개구부가 많아 산소의 공급이 원활하며 활발한 연소현상을 나타내므로 최성기에 도달하는 시간이 매우 빠르다.

(2) 목조건축물은 내화건축물보다 연소속도가 빠르고 연소시간이 짧으며, 화재 최고온도는 높지만 유지시간이 짧은 것 등의 특징이 있다.

2) 목조건축물의 화재 진행과정

(1) 화재원인에서 발화까지를 화재의 전기, 발화에서 진화까지를 화재의 후기라 하며, 보통 화재의 전기는 여러 상황에 따라 시간적으로 일정하지 않은 반면, 후기는 대체로 경로, 시간 등이 유사하다.

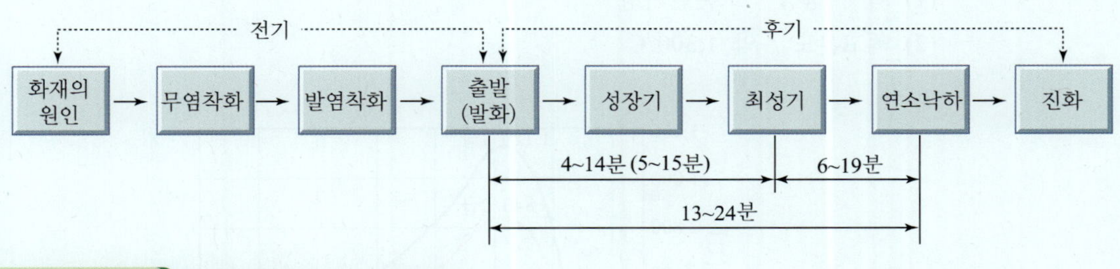

그림 9-3 목조건축물의 화재 진행과정

(2) 목조건축물의 화재 진행과정을 설명하면 다음과 같다.

표 9-2 목조건축물의 화재 진행과정에 따른 화재성상

진행과정	화재 성상
화재원인 ~ 무염착화	• 화재원인의 종류와 발생장소에 따라 차이가 있으며, 자연발화의 경우는 오랜 시간이 요구됨 • 무염착화는 가연물이 연소할 경우 재로 덮인 숯불모양으로 불꽃 없이 착화하는 현상

진행과정	화재 성상
무염착화 ~ 발염착화	• 발염착화는 가연물에 바람 및 공기 등을 불어넣어 주면 불꽃이 발하여 착화하는 현상 • 이 단계는 화재발생 장소, 가연물의 종류, 바람의 상태, 연소속도, 연소시간, 연소방향 등이 화재진행을 결정
발염착화 ~ 발화	• 발화란 가옥의 실내 가연물의 일부가 발화한 상태가 아니라 천장에까지 불이 번져 가옥 전체에 불기가 도는 시기를 말함 • 이 단계는 착화가 발생한 위치와 가옥의 구조에 따라 달라짐
발화 ~ 최성기	• 이 단계에서는 화재의 진행이 빨라지게 되는데 연기의 색이 백색에서 흑색으로 변하고 개구부가 파괴되어 공기가 공급되면서 급격한 연소가 이루어지며, 연기가 개구부로 분출 • Flash Over가 발생하며 이때의 실내온도는 800~900°C 정도 • 이후 최성기로 넘어가면 천장 및 대들보가 내려앉고 화염 및 검은 연기, 강한 불꽃을 유동시키는 복사열이 발생하는데 이 때 최고온도는 약 1,300°C 정도
최성기 ~ 연소낙하	• 최성기를 넘어서면서 화세가 급격히 약해져 지붕이나 벽이 무너지고 기둥 등이 허물어져 내리는 단계

3) 목조건축물의 표준화재 온도곡선

(1) 화재 성상 : 고온단기형

(2) 최고온도 : 약 1,300°C

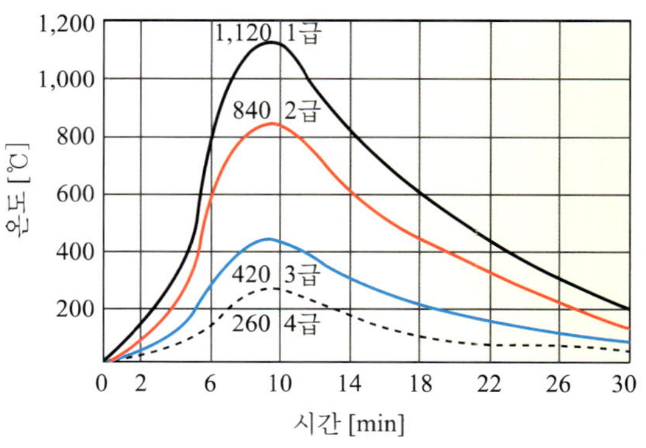

그림 9-4 목조건축물의 표준화재 온도곡선

4) 목조건축물의 화재원인

목조건축물의 주요한 화재 확대 원인은 접염, 복사열, 비화 등이 있다.

표 9-3	목조건축물의 화재원인별 내용
화재원인	내 용
접염	• 화염 또는 열의 직접적인 접촉으로 발생
복사열	• 화염에 의해 발생된 복사열은 온도가 높을수록, 화염의 크기가 클수록 복사열의 전파거리는 길어짐. • 복사열에 의해 인화점까지 가열될 수 있으며, 지속시간이 길면 거리가 100 m까지 전달
비화	• 화재로 인해 불꽃 등이 먼 거리에 있는 지역까지 날아가 발화하는 현상, 바람이 강하고 온도가 낮은 조건에서 주로 발생 • 일반적으로 화점으로부터 풍화방향이 10∼25° 범위에서 가장 위험하고, 800 m 전후의 지역에서 발생하기 쉬움.

참고 **비화 경계의 범위**

• 4 m/s 이내 : 발화장소 근처
• 5 m/s 이내 : 약 500 m 이내
• 10 m/s 이내: 약 1,200 m 이내

5) 목조건축물의 화재특성

(1) 화재 최성기 때의 온도는 내화건축물 화재 때보다 높다.
(2) 화염의 분출면적이 크고 복사열이 커서 접근하기 어렵다.
(3) 습도가 낮을수록 연소확대가 빠르다.
(4) 바람의 세기가 강할수록 풍하측으로 연소확대가 빠르다.
(5) 횡방향보다 종방향의 화재성장이 빠르다.
(6) 화재 최성기 이후 비화에 의해 화재확대의 위험성이 높다.

6) 목조건축물의 출화

구분	내 용
옥내출화	• 가옥구조의 천장 면에서 발염착화 • 천장 속, 벽 속 등에서 발염착화 • 불연천장이나 불연벽체인 경우 실내의 그 뒷면에서 발염착화
옥외출화	• 외부의 벽, 지붕, 추녀 밑에서 발염착화 • 창, 출입구 등에서 발염착화

9.3 내화구조물의 화재

1) 개요

(1) 내화건축물은 주요 구조부재(기둥, 보, 벽체, 바닥, 지붕 등)가 불에 타지 않는 불연성의 재료로 만들어지기 때문에 쉽게 연소하지 않고, 건축물 내부에서 화재가 발생하더라도 대부분 방화구획 내에서 진화되며 건축물의 내장재가 전소하더라도 수리하여 재사용할 수 있는 구조로 된 건축물이다.

(2) 내화건축물은 주요 구조부가 가연성이 아니며 목조건축물 화재에 비해 공기 유통조건이 일정하여 연소속도가 완만하고 화재의 진행시간도 길다.

참고

- 주요 구조부 : 건축물의 주요 구조부는 건축물을 구성하는 뼈대를 의미하며, 불에 타지 않는 무기물(탄소를 포함하지 않는 물질)로 이루어져 있어 화재 시 연소하지 않는 특징이 있음
- 방화구획 : 큰 건축물에서 화재가 발생했을 경우 화재가 건축전체에 번지지 않도록 내화구조의 바닥 · 벽 및 방화문 또는 방화셔터 등으로 만들어지는 구획
- 내장재 : 건축물의 공간을 구성하는 구조체의 내부면에 대한 마무리와 장식을 겸한 재료로서 유기물(탄소를 포함하는 물질)이 대부분을 구성함

2) 내화건축물의 화재 진행과정

초기에서 최성기까지를 화재의 전기, 최성기에서 감쇠기까지를 화재의 후기라 하며, 내화건축물의 화재 진행과정을 설명하면 다음과 같다.

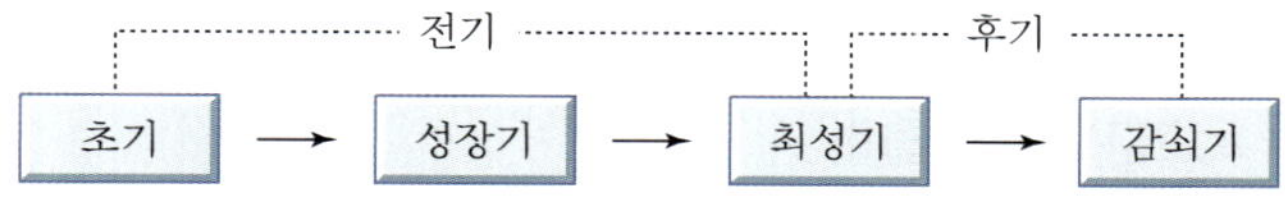

그림 9-5 내화건축물의 화재 진행과정

표 9-4	내화건축물의 화재 진행과정에 따른 화재성상
진행과정	화 재 성 상
초기	• 목조건축물에 비해 기밀성이 뛰어나기 때문에 초기에는 연소가 완만하고 산소량이 감소되어 연소가 약해지며 불완전연소도 일어남. • 이 때 소화를 위하여 창이나 문 등을 개방시키면 많은 양의 공기가 일시에 유입되어 급격한 연소를 초래할 수 있음.
성장기	• 실내온도의 상승으로 인한 공기의 열팽창 등으로 창 등의 개구부가 파괴되어 개구부를 통해 검은 연기 및 화염 등이 분출하게 된다. • 이 단계에 실내 전체가 한순간에 화염으로 휩싸이는 현상인 Flash Over가 발생됨.
최성기	• 실내온도가 약 1,000°C로 최고온도에 달하며 화세가 가장 왕성한 시기 • 이 단계는 목조 건축물보다 장시간이며, 천장의 장식물이나 콘크리트가 터져 떨어지는 폭렬현상이 발생
감쇠기	• 화세가 점차 약해지고 가연물이 거의 소진되는 시기로 연기의 양도 줄어드는 시기 • 이 때 실내의 온도는 높지만 점차적으로 낮아지는 시기

3) 내화건축물의 표준화재 온도곡선

(1) 화재 성상 : 저온장기형

(2) 최고온도 : 약 900～1,000°C

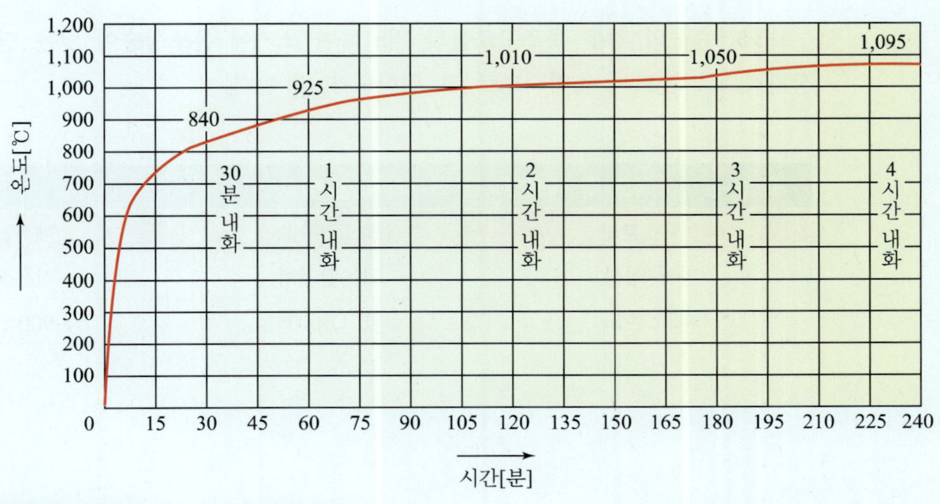

그림 9-6 내화건축물의 표준화재 온도곡선

4) 내화건축물의 화재특성

(1) 공기의 유입이 불충분하여 발염 연소가 억제된다.
(2) 건축물의 구조와 특성상 열이 외부로 방출되는 것보다 축적되는 양이 많기 때문에 대체적으로 화재 초기부터 발열량이 많다.
(3) 연기, 가스 등 연소생성물이 계단, 복도, 설비구 등의 수직 통로를 따라 상층부로 이동하는 경향이 있어 인명피해가 더 많이 발생한다.

참고

- 내화 건축물의 화재성상 : 본고에서는 저온장기형으로 제시되어 있으나 이는 목조건축물과 대비하기 위한 표현으로 이해할 수 있다.
- 발염 : 불꽃이 발생하는 것을 의미
- 내화구조물의 경우 단열 등이 우수하고 밀실한 공간구조로 인하여 내부의 열이 외부로 빠져나가지 않는 형태가 강하므로 열의 축적에 의한 화재 패턴이 많이 일어난다.

9.4 목조건축물과 내화건축물의 표준화재 온도곡선의 비교

내화건축물의 경우 목조구조물과 비교하여 초기에 온도상승이 낮은 경향을 보이지만 장기적으로 온도가 축적되므로 그 위험도가 더 높다.

표 9-5 목조 및 내화건축물 화재의 특성 비교

구 분	목조건축물	내화건축물
화재 성상	고온단기형	저온장기형
최고 온도	약 1,300℃	약 900~1,000℃

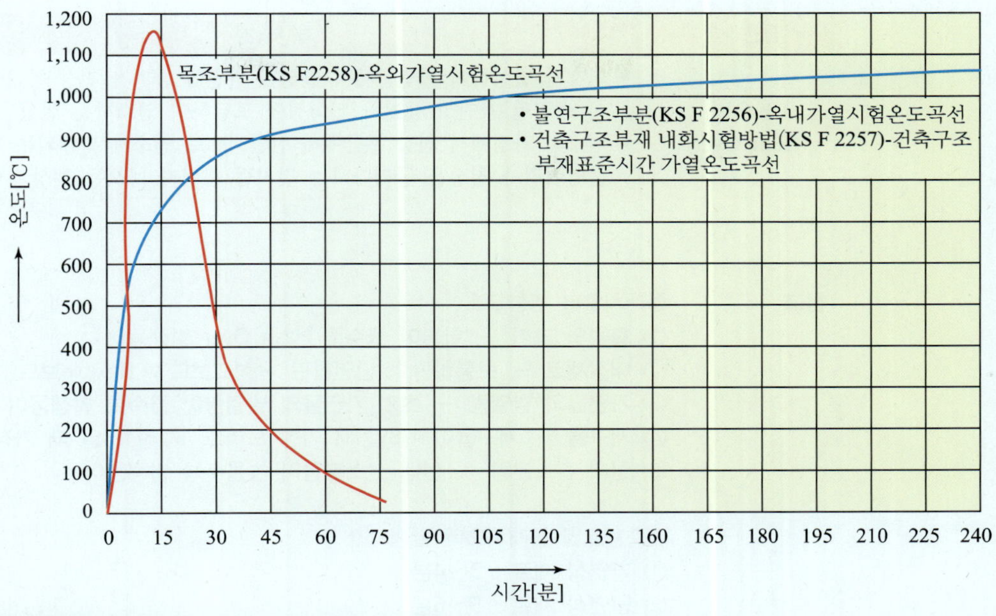

그림 9-7 목조건축물과 내화건축물의 표준화재 온도곡선

9.5 건축물화재의 특수현상

1) 특수한 화재현상

진행과정	화 재 성 상
플래시오버 (Flash Over)	• 플래시오버는 가연물의 착화와 열분해 시 생성된 화염이 플룸(plume)에 의해 천장아래에 축적되고 천장아래에 축적된 연기층의 온도가 500～600°C가 되며 이로 인한 바닥면의 복사 수열량이 20～40 kW/m^2 될 때 순간적으로 방전체가 급격하게 타오르는 화재확대현상 • 고층 건축물 화재 시 흔히 나타나는 현상으로 구획 내 가연성 재료의 전 표면이 불로 덥히는 현상
백드래프트 (Back Draft)	• 밀폐된 공간에서 화재가 발생하여 산소농도 저하로 불꽃을 내지 못하고 가연물의 열분해에 의해 발생된 가연성 가스가 축적되는데, 이 때 진화를 위해 출입문 등이 개방되면 신선한 공기가 유입되어 가연성가스가 단시간 폭발 연소함으로서 화재가 실외로 분출되는 현상 • 일산화탄소(CO)가 12.5～74% 범위이고 온도가 600°C 이상일 때 새로운 공기가 유입되면 발생되는 현상으로 미국에서는 소방관 살인현상이라도 함

진행과정	화 재 성 상
롤오버 (Roll Over)	• 화재가 발생하여 가연물에서 발생된 가연성 증기가 천장 부근에 축적되고, 이 축적된 가연성 증기가 인화점에 도달하여 연소하는 현상 • 연소의 과정에서 천장 부근에서 산발적으로 연소가 확대되는 것을 말하며, 불덩어리가 천장을 굴러다니는 것처럼 뿜어져 나오는 현상

참고

플래시오버 영향요소

① 화원의 크기 – 화원이 클수록 Flash Over 발생용이
② 내장재료 – 보통합판 > 난연합판 > 석고보드 > Flexible보드
③ 가연물의 발열량 – 초기 가연물의 발열량이 클수록 발생용이
④ 개구율 – 개구율이 1/8일 때 가장 느리고 1/2~1/3일 때 가장 빠름.
⑤ 실내 산소분압 – 실내 산소분압이 높을수록 발생용이

건축재료별 플래시오버 발생시간

① 가연성 재료 : 3~4분
② 난연성 재료 : 5~6분
③ 준불연 재료 : 7~8분

2) 플래시오버(Flash Over)와 백드래프트(Back Draft)의 비교

구분	Flash Over	Back Draft
조건	• 연기/가스층의 온도 : 500~600°C • 산소농도 : 10%, CO_2/CO : 150	• 가열, 가연성 가스 25% 이상 축적
폭풍, 충격파	• 없음(폭발이 아닌 화재)	• 비정상 연소 동반 폭발
발생 시기	• 최성기 시작점	• 성장기 또는 감쇠기
공급요인	• 복사열이 주요 원인	• 산소공급이 주요 원인
피해	• 농연 또는 화염분출 등 화재 성상 • 인접건물 연소위험 증가	• 열폭풍 또는 충격파
방지대책	• 천장의 불연화, 난연화 • 화원의 억제 • 가연물 양의 제한 • 개구부의 제한, 고천장화	• 폭발력 억제 • 개구부 파괴 • 가연성 가스 생성 차단 • 환기대책 강구
연소형태	• 확산 연소	• 훈소 연소

3) 플래시오버와 롤오버의 비교

(1) 롤오버는 실의 상부에 있는 아주 높은 온도의 가연성 증기에서 발화하는 반면, 플래시오버는 공간 내 전체 가연물에서 동시에 발화한다.

(2) 롤오버는 화염이 주변공간으로 확대되는 반면, 플래시오버는 순간적으로 공간 전체로 확대된다.

(3) 플래시오버 발생 시 수반되는 복사열은 롤오버 발생 시의 복사열보다 강하다.

CHAPTER 10
건축물의 내화성상

10.1 표준화재 가열곡선(구조물의 내화 지속시간 시험)

1) 개요

(1) 건축물 화재의 경우 화재의 강도, 화재지속시간은 주요 변수가 시간에 따라 변화하고 구획되는 실에 따라 달라질 수도 있어 정확한 예측이 불가능하다. 하지만 방화구획 내에 안전율을 고려한 표준화재 가열곡선에 따라 내화성능을 제시하면 건축물 구성요소의 내화성능 연구에 유용한 점이 있다.

(2) 실물 크기의 실험은 하중이 작용하고 있는 상태에서 열팽창과 변형의 구속이 가능하기 때문에 축소형 크기의 시험보다 유리하다.

(3) 화재 시 시간과 온도의 관계성은 건축물의 종류, 용도 등에 의하여 달라지며, 실물 크기의 모형 화재 실험을 여러 번 수행하여 얻은 표준화재(Standard Fire) 가열곡선을 기준으로 내화시험을 하는데 국내의 내화시험은 KS F 2257-1, 4, 5, 6, 7을 기준으로 평가하고 있으며, 국제 표준규격인 ISO-834 표준화재 가열곡선도 준용하고 있다.

참고 KS

- Korean Industrial Standards ; 한국 공업 규격의 약호. 공업 표준화를 위해 제정된 공업 규격을 보급·활용하여 제품의 품질 개선과 생산능률의 향상, 거래의 단순화와 공정화의 도모 및 소비자 보호를 위해 만들어진 제도로서 표준화된 시험방법의 제시를 목적으로 함

참고 **국내의 화재시험 규격**

- 일반적으로 KS F 2257-1, 4, 5, 6, 7 규격이 있으며, 국제 표준 규격인 ISO를 공통으로 사용하는 추세이며, 국외의 인증을 받는 경우에도 국내에서 사용할 수 있도록 제시하고 있다.

2) 표준화재 가열곡선(KS F 2257-1)

(1) 건축물의 구조부재는 가열로에서 시간-온도 곡선으로 알려진 표준화재곡선의 화재가혹도에 맞추어 성능을 평가하고 있다.

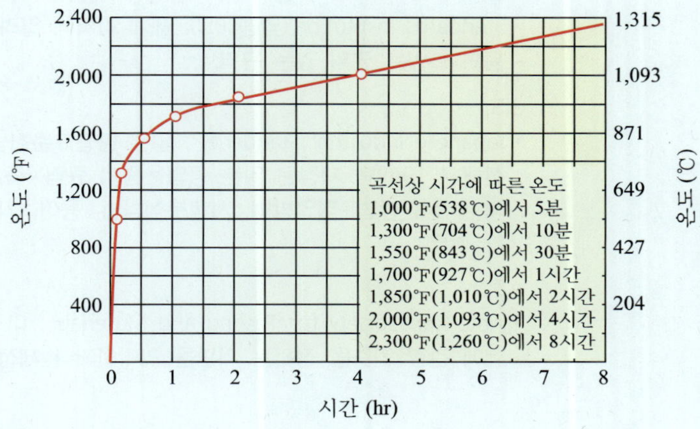

그림 10-1 표준 시간-온도 곡선

(2) 표준화재 가열곡선 수식(ISO-834 표준화재 가열곡선 수식)

$$T = T_0 + 345 \cdot \log(8t + 1)$$

여기서, T : 시간 t의 로 내 온도(°C)

T_0 : 초기 로 내 온도(°C)

t : 시간(min)

(3) 국가별 시간에 따른 가열온도

구분	KS, ISO, BS	JIS	ASTM
30분	841°C	840°C	843°C
1시간	945°C	925°C	927°C
2시간	1,049°C	1,010°C	1,010°C
3시간	1,110°C	1,050°C	1,052°C
4시간	1,153°C	1,093°C	1,093°C

참고

BS

- British Standards ; 영국 규격협회가 제정한 국가규격. 제정기관은 British Standards Institution (약칭 BSI). 세계 각국에 알려져 있어 해외 무역에도 적용되고 있는 권위 있는 규격

JIS

- Japanese Industrial Standards ; 일본 공업표준화법의 시행에 따라 JES에 대신해서 1949년 제정된 일본 공업용품의 규격. 즉, 광공업품에 관해서 종류, 치수, 생산방법, 작업방법, 시험분석방법, 용어, 기호, 기타 광범위한 표준화가 기록

ASTM

- American Society for Testing and Materials ; 미국의 재료 규격 및 재료 시험에 관한 기준을 정하는 기관을 의미하거나 제정된 기준

(4) 주요부재의 시험방법

① 재하가열 시험 평가 항목 : 하중지지력, 차염성, 차열성

② 비재하가열 시험의 평가 항목 : 비내력벽(차염성, 차열성), 보 · 기둥(강재의 온도) 등. 국내의 경우 비재하가열 시험에 의하여 내화성능을 주로 평가하는데 그 이유는 하중을 받지 않는 부재는 재하시험이 불필요하고, 비재하가열 시험이 재하시험보다 가혹도가 더 커서 충분한 안전율을 확보할 수 있기 때문이다.

참고

차열성

- 고온의 공간으로부터 다른 공간으로 유입되는 열을 차단하는 능력 또는 성능

차염성

- 불꽃이나 화재, 열기류의 관통이나 화염 발생을 방지하는 능력 또는 성능

표 10-1 건축물 주요 부재의 내화성능 시험 및 평가방법

주요부재	시험체	시험방법	성능평가
수직내력(KS F 2257-4)	실제크기 3 m × 3 m	재하가열	하중지지력 / 차염성 / 차열성
수직비내력(KS F 2257-8)	실제크기 3 m × 3 m	재하가열	차염성 / 차열성
수평내력(KS F 2257-5)	3 m × 4 m	재하가열	하중지지력 / 차염성 / 차열성
보(KS F 2257-6)	4 m	재하가열 비재하 가열	하중지지력 / 차염성 / 차열성 강재의 평균온도 538°C 강재의 최고온도 649°C
기둥(KS F 2257-7)	3 m		

참고 보, 기둥의 온도측정은 4개소를 측정하며, 철골구조의 경우 H빔의 표면부, 철근 콘크리트구조의 경우 철근의 표면부에서 측정한다.

(5) 내화성능평가 유의사항

① 각 시험의 우선순위 : 하중지지력 > 차염성 > 차열성

② 하중지지력이 상실된 경우 차염성, 차열성은 없어진 것으로 간주한다.

③ 차염성이 확보되지 않으면 차열성도 없는 것으로 간주한다.

(6) 부재별 내화요구성능

표 10-2 건축물 부재에 요구되는 내화성능 비교

구분	하중지지력	차염성	차열성	온도
수직구획(벽)	○	○	○	×
수직구획(비내력 벽)	×	○	○	×
수평구획부재(지붕, 천장, 바닥, 보)	○	○	○	×
기둥, 보(재하)	○	○	○	×
기둥, 보(비재하)	×	×	×	○

(7) 요구 내화요구시간

건축물에 요구되는 내화시간은 용도, 규모, 건축물의 층수, 높이에 따라 구분할 수 있으며, 일반적으로 층수/높이 기준을 적용한다.

- 4층/20 m 이하 : 1시간
- 12층/50 m 이하 : 2시간
- 12층/50 m 초과 : 3시간

10.2 화재가혹도(Fire Severity)

1) 개요

(1) 화재가혹도란 발생한 화재가 해당 건축물과 그 내부의 수용재산에 미치는 파괴 또는 손상의 정도를 의미하며, 방호 공간 내에서 화재의 세기를 나타낸다.

(2) 화재가혹도와 화재 손실은 비례관계로 화재가혹도가 크면 손실은 커지고, 화재가혹도가 작으면 화재 손실은 작아지므로 이를 줄이는 대책이 필요하다.

(3) 환기요소인 개구부의 넓이, 높이 등($A\sqrt{H}$)은 화재가혹도를 결정하는 중요한 요소이기도 하다.

2) 화재가혹도 개념곡선

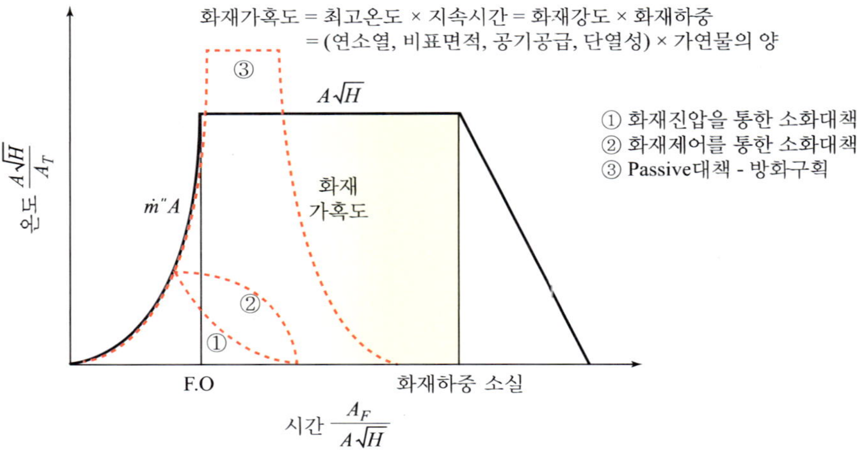

그림 10-2 화재가혹도 개념곡선

3) 화재가혹도의 주요 요소

(1) 화재가혹도의 주요 요소에는 화재강도와 화재하중이 있다.
(2) 화재강도가 크다는 것은 화재 시 최고온도가 높아 열축적이 큰 것을 의미한다.
(3) 화재하중이 크다는 것은 화재 시 가연물 양이 많아 지속시간이 긴 것을 의미한다.
(4) 최고온도는 질적 개념 - 화재강도와 관련(열축적 큼) ➡ 주수율 좌우
(5) 지속시간은 양적 개념 - 화재하중과 관련(가연물 양 많음) ➡ 주수시간 좌우
(6) 화재가혹도 = 최고온도 × 지속시간 ➡ 구획화재 성장곡선의 하부면적 개념
(7) 최고온도와 지속시간은 화재가혹도 판단의 중요요소이다.
(8) 온도인자 $\frac{A\sqrt{H}}{A_T}$

지속시간인자 $\frac{A_F}{A\sqrt{H}}$

(환기요소 $A\sqrt{H}$는 온도와 비례, 시간과는 반비례 관계이다)

4) 화재가혹도 저감대책

(1) 화재 저항 : 화재가혹도에 대한 수동적(Passive) 대책

① 방화벽이나 건물 주요구조부가 화재가혹도에 얼마나 견디는지를 나타내는 내화능력이다.
② KS F 2257-1 또는 ISO-834 의 표준화재 가열곡선을 이용한다.

(2) 소화 용수 : 화재가혹도에 대한 능동적(Active) 대책

① 화재강도가 크면 열축적이 크므로 주수율이 높아져야 한다.
② 화재하중이 크면 연소시간이 길어지므로 주수시간이 길어져야 한다.
③ 화재가혹도를 줄이기 위해서는 주수율과 주수시간을 높여주어야 한다.

현행법규는 이러한 화재가혹도를 반영하여 소화용수를 결정하는 시스템이 아니므로 성능위주설계 시 반영되어 설계되고 있다.

10.3 화재하중

1) 개요

(1) 건축물에서의 내화구조에 대한 설계는 해당 건축물에서 발생할 수 있는 최대 화재 규모를 추정하여 이를 대상으로 설계하여야 한다. 즉, 화재의 최고온도와 지속시간을 추정하여 화재가혹도를 구하고 화재가혹도에 견딜 수 있는 표준화재 가열곡선 상의 시간을 구하여, 이를 내화구조의 설계하중으로 설정하여야 한다. 그러나 일반 건축물에서는 건축물 내부에 수납되어있는 가연물의 양(kg/m^2)을 기준으로 한다.

(2) 화재하중이란 특정 공간 내에서 예측되는 최대 가연물의 양을 의미하며, 일반적으로 단위바닥면적에 대한 등가 가연물질의 양을 말하며 실제로 존재하는 가연물의 발열량을 등가목재중량으로 환산한 것이다.

(3) 화재하중은 잠재적인 화재가혹도를 결정하는 중요한 요소이다.

참고 **화재 하중의 산정**
화재하중의 산정에 있어서 목재의 발열량의 공식이 주로 사용되는 이유는 국외(영국 등)의 과학적 기법을 활용하기 때문이다.

2) 화재하중 산정방법

$$\text{화재하중}(g) = \frac{\sum(G_i H_i)}{H_0 A} = \frac{\sum Q_t}{4,500A}$$

여기서, g : 화재하중[kg/m^2]

G_i : 가연물의 양[kg]

H_i : 가연물의 단위중량당 발열량[kcal/kg]

H_0 : 목재의 단위중량당 발열량[kcal/kg] (≒4,500 kcal/kg)

A : 화재실의 바닥면적[m^2]

$\sum Q_t$: 화재실 내의 가연물 전체 발열량[kcal]

(1) 건축물을 구성하는 재료의 단위 발열량

재료	발열량[Mcal/kg]	품명	발열량[Mcal/kg]
목재	4.5	벤젠	10.5
종이	4.0	석유	10.5
연질보드	4.0	염화비닐	4.1
경질보드	4.5	페놀	6.7
Wool섬유	5.0	폴리에스테르	7.5
리놀륨	4.0~5.0	폴리아미드	8.0
아스팔트	9.5	폴리스틸렌	9.5
고무	9.0	폴리에틸렌	10.4
휘발유	10.0		

(2) 건축물 용도에 따른 화재하중

건축물 용도	화재화중[kg/m^2]	건축물 용도	화재화중[kg/m^2]
호텔	5~15	점포(백화점)	100~200
병원	10~15	도서관	250
사무실	10~20	창고	200~1,000
주택, 아파트	30~60		

(3) 내화도

화재하중[kg/m^2]	50	100	200
내화도 H_r	1~1.5	1.5~3	3~4

3) 화재하중 감소대책

(1) 건축물의 불연화 - 주요구조부와 내장재 난연, 준불연, 불연화
(2) 가연물 수납 - 가연물을 불연성 밀폐용기에 보관
(3) 가연물 제한 - 가연물을 최대량을 제한

10.4 화재강도

1) 개요

(1) 화재강도는 화재실 내에서 발생되는 열발생률과 외부로 빠져나가는 열누설률에 의해 결정된다.

(2) 열발생률은 화재실 내에 존재하는 가연물의 연소 상태에 따라 결정되며, 이 연소 상태는 가연물의 성상과 공기의 공급조건에 의해 결정된다.

(3) 열누설률을 결정하는 요소에는 벽체의 단열성, 내장재료와 환기요소 등이 있다.

2) 화재강도의 주요 요소

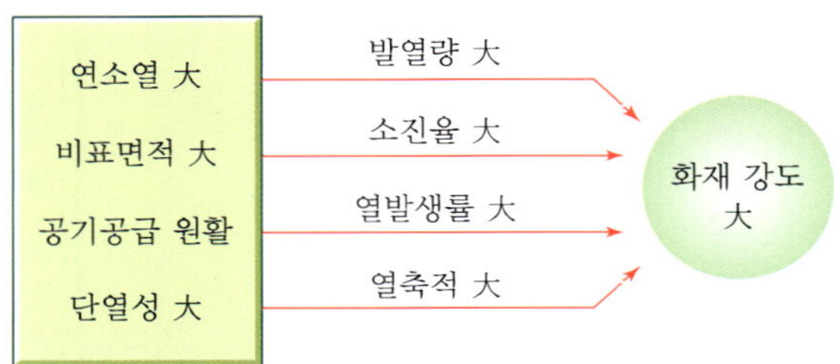

그림 10-3 화재강도의 주요요소

CHAPTER 11

위험물 안전관리

11.1 위험물안전관리법의 주요내용

위험물 안전관리법은 위험물의 저장 · 취급 및 운반과 이에 따른 안전관리에 관한 사항을 규정함으로써 위험물로 인한 위해[8]를 방지하여 공공의 안전을 확보함을 목적으로, 위험물을 고체와 액체로 분류하여 관리하고 있다.

이에 국가는 1. 위험물의 유통실태 분석, 2. 위험물에 의한 사고 유형의 분석, 3. 사고 예방을 위한 안전기술 개발, 4. 전문인력 양성, 5. 그 밖에 사고 예방을 위하여 필요한 사항에 대한 시책을 수립 시행의 의무가 있다. 또한, 지방자치단체가 위험물에 의한 사고의 예방 · 대비 및 대응을 위한 시책을 추진하는 데에 필요한 행정적 · 재정적 지원을 하여야 한다. 가스의 경우 「고압가스안전관리법」을 통해 별도로 규정하고 있어, 본 장에서 우리는 위험물안전관리 법에서 규정한 제1류부터 제6류까지의 위험물에 관한 관련 법령 및 위험물의 성질, 저장 · 취급 방법 등을 학습한다.

※ 본 장은 위험물안전관리 법, 시행령, 시행규칙에 근거하여 작성하였음.

11.1.1 위험물의 정의 및 용어

위험물안전관리법 제2조에 따라 위험물은 인화성 또는 발화성 등의 성질을 가지는 것으로 대통령령이 정하는 물품[9]으로 정의하고 있으며, 이러한 물질들은 화재, 폭발, 누출

8) 위해(危害) : 위험한 재해를 의미하며, 사람의 생명을 위협하는 위험이나 해를 의미하며, 피해가 발생한 재난과 다름

9) 대통령령이 정하는 물품 : 위험물안전관리법 시행령 제2조, 별표 1에 따름

등의 사고로 인하여 인명과 재산에 손해를 미칠 수 있으므로 위험물안전관리법에서 규정한 관리 대상 물품이다. 위험물 안전관리법상의 용어를 살펴보면,

1. "위험물"이라 함은 인화성 또는 발화성 등의 성질을 가지는 것으로서 대통령령이 정하는 물품을 말한다.
2. "지정수량"이라 함은 위험물의 종류별로 위험성을 고려하여 대통령령이 정하는 수량으로서 제조소등의 설치허가 등에 있어서 최저의 기준이 되는 수량을 말한다.[10)]
3. "제조소"라 함은 위험물을 제조할 목적으로 지정수량 이상의 위험물을 취급하기 위하여 제6조 제1항의 규정에 따른 허가를 받은 장소를 말한다.
4. "저장소"[11)]라 함은 지정수량 이상의 위험물을 저장하기 위한 대통령령이 정하는 장소로서 제6조 제1항의 규정에 따른 허가를 받은 장소를 말한다.
5. "취급소"[12)]라 함은 지정수량 이상의 위험물을 제조외의 목적으로 취급하기 위한 대통령령이 정하는 장소로서 제6조 제1항의 규정에 따른 허가를 받은 장소를 말한다.
6. "제조소등"이라 함은 제3호 내지 제5호의 제조소·저장소 및 취급소를 말한다.

11.1.2 위험물 저장 및 취급 제한에 관한 사항[13)]

- 지정수량 이상의 위험물을 저장소가 아닌 장소에서 저장하거나 제조소등이 아닌 장소에서 취급하여서는 안 된다.
- 다만, 제조소등이 아닌 장소에서 지정수량 이상의 위험물을 취급할 수 있으며, 근거는 다음과 같다.
  1. 시·도의 조례가 정하는 바에 따라 관할소방서장의 승인을 받아 지정수량 이상의 위험물을 90일 이내의 기간 동안 임시로 저장 또는 취급하는 경우
  2. 군부대가 지정수량 이상의 위험물을 군사목적으로 임시로 저장 또는 취급하는 경우

10) 지정수량 미만의 위험물을 취급할 경우 시·도 조례에 따라 관리함
11) 저장소 8가지 : 옥내저장소, 옥외탱크저장소, 옥내탱크저장소, 지하탱크저장소, 간이탱크저장소, 이동탱크저장소, 옥외저장소, 암반탱크저장소,
12) 취급소 4가지 : 주유취급소, 판매취급소, 이송취급소, 일반취급소,
13) 「위험물안전관리법」 제5조(위험물의 저장 및 취급의 제한) 참고.

11.1.3 위험물 시설의 설치 및 변경[14)]

1) 위험물의 설치 및 변경 등

- 제조소등을 설치하고자 하는 자는 대통령령이 정하는 바에 따라 그 설치장소를 관할하는 특별시장・광역시장・특별자치시장・도지사 또는 특별자치도지사(이하 "시・도지사"라 한다)의 허가를 받아야 한다. 제조소등의 위치・구조 또는 설비 가운데 행정안전부령이 정하는 사항을 변경하고자 하는 때에도 또한 같다.
- 제조소등의 위치・구조 또는 설비의 변경 없이 당해 제조소등에서 저장하거나 취급하는 위험물의 품명・수량 또는 지정수량의 배수를 변경하고자 하는 자는 변경하고자 하는 날의 1일 전까지 행정안전부령이 정하는 바에 따라 시・도지사에게 신고하여야 한다.
- 그러나, 제조소등의 경우에는 허가를 받지 아니하고 당해 제조소등을 설치하거나 그 위치・구조 또는 설비를 변경할 수 있으며, 신고를 하지 아니하고 위험물의 품명・수량 또는 지정수량의 배수를 변경할 수 있다. 다음 2가지 중 어느 하나에 해당 할 경우 적용될 수 있다. 첫째, 주택의 난방시설(공동주택의 중앙난방시설을 제외한다)을 위한 저장소 또는 취급소와 둘째로 농예용・축산용 또는 수산용으로 필요한 난방시설 또는 건조시설을 위한 지정수량 20배 이하의 저장소이다.

2) 군용위험물시설의 설치 및 변경에 대한 특례

- 군사목적 또는 군부대시설을 위한 제조소등을 설치하거나 그 위치・구조 또는 설비를 변경하고자 하는 군부대의 장은 대통령령이 정하는 바에 따라 미리 제조소등의 소재지를 관할하는 시・도지사와 협의하여야 한다.
- 다만, 군부대의 장이 제조소등의 소재지를 관할하는 시・도지사와 협의한 경우에는 허가를 받은 것으로 본다.
- 군부대의 장은 협의한 제조소등에 대하여는 탱크안전성능검사(위험물안전관리법 제8조) 및 완공검사(위험물안전관리법 제9조)의 규정에 불구하고 탱크안전성능검사와 완공검사를 자체적으로 실시할 수 있다. 이 경우 완공검사를 자체적으로 실시한 군부대의 장은 지체 없이 행정안전부령이 정하는 사항을 시・도지사에게 통보하여야 한다.

14) 「위험물안전관리법」 제6조(위험물시설의 설치 및 변경 등)

3) 탱크안전 성능검사[15)]

- 위험물을 저장 또는 취급하는 탱크로서 대통령령이 정하는 탱크(이하 “위험물탱크”라 한다)가 있는 제조소등의 설치 또는 그 위치・구조 또는 설비의 변경에 관하여 허가를 받은 자가 위험물탱크의 설치 또는 그 위치・구조 또는 설비의 변경공사를 하는 때에는 완공검사를 받기 전에 위험물의 저장 및 취급의 제한(제5조 제4항)의 규정에 따른 기술기준에 적합한지의 여부를 확인하기 위하여 시・도지사가 실시하는 탱크안전성능검사를 받아야 한다.
- 이 경우 시・도지사는 허가를 받은 자가 탱크안전성능시험자 또는 한국소방산업기술원(이하 “기술원”이라 한다)로부터 탱크안전성능시험을 받은 경우에는 탱크안전성능검사의 전부 또는 일부를 면제할 수 있다.

4) 완공검사

- 제조소등의 설치를 마쳤거나 그 위치・구조 또는 설비의 변경을 마친 때에는 당해 제조소등마다 시・도지사가 행하는 완공검사를 받아 행정안전부령으로 정한 제조소등의 위치 구조 및 설비의 기술기준에 적합하다고 인정받은 후가 아니면 이를 사용하여서는 안 된다.
- 다만, 제조소등의 위치・구조 또는 설비를 변경함에 있어서 행정안전부령이 정하는 사항을 변경허가를 신청할 때에 화재예방에 관한 조치사항을 기재한 서류를 제출하는 경우에는 당해 변경공사와 관계가 없는 부분은 완공검사를 받기 전에 미리 사용할 수 있다.
- 완공검사를 받고자 하는 자가 제조소등의 일부에 대한 설치 또는 변경을 마친 후 그 일부를 미리 사용하고자 하는 경우에는 당해 제조소등의 일부에 대하여 완공검사를 받을 수 있다.

15) 탱크안전성능검사 : 기초・지반, 충수・수압, 용접부 검사, 암반탱크검사를 말함.

11.1.4 위험물시설의 안전관리

1) 위험물시설의 유지 관리

- 제조소등의 관계인은 당해 제조소등의 위치・구조 및 설비가 기술기준에 적합하도록 유지・관리하여야 한다.
- 시・도지사, 소방본부장 또는 소방서장은 유지・관리의 상황이 '제조소등의 위치 구조 및 설비 기술기준'에 부적합하다고 인정하는 때에는 그 기술기준에 적합하도록 제조소등의 위치・구조 및 설비의 수리・개조 또는 이전을 명할 수 있다.

2) 위험물안전관리자

- 제조소등의 관계인은 제조소등마다 위험물취급자격자를 위험물안전관리자로 선임하여야 한다. 취급자격자는 위험물기능장, 위험물산업기사, 위험물기능사로서 모든 위험물을 취급할 수 있으며, 안전관리자교육이수자, 소방공무원으로 3년 이상의 경력자는 4류 위험물을 취급할 수 있다.
- 관계인은 안전관리자가 해임되거나, 퇴직 시 30일 이내에 다시 안전관리자를 선임하여야 하며, 선임한 경우 14일 이내 소방본부장 또는 소방서장에게 신고하여야 한다.
- 단, 안전관리자의 해임과 퇴직과 동시 안전관리자를 선임하지 못할 경우 대리자를 지정하여 직무를 대행할 수 있으나, 30일을 초과할 수는 없다.
- 시・도지사 또는 제조소등의 관계인은 안전관리업무를 전문적이고 효율적으로 수행하기 위하여 탱크안전성능시험자(이하 "탱크시험자"라 한다)로 하여금 이 법에 의한 검사 또는 점검의 일부를 실시하게 할 수 있다.

3) 탱크시험자의 등록 등

- 탱크시험자가 되고자 하는 자는 대통령령이 정하는 기술능력・시설 및 장비를 갖추어 시・도지사에게 등록하여야 한다.
- 등록한 사항 가운데 행정안전부령이 정하는 중요사항을 변경한 경우에는 그 날부터 30일 이내에 시・도지사에게 변경신고를 하여야 한다.

PART 04 화재이론

4) 예방규정

- 대통령령으로 정하는 제조소등의 관계인은 해당 제조소등의 화재예방과 화재 등 재해발생 시의 비상조치를 위하여 행정안전부령으로 정하는 바에 따라 예방규정을 정하여 해당 제조소등의 사용을 시작하기 전에 시·도지사에게 제출하여야 한다. 예방규정을 변경한 때에도 또한 같다.
- 시·도지사는 제출한 예방규정이 「위험물안전관리법」 5조 3항(제조소등에서의 위험물의 저장 또는 취급에 관한 중요기준 및 세부기준)에 적합하지 아니하거나 화재예방이나 재해발생 시의 비상조치를 위하여 필요하다고 인정하는 때에는 이를 반려하거나 그 변경을 명할 수 있다.
- 소방청장은 대통령령으로 정하는 제조소등에 대하여 행정안전부령으로 정하는 바에 따라 예방규정의 이행 실태를 정기적으로 평가할 수 있다.
- 관계인이 예방규정을 정하여야 하는 제조소등 7가지
  1. 지정수량의 10배 이상의 위험물을 취급하는 제조소
  2. 지정수량의 100배 이상의 위험물을 저장하는 옥외저장소
  3. 지정수량의 150배 이상의 위험물을 저장하는 옥내저장소
  4. 지정수량의 200배 이상의 위험물을 저장하는 옥외탱크저장소
  5. 암반탱크저장소
  6. 이송취급소
  7. 지정수량의 10배 이상의 위험물을 취급하는 일반취급소. 다만, 제4류 위험물(특수인화물을 제외한다)만을 지정수량의 50배 이하로 취급하는 일반취급소(제1석유류·알코올류의 취급량이 지정수량의 10배 이하인 경우에 한한다)로서 아래 (가)와 (나) 어느 하나에 해당하는 것을 제외한다.
     (가) 보일러·버너 또는 이와 비슷한 것으로서 위험물을 소비하는 장치로 이루어진 일반취급소
     (나) 위험물을 용기에 옮겨 담거나 차량에 고정된 탱크에 주입하는 일반취급소

5) 정기점검 및 정기검사

- 대통령령이 정하는 제조소등의 관계인은 그 제조소등에 대하여 행정안전부령이 정하는 바에 따라 「위험물안전관리법」 제5조 제4항[15]의 규정에 따른 기술기준에 적합한 지의 여부를 정기적으로 점검하고 점검결과를 기록하여 보존하여야 한다.

16) 제조소등의 위치 구조 및 설비의 기술기준을 말함.

- 정기점검을 한 제조소등의 관계인은 점검을 한 날부터 30일 이내에 점검결과를 시·도지사에게 제출하여야 한다.
- 시행령 제16조의 정기점검의 대상이 되는 제조소등[17]의 관계인 가운데 대통령령으로 정하는 제조소등("대통령령으로 정하는 제조소등")이란 액체위험물을 저장 또는 취급하는 50만리터 이상의 옥외탱크저장소를 말한다.「위험물안전관리법」시행령 제17조의 관계인은 행정안전부령으로 정하는 바에 따라 소방본부장 또는 소방서장으로부터 해당 제조소등이「위험물안전관리법」제5조 제4항에 따른 기술기준에 적합하게 유지되고 있는지의 여부에 대하여 정기적으로 검사를 받아야 한다.

※ 정기점검 및 정기검사는 위험물 안전관리 법 18조를 따르며, 정기점검대상은 시행령 16조, 정기검사 대상은 시행령 17조를 따른다.

6) 자체소방대

- 다량의 위험물을 저장·취급하는 제조소등으로서 대통령령이 정하는 제조소등이 있는 동일한 사업소에서 대통령령이 정하는 수량 이상의 위험물을 저장 또는 취급하는 경우 당해 사업소의 관계인은 대통령령이 정하는 바에 따라 당해 사업소에 자체소방대를 설치하여야 한다.
- 위 내용 중 자체소방대를 설치해야 하는 대통령령이 정하는 제조소 등의 2가지 기준은
  1. 제4류 위험물을 취급하는 제조소 또는 일반취급소. 다만, 보일러로 위험물을 소비하는 일반취급소 등 행정안전부령으로 정하는 일반취급소는 제외한다.
  2. 제4류 위험물을 저장하는 옥외탱크저장소를 말한다.
- 위 내용 중 자체소방대를 설치해야하는 대통령령이 정하는 수량 이상 2가지 기준은
  1. 제1항 제1호에 해당하는 경우 : 제조소 또는 일반취급소에서 취급하는 제4류 위험물의 최대수량의 합이 지정수량의 3천배 이상
  2. 제1항 제2호에 해당하는 경우 : 옥외탱크저장소에 저장하는 제4류 위험물의 최대수량이 지정수량의 50만 배 이상
- 자체소방대를 설치하는 사업소의 관계인은 규정에 의하여 자체소방대를 설치하는 사업소의 관계인은 위험물안전관리법 시행령 별표 8 (자체소방대에 두는 화학소방자동차 및 인원)의 규정에 의하여 자체소방대에 화학소방자동차 및 자체소방대원을

---

17) 정기점검의 대상이 되는 제조소 등은 예방규정을 정해야 하는 제조소등, 지하탱크저장소, 이동탱크저장소 및 위험물을 취급하는 탱크로서 지하에 매설된 탱크가 있는 제조소, 주유소, 일반취급소가 포함된다.

두어야 한다. 다만, 화재 또는 그 밖의 재난발생시 다른 사업소 등과 상호응원에 관한 협정을 체결하고 있는 사업소에 있어서는 행정안전부령이 정하는 바에 따라 별표 8의 범위 안에서 화학소방자동차 및 인원의 수를 달리할 수 있다.

11.1.5 위험물의 운반 등

1) 위험물의 운반

위험물의 운반은 용기·적재방법 및 운반방법에 관한 중요기준과 세부기준에 따라 행하여야 하며, 중요기준과 세부기준은 다음과 같다.

- 중요기준 : 화재 등 위해의 예방과 응급조치에 있어서 큰 영향을 미치거나 그 기준을 위반하는 경우 직접적으로 화재를 일으킬 가능성이 큰 기준으로서 행정안전부령이 정하는 기준
- 세부기준 : 화재 등 위해의 예방과 응급조치에 있어서 중요기준보다 상대적으로 적은 영향을 미치거나 그 기준을 위반하는 경우 간접적으로 화재를 일으킬 수 있는 기준 및 위험물의 안전관리에 필요한 표시와 서류·기구 등의 비치에 관한 기준으로서 행정안전부령이 정하는 기준
- 위 중요기준과 세부기준에 따라 운반용기에 수납된 위험물을 지정수량 이상으로 차량에 적재하여 운반하는 차량의 운전자(이하 "위험물운반자"라 한다)는 다음 2가지 중 1가지의 요건을 갖추어야 한다. 「국가기술자격법」에 따른 위험물 분야의 자격을 취득하거나, 「위험물안전관리법」 제28조(안전교육)의 1항[18]에 따라 안전관리자·탱크시험자·위험물운반자·위험물운송자 등 위험물안전관리와 관련된 업무를 수행하는 자는 소방청장이 실시하는 교육을 받을 경우 위험물운반자로서의 요건을 갖출 수 있다.
- 위험물은 그 운반용기의 외부에 다음 각목에 정하는 바에 따라 위험물의 품명, 수량 등을 표시하여 적재하여야 한다.

  가. 위험물의 품명·위험등급·화학명 및 수용성("수용성" 표시는 제4류 위험물로서 수용성인 것에 한한다)

  나. 위험물의 수량

18) 교육 대상, 시간, 시기, 기관에 관한 사항은 위험물안전관리법 시행규칙 [별표 24] 안전교육의 과정기간과 그 밖의 교육의 실시에 관한 사항 등 참고)

다. 수납하는 위험물에 따라 다음의 규정에 의한 주의사항

1) 제1류 위험물 중 알칼리금속의 과산화물 또는 이를 함유한 것에 있어서는 "화기 · 충격주의", "물기엄금" 및 "가연물접촉주의", 그 밖의 것에 있어서는 "화기 · 충격주의" 및 "가연물접촉주의"

2) 제2류 위험물 중 철분 · 금속분 · 마그네슘 또는 이들 중 어느 하나 이상을 함유한 것에 있어서는 "화기주의" 및 "물기엄금", 인화성고체에 있어서는 "화기엄금", 그 밖의 것에 있어서는 "화기주의"

3) 제3류 위험물 중 자연발화성물질에 있어서는 "화기엄금" 및 "공기접촉엄금", 금수성물질에 있어서는 "물기엄금"

4) 제4류 위험물에 있어서는 "화기엄금"

5) 제5류 위험물에 있어서는 "화기엄금" 및 "충격주의"

6) 제6류 위험물에 있어서는 "가연물접촉주의"

2) 위험물의 운송

- 이동탱크저장소에 의하여 위험물을 운송하는 자(운송책임자 및 이동탱크저장소운전자를 말하며, 이하 "위험물운송자"라 한다)는 1. 「국가기술자격법」에 따른 위험물 분야의 자격을 취득할 것 2. 제28조 제1항에 따른 교육을 수료할 것
- 위험물의 운송에 있어서는 운송책임자(위험물 운송의 감독 또는 지원을 하는 자를 말한다. 이하 같다)의 감독 또는 지원을 받아 이를 운송하여야 한다. 운송책임자의 범위, 감독 또는 지원의 방법 등에 관한 구체적인 기준은 위험물안전관리법 시행규칙 제52조의 위험물의 운송기준을 따른다. 위험물 운송책임자는 당해 위험물의 취급에 관한 국가기술자격을 취득하고 관련 업무에 1년 이상 종사한 경력이 있는 자 혹은 위험물의 운송에 관한 안전교육을 수료하고 관련 업무에 2년 이상 종사한 경력이 있는 자로 정한다.
- 위험물 운송책임자의 감독 또는 지원의 방법과 위험물의 운송 시에 준수하여야 하는 사항은 위험물안전관리법 시행규칙 [별표 21][19]에 따라 위험물의 안전확보를 위한 세심한 주의를 기울여야 한다.

19) [별표21] 위험물 운송책임자의 감독 또는 지원의 방법과 위험물의 운송 시에 준수하여야 하는 사항[시행규칙 제52조 2항 관련]

11.2 위험물의 종류 및 성질

11.2.1 제1류 위험물 산화성고체

품 명	종 류	등급	지정수량
아염소산염류	아염소산칼륨($KClO_2$) 아염소산나트륨($NaClO_2$)	1	50 kg
염소산염류	염소산칼륨($KClO_3$) 염소산나트륨($NaClO_3$) 염소산암모늄(NH_4ClO_3)		
과염소산염류	과염소산칼륨($KClO_4$) 과염소산나트륨($NaClO_4$) 과염소산암모늄($NH4ClO_4$)		
무기과산화물	과산화칼륨(K_2O_2) 과산화나트륨(Na_2O_2) 과산화칼슘(CaO_2) 과산화바륨(BaO_2) 과산화마그네슘(MgO_2)		
브롬산염류	브롬산칼륨($KBrO_3$) 브롬산나트륨($NaBrO_3$)	2	300 kg
질산염류	질산칼륨(초석) (KNO_3) 질산나트륨(칠레초석) ($NaNO_3$) 질산암모늄($NH4NO_3$) 질산은($AgNO_3$)		
요오드산염류	요오드산칼륨(KIO_3) 요오드산나트륨($NaIO_3$) 요오드산암모늄(NH_4IO_3)		
과망간산염류	과망간산칼륨($KMnO_4$) 과망간산나트륨($NaMnO_4$)	3	1,000 kg
중크롬산염류	중크롬산칼륨($K_2Cr_2O_7$) 중크롬산나트륨($Na_2Cr_2O_7$) 중크롬산암모늄[$(NH_4)_2Cr_2O_7$]		
과요오드산염류	과요오드산칼륨(KIO_4) 과요오드산나트륨($NaIO_4$)	2	300 kg
과요오드산	과요오드산(HIO_4)		
크롬, 납, 요오드의 산화물	무수크롬산(삼산화크롬) (CrO_3) 이산화납(PbO_2)		

품 명	종 류	등급	지정수량
	사산화삼납(Pb_3O_4)		
아질산염류	아질산칼륨(KNO_2) 아질산나트륨($NaNO_2$) 아질산암모늄(NH_4NO_2) 아질산은($AgNO_2$)		
염소화아이소시아눌산	염소화이소시아눌산	2	300 kg
퍼옥소이황산염류	과산화이황산칼륨(K_2S_2O8) 과산화이황산나트륨(Na_2S_2O8) 과산화이황산암모늄[$(NH_4)_2S_2O_8$]		
퍼옥소붕산염류	Sodium perborate ($Na_2H_4B_2O_8$) 등		
차아염소산염류	차아염소산칼슘($Ca(OCl)_2$) 등	1	50 kg

- "산화성고체"라 함은 고체[액체(1기압 및 섭씨 20도에서 액상인 것 또는 섭씨 20도 초과 섭씨 40도 이하에서 액상인 것을 말한다. 이하 같다)또는 기체(1기압 및 섭씨 20도에서 기상인 것을 말한다)외의 것을 말한다. 이하 같다]로서 산화력의 잠재적인 위험성 또는 충격에 대한 민감성을 판단하기 위하여 소방청장이 정하여 고시(이하 "고시"라 한다)하는 시험에서 고시로 정하는 성질과 상태를 나타내는 것을 말한다. 이 경우 "액상"이라 함은 수직으로 된 시험관(안지름 30밀리미터, 높이 120밀리미터의 원통형유리관을 말한다)에 시료를 55밀리미터까지 채운 다음 당해 시험관을 수평으로 하였을 때 시료액면의 선단이 30밀리미터를 이동하는데 걸리는 시간이 90초 이내에 있는 것을 말한다.

1) 일반성질 및 위험성

① 강산화제[20]로 분해 시 산소가 발생한다.
② 대부분 다른 가연물의 연소를 돕는 지연성(=조연성) 물질이며, 자신은 불연성이다.
③ 대부분 무색결정 또는 백색 분말로 비중이 1보다 크다.
④ 대부분 무기화합물이며 가연물과 혼합하면 연소 및 폭발 위험성이 있다.
⑤ 일반적으로 물과 반응하지 않지만 무기과산화물(알칼리 금속 과산화물)은 물과 급격한 발열반응을 한다.

20) 자신은 환원되며, 주변 물질을 산화시킴. 주변 물질이 연소를 할 때 필요한 산소를 제공하는 역할을 함. 따라서 연소를 돕는 지연성, 조연성물질임.

2) 저장 취급 시 주의 사항

① 가열, 충격, 마찰, 직사광선 등에 의해 분해되며 산소가 발생할 수 있어 취급에 주의한다.
② 분해를 촉진하는 약품류와의 접촉을 피한다.
③ 1류 위험물과 분리된 장소에 저장하며, 6류를 제외한 다른 류의 위험물과 접촉을 피한다.
④ 취급 시 용기 등의 파손에 의한 위험물의 누설에 주의해야 한다.
⑤ 통풍이 잘되는 차가운 곳에 저장한다.
⑥ 조해성[21] 물질은 습기를 방지하고 용기를 밀폐해야 한다.
⑦ 무기과산화물(알칼리 금속 과산화물)은 물과의 접촉을 금지한다.
⑧ 강산류와는 접촉을 금지해야 한다.

3) 소화대책

① 냉각소화가 효과적이다. – 산화제의 분해 온도를 낮출 수 있다.
② 단, 무기과산화물 중 알칼리 금속의 과산화물은 물과 급격히 발열반응을 하므로 건조사[22]를 이용한 질식소화(피복효과)를 실시한다(주수소화 절대 엄금).

11.2.2 제2류 위험물 가연성고체

품 명	종 류	등급	지정수량
황화린	삼황화린(P_4S_3)[23] 오황화린(P_2S_5)[24] 칠황화린(P_4S_7)[25]	2	100 kg
적린	적린(P)		
유황(황)	단사황(황의 동소체[26]) 사방황(황의 동소체) 고무성황(황의 동소체)		

21) 수분을 흡수하여 물질이 스스로 녹는 현상
22) 마른모래, 팽창질석, 팽창진주암 등에 질식소화를 말함.
23) 황색의 결정으로 뜨거운 물에는 분해가 된다. 조해성이 없다. 이황화탄소, 질산, 알칼리 등에 녹는다.
24) 담황색의 결정이며, 조해성이 있다. 알코올과 이황화탄소에 녹는다.

철분	철(Fe)	3	500 kg
금속분	알루미늄분(Al) 아연분(Zn) 티탄(티타늄)분(Ti)		
마그네슘	마그네슘(Mg)		
인화성 고체	메타알데히드($C_8H_{16}O_4$) 제삼부틸알코올[$(CH_3)_3COH$]	3	1,000 kg

- "가연성고체"라 함은 고체로서 화염에 의한 발화의 위험성 또는 인화의 위험성을 판단하기 위하여 고시로 정하는 시험에서 고시로 정하는 성질과 상태를 나타내는 것을 말한다.
- 유황은 순도가 60중량퍼센트 이상인 것을 말한다. 이 경우 순도측정에 있어서 불순물은 활석 등 불연성물질과 수분에 한한다.
- "철분"이라 함은 철의 분말로서 53마이크로미터의 표준체를 통과하는 것이 50중량퍼센트 미만인 것은 제외한다.
- "금속분"이라 함은 알칼리금속・알칼리토류금속・철 및 마그네슘외의 금속의 분말을 말하고, 구리분・니켈분 및 150마이크로미터의 체를 통과하는 것이 50중량퍼센트 미만인 것은 제외한다.
- 마그네슘 및 제2류 제8호의 물품 중 마그네슘을 함유한 것에 있어서는 다음 각목의 1에 해당하는 것은 제외한다.

  가. 2밀리미터의 체를 통과하지 아니하는 덩어리 상태의 것

  나. 지름 2밀리미터 이상의 막대 모양의 것
- 황화린・적린・유황 및 철분은 제2호에 따른 성질과 상태가 있는 것으로 본다.
- "인화성고체"라 함은 고형알코올 그 밖에 1기압에서 인화점이 섭씨 40도 미만인 고체를 말한다.

참고 **마그네슘의 특징(이의평, 2020)**

1. 공기 중 습기와 서서히 반응하여 열이 축적되어 자연발화의 가능성이 있음
2. 비중이 작아 분마상태에서 부유하기 쉬워 분진 폭발위험이 크다.
3. 일반적으로 상온의 물에 안정화 되지만 100도씨 이상의 물과 격렬하게 반응하여 수소발생에 의한 수소폭발가능성이 존재한다.
4. 그 외 특징으로 융점이 650 ℃로 낮고, 발열량이 크며, 연소온도가 높은 점, 물로 소화가 곤란하며, 연소 시 기화하여 연소한다.

25) 담황색의 결정이며, 조해성이 있다. 이황화탄소에 조금 녹는다.

26) 같은 원소로 구성되어 있으나, 결합방식, 구조가 달라 물리적 화학적 성질이 다른 물질을 말함.

1) 일반성질 및 위험성

① 강환원제로 산소를 포함하지 않으며, 산소와 결합이 용이하다(=산화되기 쉽다). 따라서, 산화제와 접촉, 마찰로 인하여 착화되면 매우 빠르게 연소한다.
② 자체가 독성을 가지고 있거나 연소 시 유독가스가 발생한다.
③ 비교적 낮은 온도에서 착화하기 쉬운 이연성[27], 속연성[28] 물질이다. 즉, 연소속도가 매우 빠르고 연소온도가 높고 연소열이 크다.
④ 대부분 비중이 1보다 크고 물에 녹지 않는 비수용성이다.
⑤ 철분, 마그네슘, 금속분은 물과 산의 접촉 시 수소를 발생시키며, 발열반응을 일으킨다.

2) 저장 취급 시 주의 사항

① 화기엄금, 가열엄금, 고온체와의 접촉을 피하고 점화원을 멀리 해야 한다.
② 통풍이 잘되는 냉암소에 보관 저장하며, 폐기 시에는 소량씩 소각 처리한다.
③ 산화제의 접촉이나 혼합을 피한다(산화제인 제1류, 제6류 위험물과 혼합, 혼촉을 방지한다).
④ 금속분, 철분과 마그네슘은 분진폭발의 가능성이 있어 주의해야 한다.
※ 그 외 일반성질 및 위험성 성질을 고려하여 취급에 주의를 기울이도록 한다.

3) 소화대책

① 물을 주수하는 냉각소화가 효과적이다. 따라서 주수소화가 가능 하지만, 주로 포소화약제에 의한 질식소화를 한다.
② 철분, 마그네슘, 금속분 등은 물과 급격히 발열반응을 하므로 건조사나 금속화재용 분말소화약제에 의한 질식소화(피복효과)를 실시한다(주수소화 절대 엄금).
③ 황화린은 물과 접촉 시 황화수소를 발생하기에 건조사에 의한 질식소화를 한다.
④ 적린과 유황은 주수소화를 한다.

27) 이연성 : 불에 타기 쉽다.
28) 속연성 : 불에 빠르게 탄다.

11.2.3 제3류 위험물, 자연발화성 물질 및 금수성 물질

<table>
<tr><th>품 명</th><th>종 류</th><th>등급</th><th>지정수량</th></tr>
<tr><td>칼륨[29]</td><td>칼륨(K)</td><td rowspan="4">1</td><td rowspan="4">10 kg</td></tr>
<tr><td>나트륨</td><td>나트륨(Na)</td></tr>
<tr><td>알킬알루미늄</td><td>트리메틸알루미늄[$(CH_3)_3Al$]
트리에틸알루미늄[$(C_2H_5)_3Al$]
트리부틸알루미늄[$(C_4H_9)_3Al$]</td></tr>
<tr><td>알킬리튬[30]</td><td>메틸리튬(CH_3Li)</td></tr>
<tr><td>황린[31]</td><td>황린(P_4)</td><td>1</td><td>20 kg</td></tr>
<tr><td>알카리금속[32]</td><td>리튬(Li),
루비듐(Rb)
세슘(Cs)
프란슘(Fr)</td><td rowspan="3">2</td><td rowspan="3">50 kg</td></tr>
<tr><td>알카리토금속</td><td>베릴륨(Be)
칼슘(Ca)
스트론튬(Sr)
바륨(Ba)
라듐(Ra)</td></tr>
<tr><td>유기금속화합물[33]</td><td>사에틸납[$Pb(C_2H_5)_4$]
디메틸아연[$Zn(CH_3)_2$]
디에틸아연[$Zn(C_2H_5)_2$]</td></tr>
<tr><td>금속의 수소화물</td><td>수소화칼륨(KH)
수소화나트륨(NaH)
수소화리튬(LiH)</td><td rowspan="3">3</td><td rowspan="3">300 kg</td></tr>
<tr><td>금속의 인화물</td><td>인화칼슘(인화석회) (Ca_3P_2)
인화알루미늄(AlP)
인화아연(Zn_3P_2)</td></tr>
<tr><td>칼슘 또는 알루미늄의 탄화물</td><td>탄화칼슘(카바이드) (CaC_2)
탄화알루미늄(Al_4C_3)</td></tr>
<tr><td>염소화규소화합물</td><td>트리클로로실란($HSiCl_3$)</td><td>3</td><td>300 kg</td></tr>
</table>

29) 등유, 경유, 유동파라핀 속에 저장

30) 에틸리튬, 메틸리튬 등 알킬기와 결합한 리튬 분자

31) 물속에 저장

32) 칼륨과 나트륨은 알칼리금속이지만, 알칼리 금속품명에는 포함되지 않음.

33) 알킬알루미늄, 알킬리튬 제외

- "자연발화성물질 및 금수성물질"이라 함은 고체 또는 액체로서 공기 중에서 발화의 위험성이 있거나 물과 접촉하여 발화하거나 가연성가스를 발생하는 위험성이 있는 것을 말한다.
- 칼륨 · 나트륨 · 알킬알루미늄 · 알킬리튬 및 황린은 위 규정에 의한 성상이 있는 것으로 본다.

1) 일반 성질 및 위험성

① 대부분 무기물의 고체이며, 알킬알루미늄과 같은 액체도 있다.
② 황린의 경우 자연발화성 물질로 공기와 접촉하면 자연발화한다.
③ 금수성 물질인 금속인화물, 칼슘, 알루미늄의 탄화물은 물과 접촉 시 발열하고 가연성 가스를 발생시킨다.
④ 칼륨, 나트륨, 알킬알루미늄, 알킬리튬을 제외하고 물보다 무겁다.
⑤ 가열하거나 강산화성 물질 및 강산류와 접촉하면 위험성이 높아진다.

2) 저장 취급 시 주의 사항

① 용기 파손이나 부식을 방지하고, 완전히 밀전하고 공기 또는 수분과의 접촉을 피한다.
② 칼륨, 나트륨은 연소속도가 빠르므로 취급에 주의하며, 석유나 파라핀과 같은 석유류에 넣어 보관한다.
③ 황린은 약알칼리성 물속에 저장한다.
④ 충격, 화기로부터 격리하고, 강산화제, 강산류 등의 접촉에 주의하여 분리 저장한다.
⑤ 보호액속에 저장하는 경우 위험물이 보호액 표면에 누출되지 않도록 주의한다.
⑥ 다량으로 한꺼번에 저장하지 않고 소분으로 저장한다.
⑦ 알킬알루미늄, 알킬리튬, 유기금속 화합물류은 가연성 가스가 발생되므로 화기를 엄금하여야 하며, 용기 내 압력이 상승하지 않도록 주의한다.

3) 소화대책

① 황린의 경우 물을 주수하는 냉각소화가 효과적이다.
② 금수성 물질은 건조사를 사용하고, 금속 화재용 분말 소화약제를 사용하여 질식소화 한다.
③ 황린 외 물질은 주수소화 시 발화 또는 폭발을 일으키며, CO_2약제는 사용하지 말아야 한다.

11.2.4 제4류 위험물, 인화성액체

품 명		종 류	등급	지정수량
특수인화물		이황화탄소(CS_2)	1	50 L
		디에틸에테르($C_2H_5OC_2H_5$)		
		아세트알데히드(CH_3CHO)		
		산화프로필렌(CH_3CHCH_2O)		
		이소프로필아민[$(CH_3)_2CHNH_2$]		
		펜타보란(B_5H_9)		
제1석유류	비수용성 액체	휘발유(C_5H_{12}~C_9H_{20})	2	200 L
		벤젠(C_6H_6)		
		톨루엔($C_6H_5CH_3$)		
	수용성 액체	아세톤[$(CH_3)_2CO$]	2	400 L
		피리딘(C_5H_5N)		
		시안화수소(HCN)		
		아세토니트릴(C_2H_3N)		
		초산에스테르류(CH_3COOR) 초산메틸(CH_3COOCH_3)		
		의산에스테르류($HCOOR$) 의산메틸($HCOOCH_3$)		
알코올류		메틸알코올, 메탄올(CH_3OH)	2	400 L
		에틸알코올, 에탄올(C_2H_5OH)		
		프로필알코올(C_3H_7OH)		
제2석유류	비수용성 액체	등유(C_9~C_{18})	3	1,000 L
		경유(C_{15}~C_{20})		
		크실렌(C_8H_{10})		
		테레핀유(송정유) ($C_{10}H_{16}$)		
		스티렌, 비닐벤젠, 페닐에틸렌($C_6H_5CH=CH_2$)		
제2석유류	수용성 액체	초산(아세트산) (CH_3COOH)	3	2,000 L
		의산($HCOOH$)		
		아크릴산($CH_2CHCOOH$)		
		히드라진(N_2H_4)		

품명		종류	등급	지정수량
제3석유류	비수용성 액체	중유(벙커오일)	3	2,000 L
		크레오소트유(타르유)		
		니트로벤젠($C_6H_5NO_2$)		
		메타크레졸($C_6H_4CH_3OH$)		
		페닐히드라진($C_6H_5NHNH_2$)		
		아닐린($C_6H_5NH_2$)		
		염화벤조일(C_6H_5COCl)		
	수용성 액체	에틸렌글리콜 (CH_2OHCH_2OH)=$C_2H_4(OH)_2$	3	4,000L
		글리세린$C_3H_5(OH)_3$		
제4석유류		윤활유(기어유, 실린더유), 가소제유	3	6,000L
동식물유류		건성유, 반건성유, 불건성유	3	10,000L

- "제1석유류"라 함은 아세톤, 휘발유 그 밖에 1기압에서 인화점이 섭씨 21도 미만인 것을 말한다.
- "알코올류"라 함은 1분자를 구성하는 탄소원자의 수가 1개부터 3개까지인 포화1가 알코올(변성알코올을 포함한다)을 말한다. 다만, 다음 각목의 1에 해당하는 것은 제외한다.
  가. 1분자를 구성하는 탄소원자의 수가 1개 내지 3개의 포화1가 알코올의 함유량이 60중량퍼센트 미만인 수용액
  나. 가연성액체량이 60중량퍼센트 미만이고 인화점 및 연소점(태그개방식인화점측정기에 의한 연소점을 말한다. 이하 같다)이 에틸알코올 60중량퍼센트 수용액의 인화점 및 연소점을 초과하는 것
- "제2석유류"라 함은 등유, 경유 그 밖에 1기압에서 인화점이 섭씨 21도 이상 70도 미만인 것을 말한다. 다만, 도료류 그 밖의 물품에 있어서 가연성 액체량이 40중량퍼센트 이하이면서 인화점이 섭씨 40도 이상인 동시에 연소점이 섭씨 60도 이상인 것은 제외한다.
- "제3석유류"라 함은 중유, 클레오소트유 그 밖에 1기압에서 인화점이 섭씨 70도 이상 섭씨 200도 미만인 것을 말한다. 다만, 도료류 그 밖의 물품은 가연성 액체량이 40중량퍼센트 이하인 것은 제외한다.
- "제4석유류"라 함은 기어유, 실린더유 그 밖에 1기압에서 인화점이 섭씨 200도 이상 섭씨 250도 미만의 것을 말한다. 다만 도료류 그 밖의 물품은 가연성 액체량이 40중량퍼센트 이하인 것은 제외한다.

- "동식물유류"라 함은 동물의 지육(枝肉 : 머리, 내장, 다리를 잘라 내고 아직 부위별로 나누지 않은 고기를 말한다) 등 또는 식물의 종자나 과육으로부터 추출한 것으로서 1기압에서 인화점이 섭씨 250도 미만인 것을 말한다. 다만, 법 제20조 제1항의 규정에 의하여 행정안전부령으로 정하는 용기기준과 수납・저장기준에 따라 수납되어 저장・보관되고 용기의 외부에 물품의 통칭명, 수량 및 화기엄금(화기엄금과 동일한 의미를 갖는 표시를 포함한다)의 표시가 있는 경우를 제외한다.

1) 일반 성질 및 위험성

① 대부분이 유기화합물이다.
② 인화점이 낮고 연소하한계도 낮아 연소하기 쉽다.
③ 무독성이지만 증기는 공기보다 무거워 질식의 위험이 있다[시안화수소(HCN) 증기는 공기보다 가볍다].
④ 액체는 물보다 가볍고 대부분 물에 잘 녹지 않는다.
⑤ 정전기가 발생할 수 있는 부도체로 인화의 위험성이 있다.
⑥ 공기와 접촉 시 가연성 증기가 형성되어 가연성 혼합기를 만든다.

2) 저장 취급 시 주의 사항

① 화기 및 점화원으로부터 멀리 저장하며, 가열, 충격, 마찰에 주의한다.
② 인화점 이하로 보관해야 하며, 용기는 밀전하고 통풍이 잘되는 냉암소에 저장한다.
③ 이황화탄소는 증기압이 높아 휘발성이 강해 물속에 저장해야한다.
④ 증기 및 액체의 누설에 주의하여 저장한다.

3) 소화대책

① 포, 이산화탄소, 할론, 분말 소화약제로 질식소화 한다.
② 주수소화는 화재를 확대시킬 위험성이 있고 소포성 위험물은 내알코올포[34)]를 사용한다.
③ 무상주수의 경우 냉각 및 질식효과를 기대할 수 있다.

34) 알코올류의 경우

11.2.5 제5류 위험물, 자기반응성물질

품 명	종 류	등급	지정수량
유기과산화물	과산화벤조일[$(C_6H_5CO)_2O_2$]	1	10 kg
	과산화메틸에티리케톤($C_8H_{16}O_4$)		
	과산화초산(CH_3COOOH)		
	아세틸퍼옥사이드[$(CH_3CO)_2O_2$]		
질산에스테르류	니트로셀룰로오스{$[C_6H_7O_2(ONO_2)_3]_n$}		
	니트로글리세린[$C_3H_5(ONO_2)_3$]		
	셀룰로이드[35]		
	질산메틸(CH_3ONO_2)		
	질산에틸($C_2H_5ONO_2$)		
	니트로글리콜[$C_2H_4(ONO_2)_2$]		
	펜트리트[$C(CH_2NO_3)_4$]		
히드록실아민	히드록실아민(NH_2OH)	2	100 kg
히드록실아민염류	황산히드록실아민($H_2O_4S \cdot 2H_3NO$)		
니트로화합물	트리니트로톨루엔[$C_6H_2CH_3(NO_2)_3$]	2	200 kg
	트리니트로페놀[$C_6H_2(OH)(NO_2)_3$]		
	테트릴[$C_6H_2(NO_2)_4NCH_3$]		
	헥소겐[$(CH_2NNO_2)_3$]		
니트로소화합물	파라디니트로소 벤젠($C_6H_4N_2O_4$)		
	디니트로소 레조르신[$C_6H_2(OH)_2(NO)_2$]		
	디니트로소 펜타메틸렌터드라민($C_5H_{10}N_6O_2$)		
아조화합물	아조벤젠($C_{12}H_{10}N_2$)		
	아조비스 이소부티로 니트릴		
디아조화합물	디아조 디니트로 페놀		
	디아조 아세토니트릴		
히드라진유도체	염산히드라진[$C_1H_5N_2$, $HCl(H_2N\text{-}NH_2)$]		
	황산히드라진[H_6N_2O4S, $H_2SO_4(H_2N\text{-}NH_2)$]		
	메틸히드라진(CH_6N_2, $CH_3(NH)NH_2$)		
금속의 아지화합물[36]	아지드화나트륨(NaN_3)	2	200 kg

35) 최초의 인공 열가소성 폴리머인 '셀룰로이드'는 1860년대에 발명되었음. 셀룰로이드는 니트로셀룰로오스와 장뇌로 만들어진 인화성이 높은 플라스틱이며, 셀롤로즈와 비슷한 물질의 플라스틱으로 주로 필름에 쓰였다.

36) 행정안전부령으로 정한 물질

- "자기반응성물질"이라 함은 고체 또는 액체로서 폭발의 위험성 또는 가열분해의 격렬함을 판단하기 위하여 고시로 정하는 시험에서 고시로 정하는 성질과 상태를 나타내는 것을 말한다.
- 제5류 제11호의 물품에 있어서는 유기과산화물을 함유하는 것 중에서 불활성고체를 함유하는 것으로서 다음 각목의 1에 해당하는 것은 제외한다.

가. 과산화벤조일의 함유량이 35.5중량퍼센트 미만인 것으로서 전분가루, 황산칼슘2수화물 또는 인산1수소칼슘2수화물과의 혼합물

나. 비스(4클로로벤조일)퍼옥사이드의 함유량이 30중량퍼센트 미만인 것으로서 불활성고체와의 혼합물

다. 과산화지크밀의 함유량이 40중량퍼센트 미만인 것으로서 불활성고체와의 혼합물

라. 1·4비스(2-터셔리부틸퍼옥시이소프로필)벤젠의 함유량이 40중량퍼센트 미만인 것으로서 불활성고체와의 혼합물

마. 시클로헥사놀퍼옥사이드의 함유량이 30중량퍼센트 미만인 것으로서 불활성고체와의 혼합물

1) 일반 성질 및 위험성

① 무독성이지만 가연성 물질로 연소 또는 분해 속도가 매우 빠르다.

② 분자 내 조연성 물질을 함유하여 산소의 공급이 없어도 연소를 한다(자기연소성). 대부분 물에 녹지 않으며, 물과 반응하지 않는다.

③ 가열, 충격, 마찰에 의해서 폭발의 위험성이 높다.

④ 장시간 공기 중에 방치하면 산화 열분해에 의한 자연발화의 위험성이 있다.

2) 저장 취급 시 주의 사항

① 화기 및 점화원으로부터 멀리 저장한다. 용기는 밀전하고 통풍이 잘되는 냉암소에 저장한다.

② 가열이나 충격 또는 마찰에 주의한다. 운반 용기 및 포장 외부에는 화기엄금, 충격주의 표시를 게시한다.

③ 소화가 곤란하므로 소분대책이 필요하다.

④ 미세분말의 경우 정전기 발생이 우려되므로 폭발을 방지하기 위한 접지, 방폭조치와 같은 안전대책이 필요하다.

3) 소화대책

① 다량의 물로 주수하여 냉각소화 한다. 물질이 산소를 지니고 있어 질식소화[37]는 효과가 없다.
② 화재 발생 시 사실상 폭발을 일으키므로 방어대책을 강구한다.
③ 소화 시 유독가스에 의해 질식될 우려가 있으므로, 반드시 안전보호구를 착용한다.

11.2.6 제6류 위험물, 산화성액체

품 명	종 류	등급	지정수량
과염소산	과염소산($HClO_4$)	1	300 kg
과산화수소	과산화수소(H_2O_2)		
질산	질산(HNO_3)		
할로겐 간 화합물	삼불화브롬(BrF_3, Bromine trifluoride)		
	오플루오르화요오드(IF_5)		

- “산화성액체”라 함은 액체로서 산화력의 잠재적인 위험성을 판단하기 위하여 고시로 정하는 시험에서 고시로 정하는 성질과 상태를 나타내는 것을 말한다.
- 과산화수소는 그 농도가 36중량퍼센트 이상인 것에 한하며, 제21호의 성상이 있는 것으로 본다.
- 질산은 그 비중이 1.49 이상인 것에 한하며, 제21호의 성상이 있는 것으로 본다.

1) 일반 성질 및 위험성

① 강산화제(1류와 동일)이며, 상온에서 액체이다.
② 모두 무기화합물로 비중이 1보다 크며 물에 잘 녹는다.
③ 자신은 불연성이나 강산화제로 연소를 돕는 조연성 물질이다.
④ 물과 만나면 발열하며, 분해되어 유해성 가스를 발생시키며, 강산성의 물질이다(과산화수소 제외).

37) 이산화탄소, 분말, 하론, 포 등과 같은 질식소화방법

2) 저장 취급 시 주의 사항

① 강산류, 강산화제, 가연물, 분해 촉진제, 물과 접촉되지 않도록 한다.
② 증기는 유독하므로 취급 시 안전보호구를 착용한다.
③ 직사광선이나 화기를 피하고 내산성[38] 용기에 보관한다.
④ 용기는 밀전, 밀봉하여 파손되거나 액체가 누설되지 않도록 한다.
⑤ 유출 시에는 마른모래 및 중화제를 사용한다.

3) 소화대책

① 일반적으로 물과 발열 반응하여 주수소화는 곤란하나 소량 화재 시에는 다량의 물로 희석소화 할 수 있다.
② 대량 누출 시 과염소산과 질산은은 건조사나 인삼염류의 분말로 소화한다. 과산화수소는 다량의 물로 희석소화가 가능하다.

11.3 유별을 달리하는 위험물의 혼재 기준

위험물의 구분	제1류	제2류	제3류	제4류	제5류	제6류
제1류		×	×	×	×	○
제2류	×		×	○	○	×
제3류	×	×		○	×	×
제4류	×	○	○		○	×
제5류	×	○	×	○		×
제6류	○	×	×	×	×	

• "×"는 혼재할 수 없음을 표시, "○"는 혼재할 수 있음을 표시

38) 산성인 물질에 의해 변형이 되거나, 녹지 않는 소재로 되어 있는 용기를 말함.

11.4 특수가연물

11.4.1 개요

1) 특수가연물은 화재가 발생하면 그 연소속도가 빠를 뿐만 아니라 소화하기가 곤란한 가연성 물질로 평상시에는 위험물보다 위험도가 낮으나 일단 화재가 발생하면 높은 열 방출량으로 인하여 연소 확대가 지속적으로 진전되기 때문에 소화 작업이 매우 곤란하다.
2) 화재의 예방 및 안전관리에 관한 법률 시행령 제 19조에 의하여 "고무류 · 플라스틱류 · 석탄 및 목탄 등 대통령령으로 정하는 특수가연물(特殊可燃物)"을 규정하고 있다. 이는 위험물안전관리법에서 정한 제1류에서 제6류까지의 위험물과는 성상과 위험성이 달라 별도의 화재 연소특성에 의거해 소방시설 및 취급방법 등을 규정함으로써 화재를 예방하기 위함이다.

11.4.2 특징

1) 화재 시 화재확산속도가 빠르다.
2) 화재강도가 큼(일반가연물에 비해 열축적 大 ➡ 주수율 높음)
3) 화재하중이 큼(일반가연물에 비해 가연물량 多 ➡ 주수시간 길어짐)
4) 화재제어보다는 화재진압을 통한 소화 필요(ADD > RDD)
5) K-factor가 크고 RTI가 작은 S/P 사용(ESFR 등) 필요

11.4.3 품명 및 수량

품 명		수 량
면화류		200킬로그램 이상
나무껍질 및 대팻밥		400킬로그램 이상
넝마 및 종이부스러기		1,000킬로그램 이상
사류(絲類)		1,000킬로그램 이상
볏짚류		1,000킬로그램 이상
가연성 고체류		3,000킬로그램 이상
석탄 · 목탄류		10,000킬로그램 이상
가연성 액체류		2세제곱미터 이상
목재가공품 및 나무부스러기		10세제곱미터 이상
고무류 · 플라스틱류	발포시킨 것	20세제곱미터 이상
	그 밖의 것	3,000킬로그램 이상

비고

1. "면화류"란 불연성 또는 난연성이 아닌 면상(綿狀) 또는 팽이모양의 섬유와 마사(麻絲) 원료를 말한다.
2. 넝마 및 종이부스러기는 불연성 또는 난연성이 아닌 것(동물 또는 식물의 기름이 깊이 스며들어 있는 옷감 · 종이 및 이들의 제품을 포함한다)으로 한정한다.
3. "사류"란 불연성 또는 난연성이 아닌 실(실부스러기와 솜털을 포함한다)과 누에고치를 말한다.
4. "볏짚류"란 마른 볏짚 · 북데기와 이들의 제품 및 건초를 말한다. 다만, 축산용도로 사용하는 것은 제외한다.
5. "가연성 고체류"란 고체로서 다음 각 목에 해당하는 것을 말한다.

구분	인화점[℃]	연소열량[kcal/g]	융점[℃]
(1)	40°C 이상 100°C 미만	–	–
(2)	100°C 이상 200°C 미만	8 kcal/g 이상	–
(3)	200°C 이상	8 kcal/g 이상	100°C 미만
(4)	70°C 이상 200°C 미만	1기압 20°C 초과 40°C 이하에서 액상인 것, (2), (3)	

6. 석탄 · 목탄류에는 코크스, 석탄가루를 물에 갠 것, 마세크탄(조개탄), 연탄, 석유코크스, 활성탄 및 이와 유사한 것을 포함한다.
7. "가연성 액체류"란 다음 각 목의 것을 말한다.

구분	압력	온도	상태	가연성 액체량	인화점[℃]	연소점[℃]
(1)	1기압	20°C 이하	액상	40 W% 이하	40 이상 70 미만	60 이상
(2)	1기압	20°C	액상	40 W% 이하	70 이상 250 미만	–
(3)	동물의 기름기와 살코기 또는 식물의 씨나 과일의 살로부터 추출한 것					

8. "고무류 · 플라스틱류"란 불연성 또는 난연성이 아닌 고체의 합성수지제품, 합성수지반제품, 원료합성수지 및 합성수지 부스러기(불연성 또는 난연성이 아닌 고무제품, 고무반제품, 원료고무 및 고무 부스러기를 포함한다)를 말한다. 다만, 합성수지의 섬유 · 옷감 · 종이 및 실과 이들의 넝마와 부스러기는 제외한다.

11.4.4 특수가연물의 저장 취급 및 소화설비 기준

1) 특수가연물의 저장 · 취급 기준

특수가연물은 다음 각 목의 기준에 따라 쌓아 저장해야 한다. 다만, 석탄 · 목탄류를 발전용(發電用)으로 저장하는 경우는 제외한다.

(1) 품명별로 구분하여 쌓을 것

(2) 다음의 기준에 맞게 쌓을 것

구분	살수설비를 설치하거나 방사능력 범위에 해당 특수가연물이 포함되도록 대형수동식소화기를 설치하는 경우	그 밖의 경우
높이	15미터 이하	10미터 이하
쌓는 부분의 바닥면적	200제곱미터(석탄 · 목탄류의 경우에는 300제곱미터) 이하	50제곱미터(석탄 · 목탄류의 경우에는 200제곱미터) 이하

(3) 실외에 쌓아 저장하는 경우 쌓는 부분이 대지경계선, 도로 및 인접 건축물과 최소 6미터 이상 간격을 둘 것. 다만, 쌓는 높이보다 0.9미터 이상 높은 「건축법 시행령」 제2조 제7호에 따른 내화구조(이하 "내화구조"라 한다) 벽체를 설치한 경우는 그렇지 않다.

(4) 실내에 쌓아 저장하는 경우 주요구조부는 내화구조이면서 불연재료여야 하고, 다른 종류의 특수가연물과 같은 공간에 보관하지 않을 것. 다만, 내화구조의 벽으로 분리하는 경우는 그렇지 않다.

(5) 쌓는 부분 바닥면적의 사이는 실내의 경우 1.2미터 또는 쌓는 높이의 1/2 중 큰 값 이상으로 간격을 두어야 하며, 실외의 경우 3미터 또는 쌓는 높이 중 큰 값 이상으로 간격을 둘 것

2) 특수가연물 표지

(1) 특수가연물을 저장 또는 취급하는 장소에는 품명, 최대저장수량, 단위부피당 질량 또는 단위체적당 질량, 관리책임자 성명 · 직책, 연락처 및 화기취급의 금지표시가 포함된 특수가연물 표지를 설치해야 한다.

(2) 특수가연물 표지의 규격은 다음과 같다.

가. 특수가연물 표지는 한 변의 길이가 0.3미터 이상, 다른 한 변의 길이가 0.6미

터 이상인 직사각형으로 할 것

나. 특수가연물 표지의 바탕은 흰색으로, 문자는 검은색으로 할 것. 다만, "화기엄금" 표시 부분은 제외한다.

다. 특수가연물 표지 중 화기엄금 표시 부분의 바탕은 붉은색으로, 문자는 백색으로 할 것

특수가연물	
화기엄금	
품 명	합성수지류
최대저장수량 (배수)	000톤(00배)
단위부피당 질량 (단위체적당 질량)	000 kg/m^3
관리책임자 (직 책)	홍길동 팀장
연락처	02-000-0000

(3) 특수가연물 표지는 특수가연물을 저장하거나 취급하는 장소 중 보기 쉬운 곳에 설치해야 한다.

CHAPTER 12

화재조사

12.1 화재조사의 개요

12.1.1 목적

화재조사란 화재원인을 규명하고 화재로 인한 피해산정 및 화재 시 대응활동 등을 파악하기 위하여 자료의 수집, 관계인 등에 대한 질문, 현장 확인, 감식, 감정 및 재현 실험 등을 하는 일련의 행위를 말한다. 이러한 화재조사의 목적은 다음과 같다.

1) 화재에 의한 피해를 알리고 유사화재의 방지와 피해 경감에 이바지한다.
2) 발화원인을 규명하고 예방행정의 자료로 활용한다.
3) 연소확대 및 화재확산의 요인을 규명하여 예방 및 진압 대책상의 자료로 활용한다.
4) 사상자의 발생원인과 소방안전관리 상황 등을 규명하여 인명구조 및 안전대책의 자료로 활용한다.
5) 화재의 발생상황, 원인, 손해상황 등을 통계화함으로써 널리 소방정보를 수집하고 행정시책의 자료로 활용한다.

참고 **화재의 정의**

1) 국내(소방의 화재조사에 관한 법률)
   사람의 의도에 반하거나 고의 또는 과실에 의하여 발생하는 연소 현상으로서 소화할 필요가 있는 현상 또는 사람의 의도에 반하여 발생하거나 확대된 화학적 폭발현상
2) 미국(NFPA 921 - 화재·폭발 조사가이드)
   급격한 산화과정으로 다양한 강도의 빛과 열을 발생시키는 화학적 반응

3) 영국(BS 4422 – 화재 용어)
열 · 연기 · 불꽃 또는 이러한 현상들의 조합으로 특이한 형태로 진행되는 일련의 모든 연소과정

12.1.2 특징

화재조사의 특징은 다음과 같다.

1) 현장성 : 주요 정보의 현장성을 말한다.
2) 신속성 : 화재 초기에 비교적 진실에 가까운 단서들이 많기 때문에 신속성이 필요하다.
3) 정밀과학성 : 정확한 화재원인을 파악하기 위해서는 전문적이면서 정밀하고 과학적이어야 한다.
4) 보존성 : 발화지점, 발화원인 및 화재확산 요인, 연소의 방향성 등을 판별할 수 있는 화재패턴 등의 많은 잔재가 현장에 남아 있기 때문에 현상 그대로 보존하여야 한다.
5) 안전성 : 화재조사 시 돌발 상황 등 안전사고 발생에 대한 경계심을 염두에 두어야 한다.
6) 강제성 : 화재조사를 위한 관계인 등에 대한 질문 등의 강제성을 말한다.
7) 프리즘(Prism)식 : 다양한 전문가의 의견과 견해를 모아서 진행한다.

12.1.3 화재조사 절차

화재조사는 화재발생 사실을 인지하는 즉시 화재조사를 시작해야 한다. 다음은 화재조사 활동의 순서이다.

1) 화재 사실의 인지 또는 신고 접수와 동시에 조사활동 시작
   - 출동 중에 화재의 진행 상황 파악 및 건물구조, 용도, 재실자 등 정보 수집
2) 현장 도착과 동시에 신속한 현장 파악
   - 현장을 둘러보며 화재현장 파악
   - 화세와 불길의 강약, 연소 진행 방향 파악
   - 화재장소의 거주자 및 근무자 동향 파악

- 소화활동 상황 파악
- 사진 촬영, 녹화 등 실시
- 폭발, 이상한 낌새 등의 현상 관찰

3) 탐문과 질의 활동
- 발견자, 신고자, 초기소화자, 대피자, 화주관계자(점유자, 소유자, 종업원, 관리인, 가족, 인근주민 등)
- 부상자
- 기타 전기, 가스, 통신설비 관계자
- 수기, 녹화, 녹음 병행

4) 정보 요약, 정리
- 출화 일시, 장소
- 발견 · 신고 · 초기소화
- 출화 원인
- 명칭 · 책임자
- 대피 상황, 피해 정도, 연소 확대 상황
- 화재 개요, 소방상의 문제점

5) 현장보존 및 출입통제

6) 조사계획 수립과 사전 준비
- 인원, 임무 분담, 감식장비 준비
- 전기, 가스 제조물 기업 등 관계조직의 협조 요청

7) 화재현장 관찰
- 화재로 탄 건물의 전체적인 관찰
- 바깥주변에서 중심부로
- 탄화가 약한 곳에서 강한 곳으로
- 무너진 도괴 방향성 확인(도괴물 집중장소 등)
- 탄화정도에 따른 귀납적 연소경로 관찰(탄화 및 소실 등 상 · 하 · 좌 · 우 관찰)
- 목재의 연소 강약(탄화면이 거칠고, 홈이 깊고 넓을수록 연소가 강함) 및 금속의 색변화 관찰(연소가 강할수록 백색으로 빛이 바램)
- 불연재의 변색, 박리, 용융, 변형 등 관찰
- 특이 냄새 관찰
- 불길과 연기의 흐름 관찰

8) 현장 발굴 및 복원
- 관계자 입회하 실시

- 낙화 대비 보강 등 안전조치 후 실시
- 수작업으로 실시
- 발굴, 복원 전 과정 기록, 도면 작성, 사진 촬영, 녹화, 녹음 등 실시

9) 발화원 검토
- 출화 시 발화 요건 만족 여부 검토
- 전체의 소손 상황과 연결 여부 검토
- 또 다른 화원이 있는 경우, 부정 요건 충족 여부 검토

10) 발화원 판정
- 현장조사 결과, 실험, 감정 결과, 문헌조사 내용, 사고 사례 등 종합적인 검토 후 출화 원인 판정

11) 현장 해체
- 화재관계자에게 화재조사 결과 설명
- 출입금지구역 해제

12.1.4 화재패턴

화재패턴은 고온가스, 열기, 화염, 그을음 등에 의해 탄화, 소실, 용융, 변색 등의 형태로 손상된 물질의 형상을 말한다.

참고 NFPA 921 - **미국 화재·폭발 조사관 자격인 CFEI 취득을 위한 주 교재**

1) NFPA 921에서 정의하는 화재패턴
   보거나 측정할 수 있는 물리적 변화 또는 하나 이상의 화재효과에 의해 생성된 모양
2) 화재효과(Fire effect)
   물질의 변형, 색변화 등을 판단하여 화재온도, 화재강도, 열방출률 등을 예측할 수 있는 것으로, 이러한 화재효과는 1,040°C (1,900°F) 이상의 온도에 장시간 노출될 경우 확인이 어려움. 즉, 특정 온도 범위인 유효화재온도(Effective fire temperature)에서만 만들어질 수 있음

1) 연소의 확산속도

그림 12-1은 NFPA 921에 나와 있는 수평면의 연소와 수직면의 연소를 나타낸 것이다. 수평면의 연소형태는 화염 주변의 미연소 지역에서 복사열에 의한 예열과 열분해가

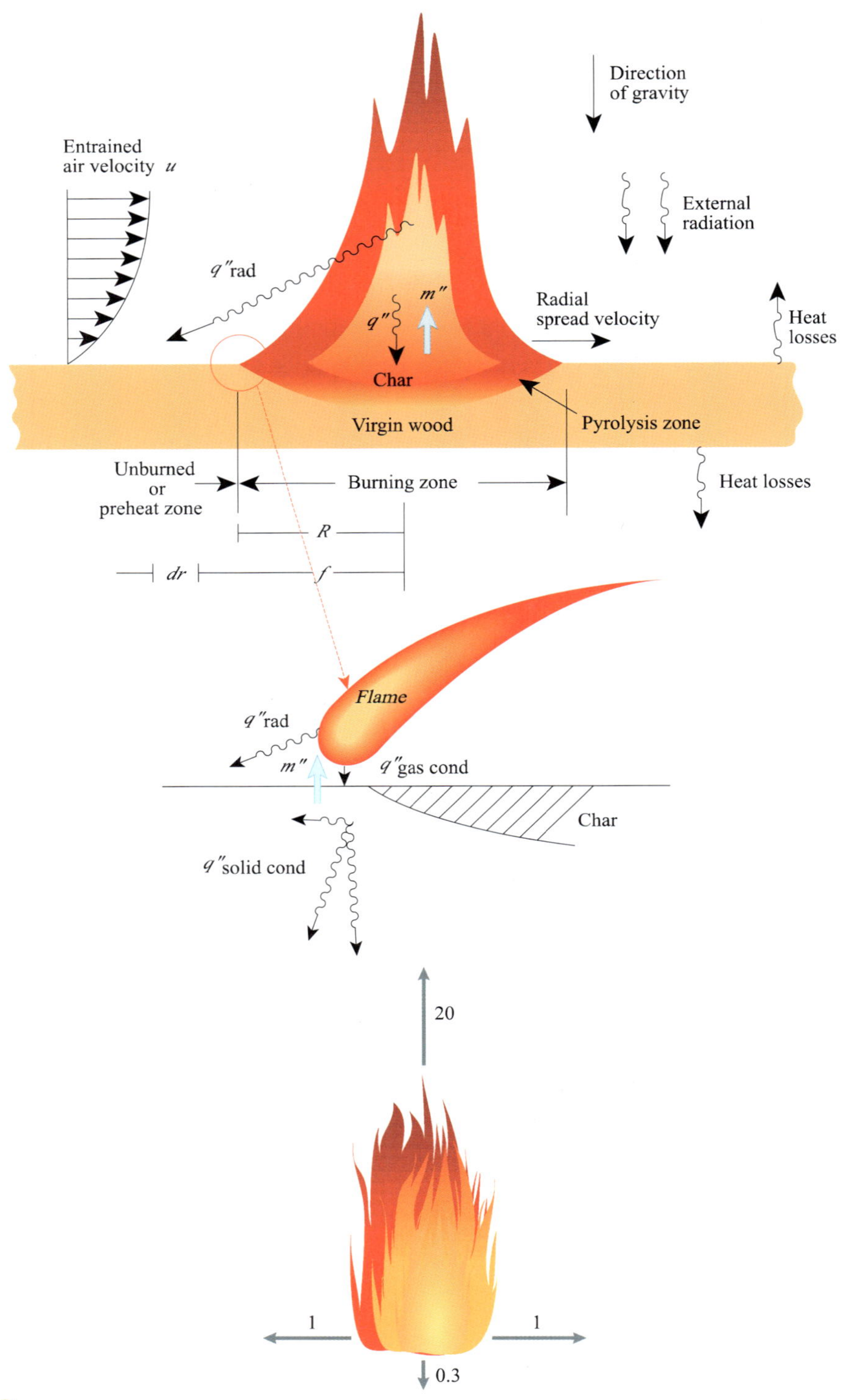

그림 12-1 수평면과 수직면의 연소(NFPA 921)

일어나며, 수직연소에 비해 매우 느린 특징을 가지고 있다. 수직면의 연소는 화염 윗부분의 뜨거운 열기류에 의해 화염이 미치기 전 이미 가연물이 예열됨에 따라 수직방향으로의 연소속도가 수평방향에 비해 약 20배 빠른 특징이 있다.

2) 화재 플룸(Fire plume)

가연물에 화재가 발생하면 열기에 의해 화염 주변 공기의 분자운동이 활발해져 체적이 팽창되고 밀도가 낮아지게 됨에 따라 열부력이 발생하여 고온가스는 상승하여 상단부에 위치하게 되고, 하단부에는 화염이 존재한다. 이때, 상승된 고온가스에 의해 기압이 낮아진 하단부에 화염의 중앙을 향해 주변 공기의 흐름이 유입되는데, 하단부의 공기 유입과 상단부의 확산에 따른 화염부와 고온가스의 경계에서 다소 오목한 형태가 나타나게 되는데 그 모습을 모래시계에 비유되기도 한다. 이러한 플룸(일기둥)은 화재패턴을 만드는 가장 일반적인 원인으로 작용되며, 플룸에 의해 생성된 패턴은 다음과 같다.

① V 패턴(V patterns) : 주로 화재 플룸의 고온가스(연기)에 노출될 때 생성

② 역 V 패턴(역 원뿔패턴 − Inverted cone patterns) : 주로 화재 플룸의 화염에 노출될 때 생성

③ 모래시계 패턴(Hourglass patterns) : 하단의 역 V 패턴(화염부)과 상단의 V 패턴(고온가스부)이 결합된 형태로 우레탄폼이나 인화성 액체 등 높은 에너지가 연소할 때 생성

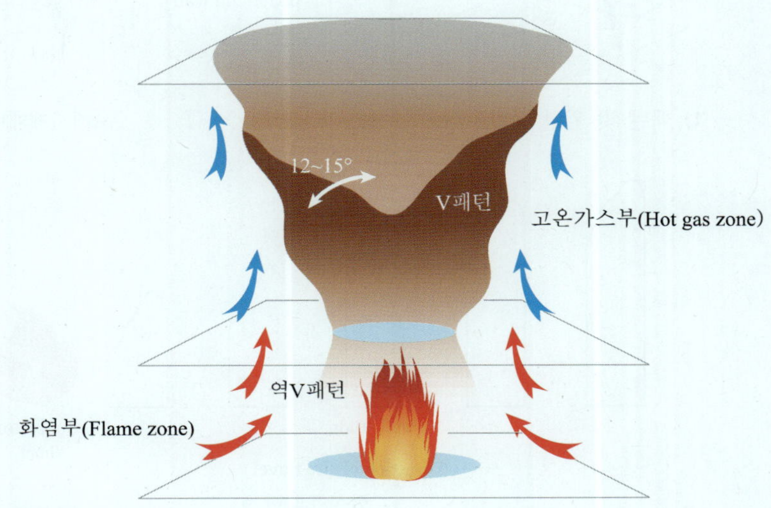

그림 12-2 화재 플룸

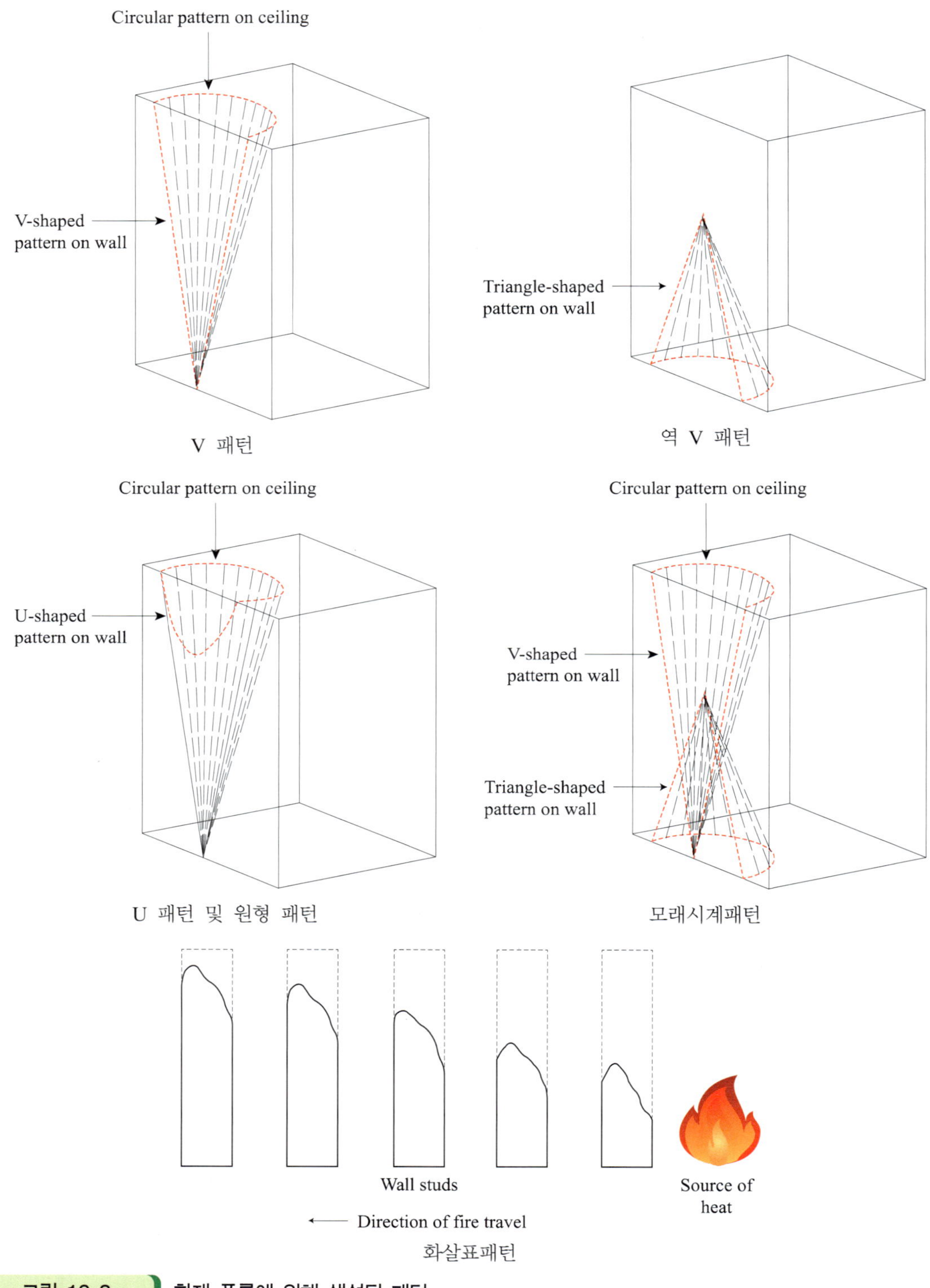

그림 12-3 화재 플룸에 의해 생성된 패턴

④ U 패턴(U-shaped patterns) : 연소확대 과정에서 복사열에 의해 벽면 또는 경계벽 인근에 생성

⑤ 포인터 및 화살표 패턴(Pointer and arrow patterns) : 목재나 알루미늄 등이 탄화 소실되거나 용융되면서 생기는 패턴으로 화살모양이 짧고, 뾰쪽하거나 탄화정도가 심할수록 발화지점과 가까움

⑥ 원형패턴(Circular-shaped patterns) : 천장에 보이는 패턴으로 중심부가 깊게 탄화되고 열분해가 심하게 나타나면 원형패턴 중심부 아래에서 강한 열원이 작용했다는 단서가 됨

3) 목재

목재의 소손형태는 탄화(고체 표면에 탄소를 남기는 현상) → 박리(숯이 떨어지는 상태) → 소실(재로 변함)의 단계를 거치게 된다. 화재조사에 있어서 탄화된 정도의 깊이를 탄화심도라고 하며, 목재의 균열흔이라고도 불린다. 화재현장에서 동일한 목재를 대상으로 탄화심도를 측정하여 A지점과 B지점 간 연소의 강약 및 연소의 방향성을 판단하게 되며, 요철(凹凸)현상이 많고 거칠수록 소손정도가 강하고, 틈새가 넓고 틈이 깊을수록 소손정도가 강하게 나타난다.

참고 **목재의 균열흔(연소흔)**

1) 완소흔(약 700~800°C) : 거북등 모양으로 갈라져 탄화 깊이가 얕고 삼각 또는 사각 형태
2) 강소흔(약 900°C) : 탄화 깊이가 깊고 만두 모양의 요철형태
3) 열소흔(약 1,100°C) : 탄화 깊이가 가장 깊고 반월 모양

4) 유리

유리는 파손 형태에 따라 충격에 의한 파손, 열에 의한 파손, 폭발에 의한 파손으로 구별할 수 있기 때문에 화재현장에서 방화, 폭발 등 다양한 정보를 추론할 수 있는 지표로 활용될 수 있다.

① 충격에 의한 파손 : 유리창에 충격을 받게 되면 충격지점을 중심으로 주변에 동심원(Concentric) 파손과 방사형(Radial) 파손 형태의 거미줄(Cobweb)패턴이 나타나게 된다. 또한, 동심원 및 방사형 파단면에는 물결과 같은 일련의 곡선이 연속해서 만들어 지는데 이를 리플마크(Ripple mark), 월러라인(Wallner lines), 립마크(Rip mark), 패각상 균열흔(Conchoidal fracture)이라 한다.

가. 동심원 파손 : 충격지점을 중심으로 동심원 형태의 파손

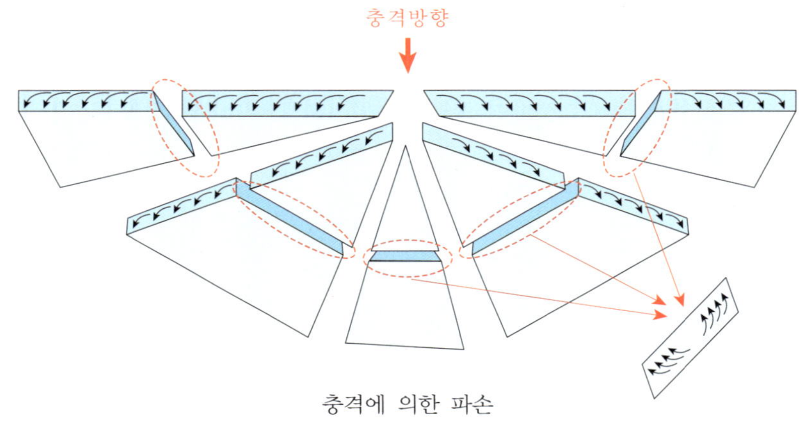

충격에 의한 파손

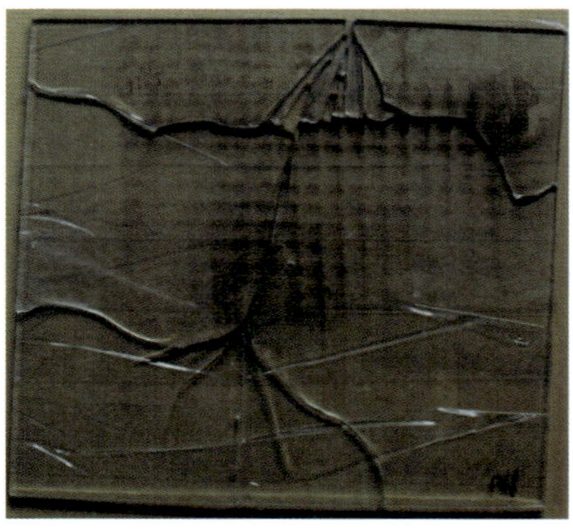

열에 의한 파손

폭발에 의한 파손

그림 12-4 유리의 파손 형태

나. 방사형 파손 : 충격지점에서 시작해서 주변으로 직선(방사형) 형태로 뻗어나간 파손

② 열에 의한 파손 : 열에 의해 파손된 유리는 파손 형태가 불규칙하고, 물결모양의 완만한 곡선 형태가 나타나고, 파단면에는 충격에 의해 생기는 리플마크(월러라인)가 관찰되지 않고 매끄러운 파단면을 가지고 있다. 일반적으로 유리창은 복사열을 받는 중앙부위와 창틀에 보호되는 부분의 온도차가 70°C 이상 차이가 나면 모서리에 금이 가기 시작한다(NFPA 921). 열에 의해 유리가 깨지는 메커니즘은 다음과 같이 서로 다른 열팽창률의 차이로 나타난다.

가. 화염이 미치는 부분과 미치지 않는 부분의 서로 다른 열팽창률

나. 직접적으로 열을 받는 내측과 그렇지 않은 외측과의 서로 다른 열팽창률

다. 창틀에 고정된 유리와 창틀의 서로 다른 열팽창률

③ 폭발에 의한 파손 : 폭발에 의해 파손된 유리는 충격에 의한 파손과 같이 한 곳의 파괴 지점을 가지는 것이 아니라 폭발 시 발생하는 압력파에 의해 유리창 전면에 충격을 받는다. 파단 형태는 대부분 방사형보다는 평행선에 가까운 모습으로 균열이 가며, 각 파편이 독립적으로 파단된다. 폭발 시 발생하는 압력파에 의해 많은 파편들이 폭심으로부터 멀리 비산된다. 폭발 이후 화재가 발생했다면 비산된 파편에 그을음이 부착될 수 없지만, 화재 이후 폭발이 발생했다면 멀리 비산된 파편에는 그을음이 부착될 가능성이 높다.

5) 인화성 액체

인화성 액체를 이용한 방화의 경우 액체 가연물이 바닥에서 흐르거나, 살포된 부위가 집중적으로 소훼되고 탄화경계가 뚜렷이 나타나는 특징이 있다. 인화성 액체의 화재패턴으로는 포어패턴(Pour patterns), 스플래시패턴(Splash patterns), 고스트마크(Ghost mark), 틈새연소패턴(Seam burn patterns), 도넛패턴(Doughnut patterns), 레인보우이팩트(Rainbow effect)가 있다.

① 포어패턴 : 인화성 액체가 바닥에 쏟아진 상태로 연소되었을 때 액체 가연물이 쏟아진 부분과 쏟아지지 않은 부분의 뚜렷한 탄화경계 흔적을 말한다.

② 스플래시패턴 : 인화성 액체가 쏟아지면서 주변으로 튀거나, 연소되면서 발생하는 열에 의해 스스로 가열되어 액면에서 끓고, 주변으로 튄 액체가 포어패턴의 미연소 부분에서 국부적으로 점처럼 연소된 흔적을 말한다.

③ 고스트마크 : 플래시오버와 같은 강한 복사열에서 발생하는 현상으로 인화성 액체

가 콘크리트, 시멘트 바닥에 접착제로 붙어 있는 비닐타일 등에 쏟아졌을 때, 인화성 액체가 타일의 가장자리 부분으로 스며들어 접착제를 용해시키게 된다. 실내가 강한 복사열로 가득 차게 되면 타일의 틈에서 인화성 액체와 접착제의 화합물이 더욱 격렬하게 연소되고, 결과적으로 타일 아래의 바닥에 타일 등 바닥재의 틈새모양으로 변색되고 박리되기도 하는데, 이때 바닥에서 보이는 흔적을 말한다.

포어패턴

스플래시패턴

고스트마크

틈새연소패턴

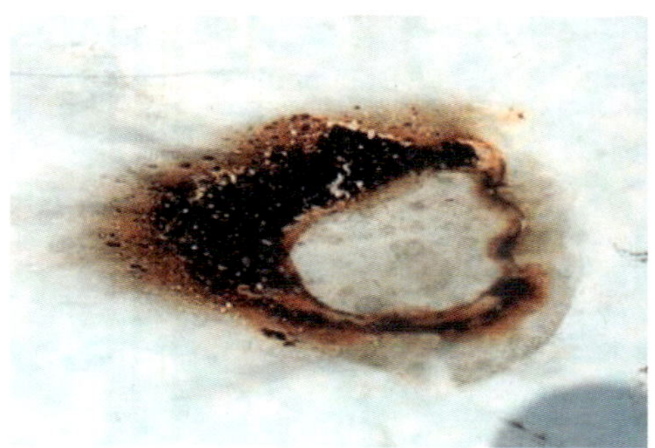

도넛패턴

레인보우이팩트

그림 12-5 인화성 액체의 화재패턴

④ 틈새연소패턴 : 목재 마루 및 타일 등 바닥재의 틈새 및 모서리에 인화성 액체가 쏟아지는 경우 틈새를 따라 흘러가거나 더 많은 액체가 고이게 되고, 이 액체가 연소되면 타 부위에서 비해 더 강하게 더 오래 연소하게 된다. 고스트마크와 외형상 유사하나 바닥이 아닌 마감재 표면에서 나타나며, 단순히 인화성 액체의 연소라는 점, 주로 화재초기에 나타나며 플래시오버와 같은 강한 복사열에서는 쉽게 사라질 수 있는 특징이 있다.

⑤ 도넛패턴 : 인화성 액체가 웅덩이처럼 고여 있을 경우 발생하는 패턴으로 웅덩이처럼 고여 있는 중심부는 액체가 증발하면서 기화열에 의한 냉각효과로 보호되는 반면, 주변부나 얕은 곳은 화염으로의 복사열에 의해 바닥재를 탄화시키게 되어 더 많이 연소된 외곽이 중심부를 둘러싸고 있는 도넛 형태의 패턴이 나타난다.

⑥ 레인보우이팩트 : 물 위에 뜬 기름띠가 무지개처럼 광택을 내는 모습으로 보이기 때문에 붙여진 이름이지만, 아스팔트, 플라스틱 등 석유화학제품 등이 열분해 되도 레인보우이팩트가 나타날 수 있기 때문에 반드시 유증기 검증 등을 통해 인화성 촉진제의 사용여부를 판단해야 한다.

12.2 소방의 화재조사에 관한 법률

12.2.1 목적

이 법은 화재예방 및 소방정책에 활용하기 위하여 화재원인, 화재성장 및 확산, 피해현황 등에 관한 과학적·전문적인 조사에 필요한 사항을 규정함을 목적으로 한다.

12.2.2 용어의 정의

용어	정 의
① 화재	사람의 의도에 반하거나 고의 또는 과실에 의하여 발생하는 연소 현상으로서 소화할 필요가 있는 현상 또는 사람의 의도에 반하여 발생하거나 확대된 화학적 폭발현상
② 화재조사	소방청장, 소방본부장 또는 소방서장이 화재원인, 피해상황, 대응활동 등을 파악하기 위하여 자료의 수집, 관계인등에 대한 질문, 현장 확인, 감식, 감정 및 실험 등을 하는 일련의 행위

③ 화재조사관	화재조사에 전문성을 인정받아 화재조사를 수행하는 소방공무원
④ 관계인 등	• 화재가 발생한 소방대상물의 소유자·관리자 또는 점유자 • 화재 현장을 발견하고 신고한 사람 • 화재 현장을 목격한 사람 • 소화활동을 행하거나 인명구조활동(유도대피 포함)에 관계된 사람 • 화재를 발생시키거나 화재발생과 관계된 사람

참고

• 화재조사의 주체권자 : 소방청장, 소방본부장, 소방서장
• 관계인 : 소방대상물의 소유자, 관리자, 점유자

12.2.3 화재조사의 실시

1) 소방청장, 소방본부장 또는 소방서장(이하 "소방관서장")은 화재발생 사실을 알게 된 때에는 지체 없이 화재조사를 하여야 한다. 이 경우 수사기관의 범죄수사에 지장을 주어서는 아니 된다.
2) 소방관서장은 화재조사를 하는 경우 다음 사항에 대하여 조사하여야 한다.
   ① 화재원인에 관한 사항
   ② 화재로 인한 인명·재산피해상황
   ③ 대응활동에 관한 사항
   ④ 소방시설 등의 설치·관리 및 작동 여부에 관한 사항
   ⑤ 화재발생건축물과 구조물, 화재유형별 화재위험성 등에 관한 사항
   ⑥ 그 밖에 대통령령으로 정하는 사항

참고

소방의 화재조사에 관한 법률 시행령」 제3조(화재조사의 내용·절차)

① "대통령령으로 정하는 사항"이란 「화재의 예방 및 안전관리에 관한 법률」 제7조에 따른 화재안전조사의 실시 결과에 관한 사항을 말한다.
② 화재조사는 다음 각 호의 절차에 따라 실시한다.
   1. 현장출동 중 조사 : 화재발생 접수, 출동 중 화재상황 파악 등
   2. 화재현장 조사 : 화재의 발화(發火)원인, 연소상황 및 피해상황 조사 등
   3. 정밀조사 : 감식·감정, 화재원인 판정 등
   4. 화재조사 결과 보고
③ 소방관서장은 화재조사를 하는 경우 「산림보호법」에 따른 산불 조사 등 다른 법률에 따른 화재 관련 조사가 원활히 수행될 수 있도록 협조해야 한다.

3) 화재조사의 대상 및 절차 등에 필요한 사항은 대통령령으로 정한다.

참고 「소방의 화재조사에 관한 법률 시행령」 제2조(화재조사의 대상)

소방관서장이 화재조사를 실시해야 할 대상은 다음 각 호와 같다.

1. 「소방기본법」에 따른 소방대상물에서 발생한 화재
2. 그 밖에 소방관서장이 화재조사가 필요하다고 인정하는 화재

12.2.4 화재조사전담부서의 설치 · 운영 등

1) 소방관서장은 전문성에 기반하는 화재조사를 위하여 화재조사전담부서(이하 "전담부서")를 설치 · 운영하여야 한다.
2) 전담부서는 다음의 업무를 수행한다.
   ① 화재조사의 실시 및 조사결과 분석 · 관리
   ② 화재조사 관련 기술개발과 화재조사관의 역량증진
   ③ 화재조사에 필요한 시설 · 장비의 관리 · 운영
   ④ 그 밖의 화재조사에 관하여 필요한 업무
3) 소방관서장은 화재조사관으로 하여금 화재조사 업무를 수행하게 하여야 한다.
4) 화재조사관은 소방청장이 실시하는 화재조사에 관한 시험에 합격한 소방공무원 등 화재조사에 관한 전문적인 자격을 가진 소방공무원으로 한다.
5) 전담부서의 구성 · 운영, 화재조사관의 구체적인 자격기준 및 교육훈련 등에 필요한 사항은 대통령령으로 정한다.

참고 「소방의 화재조사에 관한 법률 시행령」 제4조(화재조사전담부서의 구성 · 운영)

① 소방관서장은 화재조사전담부서(이하 "전담부서")에 화재조사관을 2명 이상 배치해야 한다.
② 전담부서에는 화재조사를 위한 감식 · 감정 장비 등 행정안전부령으로 정하는 장비와 시설을 갖추어 두어야 한다.
③ 제1항 및 제2항에서 규정한 사항 외에 전담부서의 구성 · 운영에 필요한 사항은 행정안전부령으로 정한다.

「소방의 화재조사에 관한 법률 시행규칙」 제2조(화재조사 결과의 보고)

① 「소방의 화재조사에 관한 법률」에 따른 전담부서가 화재조사를 완료한 경우에는 화재조사 결과를 소방관서장에게 보고해야 한다.
② 제1항에 따른 보고는 소방청장이 정하는 화재발생종합보고서에 따른다.

「소방의 화재조사에 관한 법률 시행령」 제5조(화재조사관의 자격기준 등)

① 화재조사 업무를 수행하는 화재조사관은 다음 각 호의 어느 하나에 해당하는 소방공무원으로 한다.

1. 소방청장이 실시하는 화재조사에 관한 시험에 합격한 소방공무원
2. 「국가기술자격법」에 따른 국가기술자격의 직무분야 중 화재감식평가 분야의 기사 또는 산업기사 자격을 취득한 소방공무원

② 제1항 제1호의 화재조사에 관한 시험의 방법, 과목, 그 밖에 시험 시행에 필요한 사항은 행정안전부령으로 정한다.

> 「소방의 화재조사에 관한 법률 시행규칙」 제4조(화재조사에 관한 시험)
>
> ① 소방청장이 화재조사에 관한 시험(이하 "자격시험")을 실시하는 경우에는 시험의 과목 · 일시 · 장소 및 응시 자격 · 절차 등을 시험 실시 30일 전까지 소방청의 인터넷 홈페이지에 공고해야 한다.
>
> ② 자격시험에 응시할 수 있는 사람은 소방공무원 중 다음 각 호의 어느 하나에 해당하는 사람으로 한다.
>
> 1. 화재조사관 양성을 위한 전문교육을 이수한 사람
> 2. 국립과학수사연구원 또는 소방청장이 인정하는 외국의 화재조사 관련 기관에서 8주 이상 화재조사에 관한 전문교육을 이수한 사람
>
> ③ 자격시험은 1차 시험과 2차 시험으로 구분하여 실시하며, 1차 시험에 합격한 사람만이 2차 시험에 응시할 수 있다.
>
> ④ 소방청장은 영 제5조제1항 각 호의 소방공무원에게 화재조사관 자격증을 발급해야 한다.
>
> ⑤ 소방청장은 자격시험에서 부정한 행위를 한 사람에 대해서는 그 시험을 정지 또는 무효로 하거나 합격을 취소한다.

「소방의 화재조사에 관한 법률 시행령」 제6조(화재조사에 관한 교육훈련)

① 소방관서장은 다음 각 호의 구분에 따라 화재조사관에 대한 교육훈련을 실시한다.

1. 화재조사관 양성을 위한 전문교육
2. 화재조사관의 전문능력 향상을 위한 전문교육
3. 전담부서에 배치된 화재조사관을 위한 의무 보수교육

② 소방관서장은 필요한 경우 제1항에 따른 교육훈련을 다른 소방관서나 화재조사 관련 전문기관에 위탁하여 실시할 수 있다.

③ 제1항 및 제2항에서 규정한 사항 외에 화재조사에 관한 교육훈련에 필요한 사항은 행정안전부령으로 정한다.

> 「소방의 화재조사에 관한 법률 시행규칙」 제5조(화재조사에 관한 교육훈련)
>
> ① 화재조사관 양성을 위한 전문교육의 내용은 다음 각 호와 같다.
>
> 1. 화재조사 이론과 실습
> 2. 화재조사 시설 및 장비의 사용에 관한 사항
> 3. 주요 · 특이 화재조사, 감식 · 감정에 관한 사항
> 4. 화재조사 관련 정책 및 법령에 관한 사항

> 5. 그 밖에 소방청장이 화재조사 관련 전문능력의 배양을 위해 필요하다고 인정하는 사항
>
> ② 전담부서에 배치된 화재조사관은 의무 보수교육을 2년마다 받아야 한다. 다만, 전담부서에 배치된 후 처음 받는 의무 보수교육은 배치 후 1년 이내에 받아야 한다.
>
> ③ 소방관서장은 제2항에 따라 의무 보수교육을 이수하지 않은 사람에게 보수교육을 이수할 때까지 화재조사 업무를 수행하게 해서는 안 된다.
>
> ④ 제1항부터 제3항까지에서 규정한 사항 외에 화재조사에 관한 교육훈련에 필요한 사항은 소방청장이 정한다.

12.2.5 화재합동조사단의 구성 · 운영

1) 소방관서장은 사상자가 많거나 사회적 이목을 끄는 화재 등 대통령령으로 정하는 대형화재 등이 발생한 경우 종합적이고 정밀한 화재조사를 위하여 유관기관 및 관계 전문가를 포함한 화재합동조사단을 구성 · 운영할 수 있다.

2) 화재합동조사단의 구성과 운영 등에 필요한 사항은 대통령령으로 정한다.

참고

「소방의 화재조사에 관한 법률 시행령」 제7조(화재합동조사단의 구성 · 운영)

① "사상자가 많거나 사회적 이목을 끄는 화재 등 대통령령으로 정하는 대형화재"란 다음 각 호의 화재를 말한다.

1. 사망자가 5명 이상 발생한 화재
2. 화재로 인한 사회적 · 경제적 영향이 광범위하다고 소방관서장이 인정하는 화재

② 화재합동조사단의 단원은 다음 각 호의 어느 하나에 해당하는 사람 중에서 소방관서장이 임명하거나 위촉한다.

1. 화재조사관
2. 화재조사 업무에 관한 경력이 3년 이상인 소방공무원
3. 「고등교육법」에 따른 학교 또는 이에 준하는 교육기관에서 화재조사, 소방 또는 안전관리 등 관련 분야 조교수 이상의 직에 3년 이상 재직한 사람
4. 「국가기술자격법」에 따른 국가기술자격의 직무분야 중 안전관리 분야에서 산업기사 이상의 자격을 취득한 사람
5. 그 밖에 건축 · 안전 분야 또는 화재조사에 관한 학식과 경험이 풍부한 사람

③ 화재합동조사단의 단장은 단원 중에서 소방관서장이 지명하거나 위촉하는 사람이 된다.

④ 소방관서장은 화재합동조사단 운영을 위하여 관계 행정기관 또는 기관 · 단체의 장에게 소속 공무원 또는 소속 임직원의 파견을 요청할 수 있다.

⑤ 화재합동조사단은 화재조사를 완료하면 소방관서장에게 다음 각 호의 사항이 포함된 화재조사 결과를 보고해야 한다.

1. 화재합동조사단 운영 개요

2. 화재조사 개요
3. 화재조사의 실시 사항(화재원인에 관한 사항, 화재로 인한 인명·재산피해상황, 대응활동에 관한 사항, 소방시설 등의 설치·관리 및 작동 여부에 관한 사항, 화재발생건축물과 구조물, 화재유형별 화재위험성 등에 관한 사항, 그 밖에 대통령령으로 정하는 사항)
4. 다수의 인명피해가 발생한 경우 그 원인
5. 현행 제도의 문제점 및 개선 방안
6. 그 밖에 소방관서장이 필요하다고 인정하는 사항

⑥ 소방관서장은 화재합동조사단의 단장 또는 단원에게 예산의 범위에서 수당·여비와 그 밖에 필요한 경비를 지급할 수 있다. 다만, 공무원이 소관 업무와 직접적으로 관련되어 참여하는 경우에는 지급하지 않는다.
⑦ 제1항부터 제6항까지에서 규정한 사항 외에 화재합동조사단의 구성·운영에 필요한 사항은 소방청장이 정한다.

12.2.6 화재현장 보존 등

1) 소방관서장은 화재조사를 위하여 필요한 범위에서 화재현장 보존조치를 하거나 화재현장과 그 인근 지역을 통제구역으로 설정할 수 있다. 다만, 방화(放火) 또는 실화(失火)의 혐의로 수사의 대상이 된 경우에는 관할 경찰서장 또는 해양경찰서장(이하 "경찰서장")이 통제구역을 설정한다.
2) 누구든지 소방관서장 또는 경찰서장의 허가 없이 설정된 통제구역에 출입하여서는 아니 된다.
3) 화재현장 보존조치를 하거나 통제구역을 설정한 경우 누구든지 소방관서장 또는 경찰서장의 허가 없이 화재현장에 있는 물건 등을 이동시키거나 변경·훼손하여서는 아니 된다. 다만, 공공의 이익에 중대한 영향을 미친다고 판단되거나 인명구조 등 긴급한 사유가 있는 경우에는 그러하지 아니하다.
4) 화재현장 보존조치, 통제구역의 설정 및 출입 등에 필요한 사항은 대통령령으로 정한다.

참고 **통제구역 설정권자**
① 방화 또는 실화 : 관할 경찰서장 또는 해양경찰서장
② 그 외 : 소방관서장(소방청장, 소방본부장, 소방서장)

12.2.7 출입 · 조사 등

1) 소방관서장은 화재조사를 위하여 필요한 경우에 관계인에게 보고 또는 자료 제출을 명하거나 화재조사관으로 하여금 해당 장소에 출입하여 화재조사를 하게 하거나 관계인 등에게 질문하게 할 수 있다.
2) 화재조사를 하는 화재조사관은 그 권한을 표시하는 증표를 지니고 이를 관계인등에게 보여주어야 한다.
3) 화재조사를 하는 화재조사관은 관계인의 정당한 업무를 방해하거나 화재조사를 수행하면서 알게 된 비밀을 다른 용도로 사용하거나 다른 사람에게 누설하여서는 안 된다.

12.2.8 관계인 등의 출석 등

1) 소방관서장은 화재조사가 필요한 경우 관계인 등을 소방관서에 출석하게 하여 질문할 수 있다.
2) 관계인 등의 출석 및 질문 등에 필요한 사항은 대통령령으로 정한다.

참고	• 관계인 등의 출석요구 시 : 3일전까지 관계인등에게 알려야 함 • 출석한 관계인 등에게 수당과 여비를 지급할 수 있음

12.2.9 화재조사 증거물 수집 등

1) 소방관서장은 화재조사를 위하여 필요한 경우 증거물을 수집하여 검사 · 시험 · 분석 등을 할 수 있다. 다만, 범죄수사와 관련된 증거물인 경우에는 수사기관의 장과 협의하여 수집할 수 있다.
2) 소방관서장은 수사기관의 장이 방화 또는 실화의 혐의가 있어서 이미 피의자를 체포하였거나 증거물을 압수하였을 때에 화재조사를 위하여 필요한 경우에는 범죄수사에 지장을 주지 아니하는 범위에서 그 피의자 또는 압수된 증거물에 대한 조사를 할 수 있다. 이 경우 수사기관의 장은 소방관서장의 신속한 화재조사를 위하여 특별한 사유가 없으면 조사에 협조하여야 한다.
3) 증거물 수집의 범위, 방법 및 절차 등에 필요한 사항은 대통령령으로 정한다.

12.2.10 소방공무원과 경찰공무원의 협력 등

1) 소방공무원과 경찰공무원(제주특별자치도의 자치경찰공무원 포함)은 다음 사항에 대하여 서로 협력하여야 한다.
   ① 화재현장의 출입·보존 및 통제에 관한 사항
   ② 화재조사에 필요한 증거물의 수집 및 보존에 관한 사항
   ③ 관계인등에 대한 진술 확보에 관한 사항
   ④ 그 밖에 화재조사에 필요한 사항
2) 소방관서장은 방화 또는 실화의 혐의가 있다고 인정되면 지체 없이 경찰서장에게 그 사실을 알리고 필요한 증거를 수집·보존하는 등 그 범죄수사에 협력하여야 한다.

12.2.11 관계 기관 등의 협조

1) 소방관서장, 중앙행정기관의 장, 지방자치단체의 장, 보험회사, 그 밖의 관련 기관·단체의 장은 화재조사에 필요한 사항에 대하여 서로 협력하여야 한다.
2) 소방관서장은 화재원인 규명 및 피해액 산출 등을 위하여 필요한 경우에는 금융감독원, 관계 보험회사 등에 「개인정보 보호법」에 따른 개인정보를 포함한 보험가입 정보 등을 요청할 수 있다. 이 경우 정보 제공을 요청받은 기관은 정당한 사유가 없으면 이를 거부할 수 없다.

12.2.12 화재조사 결과의 공표

1) 소방관서장은 국민이 유사한 화재로부터 피해를 입지 않도록 하기 위한 경우 등 필요한 경우 화재조사 결과를 공표할 수 있다. 다만, 수사가 진행 중이거나 수사의 필요성이 인정되는 경우에는 관계 수사기관의 장과 공표 여부에 관하여 사전에 협의하여야 한다.
2) 공표의 범위·방법 및 절차 등에 관하여 필요한 사항은 행정안전부령으로 정한다.

참고 「소방의 화재조사에 관한 법률 시행규칙」 제8조(화재조사 결과의 공표)

① 소방관서장은 다음 각 호의 경우에는 화재조사 결과를 공표할 수 있다.
  1. 국민이 유사한 화재로부터 피해를 입지 않도록 하기 위해 필요한 경우
  2. 사회적 관심이 집중되어 국민의 알 권리 충족 등 공공의 이익을 위해 필요한 경우

② 소방관서장은 제1항에 따라 화재조사의 결과를 공표할 때에는 다음 각 호의 사항을 포함시켜야 한다.
  1. 화재원인에 관한 사항
  2. 화재로 인한 인명·재산피해에 관한 사항
  3. 화재발생 건축물과 구조물에 관한 사항
  4. 그 밖에 화재예방을 위해 공표할 필요가 있다고 소방관서장이 인정하는 사항

③ 제1항에 따른 화재조사 결과의 공표는 소방관서의 인터넷 홈페이지에 게재하거나, 「신문 등의 진흥에 관한 법률」에 따른 신문 또는 「방송법」에 따른 방송을 이용하는 등 일반인이 쉽게 알 수 있는 방법으로 한다.

12.2.13 화재증명원의 발급

1) 소방관서장은 화재와 관련된 이해관계인 또는 화재 발생 사실의 입증이 필요한 사람이 화재를 증명하는 서류(이하 "화재증명원") 발급을 신청하는 때에는 화재증명원을 발급하여야 한다.
2) 화재증명원의 발급신청 절차·방법·서식 및 기재사항, 온라인 발급 등에 필요한 사항은 행정안전부령으로 정한다.

12.2.14 감정기관의 지정·운영 등

1) 소방청장은 과학적이고 전문적인 화재조사를 위하여 대통령령으로 정하는 시설과 전문인력 등 지정기준을 갖춘 기관을 화재감정기관(이하 "감정기관")으로 지정·운영하여야 한다.
2) 소방청장은 지정된 감정기관에서의 과학적 조사·분석 등에 소요되는 비용의 전부 또는 일부를 지원할 수 있다.
3) 소방청장은 감정기관으로 지정받은 자가 다음의 어느 하나에 해당하는 경우에는 지정을 취소할 수 있다. 다만, ①에 해당하는 경우에는 지정을 취소하여야 한다.
   ① 거짓이나 그 밖의 부정한 방법으로 지정을 받은 경우

② 지정기준에 적합하지 아니하게 된 경우

③ 고의 또는 중대한 과실로 감정 결과를 사실과 다르게 작성한 경우

④ 그 밖에 대통령령으로 정하는 사항을 위반한 경우(의뢰받은 감정을 정당한 사유 없이 거부하거나 1개월 이상 수행하지 않은 경우, 거짓이나 그 밖의 부정한 방법으로 감정 비용을 청구한 경우)

4) 소방청장은 상기 3)에 따라 감정기관의 지정을 취소하려면 청문을 하여야 한다.

5) 감정기관의 지정기준, 지정 절차, 지정 취소 및 운영 등에 필요한 사항은 대통령령으로 정한다.

참고

- 화재감정기관이 보유해야 될 전문인력 : 주인력 2명 이상, 보조인력 3명 이상
- 화재감정기관 지정신청에 대한 처리기간 : 15일(다만, 제출서류 및 현장 확인 평가 결과에 따라 보완에 소요되는 기간은 처리기간에서 제외)
- 지정된 화재감정기관의 임직원 : 「형법」 제127조 및 제129조부터 제132조 규정에 따른 벌칙 적용 시 공무원으로 봄
- 화재감정기관 지정취소 시 : 취소된 날부터 10일 이내에 화재감정기관 지정서 반환

「소방의 화재조사에 관한 법률 시행령」 제12조(화재감정기관의 지정기준)

① "대통령령으로 정하는 시설과 전문인력 등 지정기준"이란 다음 각 호의 기준을 말한다.

1. 화재조사를 수행할 수 있는 다음 각 목의 시설을 모두 갖출 것
   가. 증거물, 화재조사 장비 등을 안전하게 보호할 수 있는 설비를 갖춘 시설
   나. 증거물 등을 장기간 보존·보관할 수 있는 시설
   다. 증거물의 감식·감정을 수행하는 과정 등을 촬영하고 이를 디지털파일의 형태로 처리·보관할 수 있는 시설
2. 화재조사에 필요한 다음 각 목의 구분에 따른 전문인력을 각각 보유할 것
   가. 주된 기술인력 : 다음의 어느 하나에 해당하는 사람을 2명 이상 보유할 것
      1) 「국가기술자격법」에 따른 국가기술자격의 직무분야 중 화재감식평가 분야의 기사 자격 취득 후 화재조사 관련 분야에서 5년 이상 근무한 사람
      2) 화재조사관 자격 취득 후 화재조사 관련 분야에서 5년 이상 근무한 사람
      3) 이공계 분야의 박사학위 취득 후 화재조사 관련 분야에서 2년 이상 근무한 사람
   나. 보조 기술인력 : 다음의 어느 하나에 해당하는 사람을 3명 이상 보유할 것
      1) 「국가기술자격법」에 따른 국가기술자격의 직무분야 중 화재감식평가 분야의 기사 또는 산업기사 자격을 취득한 사람
      2) 화재조사관 자격을 취득한 사람

3) 소방청장이 인정하는 화재조사 관련 국제자격증 소지자
4) 이공계 분야의 석사 이상 학위 취득 후 화재조사 관련 분야에서 1년 이상 근무한 사람

3. 화재조사를 수행할 수 있는 감식·감정 장비, 증거물 수집 장비 등을 갖출 것

② 지정된 화재감정기관이 갖추어야 할 시설과 전문인력 등에 관한 세부적인 기준은 소방청장이 정하여 고시한다.

12.2.15 국가화재정보시스템의 구축·운영

1) 소방청장은 화재조사 결과, 화재원인, 피해상황 등에 관한 화재정보를 종합적으로 수집·관리하여 화재예방과 소방활동에 활용할 수 있는 국가화재정보시스템을 구축·운영하여야 한다.
2) 화재정보의 수집·관리 및 활용 등에 필요한 사항은 대통령령으로 정한다.

참고 「소방의 화재조사에 관한 법률 시행령」 제14조(국가화재정보시스템의 운영)

① 소방청장은 국가화재정보시스템을 활용하여 다음 각 호의 화재정보를 수집·관리해야 한다.
1. 화재원인
2. 화재피해상황
3. 대응활동에 관한 사항
4. 소방시설 등의 설치·관리 및 작동 여부에 관한 사항
5. 화재발생건축물과 구조물, 화재유형별 화재위험성 등에 관한 사항
6. 화재예방 관계 법령 등의 이행 및 위반 등에 관한 사항
7. 관계인의 보험가입 정보 등에 관한 사항
8. 그 밖에 화재예방과 소방활동에 활용할 수 있는 정보

② 소방관서장은 국가화재정보시스템을 활용하여 제1항 각 호의 화재정보를 기록·유지 및 보관해야 한다.

③ 제1항 및 제2항에서 규정한 사항 외에 국가화재정보시스템의 운영 및 활용 등에 필요한 사항은 소방청장이 정한다.

12.2.16 벌칙

1) 다음의 어느 하나에 해당하는 사람은 300만원 이하의 벌금에 처한다.
   ① 허가 없이 화재현장에 있는 물건 등을 이동시키거나 변경・훼손한 사람
   ② 정당한 사유 없이 화재조사관의 출입 또는 조사를 거부・방해 또는 기피한 사람
   ③ 관계인의 정당한 업무를 방해하거나 화재조사를 수행하면서 알게 된 비밀을 다른 용도로 사용하거나 다른 사람에게 누설한 사람
   ④ 정당한 사유 없이 증거물 수집을 거부・방해 또는 기피한 사람
2) 다음의 어느 하나에 해당하는 사람에게는 200만원 이하의 과태료를 부과한다.
   ① 허가 없이 통제구역에 출입한 사람
   ② 명령을 위반하여 보고 또는 자료 제출을 하지 아니하거나 거짓으로 보고 또는 자료를 제출한 사람
   ③ 정당한 사유 없이 출석을 거부하거나 질문에 대하여 거짓으로 진술한 사람
   ④ 정당한 사유 없이 증거물 수집을 거부・방해 또는 기피한 사람

참고 「소방의 화재조사에 관한 법률 시행령」 별표(과태료 부과기준-개별기준)

위반행위	과태료금액(단위 : 만원)		
	1회	2회	3회
허가 없이 통제구역에 출입한 경우	100	150	200
명령을 위반하여 보고 또는 자료 체출을 하지 않거나 거짓으로 보고 또는 자료 제출을 한 경우			
정당한 사유 없이 출석을 거부하거나 질문에 대하여 거짓으로 진술한 경우			

12.3 화재조사 및 보고규정

12.3.1 목적

이 규정은 「소방의 화재조사에 관한 법률」 및 같은 법 시행령, 시행규칙에 따라 화재조사의 집행과 보고 및 사무처리에 필요한 사항을 정하는 것을 목적으로 한다.

12.3.2 용어의 정의

용어	정 의
① 감식	화재원인의 판정을 위하여 전문적인 지식, 기술 및 경험을 활용하여 주로 시각에 의한 종합적인 판단으로 구체적인 사실관계를 명확하게 규명하는 것
② 감정	화재와 관계되는 물건의 형상, 구조, 재질, 성분, 성질 등 이와 관련된 모든 현상에 대하여 과학적 방법에 의한 필요한 실험을 행하고 그 결과를 근거로 화재원인을 밝히는 자료를 얻는 것
③ 발화	열원에 의하여 가연물질에 지속적으로 불이 붙는 현상
④ 발화열원	발화의 최초 원인이 된 불꽃 또는 열
⑤ 발화지점	열원과 가연물이 상호작용하여 화재가 시작된 지점
⑥ 발화장소	화재가 발생한 장소
⑦ 최초착화물	발화열원에 의해 불이 붙은 최초의 가연물
⑧ 발화요인	발화열원에 의하여 발화로 이어진 연소현상에 영향을 준 인적·물적·자연적인 요인
⑨ 발화관련 기기	발화에 관련된 불꽃 또는 열을 발생시킨 기기 또는 장치나 제품
⑩ 동력원	발화관련 기기나 제품을 작동 또는 연소시킬 때 사용된 연료 또는 에너지
⑪ 연소확대물	연소가 확대되는데 있어 결정적 영향을 미친 가연물
⑫ 재구입비	화재 당시의 피해물과 같거나 비슷한 것을 재건축(설계 감리비를 포함한다) 또는 재취득하는데 필요한 금액
⑬ 내용연수	고정자산을 경제적으로 사용할 수 있는 연수
⑭ 손해율	피해물의 종류, 손상 상태 및 정도에 따라 피해금액을 적정화시키는 일정한 비율
⑮ 잔가율	화재 당시에 피해물의 재구입비에 대한 현재가의 비율
⑯ 최종잔가율	피해물의 내용연수가 다한 경우 잔존하는 가치의 재구입비에 대한 비율
⑰ 화재현장	화재가 발생하여 소방대 및 관계인 등에 의해 소화활동이 행하여지고 있거나 행하여진 장소

⑱ 접수	119종합상황실(이하 "상황실"이라 한다)에서 유·무선 전화 또는 다매체를 통하여 화재 등의 신고를 받는 것
⑲ 출동	화재를 접수하고 상황실로부터 출동지령을 받아 소방대가 차고 등에서 출발하는 것
⑳ 도착	출동지령을 받고 출동한 소방대가 현장에 도착하는 것
㉑ 선착대	화재현장에 가장 먼저 도착한 소방대
㉒ 초진	소방대의 소화활동으로 화재확대의 위험이 현저하게 줄어들거나 없어진 상태
㉓ 잔불정리	화재 초진 후 잔불을 점검하고 처리하는 것(이 단계에서는 열에 의한 수증기나 화염 없이 연기만 발생하는 연소현상이 포함될 수 있음)
㉔ 완진	소방대에 의한 소화활동의 필요성이 사라진 것
㉕ 철수	진화가 끝난 후, 소방대가 화재현장에서 복귀하는 것
㉖ 재발화감시	화재를 진화한 후 화재가 재발되지 않도록 감시조를 편성하여 일정 시간 동안 감시하는 것

참고

- 감식 : 화재현장에서 진행되는 화재조사(화재패턴, 연소확대상황, 발화지점, 소방시설작동 등 조사)
- 감정 : 화재현장에서 발견된 증거물에 대한 감정, 화재원인 입증을 위한 재현실험 등의 화재조사

12.3.3 화재조사의 개시 및 원칙

1) 「소방의 화재조사에 관한 법률」에 따라 화재조사관은 화재발생 사실을 인지하는 즉시 화재조사를 시작해야 한다.
2) 소방관서장은 「소방의 화재조사에 관한 법률 시행령」에 따라 조사관을 근무 교대조별로 2인 이상 배치하고, 「소방의 화재조사에 관한 법률 시행규칙」에 따른 장비·시설을 기준 이상으로 확보하여 조사업무를 수행하도록 하여야 한다.
3) 조사는 물적 증거를 바탕으로 과학적인 방법을 통해 합리적인 사실의 규명을 원칙으로 한다.

참고

- 화재조사 개시 : 화재발생 사실을 인지하는 즉시(즉, 화재신고 접수와 동시에 실시)
- 화재조사전담부서 : 화재조사관 2명 이상 배치
- 화재조사 분석실 : 30 m^2 이상의 실 확보
- 화재조사 장비구분 필요

참고 「소방의 화재조사에 관한 법률 시행규칙」 [별표]

전담부서에 갖추어야 할 장비와 시설(제3조 관련)

구분	기자재명 및 시설규모
발굴용구 (8종)	공구세트, 전동 드릴, 전동 그라인더(절삭·연마기), 전동 드라이버, 이동용 진공청소기, 휴대용 열풍기, 에어컴프레서(공기압축기), 전동 절단기
기록용 기기 (13종)	디지털카메라(DSLR)세트, 비디오카메라세트, TV, 적외선거리측정기, 디지털온도·습도측정시스템, 디지털풍향풍속기록계, 정밀저울, 버니어캘리퍼스(아들자가 달려 두께나 지름을 재는 기구), 웨어러블캠, 3D스캐너, 3D카메라(AR), 3D캐드시스템, 드론
감식기기 (16종)	절연저항계, 멀티테스터기, 클램프미터, 정전기측정장치, 누설전류계, 검전기, 복합가스측정기, 가스(유증)검지기, 확대경, 산업용실체현미경, 적외선열상카메라, 접지저항계, 휴대용디지털현미경, 디지털탄화심도계, 슈미트해머(콘크리트 반발 경도 측정기구), 내시경현미경
감정용기기 (21종)	가스크로마토그래피, 고속카메라세트, 화재시뮬레이션시스템, X선 촬영기, 금속현미경, 시편(試片)절단기, 시편성형기, 시편연마기, 접점저항계, 직류전압전류계, 교류전압전류계, 오실로스코프(변화가 심한 전기 현상의 파형을 눈으로 관찰하는 장치), 주사전자현미경, 인화점측정기, 발화점측정기, 미량융점측정기, 온도기록계, 폭발압력측정기세트, 전압조정기(직류, 교류), 적외선 분광광도계, 전기단락흔실험장치[1차 용융흔(鎔融痕), 2차 용융흔(鎔融痕), 3차 용융흔(鎔融痕) 측정 가능]
조명기기 (5종)	이동용 발전기, 이동용 조명기, 휴대용 랜턴, 헤드랜턴, 전원공급장치(500A 이상)
안전장비 (8종)	보호용 작업복, 보호용 장갑, 안전화, 안전모(무전송수신기 내장), 마스크(방진마스크, 방독마스크), 보안경, 안전고리, 화재조사 조끼
증거수집장비 (6종)	증거물수집기구세트(핀셋류, 가위류 등), 증거물보관세트(상자, 봉투, 밀폐용기, 증거수집용 캔 등), 증거물 표지세트(번호, 스티커, 삼각형 표지 등), 증거물 태그 세트(대, 중, 소), 증거물보관장치, 디지털증거물저장장치
화재조사차량 (2종)	화재조사 전용차량, 화재조사 첨단 분석차량(비파괴 검사기, 산업용 실체현미경 등 탑재)
보조장비 (6종)	노트북컴퓨터, 전선 릴, 이동용 에어컴프레서, 접이식 사다리, 화재조사 전용 의복(활동복, 방한복), 화재조사용 가방
화재조사 분석실	화재조사 분석실의 구성장비를 유효하게 보존·사용할 수 있고, 환기 시설 및 수도·배관시설이 있는 30제곱미터(m^2) 이상의 실(室)
화재조사 분석실 구성장비(10종)	증거물보관함, 시료보관함, 실험작업대, 바이스(가공물 고정을 위한 기구), 개수대, 초음파세척기, 실험용 기구류(비커, 피펫, 유리병 등), 건조기, 항온항습기, 오토 데시케이터(물질 건조, 흡습성 시료 보존을 위한 유리 보존기)

12.3.4 화재조사관의 책무

1) 조사관은 조사에 필요한 전문적 지식과 기술의 습득에 노력하여 조사업무를 능률적이고 효율적으로 수행해야 한다.
2) 조사관은 그 직무를 이용하여 관계인등의 민사분쟁에 개입해서는 아니 된다.

12.3.5 화재출동대원 협조

1) 화재현장에 출동하는 소방대원은 조사에 도움이 되는 사항을 확인하고, 화재현장에서도 소방활동 중에 파악한 정보를 조사관에게 알려주어야 한다.
2) 화재현장의 선착대 선임자는 철수 후 지체 없이 국가화재정보시스템에 화재현장출동보고서를 작성・입력해야 한다.

12.3.6 관계인 등 협조

1) 화재현장과 기타 관계있는 장소에 출입할 때에는 관계인 등의 입회 하에 실시하는 것을 원칙으로 한다.
2) 조사관은 조사에 필요한 자료 등을 관계인 등에게 요구할 수 있으며, 관계인 등이 반환을 요구할 때는 조사의 목적을 달성한 후 관계인 등에게 반환해야 한다.

12.3.7 관계인 등 진술

1) 관계인 등에게 질문을 할 때에는 시기, 장소 등을 고려하여 진술하는 사람으로부터 임의진술을 얻도록 해야 하며 진술의 자유 또는 신체의 자유를 침해하여 임의성을 의심할 만한 방법을 취해서는 아니 된다.
2) 관계인 등에게 질문을 할 때에는 희망하는 진술내용을 얻기 위하여 상대방에게 암시하는 등의 방법으로 유도해서는 아니 된다.
3) 획득한 진술이 소문 등에 의한 사항인 경우 그 사실을 직접 경험한 관계인 등의 진술을 얻도록 해야 한다.
4) 관계인 등에 대한 질문 사항은 질문기록서에 작성하여 그 증거를 확보한다.

참고	• 기타화재 중 쓰레기, 모닥불, 가로등, 전봇대화재 및 임야화재는 질문기록서 작성을 생략할 수 있음

12.3.8 감식 및 감정

1) 소방관서장은 조사 시 전문지식과 기술이 필요하다고 인정되는 경우 국립소방연구원 또는 화재감정기관 등에 감정을 의뢰할 수 있다.
2) 소방관서장은 과학적이고 합리적인 화재원인 규명을 위하여 화재현장에서 수거한 물품에 대하여 감정을 실시하고 화재원인 입증을 위한 재현실험 등을 할 수 있다.

12.3.9 화재 유형

1) 화재 유형은 다음과 같이 구분한다.

구분	정 의
① 건축・구조물화재	건축물, 구조물 또는 그 수용물이 소손된 것
② 자동차・철도차량화재	자동차, 철도차량 및 피견인 차량 또는 그 적재물이 소손된 것
③ 위험물・가스제조소 등 화재	위험물・가스제조소 등 화재
④ 선박・항공기화재	선박, 항공기 또는 그 적재물이 소손된 것
⑤ 임야화재	산림, 야산, 들판의 수목, 잡초, 경작물 등이 소손된 것
⑥ 기타화재	위에 해당되지 않는 화재

2) 상기 1)의 화재가 복합되어 발생한 경우에는 화재의 구분을 화재피해금액이 큰 것으로 한다. 다만, 화재피해금액으로 구분하는 것이 사회관념상 적당하지 않을 경우에는 발화장소로 화재를 구분한다.

12.3.10 화재건수 결정

화재건수 결정에 있어서 1건의 화재란 1개의 발화지점에서 확대된 것으로 발화부터 진화까지를 말한다. 다만, 다음의 경우는 각 내용에 따른다.

1) 동일범이 아닌 각기 다른 사람에 의한 방화, 불장난은 동일 대상물에서 발화했더라

도 각각 별건의 화재로 한다.

2) 동일 소방대상물의 발화점이 2개소 이상 있는 다음의 화재는 1건의 화재로 한다.
   ① 누전점이 동일한 누전에 의한 화재
   ② 지진, 낙뢰 등 자연현상에 의한 다발화재

3) 발화지점이 한 곳인 화재현장이 둘 이상의 관할구역에 걸친 화재는 발화지점이 속한 소방서에서 1건의 화재로 산정한다. 다만, 발화지점 확인이 어려운 경우에는 화재피해금액이 큰 관할구역 소방서의 화재 건수로 산정한다.

참고
- 동일 대상물에 방화, 불장난을 한 경우 : 동일범일 때 1건, 동일범이 아닐 때 별건
- 자연현상에 의한 다발화재 : 화재 1건으로 산정
- 누전에 의한 화재 감식은 3점이 성립되어야 함 : 누전점(전류가 누전되는 지점), 접지점(대지 또는 접지구조물과 접촉하는 지점), 발화점(줄열에 의해 발화하는 지점)

12.3.11 발화일시 결정

발화일시의 결정은 관계인 등의 화재발견 상황통보(인지)시간 및 화재발생 건물의 구조, 재질 상태와 화기취급 등의 상황을 종합적으로 검토하여 결정한다. 다만, 자체진화 등 사후인지 화재로 그 결정이 곤란한 경우에는 발화시간을 추정할 수 있다.

12.3.12 화재의 분류

화재의 분류는 소방청장이 정하는 국가화재분류체계에 의한 분류표에 의하여 분류한다.

12.3.13 사상자

사상자는 화재현장에서 사망한 사람과 부상당한 사람을 말한다. 다만, 화재현장에서 부상을 당한 후 72시간 이내에 사망한 경우에도 당해 화재로 인한 사망으로 본다.

참고
- 당해 화재로 인한 사망 판정 : 즉사 또는 부상 당한 후 72시간 이내 사망한 경우

12.3.14 부상자 분류

부상의 정도는 의사의 진단을 기초로 하여 다음과 같이 분류한다.

1) 중상 : 3주 이상의 입원치료를 필요로 하는 부상을 말한다.
2) 경상 : 중상 이외의 부상(입원치료를 필요로 하지 않는 것도 포함한다)을 말한다. 다만, 병원 치료를 필요로 하지 않고 단순하게 연기를 흡입한 사람은 제외한다.

※ 부상자 제외 : 경상자 중 병원 치료가 필요 없으며, 단순히 연기만 흡입한 사람

참고

화상의 분류

① 1도 화상 : 붉은 빛을 띤 홍반을 형성
② 2도 화상 : 물집이 생기는 수포가 형성
③ 3도 화상 : 부스럼 딱지 또는 생체 내의 조직이나 세포가 국부적으로 죽는 괴성 화상이 형성
④ 4도 화상 : 탄화층이 형성

사망의 종류 및 원인

① 소사 : 화재 속에서 화염과 기타 연소 중에 만들어지는 일산화탄소·매연 등의 가스와의 양면작용으로 인해 사망한 것을 말한다.
② 화상사 : 화염에 의해 화상을 입은 후, 그 상황에서 2차적인 조건에 의해 사망한 것을 말한다.
③ 질식사
  1) 외질식사 : 연기에 숨이 막혀 구토가 발생, 토하는 음식물이 기도를 막아 사망한 것을 말한다.
  2) 내질식사 : 일산화탄소 등의 영향으로 혈관을 막는 등 피의 흐름을 막아, 조직이 산소 부족으로 사망한 것을 말한다.
④ 쇼크사 : 화재에 따른 현상에 의해 신경을 자극해서 전신 또는 신체가 충격을 받아 사망한 것을 말한다.
⑤ 일산화탄소 중독사 : 들이마신 일산화탄소가 몸 안에서 산소를 운반하는 헤모글로빈을 감소시켜 근육·내장·조직 등이 호흡곤란 상태를 일으켜 사망한 것을 말한다.

12.3.15 건물 동수 산정

구분	내 용
① 1동	주요구조부가 하나로 연결되어 있는 것은 1동으로 한다. 다만 건널 복도 등으로 2 이상의 동에 연결되어 있는 것은 그 부분을 절반으로 분리하여 각 동으로 본다.
② 같은 동	건물의 외벽을 이용하여 실을 만들어 헛간, 목욕탕, 작업실, 사무실 및 기타 건물 용도로 사용하고 있는 것은 주건물과 같은 동으로 본다.
	구조에 관계없이 지붕 및 실이 하나로 연결되어 있는 것은 같은 동으로 본다.
	목조 또는 내화조 건물의 경우 격벽으로 방화구획이 되어 있는 경우도 같은 동으로 한다.
	내화조 건물의 옥상에 목조 또는 방화구조 건물이 별도 설치되어 있는 경우는 다른 동으로 한다. 다만, 이들 건물의 기능상 하나인 경우(옥내 계단이 있는 경우)는 같은 동으로 한다.
	내화조 건물의 외벽을 이용하여 목조 또는 방화구조건물이 별도 설치되어 있고 건물 내부와 구획되어 있는 경우 다른 동으로 한다. 다만, 주된 건물에 부착된 건물이 옥내로 출입구가 연결되어 있는 경우와 기계설비 등이 쌍방에 연결되어 있는 경우 등 건물 기능상 하나인 경우는 같은동으로 한다.
③ 다른 동	독립된 건물과 건물 사이에 차광막, 비막이 등의 덮개를 설치하고 그 밑을 통로 등으로 사용하는 경우는 다른 동으로 한다. 예) 작업장과 작업장 사이에 조명유리 등으로 비막이를 설치하여 지붕과 지붕이 연결되어 있는 경우

12.3.16 소실정도

건축・구조물(자동차, 철도차량, 선박, 항공기 등도 포함)의 소실정도는 다음과 같이 구분한다.

1) 전소 : 건물의 70% 이상(입체면적에 대한 비율)이 소실되었거나 또는 그 미만이라

도 잔존 부분을 보수하여도 재사용이 불가능한 것
2) 반소 : 건물의 30% 이상 70% 미만이 소실된 것
3) 부분소 : 전소 및 반소에 해당하지 않는 것
※ 전소 : 70% 이상 소실 또는 재사용 불가, 반소 : 30% 이상 70% 미만 소실, 부분소 : 그 외

12.3.17 소실면적 산정

건축물의 소실면적 산정(수손 및 기타 파손 포함)은 소실 바닥면적으로 산정한다.

12.3.18 화재피해금액 산정

1) 화재피해금액은 화재 당시의 피해물과 동일한 구조, 용도, 질, 규모를 재건축 또는 재구입하는데 소요되는 가액에서 경과연수 등에 따른 감가공제를 하고 현재가액을 산정하는 실질적・구체적 방식에 따른다. 다만, 회계장부상 현재가액이 입증된 경우에는 그에 따른다.
2) 상기 1)에 규정에도 불구하고 정확한 피해물품을 확인하기 곤란한 경우에는 소방청장이 정하는 「화재피해금액 산정매뉴얼」의 간이평가방식으로 산정할 수 있다.
3) 건물 등 자산에 대한 최종잔가율은 건물・부대설비・구축물・가재도구는 20%로 하며, 그 이외의 자산은 10%로 정한다.
4) 건물 등 자산에 대한 내용연수는 매뉴얼에서 정한 바에 따른다.
5) 대상별 화재피해금액 산정은 화재피해금액 산정기준에 따른다.
6) 관계인은 화재피해금액 산정에 이의가 있는 경우 재산피해신고서를 작성하여 관할 소방관서장에게 재산피해신고를 할 수 있다.
7) 재산피해신고서를 접수한 관할 소방관서장은 화재피해금액을 재산정해야 한다.

12.3.19 세대수 산정

세대수는 거주와 생계를 함께 하고 있는 사람들의 집단 또는 하나의 가구를 구성하여 살고 있는 독신자로서 자신의 주거에 사용되는 건물에 대하여 재산권을 행사할 수 있는 사람을 1세대로 산정한다.

12.3.20 화재합동조사단 운영 및 종료

1) 소방관서장은 "사상자가 많거나 사회적 이목을 끄는 화재 등 대통령령으로 정하는 대형화재"가 발생한 경우 다음에 따라 화재합동조사단을 구성하여 운영하는 것을 원칙으로 한다.

소방관서장	내 용
소방청장	사상자가 30명 이상이거나 2개 시·도 이상에 걸쳐 발생한 화재(임야화재 제외)
소방본부장	사상자가 20명 이상이거나 2개 시·군·구 이상에 발생한 화재(임야화재 제외)
소방서장	사망자가 5명 이상이거나 사상자가 10명 이상 또는 재산피해액이 100억원 이상 발생한 화재(임야화재 제외)

2) 상기 1)에도 불구하고 소방관서장은 "화재로 인한 사회적·경제적 영향이 광범위하다고 소방관서장이 인정하는 화재" 및 다음의 긴급상황보고에 해당하는 화재에 대하여 화재합동조사단을 구성하여 운영할 수 있다.
   ① 사망자가 5인 이상 발생하거나 사상자가 10인 이상 발생한 화재
   ② 이재민이 100인 이상 발생한 화재
   ③ 재산피해액이 50억원 이상 발생한 화재
   ④ 관공서·학교·정부미 도정공장·문화재·지하철 또는 지하구의 화재
   ⑤ 관광호텔, 층수가 11층 이상인 건축물, 지하상가, 시장, 백화점, 「위험물안전관리법」에서 규정한 지정수량 3천배 이상의 위험물의 제조소·저장소·취급소, 층수가 5층 이상이거나 객실이 30실 이상인 숙박시설, 층수가 5층 이상이거나 병상이 30개 이상인 종합병원·정신병원·한방병원·요양소, 연면적 1만5천 제곱미터 이상인 공장 또는 「화재의 예방 및 안전관리에 관한 법률」 에 따른 화재예방강화지구에서 발생한 화재
   ⑥ 철도차량, 항구에 매어둔 총 톤수가 1천톤 이상인 선박, 항공기, 발전소 또는 변전소에서 발생한 화재
   ⑦ 가스 및 화약류의 폭발에 의한 화재
   ⑧「다중이용업소의 안전관리에 관한 특별법」에 따른 다중이용업소의 화재

3) 소방관서장은 화재합동조사단의 해당자 및 운영 인원 중에서 단장 1명과 단원 4명 이상을 화재합동조사단원으로 임명하거나 위촉할 수 있다.

4) 화재합동조사단원은 화재현장 지휘자 및 조사관, 출동 소방대원과 협력하여 조사와 관련된 정보를 수집할 수 있다.

5) 소방관서장은 화재합동조사단의 조사가 완료되었거나, 계속 유지할 필요가 없는 경

우 업무를 종료하고 해산시킬 수 있다.

참고 「화재의 예방 및 안전관리에 관한 법률」 제18조(화재예방강화지구의 지정 등)

① 시·도지사는 다음 각 호의 어느 하나에 해당하는 지역을 화재예방강화지구로 지정하여 관리할 수 있다.

1. 시장지역
2. 공장·창고가 밀집한 지역
3. 목조건물이 밀집한 지역
4. 노후·불량건축물이 밀집한 지역
5. 위험물의 저장 및 처리 시설이 밀집한 지역
6. 석유화학제품을 생산하는 공장이 있는 지역
7. 「산업입지 및 개발에 관한 법률」 제2조제8호에 따른 산업단지
8. 소방시설·소방용수시설 또는 소방출동로가 없는 지역
9. 「물류시설의 개발 및 운영에 관한 법률」 제2조 제6호에 따른 물류단지
10. 그 밖에 제1호부터 제9호까지에 준하는 지역으로서 소방관서장이 화재예방강화지구로 지정할 필요가 있다고 인정하는 지역

12.3.21 화재조사서류

화재조사에 필요한 서류는 다음과 같으며, 「화재조사 및 보고규정」 별지로 서식이 마련되어 있다.

화재조사서류		
화재·구조·구급상황보고서	화재현장출동보고서	화재발생종합보고서
화재현황조사서	화재현장조사서	화재유형별조사
화재피해조사서	방화·방화의심 조사서	소방시설등 활용조사서
질문기록서	화재감식·감정 결과보고서	재산피해신고서
사후조사 의뢰서		

12.3.22 화재조사의 보고

1) 화재조사관이 조사를 시작한 때에는 소방관서장에게 지체 없이 화재·구조·구급상황보고서를 작성·보고해야 한다.
2) 조사의 최종 결과보고는 다음에 따른다.

① 긴급상황보고에 해당하는 화재 : 화재조사서류를 작성하여 화재 발생일로부터 30일 이내 보고

② 긴급상황보고에 해당하지 않는 화재 : 화재조사서류를 작성하여 화재 발생일로부터 15일 이내 보고

3) 상기 2)에도 불구하고 다음과 같이 정당한 사유가 있는 경우에는 소방관서장에게 사전 보고를 한 후 필요한 기간만큼 조사 보고일을 연장할 수 있다.

① 수사기관의 범죄수사가 진행 중인 경우

② 화재감정기관 등에 감정을 의뢰한 경우

③ 추가 현장조사 등이 필요한 경우

4) 상기 3)에 따라 조사 보고일을 연장한 경우 그 사유가 해소된 날부터 10일 이내에 소방관서장에게 조사결과를 보고해야 한다.

5) 치외법권지역 등 조사권을 행사할 수 없는 경우는 조사 가능한 내용만 조사하여 화재조사서류 중 해당 서류를 작성・보고한다.

6) 소방본부장 및 소방서장은 조사결과 서류를 국가화재정보시스템에 입력・관리해야 하며 영구보존방법에 따라 보존해야 한다.

참고
- 긴급상황보고에 해당하는 화재 : 화재 발생일로부터 30일 이내 최종 결과보고
- 그 외 화재 : 화재 발생일로부터 15일 이내 최종 결과보고

12.3.23 화재증명원의 발급

1) 소방관서장은 화재증명원을 발급받으려는 자가 발급신청을 하면 화재증명원을 발급해야 한다. 이 경우 「민원 처리에 관한 법률」에 따른 통합전자민원창구로 신청하면 전자민원문서로 발급해야 한다.

2) 소방관서장은 화재피해자로부터 소방대가 출동하지 아니한 화재장소의 화재증명원 발급신청이 있는 경우 조사관으로 하여금 사후 조사를 실시하게 할 수 있다. 이 경우 민원인이 제출한 사후조사 의뢰서의 내용에 따라 발화장소 및 발화지점의 현장이 보존되어 있는 경우에만 조사를 하며, 화재현장출동보고서 작성은 생략할 수 있다.

3) 화재증명원 발급 시 인명피해 및 재산피해 내역을 기재한다. 다만, 조사가 진행 중인 경우에는 "조사 중"으로 기재한다.

4) 재산피해내역 중 피해금액은 기재하지 아니하며 피해물건만 종류별로 구분하여 기재한다. 다만, 민원인의 요구가 있는 경우에는 피해금액을 기재하여 발급할 수 있다.

5) 화재증명원 발급신청을 받은 소방관서장은 발화장소 관할 지역과 관계없이 발화장소 관할 소방서로부터 화재사실을 확인받아 화재증명원을 발급할 수 있다.

12.3.24 화재통계관리

소방청장은 화재통계를 소방정책에 반영하고 유사한 화재를 예방하기 위해 매년 통계연감을 작성하여 국가화재정보시스템 등에 공표해야 한다.

12.3.25 조사관의 교육

1) 화재조사 교육훈련에 필요한 과목은 다음 표와 같다.
2) 교육과목별 시간과 방법은 소방본부장, 소방서장 또는 교육과정을 운영하는 교육훈련기관의 장이 정한다. 다만, 의무 보수교육 시간은 4시간 이상으로 한다.
3) 소방관서장은 조사관에 대하여 연구과제 부여, 학술대회 개최, 조사 관련 전문기관에 위탁훈련·교육을 실시하는 등 조사능력 향상에 노력하여야 한다.

구분	교육훈련 과목	
양성 전문교육	소양	국정시책, 기초소양, 심리상담기법 등
	전문	기초화학, 기초전기, 구조물과 화재, 화재조사 관계법령, 화재학, 화재패턴, 화재조사방법론, 보고서 작성법, 화재피해금액 산정, 발화지점 판정, 전기화재감식, 화학화재감식, 가스화재감식, 폭발화재감식, 차량화재감식, 미소화원감식, 방화화재감식, 증거물수집보존, 화재모델링, 범죄심리학, 법과학(의학), 방·실화수사, 조사와 법적문제, 소방시설조사, 촬영기법, 법적 증언기법, 형사소송의 기본절차
	실습	화재조사실습, 현장실습, 사례연구 및 발표
	행정	입교식, 과정소개, 평가, 교육효과측정, 수료식 등
전문교육	1. 화재조사방법 및 감식(발화지점 판정, 전기화재, 화학화재, 가스화재, 폭발화재, 차량화재, 방화, 미소화원 등) 2. 증거물 수집절차·방법, 보존 3. 소방시설조사, 화재피해금액 산정 절차·방법 4. 화재조사와 법적 문제, 민·형사소송 절차 5. 화재학, 범죄심리학, 화재조사 관계 법령 등 6. 첨단 화재조사장비 운용 7. 그 밖에 화재조사 관련 교육 필요 사항	

의무 보수교육	1. 화재조사방법 및 감식(발화지점 판정, 전기화재, 화학화재, 가스화재, 폭발화재, 차량화재, 방화, 미소화원 등) 2. 증거물 수집절차·방법, 보존 3. 소방시설조사, 화재피해금액 산정 절차·방법 4. 화재조사와 법적 문제, 민·형사소송 절차 5. 화재학, 범죄심리학, 화재조사 관계 법령 등 6. 그 밖에 화재감식 및 감정 분야 동향 7. 첨단 화재조사장비 운용 8. 주요 화재 감식 사례 9. 화재감식 및 감정 분야 동향 10. 그 밖에 화재조사 관련 교육 필요 사항

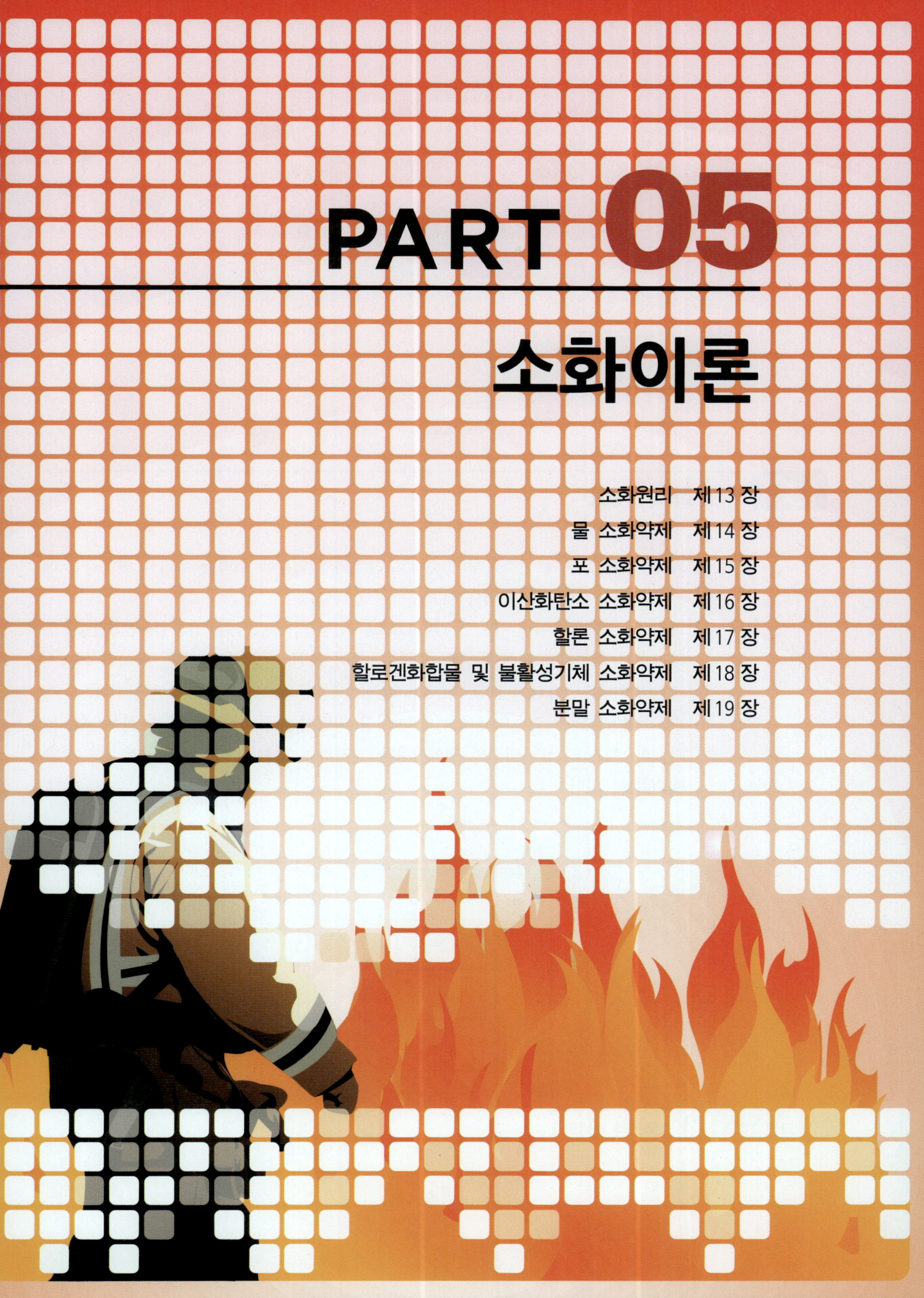

PART 05

소화이론

CHAPTER 13

소화원리

13.1 소화의 개요

1) 화재는 발화, 연소, 연소확대의 순서로 진행되기 때문에 소화는 이러한 연소확산 메커니즘을 차단함으로써 가능하다.
2) 화재를 소화하기 위해서는 연소의 4요소(가연물, 산소공급원, 점화원, 연쇄반응) 중 하나 이상의 연결고리를 차단해야 하며, 물적 조건(가연성혼합기의 농도)과 에너지 조건(발화온도, 발화에너지),화학적 조건을 제어함으로써 소화가 이루어진다.
3) 즉, 소화방법에는 연소의 3요소 중 하나를 차단하는 물리적 소화방법(질식소화, 냉각소화, 제거소화)과 연소의 연쇄반응을 억제하는 화학적 소화방법(억제소화, 부촉매소화)이 있다.

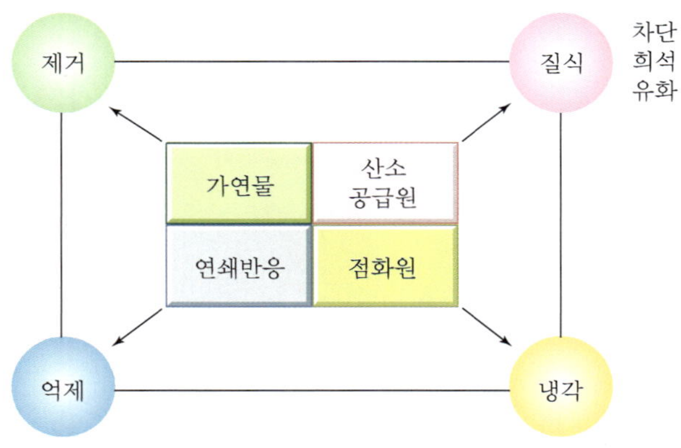

그림 13-1 소화원리 개념도

13.2 소화의 정의

1) 소화는 연소확산을 억제하고, 그 과정을 체계적이고 통제된 방식으로 수행하는 것을 의미한다. 이러한 소화 과정의 목적은 화재를 신속하고 효과적으로 억제하여 생명, 재산 및 환경을 보호하는 데 있다.
2) 즉, 소화는 연소로 인한 화재 시, 연소 과정을 억제하여 화염의 추가 확산을 방지하기 위해 특수 약제 또는 물질을 사용하여 화재를 효과적으로 진압하는 방법을 말한다.

표 13-1 소화의 기본 원리

소화 방법	내 용	
물리적 소화	질식소화	산소공급을 차단
	냉각소화	점화원, 점화에너지를 차단 (발화점 이하로 유지)
	제거소화	가연물 제거 또는 차단
화학적 소화	억제(부촉매)소화	자유라디컬을 제거하여 연쇄반응 차단

13.3 물리적 소화방법

13.3.1 질식소화

1) 질식소화는 연소 지속에 필요한 필수 3요소 중 하나인 산소를 차단하여 산소가 부족한 환경을 조성하여 연소를 지속시키는 화학 반응을 중단시키는 소화방법이다.
2) 질식소화에는 다양한 접근방법과 물질이 사용될 수 있다. 일반적인 접근 방식 중 하나는 방화재 내화성 물질을 사용하여 작은 불씨를 덮어 연소를 억제하는 것이다.
3) 또 다른 접근 방식은 산소를 대체하는 불활성 가스나 화학 물질을 방출하여 연소를 억제하는 것이다.
4) 구체적인 질식소화방법
   (1) 연소범위 이하로 농도유지

① 차단질식 : 화재 발생지 주변의 공기를 완전히 차단하여 산소의 공급을 차단시켜 소화하는 방법이다.

② 희석질식 : 화재 발생지 주변에 불활성 기체(N_2, Ar 등)를 분사하여 산소 농도를 희석하여 연소 범위 이하(15%)로 떨어뜨려 소화하는 방법이다. 또한, 불활성 기체의 첨가는 연소범위를 좁혀 주는 효과도 함께 동반한다.

참고

희석소화와 희석질식의 차이점

- 희석소화 : 가연물, 가연가스 및 산소의 농도를 연소범위 이하로 떨어뜨려 소화하는 방법
  <예시> ① 아세톤에 물을 다량으로 섞음.
  ② 불연성 기체를 화염 속에 투입하여 산소의 농도 감소
- 희석질식 : 산소의 농도를 15% 이하로 희박하게 만들고, 산소의 공급을 차단시켜 소화하는 방법

③ 유화질식 : 가연성액체(중질유 ; 제4류 위험물 중 제3석유류, 제4석유류) 화재 시 포 소화약제를 방사하거나 물을 무상(물방울 형태)으로 고압 방사하여 유류표면에 얇은 막의 유화층(에멀션 효과)을 형성시켜 유류의 증기 발생을 억제할 뿐만 아니라 산소공급도 차단시켜 소화하는 방법이다.

④ 피복질식 : 공기보다 무거운 소화약제를 가연물의 구석구석까지 침투시켜 피복하여 연소물질을 둘러싸 산소의 공급을 차단시켜 소화하는 방법이다.

참고

공기 중의 산소농도

구분	최적비(부피백분율)	중량비(중량백분율)
산소농도	약 21%	약 23%

13.3.2 냉각소화

1) 냉각소화는 화재와 주변 환경의 온도를 낮추어 지속적인 연소에 필요한 온도 이하로 낮춰 소화하는 방법이다.

2) 냉각소화에 가장 효과적인 소화약제는 물이다. 물은 가열된 화재 표면과 접촉하면 상 변화가(액체 → 기체, 수증기) 일어나 잠열을 흡수하여 가연물의 발화점 이하로

낮추는 냉각효과를 갖는다. 이러한 상 변화는 화염을 직접 냉각시킬 뿐만 아니라 물이 기화하면 급격한 부피팽창(약 1,700배)과 함께 수증기가 되어 가연물의 가스, 증기 및 산소의 농도를 낮추는 추가적인 효과도 수반한다.

1) 점화원을 차단하는 소화방법
2) 발열과 방열의 균형을 깨트려 점화에너지를 차단하여 소화한다.
3) 구체적인 소화방법
   ① 액체의 현열, 증발잠열을 이용 – 옥내, 옥외, 스프링클러(S/P), 물분무 등
   ② 열용량이 큰 고체를 이용 – 화염방지기
4) 소화설비 : 옥내소화전설비, S/P, 물분무, 청정소화설비(할로겐화합물) 등

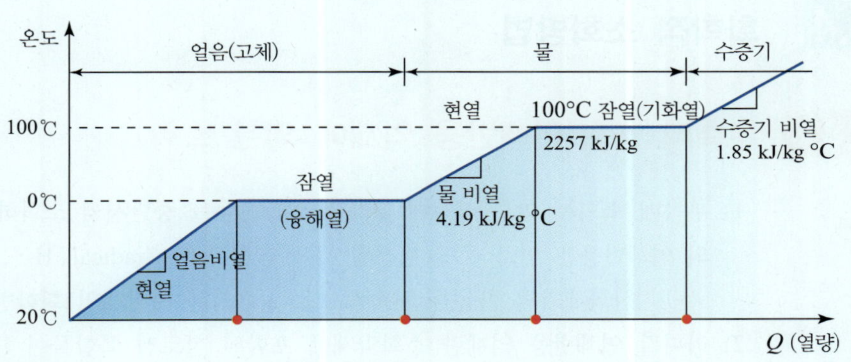

그림 13-2 물의 상변화에 발생하는 현열과 잠열

참고 **증발잠열 비교**

비교	물	이산화탄소	할론 1211	할론 1301	할론 2402
증발잠열[kcal/kg]	539	56.1	32.3	28.4	25.0

13.3.3 제거소화

1) 제거소화는 화재 발생지에 가연물을 제거하거나 그 공급을 차단하여 지속적인 연소에 필수 요소 중 하나 이상을 차단시켜 소화하는 방법이다.
2) 구체적인 제거소화방법
   (1) 양초화재 – 양초의 가연성 증기를 불어서 날려 보내 제거

(2) 유류화재 – 유류탱크 화재 시 탱크 밑으로 유류를 빼내어 가연물을 제거하거나, 질소폭탄을 투하하여 폭풍을 일으켜 유류 표면의 가연성 증기를 날려 보내 제거
(3) 전기화재 – 전기 스위치를 내려 전류의 흐름을 차단하여 전기 공급 제거
(4) 산불화재 – 방화선을 구축하여 화재 진행방향의 나무를 자르거나 맞불로 가연물을 제거
(5) 가스화재 – 가스 밸브를 잠궈 가스를 차단시켜 가연가스 제거

13.4 화학적 소화방법

13.4.1 부촉매 소화(연쇄반응 억제에 의한 소화)

1) 부촉매 소화는 연소 과정에 내재된 연쇄반응을 중단시켜 소화하는 방법이다. 화재의 연쇄반응은 연소 중에 생성된 자유 라디칼(free radical, H・, OH・)이 주변 연료 및 산화제와의 반응을 지속적으로 일으키는 자발적인 화학반응이다.
2) 라디칼 연쇄반응 억제란 소화약제에 포함된 할로겐 화합물이 H・, OH・와 같은 활성라디칼인 연쇄전달체를 포착함으로써 연쇄반응을 차단시키며, 활성화 에너지를 증가시켜 연소반응을 억제시키는 작용이다.
3) 화학적 소화는 깊은 내부에서 타는 작렬연소(심부화재)에는 효과가 없다.

참고 **라디칼**

- 정의 : 화학적으로 하나 이상의 홀전자(unpaired electron)를 가지는 원자 또는 분자
- 홀전자 : 짝을 이루지 못한 전자. 홀전자는 짝을 이루지 못하여 불안정한 상태이다. 이는 홀전자를 가진 원자/분자(라디칼)는 안정한 상태가 되기 위해서(짝을 이루기 위해) 반응성이 크다는 것을 의미한다.

표 13-2 연쇄반응 과정 및 연쇄반응 억제

연쇄반응 과정	연쇄반응 역제(Halon 1301)
$H_2 + e \rightarrow 2H\cdot$ $H\cdot + O_2 \rightarrow OH\cdot + O\cdot$ $OH\cdot + H_2 \rightarrow H_2O + H\cdot$ $O\cdot + H_2 \rightarrow OH\cdot + H\cdot$	$OH\cdot + H_2 \rightarrow H_2O + H\cdot$ $H\cdot + O_2 \rightarrow OH\cdot + O\cdot$ $OH\cdot + HBr \rightarrow H_2O + Br$

13.5 소화약제의 필요조건

1) 소화성능이 뛰어날 것(연소의 4요소 중 1가지 이상을 효과적으로 제거할 수 있을 것)
2) 독성이 없어 인체에 무해할 것
3) 환경영향성이 좋을 것(환경오염의 최소화)
4) 우수한 저장성을 가질 것(안정한 물질)
5) 경제적일 것(가격이 저렴할 것)

CHAPTER 14

물 소화약제

14.1 개요

1) 소화 분야에서 물은 가장 보편적이고 효과적인 소화약제로서, 화재 진압에 있어 근본적인 대응 수단으로 널리 활용된다. 소화 활동에 물을 전략적으로 활용하면 화재의 적응성 또한 높다.
2) 따라서, 일반화재(A급 화재) 뿐만 아니라 주수방법에 따라 유류화재(B급 화재)와 전기화재(C급 화재)에도 적응성을 보인다.
3) 물은 주로 냉각수 역할을 하여 화원의 열을 흡수하고 발산한다. 열은 화염을 지속시키는데 필수적인 요소이므로 물은 온도를 낮춤으로써 연소를 억제할 수 있다.
4) 특히, 물의 상 변화 특성은 소화 효과에 중요한 역할을 한다. 물이 뜨거운 표면과 접촉하면 증기로 전환되면서 잠열을 흡수하여 냉각 효과에 기여하고 물질의 재점화 가능성을 억제할 뿐만 아니라 연료와 산소를 분리하는 물리적 장벽 역할을 하여 연소를 효과적으로 억제할 수 있다.

14.2 물의 물리적 특성

1) 물은 특이한 물리적 특성을 갖춘 화합물이다. 0°C에서 고체(얼음)에서 액체로 녹고, 100°C에서 끓어 기체(수증기)로 변화한다. 이는 물이 상대적으로 높은 녹는점과 끓는점을 가진다는 것을 의미한다. 순수한 물은 무색 · 투명하며, 열팽창 계수가 크고,

최대 밀도는 4°C에서 나타난다.

2) 물은 다양한 상태 변화를 나타내는데, 0°C 이하에서는 고체인 얼음으로, 0 ~ 100°C 까지는 액체인 물로 존재하며, 100°C 이상에서는 기체인 수증기로 변할 수 있다.

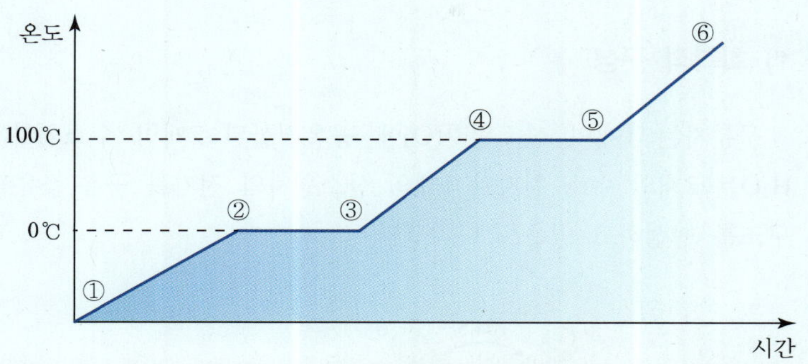

구간	상 태
①~②	고체 상태의 얼음이 존재
②~③	얼음이 가열되어 융해되는 부분으로서 얼음과 물이 공존하는 구간
③~④	물이 점차 가열되어 완전한 액체 상태인 물이 존재
④~⑤	물이 더욱 열을 받아 기화되는 부분으로 물과 수증기가 공존하는 구간
⑤~⑥	수증기가 가열되어 기체 상태로 존재

그림 14-1 물의 상태도

참고 **물의 물리적 특성**

- 비열 : 어떤 물질 1g을 1°C 올리는데 필요한 열량(물의 비열 : 1 cal/g・°C, 얼음의 비열 : 0.487 cal/g・°C)
- 용해열(용융열) : 0°C의 얼음 1g이 0°C의 액체상인 물 1g으로 상(phase)의 변화를 가져오는데 필요한 열량(물의 용해열 : 80 cal/g)
- 기화열(증발열) : 100°C의 물 1g이 기체상인 수증기 1g으로 100°C의 상 변화를 가져오는데 필요한 열량(물의 기화열 : 539 cal/g)
- 잠열(숨은열) : 물질의 형태가 변화하면서 방출하거나 흡수하는 열 (물질의 상태변화 과정 중에는 온도 변화는 없음)

14.3 물의 화학적 특성

14.3.1 물 분자의 구조

1) 화학적 구성

물분자는 1개의 산소원자(O)에 공유결합된 2개의 수소원자(H)로 구성된다. 화학식 H_2O는 2개의 수소 원자가 1개의 산소원자와 전자를 공유(공유결합)하여 안정적인 분자 구조를 형성하고 있음을 나타낸다.

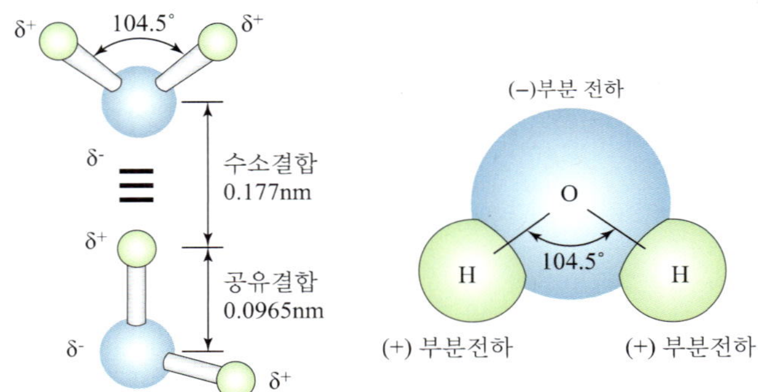

그림 14-2 물 분자의 결합구조

2) 전자 분포

물 분자에서 산소 원자는 수소 원자보다 전기음성도가 높기 때문에, 공유된 전자가 산소 쪽에 더 치우쳐 분포하게 된다. 이로 인해 산소원자에는 부분 음전하(δ^-)를, 수소원자에는 부분 양전하(δ^+)가 형성된다. 이러한 고르지 않은 전하 분포는 물을 극성 분자로 만들며, 고유한 특성을 부여한다.

3) 분자의 기하학

물 분자는 산소의 원자가 껍질에 있는 전사 쌍 사이의 반발로 인해 구부러지거나 V자 모양의 기하학적 구조를 가진다. 이 구조는 두 수소 원자 사이의 결합 각도를 약 104.5° 로 만들며, 이렇게 구부러진 모양은 극성에 기여하고 다른 분자와의 상호 작용에 영향을 미친다.

14.3.2 수소결합(분자간의 결합)

1) 물의 가장 두드러진 특징 중 하나는 수소 결합을 형성하는 것이다. 하나의 물 분자에서 부분 음전하(δ^-)를 띤 산소 원자는, 인접한 다른 물 분자의 부분 양전하(δ^+)를 띤 수소 원자에 끌리게 된다. 이러한 분자 간 결합을 수소결합이라고 부르고, 이 분자간 힘은 높은 표면 장력, 응집력, 다양한 물질을 용해하는 능력과 같은 물의 고유한 특성 중 많은 부분을 담당하고 있다.

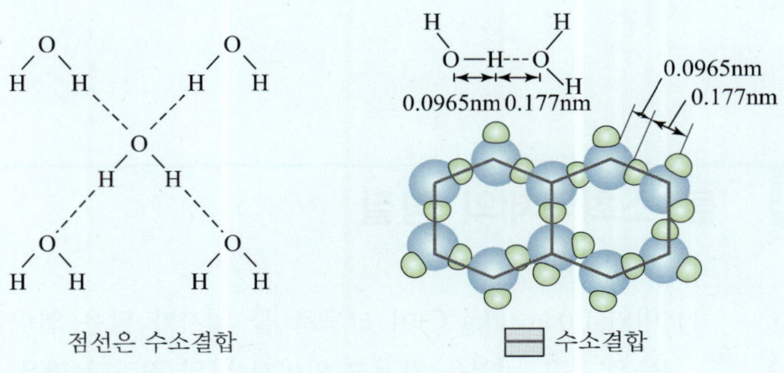

그림 14-3 물 분자의 수소결합

2) 물의 수소결합으로 나타나는 특성

(1) 녹는점과 끓는점이 높다.

물은 수소결합으로 인해 다른 물질에 비해 분자 간 인력이 크기 때문에 분자 간 인력을 끊는 데 많은 양의 에너지가 필요하므로 분자량이 비슷한 다른 물질에 비해서 융해열과 기화열이 크다.

(2) 비열이 높다(열용량이 높다).

비열은 물질 1 g의 온도를 1℃ 높이는데 필요한 열량으로, 물은 비슷한 분자량을 가지는 다른 물질에 비해 비열이 매우 크다. 그 이유는 물 분자간의 수소결합을 끊는 데 많은 양의 열에너지가 필요하므로 온도가 쉽게 오르지 않는다.

(3) 표면장력이 크다.

물 분자는 수소결합에 의해 강한 분자간의 힘을 가지기 때문에 표면장력이 크며, 이슬이 구의 형태를 가지거나 소금쟁이가 물 위에 뜨는 등의 현상이 발생된다.

(4) 물의 밀도가 변한다.

물이 얼음이 될 때 물 분자들이 수소결합에 의해 규칙적으로 배열되어 분자사이에 빈 공간이 많은 육각고리 모양이 되어 단위 질량당 부피(비체적)가 증가해 밀도가 작아진다. 반면에 온도가 0°C 이상으로 상승하면 물이 얼음(고체)에서 물(액체)로 변하면서 수소결합에 의해 형성된 육각고리 구조가 부분적으로 파괴되고, 그 구조가 차지하던 빈 공간이 줄어들면서 부피가 감소하여 밀도는 증가한다.

참고 **물의 밀도**
액체 > 고체 > 기체

14.4 물 소화약제의 성질

1) 비열(1.0 kcal/kg°C)이 크므로 물 입자가 많은 열량을 흡수한다.
물은 높은 비열을 가지고 있어서 단위 질량당 많은 열에너지를 흡수할 수 있다. 이러한 특성으로 인해 물의 온도 상승은 상대적으로 느리며, 주변 온도의 급격한 상승을 억제하는 데 효과적이다.
2) 증발잠열(539 kcal/kg)이 크므로 증발 시 많은 열량을 흡수한다.
물은 높은 증발잠열을 가지고 있어서 액체 상태에서 기체 상태로 상 변화가 일어날 때 많은 열을 흡수한다.
3) 물은 수증기로 기화하면 약 1,700배로 부피가 팽창하여 질식소화 효과가 있다.
물이 수증기로 상 변화가 일어날 때 부피가 크게 팽창하므로, 순간적으로 산소의 농도를 희석시켜 연소범위 이하로 떨어뜨리는 효과를 가지고 있는 동시에 가연가스 및 증기의 농도 또한 떨어뜨리는 효과가 있다.
4) 가격이 저렴하고, 인체에 무해하며 상온에서 물은 무겁고 비교적 안정된 액체이다. (4°C일 때, 밀도가 가장 높음)
물 소화약제 분사 시 상대적으로 높은 타격효과를 낼 수 있으며, 각종 소화약제와 혼합하여 수용액으로 사용할 수 있다.
5) 주수방법에 따라 다양하게 사용할 수 있다.
물 입자 크기가 작을수록 비표면적이 커서 증기로 쉽게 바뀌어 냉각 효과가 크므로 분무하는 방법은 가장 우수한 냉각소화 효과를 보인다.

14.5 물 소화약제의 소화작용

1) 냉각작용

(1) 비열과 기화열이 높다.

높은 비열과 기화열로 화재 시 많은 열량을 흡수하여 가연물의 온도를 인화점, 발화점 이하로 낮추는데 효과적이다. 헬륨(1.25 kcal/kg°C), 수소(3.14 kcal/kg°C)를 제외하고 비열이 가장 크며, 액체 중 기화열(539 kcal/kg)이 가장 크다.

(2) 예시

15°C 물 1 kg이 250°C의 증기로 되는 경우 약 696 kcal 열을 흡수

> (1) 물이 15°C에서 100°C가 될 때
> 1 kg × 1 kcal/kg°C × (100°C − 15°C) = 85 kcal
> (2) 100°C에서 물이 수증기로 기화될 때
> 1 kg × 539 kcal/kg = 539 kcal
> (3) 100°C의 수증기가 250°C의 수증기가 될 때
> 1 kg × 0.48 kcal/kg°C × (250C − 15°C) = 72 kcal
> (4) 15°C의 물이 250°C의 수증기로 되기 위한 필요한 총 열량(Q)
> Q = 물의 현열 + 물의 기화열 + 수증기의 현열
> (5) Q = 85 kcal + 539 kcal + 72 kcal = 696 kcal

참고

- Q (현열) $= mc\Delta t$
- Q (잠열) $= m \cdot \gamma$
- 수증기 비열 0.48 kcal/kg · °C

2) 질식작용

(1) 물이 수증기로 상 변화할 때 대기압 기준 약 1,700배로 팽창된 수증기가 연소면을 덮어 화재 발생지의 산소농도를 연소범위 이하로 떨어뜨리는 질식작용이 발생된다.

(2) 예시 : 액체인 물이 기체로 상 변화에 의한 부피팽창

대기압에서 액체인 물이 기체인 수증기로 상 변화가 일어났을 때의 부피변화

- 물의 밀도 : 1 g/mL
- H_2O분자량 : 18 g/mol
- 이상기체 방정식 : $PV = nRT$

  여기서, P : 압력

  V : 부피

  n : mol수

  R : 기체상수$\left(0.082\,\dfrac{\text{atm} \cdot \text{L}}{\text{mol} \cdot \text{K}}\right)$

  T : 절대온도(K)

  0°C = 273K
- 20°C 물 1 mol 부피(액체) $= 1\text{ mol} \times \dfrac{18\text{ g}}{1\text{ mol}} \times \dfrac{1\text{ mL}}{1\text{ g}} = 18\text{ mL} = 0.018\text{ L}$
- 100°C 물(수증기) 1 mol 부피(기체) $= \dfrac{nRT}{P} = \dfrac{1\text{ mol} \times 0.082\dfrac{\text{atm} \cdot \text{L}}{\text{mol} \cdot \text{K}} \times 373\text{ K}}{1\text{ atm}}$

  $= 30.586\text{ L}$
- 부피 변화 계산 $= \dfrac{0.018\text{ L}}{30.586\text{ L}} = 1{,}699$배

∴ 약 1,700배의 부피변화

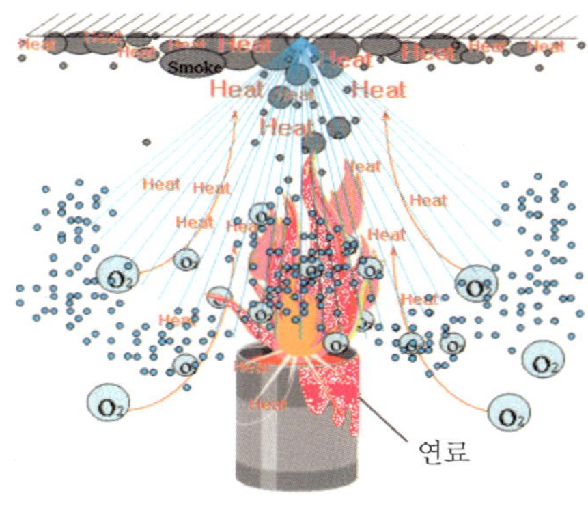

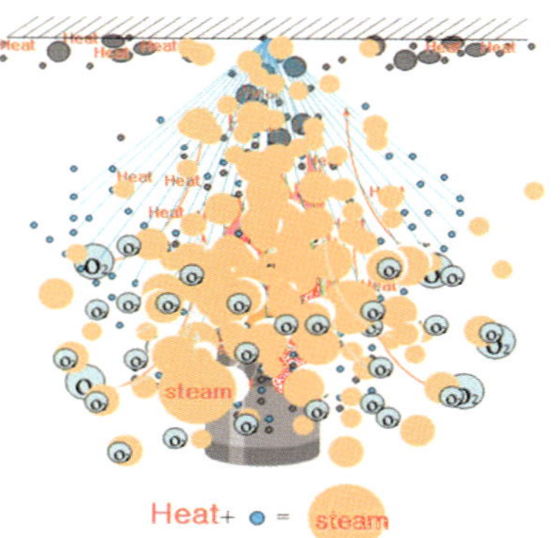

그림 14-4 물소화약제의 냉각, 질식작용

3) 유화작용

(1) 서로 혼합되지 않는 두 액체 중 한 액체가 다른 액체에 미세한 입자로 균일하게 분산된 상태를 에멀전이라고 한다. 물소화약제를 분무노즐을 사용하여 고압으로 분

사할 경우 발생하는 분무상의 미립자가 물보다 비중이 큰 제4류 및 제3류 석유류인 중질유와 접촉하면 유류표면에 얇은 막의 유화층이 형성된다.

(2) 에멀전 효과를 활용한 소화

물의 미립자가 유류의 연소면을 두드려서 유류표면에 얇은 수성막(유면을 덮은 유화층)을 형성시킨다. 이 얇은 막은 공기 중의 산소 공급을 차단하고, 가연성 증기의 발생을 억제함으로써 연소를 차단하는데, 이러한 작용을 유화소화작용(에멀전 효과)이라고 한다.

(3) 유화효과 향상을 위한 조건

유화효과를 높이기 위해서는 유면에서의 타격력을 증가(속도에너지 부가)시켜 주어야 하므로 질식효과의 물방울 입자 크기보다는 약간 큰 크기의 물방울을 고압으로 방사해야 한다. 이러한 고압 방사는 유화층의 형성을 높이므로 유화효과를 최적화하는데 기여한다.

4) 희석작용

(1) 물과 잘 섞이는 수용성 가연물질인 알코올 등의 화재 시, 많은 양의 물을 일시에 방사하여 가연물질의 농도를 연소범위 이하로 희석시켜 소화하는 방법을 희석소화작용이라고 한다.

(2) 희석작용의 또 다른 목적은 상대적으로 인화점 및 발화점이 낮은 인화성 액체 표면에 무상의 미세 물방울(0.1 ~ 1.0 mm의 직경)을 완만하게 분사하여 훨씬 더 높은 인화점을 가지는 혼합 용액을 형성하여 연소를 억제시키는 것이다. 인화성 액체 전체 체적에 대하여 물을 분사하는 것은 많은 물이 필요하고 넘침 현상이 발생할 수 있으므로 바람직하지 않다.

참고 **유화작용과 희석작용의 비교**

유화작용의 경우 유면에서의 타격력을 증가시켜 주어야 하므로 고압으로 무상 물방울을 방사해야 하는 반면, 희석작용은 인화점이 더 높은 혼합용액을 생성시켜 주어야 하므로 유화작용에 비해 더 작은 무상 물방울을 완만하게 분사해야 한다. 단, 희석의 경우에는 물방울이 연료표면에 도달할 수 있도록 물방울의 운동에너지가 충분해야 한다.

5) 타격 및 파괴작용

(1) 일반화재인 A급 화재에 적용되는 소화 전략 중 하나로, 화재 발생 시 물소화약제를 고압으로 방사하여 소화하는 방법이다. 이 방법은 방사노즐로부터 방사되는 고압의 물이 가연물질의 연소위력을 저하시키거나 연소확산을 억제함으로써, 화재가 더 이상 확산되지 않도록 제한하여 소화하는 작용을 의미한다.

(2) 이러한 전략은 물의 물리적 효과를 이용하여 화재를 통제하고 제어하는 데 효과적으로 활용될 수 있다.

14.6 물 소화약제의 주수방법

물 소화약제의 주수형태는 주수되는 물의 모양에 따라 봉상, 적상, 무상으로 구분된다.

1) 봉상주수(water jet)

(1) 봉상 주수방법은 화재 발생 시, 화재 발생 지점 또는 특정 영역에 대량의 물을 한꺼번에 방출하는 물 소화약제의 주수형태이다. 이 방법은 물을 대량으로 빠르게 퍼뜨려 화재를 진압하거나, 특정 영역을 빠르게 냉각하여 연소를 제어하는 데 효과적이다.

(2) 긴 봉 형태의 굵은 물줄기를 가연물에 직접 주수하는 형태로 대부분의 소방용 소화전 노즐의 주수가 여기에 포함되며, 열용량이 큰 일반 고체가연물의 대규모 화재에 유효하다.

(3) 감전의 위험이 있으므로 전기화재인 C급 화재에는 부적합하다.

2) 적상주수(water curtain)

(1) 적상수주는 물을 활용하여 연속된 수막을 수직 또는 수평 방향으로 형성하는 소화방식으로, 이를 통해 불꽃과 열을 효과적으로 차단하거나 특정 영역을 안전하게 보호하는데 활용된다.

(2) 물이 물방울 형태를 가지는 주수 형태로 스프링클러설비 헤드의 주수로 살수라고

도 한다.

(3) 저압으로 방출되기 때문에 물방울의 평균 직경이 0.3～4 mm가 되며, 실내 고체가 연물 화재에 일반적으로 사용된다.

(4) 발화원에 직접 주수되어 화재를 진압하거나 발화원 주변을 적셔서 주변으로의 연소 확대를 방지한다.

그림 14-5 (좌) 봉상주수 (중) 적상주수 (우) 무상주수

3) 무상주수(water mist/fog)

무상수주는 물을 고압으로 분사하여 작은 물방울을 형성해 특정 영역을 덮는 소화방식이며, 화재진압과 확산 방지에 효과적이다.

(1) 물이 안개 형태로 분사되는 주수 방식으로 물분무 소화설비의 헤드에서 방출된다.

(2) 고압으로 방출되기 때문에 물방울의 평균 직경은 0.01～1.0 mm이다.

(3) 일반적으로 유류화재는 물을 사용하면 연소면이 확대되기 때문에 물의 사용이 금지되어 있지만 중질유화재(중질의 연료유, 윤활유, 아스팔트유 등 고비점유의 화재)의 경우에는 무상으로 주수 시 급속한 증발에 의한 질식효과와 함께 에멀전 형성에 의한 유화효과가 가능하다.

(4) 전기 전도성이 낮기 때문에 전기화재에도 사용이 가능하다.

표 14-1 소화효과, 적응화재 및 주수형태

주수방법	모양	적응화재	주 소화효과	설비
봉 상	긴 봉	A급	냉각, 타격, 파괴	옥・내외 소화전
적 상	물방울	A급	냉각, 질식	스프링클러설비(S/P)
무 상	안개	A, B, C급	질식, 냉각, 유화	미분무・물분무설비

14.7 물 소화약제의 장 · 단점

장 점	단 점
• 냉각, 질식, 유화, 희석 소화효과 • 인체에 무해하며 경제적 • 변질의 우려가 없고 장기간 보관 가능 • 비압축성유체로 쉽게 펌핑 및 이송 가능 • 소화효과 증진 첨가제로 소화력 증대 • 화재 성상에 따른 다양한 주수방법	• 영하에서는 동파, 응고현상으로 사용 제한 • 금수성, C급 화재에는 적응성이 떨어짐 • 소화 후 물에 의한 2차 피해 발생 • 수손피해가 큼 • 무상주수 시, 긴 소화시간 요구

14.8 물 소화약제의 첨가제

물 소화약제는 소화력과 안정성을 향상시키기 위해 침투능력, 분산능력과 유화능력 등을 강화하기 위해 다양한 화학물질이 첨가된다. 작은 수량으로 높은 소화효과를 달성하기 위해 물 소화약제에 첨가되는 이러한 화학물질을 총칭하여 첨가제라고 한다.

1) 부동액(Antifreeze agent)

(1) 물의 빙점(0°C) 이하에서 동결 및 응고현상을 방지하기 위해 물 소화약제에 첨가하는 물질이다.

(2) 물이 얼 때 약 9%의 부피 팽창이 발생하여 배관, 기기 등을 파손시킬 수 있기 때문에 난방을 하지 않는 거실, 옥외 노출 배관, 겨울철, 한랭지에 사용한다.

(3) 실제 현장에서는 가격이 고가이고 인체에 유해하여 겨울철 배관시험에만 사용한다.

(4) 주요 첨가제로는 글리세린, 에틸렌글리콜, 프로필렌글리콜과 같은 유기물 첨가제와 염화나트륨, 염화칼슘과 같은 무기물 첨가제가 사용된다.

2) 침윤제(침투제 : Wetting agent)

(1) 물 소화약제는 표면장력이 커서 가연물 내부로 침투가 잘 안되지만 침윤제(계면활

성제)를 첨가하면 물의 표면장력을 감소시켜 침투효과를 높여준다.

(2) 침투제가 첨가된 물을 습윤제(wetting solution)라고 하며 물의 침투가 용의치 않는 면화류화재, 산림화재, 심부화재에 효과적이다.

(3) 약 1% 이하의 계면활성제(글리세린, 프로필렌글리콜 등)를 물과 섞어 사용한다.

> **참고** **표면장력**
> - 사물의 가장 바깥쪽이나 윗부분에서 당기거나 당겨지는 힘
> - 액체 내부 분자들은 주위의 다른 분자들과 인력이 작용하지만, 표면에 있는 분자들은 표면 아래의 분자들과는 인력이 생기지만 표면 위로는 힘이 없기 때문에 아래로 끌어당겨진다.

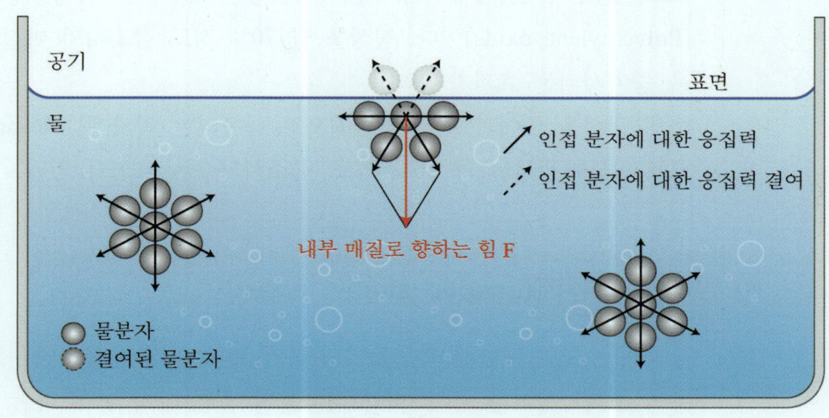

그림 14-6 표면장력

3) 유화제(Emulsifier)

(1) 유화제는 에멀전의 형성을 안정화시키고 촉진하는 물질이다. 에멀전은 기름과 물과 같이 서로 섞이지 않는 두 불용성 액체가 균일하게 분산된 상태를 말하며, 유화제는 이 두 액체 사이의 계면장력을 줄여 혼합을 가능하게 한다.

(2) 열류층을 형성하는 중질유화재에 효과적(중질의 연료유, 윤활유, 아스팔트유)이다.

(3) 주로 계면활성제, 친수성콜로이드를 사용한다.

4) 증점제(Thickening agent)

(1) 증점제는 액체 또는 혼합물에 첨가하여 점도를 높여 젤과 같은 농도를 형성하도록

돕는 첨가제이다. 물은 유동성이 커 소화대상물에 장시간 머무를 수 없기 때문에 물의 점도를 높이기 위해 증점제를 첨가한다.

(2) 농축수(점도가 올라간 물)는 공중에 방사해도 물이 분산되지 않고 화재 발생 지역에 명중할 수 있으며 물도 절약된다.

(3) 대표적인 증점제로는 CMC (Sodium Carboxymethyl Cellulose)와 DAP (Diallyl Phthalate)가 있다.

5) 유동성 보강제

(1) 호스 내의 물의 마찰력을 줄이면 더 많은 양의 방수가 가능해지며 가느다란 호스로도 방수가 가능해진다. 물의 점성을 줄이기 위해 넣는 첨가제가 PEO (Polyethylene oxide)이다. 점성을 약 70% 정도 감소시켜 마찰손실을 줄여 방수량을 증가시키는 효과가 있다.

(2) 물의 점성을 줄이기 위해 일반적으로 사용되는 첨가제는 Rapid water[39]라는 제품으로, 물의 점성을 약 30% 정도 감소시켜주는 효과가 있다.

6) 강화액 소화약제(Loaded stream agent)

(1) 강화액은 물의 제한된 특성을 보완하기 위해 알칼리 금속염류를 용해시켜 만든 수용액 소화약제이다. 이 소화약제는 물의 동결 방지 및 소화 능력을 향상시키기 위해 물에 탄산칼륨(K_2CO_3)을 용해한 것으로 겨울철이나 한랭지에서 사용 가능한다.

(2) 강화액 소화약제는 어는점이 −20°C 이하로 낮고, 독성이 없으며 장기간 보관해도 분해, 침전 등이 일어나지 않는다.

(3) 첨가되는 알칼리금속염류는 탄산칼륨, 탄산나트륨(Na_2CO_3), 황산칼륨(K_2SO_4), 인산암모늄[$(NH_4)_3PO_4$] 등이 있으며, 소화 시, 부촉매효과를 함께 볼 수 있다.

(4) 일반화재(A급)에 적용되며 무상으로 방사할 경우 유류화재(B급)와 전기화재(C급)에도 적응성이 있다.

39) Rapid water : 미국 유니언카바이드(Union carbide)사의 상품명

참고

소화기용 수계 소화약제 적응별 화재 분류(NFPA 10)

소화약제	A급 화재	B급 화재	C급 화재
강화액	○	△	×
침윤제	○	×	×
산-알칼리제	○	×	×
포 소화약제	○	○	×

- ○ : 적용, △ : 소량 사용 시 부적합, × : 부적합

물소화약제 첨가제의 구비조건

① 소화수를 부패시키지 않을 것
② 소화설비를 부식시키지 않을 것
③ 소방대상물에 영향이 없을 것
④ 소화성능을 향상 시킬 것
⑤ 물과의 혼합이 용이할 것
⑥ 독성이 없을 것

14.9 물 소화약제의 사용 시 주의해야 할 특수화재

1) 물은 가장 보편적으로 사용되는 소화약제 중 하나이지만, 특정 가연성 물질의 화재에 대해서는 사용을 금지하거나 주의 깊게 사용해야 한다.
2) 물 소화약제 사용을 금하는 가연물들의 공통적 성상은 물과 격렬한 발열반응을 수반하는 동시에 가연성 가스를 생성하는 것이다.

1) 탄화금속 및 유기금속 화합물

일반적으로 카바이드(탄화칼슘), 과산화물 등과 같은 화학약품은 물과 반응하여 가연성가스와 열이 발생하기 때문에 물을 사용해서는 안 된다. 다음은 가연성 화합물과 물의 화학반응식을 나타낸 것이다.

(1) 탄화칼슘 – $CaC_2 + 2H_2O \rightarrow Ca(OH)_2 + C_2H_2$ (가연성가스)
(2) 트리에틸알루미늄 – $(C_2H_5)_3Al + 3H_2O \rightarrow Al(OH)_3 + 3C_2H_6$ (가연성가스)

(3) 탄화알루미늄 － $Al_4C_3 + 12H_2O \rightarrow 4Al(OH)_3 + 3CH_4$ (가연성가스)

2) 금속

일반적으로 칼륨(K), 나트륨(Na), 알루미늄(Al), 마그네슘(Mg), 칼슘(Ca), 아연(Zn), 티타늄(Ti) 등과 같은 금속은 물과 반응하여 수소 가스를 발생시키고 연소가 확대되기 때문에 물을 사용해서는 안 된다. 다음은 금속과 물의 화학반응을 나타낸 것이다.

(1) 칼륨 － $2K + 2H_2O \rightarrow 2KOH + H_2$ (가연성가스)
(2) 나트륨 － $2Na + 2H_2O \rightarrow 2NaOH + H_2$ (가연성가스)

3) 방사성 금속

방사성 금속의 화재에는 물을 연속적으로 사용해서는 안 되며, 방사성폐기물을 안전하게 보관 및 관리해야 하므로 방사능에 오염된 물의 처리과정도 단순한 문제가 아니다.

참고

주수 소화 시 위험한 물질

① 무기과산화물 : 산소 발생
② 칼륨(K), 나트륨(Na), 마그네슘(Mg), 알루미늄(Al), 금속분 : 수소 발생
③ 가연성 액체의 유류화재 : 연소면의 확대

물질에 따른 저장장소

① 황린, 이황화탄소(CS_2) : 물 속
② 칼륨(K), 나트륨(Na), 리튬(Li) : 석유류(등유) 속
③ 니트로셀룰로오스 : 알코올 속
④ 아세틸렌(C_2H_2) : 디메틸폼아미드(DMF), 아세톤에 용해
⑤ 알킬알루미늄 : 희석제를 넣어 저장

CHAPTER 15

포 소화약제

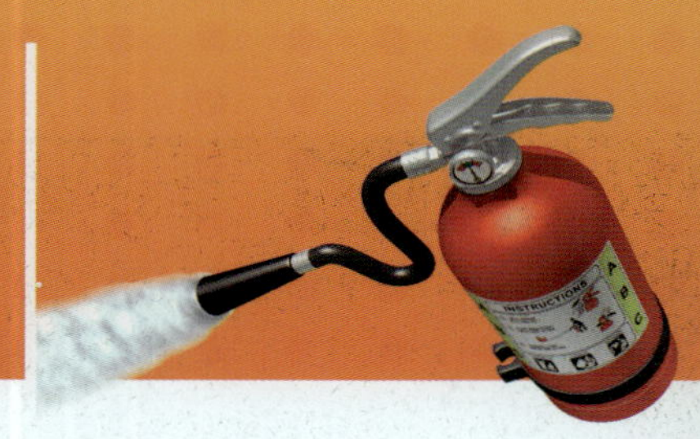

15.1 개요

1) 물에 의한 소화 방법으로는 효과가 적거나 화재 확대가 우려되는 상황에서 포 소화약제를 사용한다. 포 소화약제는 화재 연료 표면 위에 안정적인 포(form)덮개를 형성하여 화재를 억제하고 소화시키기 위해 고안된 특수 소화약제이다. 이 소화약제는 거품이 장벽 역할을 하여 연료와 산소를 분리하고 인화성 증기의 방출을 억제하기 때문에 인화성 액체 화재를 진압하는데 특히 효과적이다.
2) 포를 효과적으로 형성하는 방법으로는 포수용액과 공기를 교반 및 혼합하여 공기를 핵으로 하는 기계포(공기포)가 있고, 서로 다른 두 가지 약제(산성용액과 염기성 용액)를 섞어 화학반응에 의해 생성되는 이산화탄소를 핵으로 하는 화학포가 있다. 지금은 화학포에 의한 포 소화약제는 사용되지 않는다.
3) 포 소화약제에 의한 주요 소화작용은 연소물 표면을 아주 작은 기포로 덮어 공기와의 접촉을 차단하는 질식작용과 물에 의한 냉각작용으로 화재를 효과적으로 진압할 수 있다.

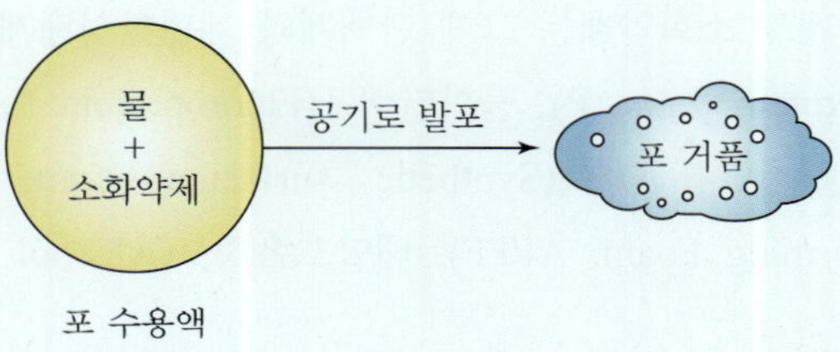

그림 15-1 포 소화약제의 기계포 형성

15.2 포의 종류

1) 화학포 소화약제(Chemical form)

(1) 화학포는 두 가지의 소화약제가 화학반응을 일으켜 생성되는 기체(이산화탄소)를 핵으로 하는 포이다.

(2) 화학포는 A약제인 탄산수소나트륨(중조, 중탄산나트륨, $NaHCO_3$)과 B약제인 황산알루미늄[$Al_2(SO_4)_3$]의 수용액에 발포제와 안정제 및 방부제를 첨가하여 제조한다.

$6NaHCO_3 + Al_2(SO_4)_3 \cdot 18H_2O \rightarrow 6CO_2 + 3Na_2SO_4 + 2Al(OH)_3 + 18H_2O$

(3) 화학반응에 의하여 발생한 이산화탄소 가스의 압력에 의하여 포가 발생한다.

2) 기계포 소화약제(Mechanical form)

(1) 포소화약제와 물을 기계적으로 교반하면서 공기를 흡입하여 발생시킨 포로 일명 기계포 또는 공기포라고 한다.

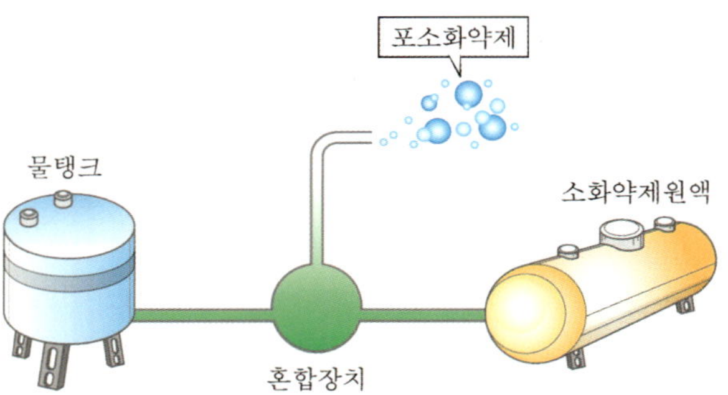

그림 15-2 기계포 소화약제 제조

(2) 기계포 소화약제는 크게 단백계와 계면활성제계로 나누어지며, 단백계에는 단백포(Protein foam, P), 불화단백포(Fluoroprotein foam, FP)가 있고 계면활성제계에는 합성계면활성제포(Synthetic surfactant form, SFs), 수성막포(Aqueous Film Forming Foam, AFFF), 내알코올형포(Alcohol Resistant foam) 소화약제가 있다.

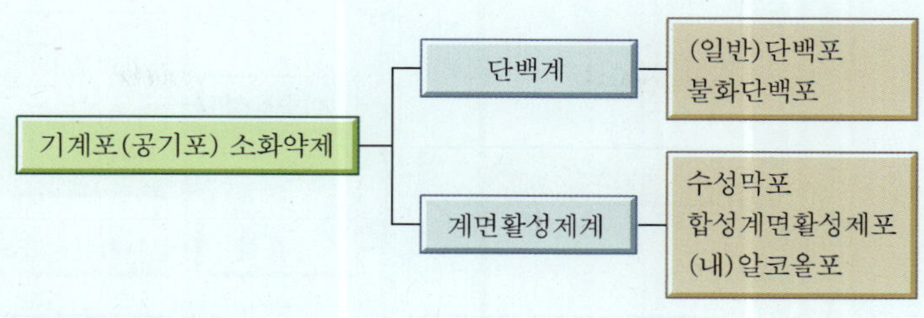

그림 15-3 기계포 소화약제 종류

참고

팽창비[40]에 따른 기계포 소화약제의 분류

1. 포의 팽창 비율은 발포 전 포 수용액(포원액+물)의 부피를 최대한으로 확장한 경우의 발포된 포의 부피와의 비율로 정의한다.
2. 즉, $\text{팽창비율} = \dfrac{\text{발포 후 포의 부피}(m^3)}{\text{발포 전 포 수용액의 부피}(m^3)}$ 로 계산되며, 이 비율에 따라 저발포와 고발포로 구분된다. 국내에서는 저발포와 고발포로 나뉘는데, 저발포에는 기계포의 모든 소화약제가 사용되고, 고발포에는 합성계면활성제가 사용된다.

종류	한국, 일본	미국(NFPA)	유럽
저팽창	20 이하	20 미만	6 이상 50 미만
중팽창	-	20 이상 200 미만	50 이상 500 미만
고팽창	80 이상 250 미만(제1종) 250 이상 500 미만(제2종) 500 이상 1,000 미만(제3종)	200 이상 1,000 미만	500 이상 1,000 미만

3. 고발포 소화약제는 고발포용 고정포 방출구를 사용하며, 창고, 물류시설, 격납고 등과 같은 넓은 장소에서의 급속한 소화에 매우 효과적이다. 특히 소방대의 진입이 곤란한 지하층과 같은 장소에서도 효과적으로 활용된다. 이 외에도 고발포 소화약제는 A급(일반화재), B급(유류화재) 화재 모두에 적응성이 있으며, 특히 B급 화재의 경우 저발포 소화약제보다 다소 적응성이 떨어질 수 있다.

40) 팽창비 = 발생한 포의 체적 / 발포 전의 포 소화약제 수용액의 체적

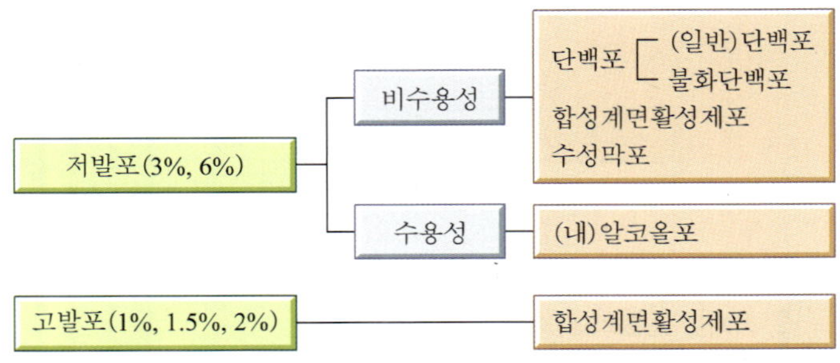

구분	발포배율(팽창비)		종류
저발포	20 이하		단백포, 불화단백포, 합성계면활성제포, 수성막포, (내)알코올포
고발포	제1종	80 이상~250 미만	합성계면활성제포
	제2종	250 이상~500 미만	
	제3종	500 이상~1,000 미만	

그림 15-4 저발포, 고발포의 소화약제 가계도

15.3 포의 성질

1) 소화성능은 포의 성질 중 단친매성과 양친매성으로 나뉘며, 이에 따라 내유성, 내열성, 유동성, 점착성, 안전성 등이 구분된다.
2) 단친매성은 불소를 함유한 물질(불화단백포, 수성막포)로서 물하고만 상호작용하여 유동성이 우수하고 내유성이 뛰어나다. 특히, 표면하 주입방식(SSI, Subsurface Injection Method)에 적합한 특성을 가진다.
3) 양친매성은 물과 기름 모두와 상호작용이 가능하여 점착력이 뛰어나며, 환원시간[41] (Drainage Time)이 길고 입체적인 화재에 효과적이다. 이는 주로 합성계면활성제포에서 나타나는 특성으로, 기름이 있거나 오염된 환경에서는 표면 하 주입방식에 적합하지 않다.
4) 표면장력을 낮추면 환원시간(Drainage Time)이 짧아져 내열성이 감소하는 특성이 있다. 이는 주로 수성막포에서 나타나며, 이러한 속성은 특히 화재를 신속하게 진압해야 하는 상황에서 유용하다.

41) 환원시간 : 방출된 포가 원래의 포수용액으로 환원되는데 소요되는 시간

15.4 기계포 소화약제의 종류와 특성

1) 수성막포(Aqueous Film Forming Foam, AFFF)

(1) 수성막포(AFFF)는 석유, 휘발유 또는 제트 연료와 관련된 인화성 액체 화재를 진압하는데 일반적으로 사용되는 소화약제의 한 종류이다. AFFF는 인화성 액체 표면에 얇은 막을 형성하여 인화성 증기의 방출을 방지하고 화재를 진압하는데 도움이 되는 장벽을 형성하기 때문에 특히 효과적이다.

(2) 수성막포 소화약제는 불소계 화합물 계면활성제가 주성분으로 탄화수소 화합물 계면활성제의 수소원자 전부 또는 일부가 불소원자로 치환된 계면활성제가 주체이다.

(3) 수성막포 소화약제가 유면에 방사되면 포에서 유동성이 뛰어난 불소계 계면활성제의 수용액이 빠르게 흘러내려 기름 표면에 거품과 수성막이 형성되어 기름의 증발을 억제하는 동시에 내유성과 유동성이 우수한 포가 수성막 위를 덮어주기 때문에 빠른 초기 소화속도가 요구되는 기름층이 엷은 유출화재나 항공기 화재에 적합하며, 기름에 오염이 되지 않아 표면 하 주입방식에 효과적이다. 또한, 내약품성으로 분말소화약제와 함께 2약제(Twin Agent System)방식의 소화가 가능하다.

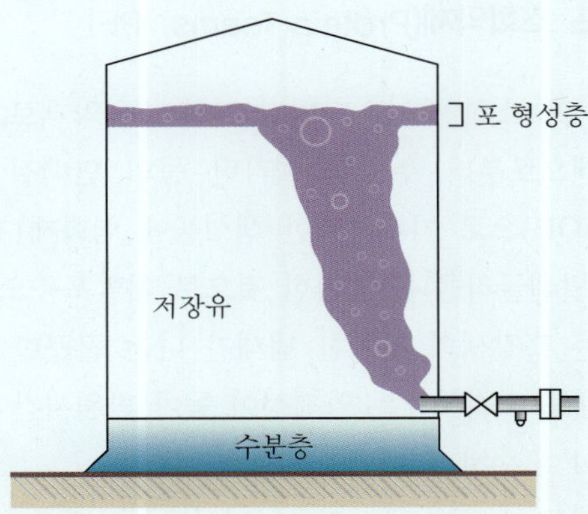

그림 15-5 표면 하 주입방식

(4) 수성막포 소화약제는 내열성이 약해 탱크 내벽을 따라 잔불이 남게 되는 Ring Fire(윤화) 현상이 일어날 우려 있어 이를 방지하기 위해서 탱크 벽면에 물분무, 미분부설비(Water Spray) 등과 병용설비를 해야 효과적이다.

2) 내알코올형포 소화약제(Alcohol Resistance foam, ARF)

(1) 내알코올형포는 알코올 기반 연료이며 극성 용제 및 기타 탄화수소와 같은 인화성 액체와 관련된 화재를 진압하기 위해 고안된 특수한 유형의 소화약제이다. 물과 친화력이 있는 알코올류, 케톤류, 에스테르류, 아민류 등과 같은 수용성 극성 용매의 화재에 일반 수성막포 소화약제를 사용할 경우, 수용성 용매가 포 속의 물을 탈취하여 포가 파괴되기 때문에 소화효과가 떨어질 수 있다. 이러한 특정 화재에 효과적인 소화약제 개발의 결과물로 내알코올형포 소화약제가 제조되었다.

(2) 수용성 극성 용매는 서로 끄는 힘이 있어 포가 수용성 액체와 접하면 포에 함유된 수분이 급속히 극성 용매 쪽으로 녹아 들어가 포가 탈수되어 순간적으로 소멸된다. 이와 동시에 수용성 극성 용매는 거꾸로 포쪽으로 이동하여 수분과 수용성 액체가 서로 자리바꿈 하는 치환 현상이 일어나고, 이 과정에서 포를 구성하는 유기물이 응고되어 포막이 깨지게 된다.

(3) 이러한 현상을 방지하기 위해 점성이 크고, 단백질의 가수분해물질, 계면활성제를 첨가하여 제조한 소화약제를 내알코올형포 소화약제라고 한다. 포막 파괴(파포)현상을 방지하기 위해 계면활성제에 금속 비누 등을 첨가하여 유화·분산 시키는 현상을 비누화 현상이라고 한다.

3) 단백포 소화약제(Protein foams, PF)

(1) 단백포 소화약제는 단백질 기반 소화약제로, 주로 동물의 뼈, 발톱 등에 포함된 콜라겐으로부터 추출한 젤라틴 등의 단백질 또는 식물성 단백질을 수산화나트륨(NaOH)으로 가수분해한 생성물에 염화제1철($FeCl_2$)의 포 안정제, 방부제, 부동액(에틸렌글리콜)을 첨가한 것으로 저발포용으로 이용된다. 이와 같은 단백포 소화약제는 흑갈색의 특이한 냄새가 나는 끈끈한 액체의 소화약제이다.

(2) 단백포 소화약제는 안정성이 높아 환원시간이 길어 포가 잘 소멸하지 않으며, 내열성이 우수하여 제연효과가 뛰어나다.

(3) 단백포 소화약제는 점착성이 높아 한랭지에서는 낮은 유동성과 내유성 때문에 소화효과가 떨어져 화재 진압이 느리다.

(4) 단백포 소화약제는 양친매성(물과 기름에 모두 친함)이므로 유류유출 화재 및 유류저장탱크화재에도 사용 가능하며 3%형과 6%형이 있다.

4) 불화단백포 소화약제(Fluoro-protein foams, FPF)

(1) 불화단백포 소화약제는 단백포 소화약제에 불소계 계면활성제를 첨가하여 제조된 포 소화약제를 뜻한다. 이 포 소화약제는 단백포와 수성막포의 단점을 보완한 약제로 포가 기름에 오염되지 않기 때문에 수성막포소화약제와 같이 표면하 주입방식을 취할 수 있다. 또한 거품이 화염에 타거나 열에 의해 소멸되지 않아 대형 유류 탱크설비에 가장 적합한 포 소화약제이다.

(2) 단친매성으로 물하고만 친하므로 유동성이 뛰어나 화재를 신속하게 제어 소화할 수 있고, 장기보관이 가능하다.

5) 합성계면활성제포 소화약제(Synthetic foams, SF)

(1) 천연이나 단백질 기반 발포제와는 달리, 합성 계면활성제는 특정 표면 활성 특성을 나타내도록 화학적으로 설계된 화합물이다. 이러한 합성계면활성제는 소방용 등 특정 용도에 맞게 맞춤 설계가 가능하다. 계면활성제는 물의 표면장력을 감소시켜 물이 표면에 더 쉽게 퍼지고 안정적인 거품 구조를 형성할 수 있도록 도와준다.

(2) 이러한 포 소화약제는 발포배율에 따라 저발포형(약제농도 : 3%, 6%)과 고발포형(약제농도 : 1%, 1.5%, 2%)으로 나뉜다. 저발포형은 내열성 및 내유성이 떨어져 단백포보다 유류화재에 적응성이 낮으며, 이로 인해 일반적으로 고발포형으로 사용한다.

(3) 합성계면활성제포 소화약제는 양친매성으로 물과 기름 모두 친하고 고발포형인 경우 점착력이 좋아 유동성이 작고 내유성이 약하며, 수분이 적어 포가 빨리 소멸하므로 내열성이 약해 적열된 탱크벽의 영향으로 윤화(ring fire)현상이 발생할 위험이 있으므로 대규모 석유탱크 화재에는 부적합하다.

상기의 약제 중 중요 포소화약제의 특성에 대해서 간단하게 정리하면 다음 표 15-1과 같다.

참고 **포소화약제의 구비 조건**

(1) 포의 안정성이 좋아야 한다.
(2) 포의 내유성, 유동성이 좋아야 한다.
(3) 포의 소포성이 적어야 한다(포의 내열성이 좋아야 한다).
(4) 유류와의 점착성이 좋고 유류의 표면에 잘 분산되어야 한다.
(5) 독성이 없어 인체에 무해해야 한다.

표 15-1	기계포 소화약제의 종류 및 특성			
분류	단백포	불화단백포	합성계면활성제포	수성막포
주성분	가수분해한 동·식물성 단백질 +염화제1철	단백포 +불화계면활성제	계면활성제 +포 안정제	불화계면활성제 +포 안정제
소화성능	양친매성 점착성이 좋음 재연방지효과 우수	단친매성 내유성, 유동성 좋음 SSI 방식 사용	양친매성 점착성이 좋음 고팽창포 사용	단친매성 내유성, 유동성 좋음 소화성능 가장우수
내유성	×	○	고(×)	○
내열성	○	○	고(×)	× (Ring Fire)
유동성	×	○	고(×)	○
점착성	○	×	고(○)	×
부패	○	×	×	×
고발포	×	×	○	×
장소	탱크, Pool Fire	탱크, Pool Fire	비행기 격납고 등	탱크, Pool Fire 항공기 유출화재

- 고(×) : 합성계면활성제포의 고발포형을 사용할 경우 내유성, 유동성이 좋지 않다는 것을 의미함.
- 고(○) : 합성계면활성제포의 고발포형을 사용할 경우 점착성이 좋다는 것을 의미함.

15.5 포소화약제 공기포 혼합장치(방식)

1) 포소화약제 공기포 혼합장치는 물과 포약제를 정확하게 혼합하여 원하는 농도의 포 수용액을 만드는 장치로 3%, 6%형이 있으며, 혼합장치로는 벤츄리관이나 오리피스가 사용되고 포소화약제가 혼합되는 방식은 탱크 내 압입과 벤츄리관의 흡입에 의해서 이루어진다.
2) 벤츄리 효과(Venturi effect)는 물이 좁은 관(벤츄리 튜브)을 통과할 때 유속이 증가하고 정압이 감소하면서 흡입 효과가 발생하는 현상이다. 이 흡입 작용을 통해, 흐르는 물의 힘으로 제어된 속도로 포 약제가 끌려 들어와 혼합이 자동적으로 이루어진다.

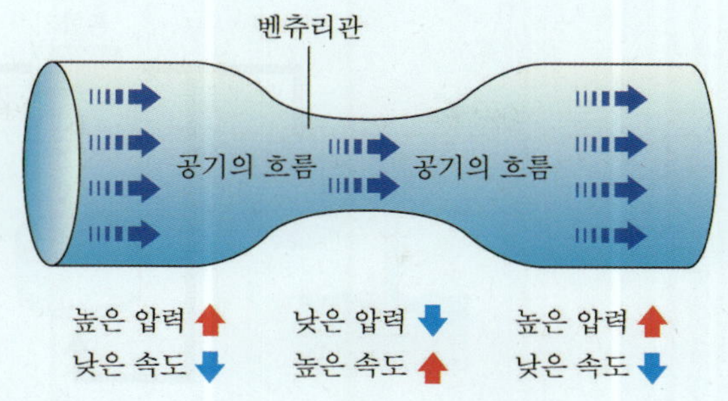

그림 15-6 벤츄리 효과

(1) 라인 프로포셔너(Line Proportioner)

① 라인 프로포셔너는 펌프와 발포기 사이에 설치된 벤츄리관을 활용하여 포소화약제와 물을 섞는 방식이다. 이 장치는 물이 직경이 좁은 벤츄리관을 통과할 때 생기는 감압 현상을 활용하여 포소화약제를 약제탱크에서 흡입하고 벤츄리관 내에서 물과 혼합하는 방법으로 소형이며 경제적인 방식이다.

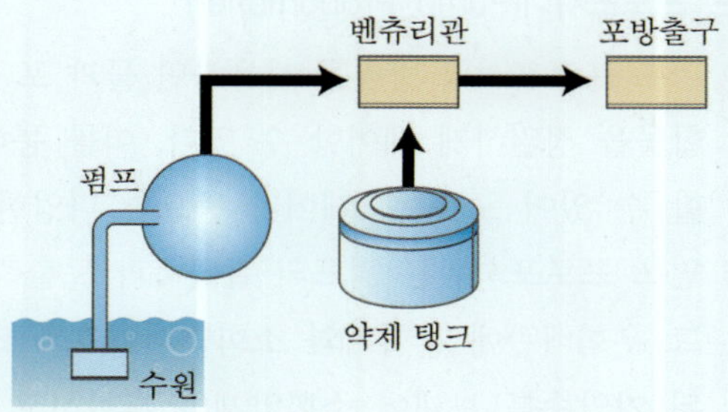

그림 15-7 라인 프로포셔너 개략도

② 라인 프로포셔너는 혼합 공정의 정확성을 확보하여 일정하게 제어된 포를 생산할 수 있다. 이 방식은 일정한 특성을 요구하는 다양한 응용 분야에 적합하며, 성능 표준을 유지하면서 발포제 사용을 최적화하는데 도움이 된다.

(2) 프레셔 프로포셔너(Pressure Proportioner)

① 프레셔 프로포셔너의 발포 혼합방법은 물과 소화약제의 농축액을 압력 하에서 비례적으로 혼합하여 일정하게 제어된 포를 생성하는 장치이다. 이 방식을 활용하면 물과 소화약제 농축액 스트림(stream)의 압력을 조절하여 포 농도를 즉석에서 조정할 수 있다.

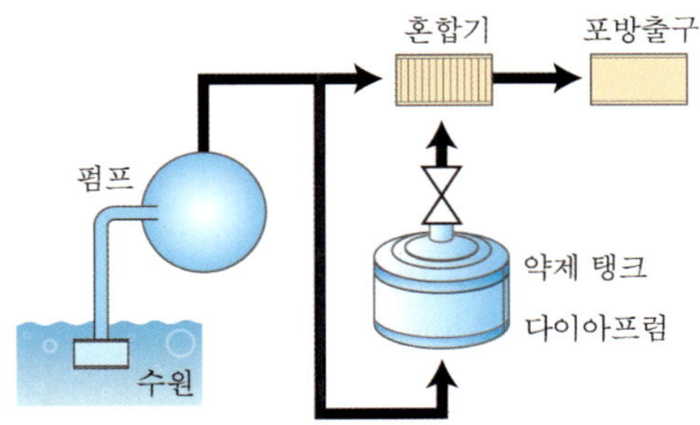

그림 15-8 프레셔 프로포셔너 개략도

② 이 장치는 펌프와 발포기 사이에 설치된 벤츄리관에서 발생하는 감압과 펌프에서 토출된 가압수를 이용하여 약제탱크 내의 소화약제를 혼합기로 보내어 물과 섞는 방식이다. 이러한 방식은 라인 프로포셔너보다 더 효율적으로 소화약제와 물을 혼합할 수 있다.

(3) 펌프 프로포셔너(Pump Proportioner)

① 펌프 프로포셔너 방식을 사용하면 물과 포 농축 펌프의 유량을 조절하여 포 혼합물을 정밀하게 제어할 수 있다. 이를 통해 일정한 품질과 성능의 포를 생성할 수 있어 포 생성 제어가 중요한 다양한 응용 분야에서 효과적이다.

② 펌프 프로포셔너는 펌프의 흡입측과 토출측을 우회(bypass)배관으로 연결하고, 그 우회배관에 혼합기와 소화약제탱크를 연결하여 혼합기에 펌프로부터 토출된 가압수를 보내어 소화약제와 혼합하고, 혼합된 수용액 소화약제는 펌프를 통해 발포기로 보내는 방식이다.

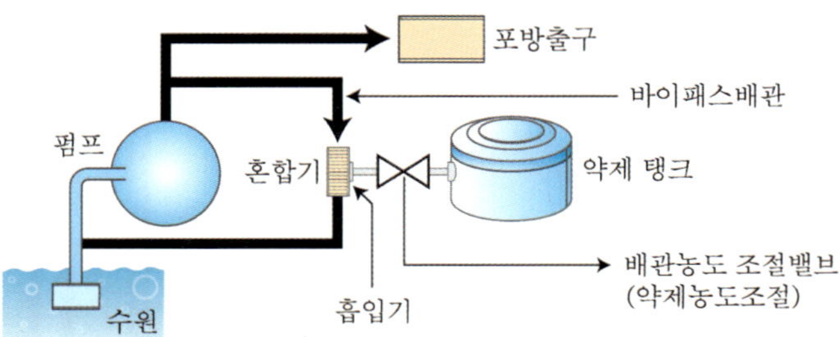

그림 15-9 펌프 프로포셔너 개략도

(4) 프레셔 사이드 프로포셔너(Pressure Side Proportioner)

① 프레셔 사이드 프로포셔너는 물과 소화약제 농축액을 압력 하에서 비례적으로 혼합하는 데 사용되는 장치이다. 이 장치는 다양한 수압 조건에서도 일정한 혼합 비율을 유지하는 성능으로 높은 평가를 받고 있다.

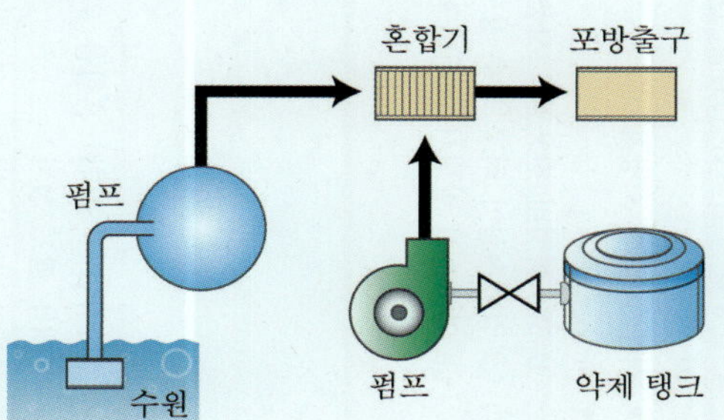

그림 15-10 프레셔 사이드 프로포셔너 개략도

② 이 시스템은 두 개의 펌프를 활용하며, 하나는 물을 흡입 및 토출 하고, 다른 하나는 소화약제를 흡입 및 토출한다. 압입기(혼합기)는 두 펌프의 토출측에 설치되어 물과 소화약제를 압입시켜 혼합하는 방식으로 대형설비에 사용된다.

표 15-2 공기포소화약제의 혼합 방식

혼합 방식	개 요	특 징
펌프 프로포셔너 (Pump Proportioner)	펌프의 흡입측과 토출측을 Bypass배관으로 연결하고 그 Bypass배관 도중에 혼합기와 포소화약제탱크를 접속하여 혼합기에 펌프에서 토출된 물을 보내고(가압송수용 펌프) 포소화약제탱크에서 펌프 흡입측으로 소화약제를 보내 혼합하는 방식. 펌프 혼합방식이라고도 한다. 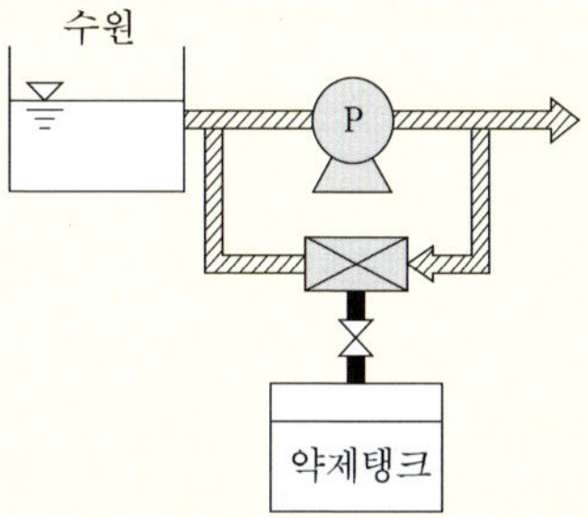 수원 / P / 약제탱크	• 혼합방법 – 완벽한 혼합을 위해 가압송수용 펌프 설치 • 적용 – 화학 소방차 • 특징 ① 포소화설비 전용펌프 사용 ② 압력손실이 적고 보수 용이 ③ 압력손실 발생시 약제탱크쪽으로 물이 역류
프레져 사이드 프로포셔너 (Pressure Side Proportioner)	가압송수용 펌프외에 별도의 포소화약제용 펌프를 설치하고 펌프의 토출관에 혼합기를 접속하여 포소화약제를 압입시켜 혼합하는 방식. 압력 혼합방식이라고도 한다. 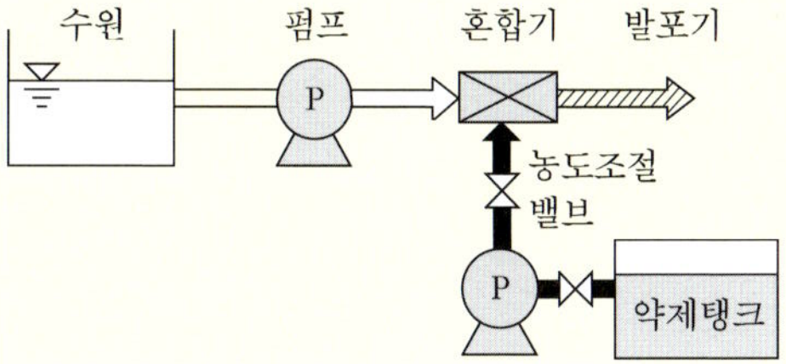 수원 / 펌프 / 혼합기 / 발포기 / P / 농도조절 밸브 / P / 약제탱크	• 혼합방법 – 완벽한 혼합을 위해 가압송수용, 포소화약제용 펌프 설치 • 적용 – 비행기 격납고, 석유화학 플랜트 등과 같은 대단위 고정식 소화설비 • 특징 ① 혼합기 압력손실이 적다. ② 혼합기의 유량범위가 넓다. ③ 장기간 보존가능하며 운전 후 재사용 가능하다. ④ 시설 거대화로 초기 투자비가 비싸다. ⑤ 약제탱크의 토출압력이 급수펌프 토출압력보다 낮으면 원액유입 안 됨.

혼합 방식	개 요	특 징
라인 프로포셔너 (Line Proportioner : LP)	펌프와 발포기 중간에 포소화약제 탱크와 혼합기를 접속하고 혼합기의 벤츄리효과에 의해 포소화약제를 흡입 혼합하는 방식. 관로 혼합방식이라고도 한다. 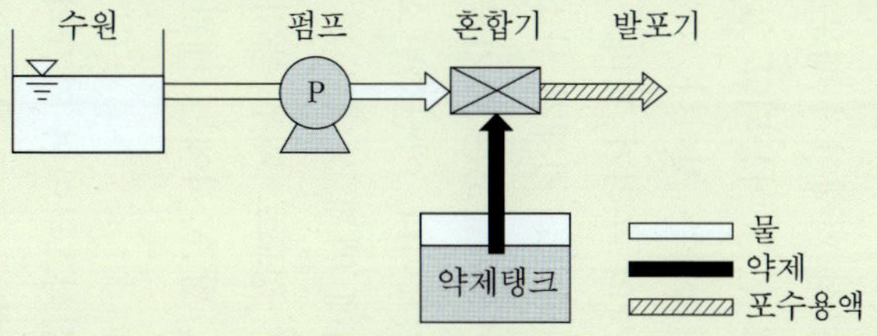 	• 혼합방법 – 벤츄리효과 • 적용 – 포소화전, 소규모 또는 이동식 소화설비 • 특징 ① 혼합기의 압력손실이 크다. ② 흡입가능 유량범위가 좁다. ③ 흡입가능 높이 1.8 m 이하 ④ 가격이 저렴하고 시설용이
프레져 프로포셔너 (Pressure Proportioner : PP)	펌프와 발포기 중간에 포소화약제탱크와 혼합기를 접속하고 혼합기의 벤츄리효과와 포소화약제탱크의 압력에 의해 포소화약제를 흡입 혼합하는 방식. 차압 혼합 방식이라고도 한다. 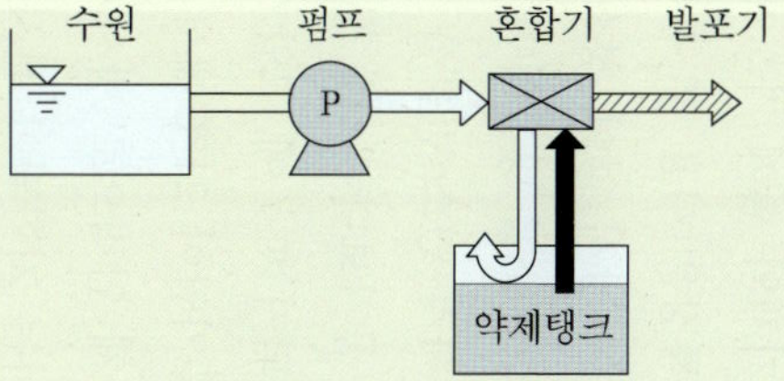 〈압입식〉(약제:단백포) 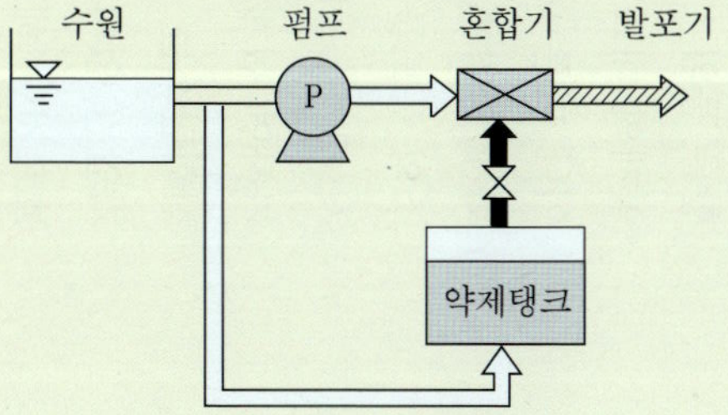 〈압송식〉(약제:수성막포)	• 혼합방법 – 벤츄리효과 + 탱크 압력 • 적용 – 대부분의 건물에 적용(90% 이상) • 특징 ① 혼합기의 압력손실이 적다. ② 흡입가능 유량범위가 넓다(50～200%). ③ 흡입비 도달시간 소요(소형 : 2～3분, 대형 : 5분) ④ 물과 비슷한 소화약제 혼합 곤란

CHAPTER 16

이산화탄소 소화약제

16.1 개요

1) 이산화탄소는 더 이상 산소와 반응하지 않는 비활성 기체이기 때문에 질소, 아르곤, 할론 등의 비활성기체와 함께 가스계 소화약제로 널리 이용되고 있다. 가스계 소화약제의 대표적인 특징은 사용 후 잔류물이 거의 없다는 것이다. 따라서 소화 후 물이나 다른 이물질이 남지 않아 청소나 추가 손상의 우려가 적다.
2) 화재 영역에 이산화탄소를 방출하면 가압된 이산화탄소 기체가 산소를 밀어내어 산소의 농도를 희석시켜 연소 반응을 억제한다. 이산화탄소는 유기물의 연소에 의해서 생기는 가스로 공기보다 1.5배 정도 무거운 기체이다. 이산화탄소 기체에 압력을 가하면 쉽게 액화되기 때문에 고압가스 용기 내에 액체 상태로 저장한다. 액체 이산화탄소는 자체증기압이 21°C에서 57.8 kg/cm^2 정도로 매우 높기 때문에 별도의 가압원 없이도 자체 압력으로 방사가 가능하다. 방출 시에는 배관 내를 액상으로 흐르지만 헤드에서는 기화되어 분사된다.
3) 이산화탄소 소화약제의 가장 주된 소화효과는 질식효과이며 약간의 냉각효과가 있어 보통 유류화재(B급 화재), 전기화재(C급 화재)에 주로 사용되며 밀폐상태에서 방출되는 경우 일반화재(A급 화재)에도 사용이 가능하다.

16.2 이산화탄소 소화약제의 물성

1) 상온에서 무색・무취・무미의 기체로서, 공기 중에 약 0.03% 체적비로 존재하고, 부식성이 없으며 압축냉각하면 쉽게 액화할 수 있다. 다른 물질과 달리 대기압 상태에서 액체가 아닌 기체 상태와 고체 상태로만 존재한다.

표 16-1 이산화탄소의 물성

구분	물성	구분	물성
분자량	44 g/mol	임계온도	31.35°C
비중	1.52	임계압력	72.8 atm
증발잠열	56.1 kcal/kg	융해열	45.2 kcal/kg
삼중점	−57°C	비점	−78°C

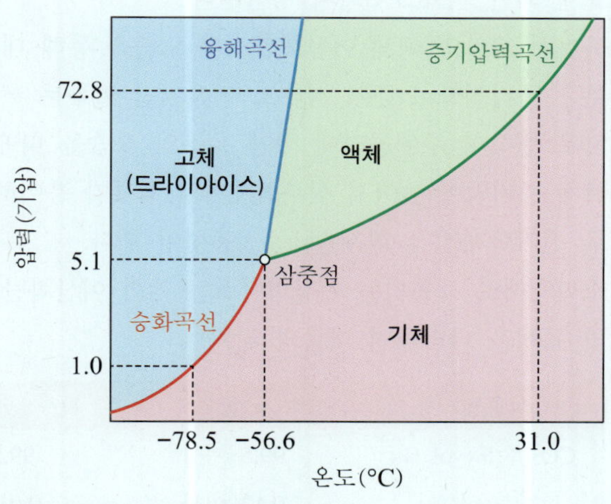

그림 16-1 이산화탄소의 열역학적 압력 - 온도 상태도

2) 이산화탄소는 1기압에서 액체 상태를 거치지 않고 고체에서 직접 기체로 승화한다. 그림 16-1에서 고체와 액체상의 평형을 나타내는 선(파란색 선)이 물의 경우와 달리 액체 쪽으로 기울어 있다. 따라서 고체 이산화탄소에 압력을 가하여도 액체로 변하지 않고, 액체 이산화탄소에 압력을 가하면 고체가 된다. 삼중점(−56.7°C, 5.1 atm)에서 임계점(31.35°C)까지는 액체와 기체의 혼합 상태이며(액상과 기상의 경계가 이루어지는 것) 임계점 이상에서는 기체상태만 존재한다.

그림 16-2 드라이아이스의 기화

3) 고압용기 속의 액체 이산화탄소는 방출되면 용기내의 증기압이 감소되고 액체의 일부가 증발하면서 단열팽창효과에 의해 잔존액체는 점점 더 냉각되다가 삼중점에 이르게 되면 이산화탄소는 Dry Ice로 변하게 되며 압력을 더 저하시켜 대기압까지 이르게 되면 −78.5°C까지 냉각된다.
4) 따라서 고압의 액체 이산화탄소를 노즐을 통해 대기 중에 방출하면 액체의 상당부분은 즉각적으로 증기 상태로 변하지만 일부는 −79°C의 극히 미소한 Dry Ice 입자로 변하여 주위공간에 하얀 운무의 모습을 띠게 된다.
5) 자체 증기압이 높아서 심부화재까지 침투가 용이하며, 전기적으로 비전도성을 띠므로 전기화재(C급 화재)에도 적응성이 좋다.
6) 소화약제로 사용되는 이산화탄소는 액화 이산화탄소 제2종과 제3종을 말하며 순도 및 특성을 나타내면 다음과 같다.

종별	1종	2종	3종
CO_2 순도(vol %)	99.5 이상	99.5 이상	99.9 이상
수분(vol %)	0.12 이하	0.012 이하	0.005 이하
특성	무색, 무취, 무미		

16.3 이산화탄소 소화약제의 소화원리

이산화탄소 소화약제의 소화원리에는 산소농도의 희석 감소에 의한 질식소화, 가스 방출 시 기화열에 의한 냉각소화, 비중이 공기보다 무겁기 때문에 연소 중인 가연물에 대한 피복소화가 있다. 이중에서 가장 주된 소화원리는 질식소화이다.

1) 질식효과

(1) 공기 또는 산소보다 비중이 1.53으로 무거운 이산화탄소가 화재영역에 방출되면서 가연물 표면에 비활성 기체층을 형성하여 외부의 공기를 차단하거나, 공기 중의 산소농도(21%)를 15% 이하로 떨어뜨려 소화하는 작용이다.

(2) 이론적인 최소소화농도는 다음 수식으로 구할 수 있으며, 최소설계농도는 이론적으로 구한 최소소화농도에 일정량의 여유분(일반적으로 20%)을 더해서 구한다.

$$CO_2(\%) = \frac{21 - O_2}{21} \times 100$$

여기서, 21 : 공기 중 산소농도(%)

O_2 : CO_2 방출 후의 산소농도

표 16-2 가연성 기체에 따른 한계산소농도, 최소화농도 및 최소설계농도

가연성 기체	한계산소농도 (vol %)	최소소화농도 (vol %)	최소설계농도 (vol %)
수소(Hydrogen)	7.98	62	74.4
일산화탄소(Carbon Monoxide)	9.87	53	63.3
아세틸렌(Acetylene)	9.45	55	66.0
에틸렌(Ethylene)	12.39	41	49.2
벤젠(Benzene)	14.49	31	37.2
메탄(Methane)	15.96	24	28.8
에탄(Ethane)	14.07	33	39.6
프로판(Propane)	14.70	30	36.0
부탄(Butane)	15.12	28	33.6

(3) 이산화탄소의 최소설계농도는 보통 34 vol% 이상으로 설계하기 때문에 수식으로 산출된 값이 34 vol% 이하일 때에도 34 vol%로 설계해야 한다. 34%의 이산화탄소 소화기로 방출 시 산소농도를 14%로 낮추어 질식소화 한다.

문제 CO_2 방출 시 산소농도를 14%로 떨어뜨리기 위한 CO_2의 농도를 계산하시오.

답 33.3%

풀이 $CO_2(\%) = \frac{21-14}{21} \times 100 = 33.3\%$

참고 **일반적인 가연물질의 한계산소농도**

가연물질의 종류		한계산소농도(vol %)
고체 가연물질	종이, 섬유류	10 이하
액체 가연물질	가솔린, 등유	15 이하
기체 가연물질	수소	8 이하

2) 냉각 효과

(1) 고압으로 저장된 액체 이산화탄소가 방출될 때 액체에서 기체로 기화하면서 주위의 열을 흡수하여 화재영역의 온도를 발화점 이하로 냉각시켜 소화하는 것을 말한다.

참고 **샤워하고 나왔을 때 춥게 느껴지는 이유**

샤워하고 나왔을 때 춥게 느껴지는 이유는 몸에 있는 물이 증발(액체에서 기체로 기화)하면서 몸의 열을 흡수하기 때문이다

(2) 이산화탄소는 유류탱크 화재와 같이 불타는 물질에 직접 방출되는 경우에 가장 효과적인 소화작용을 발휘한다. 산소농도 저하로 인한 질식 효과가 사라진 후에도 냉각된 유류는 연소에 필요한 가연성 기체를 증발시키지 못하여 재연소를 방지할 수 있다. 특히, 방출되는 이산화탄소에 미세한 Dry Ice 입자가 함유되어 있는 경우, 냉각효과가 더욱 증가하게 된다.

3) 피복 효과

(1) 21°C에서 공기비중이 1이라면 이산화탄소의 비중은 약 1.5배 정도의 비중을 가진다. 따라서 이산화탄소는 미연소된 가연물의 표면뿐만 아니라 내부의 구석구석까지 침투하여 가연물질의 주위를 둘러싸 산소의 공급을 차단하는 피복효과를 보인다.
(2) 이산화탄소의 상대적으로 높은 비중의 특성 때문에 심부화재에도 적응성을 가진다.

참고 **이산화탄소 소화약제의 장 · 단점**

① 장점
- 진화 후 소화약제에 의한 오손이 없음.
- 외부동력 없이 자체압력으로 방출 가능
- 공기비중의 1.5배로 심부까지 침투용이
- 증발잠열이 커서 증발 시 많은 열량 흡수
- 기화 팽창률이 큼(15°C 방출 시 534 L로 팽창).
- 일반화재(실이 밀폐인 경우), 전기화재에 적용 가능

② 단점
- 질식의 위험성이 있음
- 고압가스이므로 저장 및 취급 주의
- 소화시간이 다른 소화약제에 비해 김.
- 기화 시 급랭하여 동상의 우려가 있음.
- 흰색운무에 의한 가시도 저하
- 온실가스로서 지구온난화 유발물질
- 방사 시 소음이 큼.

16.4 이산화탄소 소화약제의 적응성 및 비적응성

1) 적응성

(1) 유류화재(B급 화재), 전기화재(C급 화재)에 주로 사용되며 밀폐상태에서 방출되는 경우 일반화재(A급 화재)에도 사용이 가능하다.
(2) 진화 후 소화약제의 오손이 없으므로 통신 기기실, 전산 기기실, 변전실 등의 전기설비에 적응성이 있다.
(3) 물에 의한 오손이 걱정되는 도서관, 소화활동이 곤란한 선박 등에 유용하다.

(4) 주차장 등에도 사용되나 인명에 대한 위험성 때문에 무인 기계 주차탑 이외에는 사용하지 않는 것이 바람직하다.

(5) 이외에도 제4류 위험물, 특수 가연물 등에도 사용된다.

(6) 이외에도 제4류 위험물, 특수 가연물 등에도 사용된다.

2) 비 적응성

(1) 제5류 위험물(자기반응성 물질)을 저장 취급하는 장소(니트로셀룰로오스 등)

(2) 금속물질(Na, K, Al, Mg 등)을 저장 취급하는 장소

(3) 금속의 수소화합물(LiH, NaH, CaH_2 등)을 저장 취급하는 장소

(4) 방출 시 인명 피해가 우려되는 밀폐된 장소(방재실, 제어실 등)

(5) 전시장 등의 관람을 위해 다수인의 출입 통행하는 통로 및 전시실(박물관, 미술관, 기념관 등)

16.5 이산화탄소 소화약제의 인체에 미치는 영향

1) 이산화탄소는 일반적으로 저농도에서는 인체에 큰 해를 끼치지 않지만, 고농도(> 5,000 ppm)의 이산화탄소에 노출될 경우, 호흡곤란, 두통 및 어지러움, 이산화탄소 중독 등 다양한 건강 문제가 발생할 수 있다.

2) 전역방출방식으로 이산화탄소 소화설비를 작동시킬 경우, 실내의 이산화탄소 농도는 약 1분 후에 20%를 초과하여 치사량에 도달할 수 있다. 따라서 방출 전에는 음향경보 등을 통한 피난경보를 발령하여 인원을 대피시키고, 방출과 동시에 방출표시등을 점등하여 출입을 금지시켜야 한다. 소화 작업 후에는 환기장치를 이용하여 이산화탄소를 외부로 방출시켜야 한다.

3) 이산화탄소가 인체에 미치는 영향을 나타내면 다음과 같다.

공기 중의 CO_2 농도 (vol%)	한계산소농도
1.0	공중 위생상의 허용 농도(무해)
2.0	불쾌감이 있다.
4.0	눈, 목의 점막에 자극, 두통, 귀울림, 현기증, 혈압 상승
8.0	호흡 곤란
10.0	시력 장애, 2~3분 이내 의식상실 그대로 방치하면 사망
20.0	중추신경 마비로 단시간 내 사망

16.6 이산화탄소 소화약제의 저장방법

1) 이산화탄소 소화약제는 고압가스로서 저장되며, 일반적으로 사용되는 방법은 각종 기기와 시설에 설치된 CO_2 저장 탱크에 저장된다. 이산화탄소 저장용기는 방호구역 밖의 장소에 설치해야 한다. 다만, 방호구역 내에 설치할 경우에는 피난 및 조작이 용이하도록 피난구 부근에 설치하여야 한다.
2) 온도가 40°C 이하이면서, 직사광선 및 빗물의 침투가 없으며, 온도 변화가 적은 곳에 이산화탄소 저장 탱크를 설치해야 한다.
3) 방화문으로 구획된 실에 설치되어져야 하며, 용기의 설치장소에는 해당 용기가 설치된 곳임을 표시하는 표지가 함께 있어야 한다.
4) 용기간의 간격은 유지할 것
5) 저장용기의 간격은 점검에 지장이 없도록 3 cm 이상으로 유지해야 하며, 저장용기와 집합관을 연결하는 연결배관에는 체크밸브를 설치해야 한다. 하지만, 저장용기가 특정 방호구역만을 담당하는 경우에는 그 규정은 적용되지 않는다.
6) 저장용기의 충전비는 용기의 용량과 소화약제의 중량 간의 비율을 나타내며, 고압식의 경우1.5 이상 1.9 이하, 저압식의 경우 1.1 이상 1.4 이하로 설정되어야 한다.

CHAPTER 17

할론 소화약제

17.1 개요

1) 할론 소화약제는 메탄(CH_4), 에탄(C_2H_6) 등의 수소 일부 또는 전부가 주기율표 VII족 원소(F, Cl, Br, I 등)로 치환된 화합물을 지칭하며, 이러한 화합물을 할론(Halon)이라고 명명한다.
2) 할론 소화약제는 연소의 4요소 중 하나인 연쇄반응을 억제하여 소화하는 부촉매 효과를 활용한 것으로, 이는 화학적 소화의 한 유형이다.
3) 할론 소화약제는 상온 및 상압에서 기체(Halon 1301, Halon 1211) 또는 액체(Halon 2402)상태로 존재하지만, 저장 시에는 액화하여 보관된다. 이러한 소화약제는 일반적으로 유류화재(B급 화재), 전기화재(C급 화재)에 효과적이지만, 밀폐 상태에서는 전역방출과 같은 방식으로 일반화재(A급 화재)에도 적응성이 있다.
4) 할론 소화약제의 종류는 매우 다양하나 지금까지 일반적으로 많이 사용하고 있는 것은 Halon 1301, Halon 1211, Halon 2402 3가지로 여기에서는 이 3가지를 중심으로 설명하고자 한다.

17.2 Halon 명명법과 구조식 (Nomenclature system and Structural formula)

1) Halon 소화약제는 탄화수소의 수소원자를 주기율표 VII족의 할로겐(Halogen) 원소

로 일부 또는 전부 치환한 화합물을 지칭한다. 할로겐 원소의 종류는 F (Fluorine ; 불소), Cl (Chlorine ; 염소), Br (Bromine ; 브로민), I (Iodine ; 요오드) 등 VII족에 속한 그룹의 원소이다.

2) Halon 소화약제 중 CF_3Br의 명칭은 Bromotrifluoromethane (브로모트리플루오로메탄)이란 긴 명칭으로 불리고 있는데, 이러한 긴 명칭으로 인한 불편함을 해소하기 위해 미국 육군에서 고안한 방법인 Halon 명명법을 국제적으로 사용하고 있다.

3) Halon 명명법은 C (Carbon ; 탄소)를 맨 앞에 두고 할로겐 원소를 주기율표 순서대로 F, Cl, Br, I의 원자수 만큼 해당하는 숫자를 부여하며, 맨 끝의 숫자가 0일 경우는 이를 생략한다.

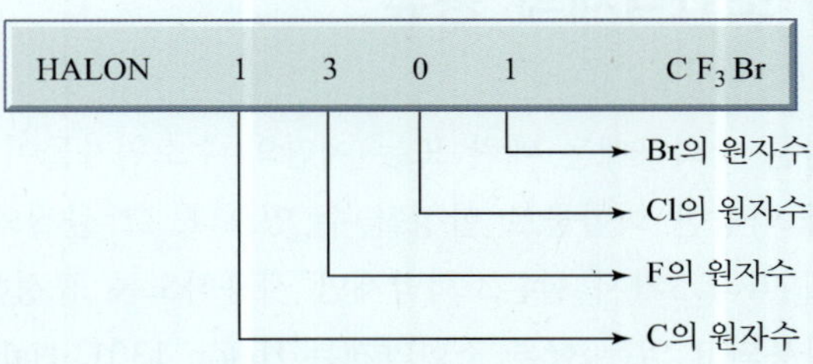

그림 17-1 Halon 명명법

4) Halon은 파라핀계 탄화수소(C_nH_{2n+2})에서 수소 원자 H를 할로겐 원자로 치환한 것으로, 탄소 원자 1개에 대해 할로겐족 원소 4개, 탄소 원자 2개이면 할로겐족 원소 6개가 연결되는 구조식이 되어야 한다.

5) Halon 명명법과 구조식을 정리하면 다음과 같다.

Halon No.	C	F	Cl	Br	분자식	명칭	구조식
1301	1	3	0	1	CF_3Br	브로모트리플루오로메탄	F Br — C — F F
1211	1	2	1	1	CF_2ClBr	브로모클로로디플루오로메탄	Cl Br — C — F F

Halon No.	C	F	Cl	Br	분자식	명칭	구조식
2402	2	4	0	2	$C_2F_4Br_2$	디브로모테트라플루오로에탄	Br — C(F)(F) — C(F)(F) — Br

17.3 할론 소화약제의 종류

1) 할론 소화약제는 메탄 또는 에탄의 수소원자들이 할로겐 원자로 치환되는 수에 따라 다양한 화합물로 합성될 수 있으나, 그 물질의 자체 유독성으로 현행 소방법령에 따라 3가지 할론소화약제만 사용하도록 규정하고 있다.
2) 사용되고 있는 할론 소화약제는 Halon 1301, Halon 1211, Halon 2402로 총 3가지가 있다. 그러나 이 중 Halon 1301은 시스템이나 소화기에 사용되고 있으며, Halon 1211은 주로 소형 소화기용으로 쓰이고 있다. 한편, Halon 2402는 독성 때문에 원칙적으로 소화약제로 사용하지 않으며, 일부 국가에서는 특수한 용도에 한해 선택적으로 사용하고 있다. 이러한 세 가지 소화약제에 대한 개략적인 물성은 다음 표와 같다.

표 17-1 할론소화약제의 물성

구분	Halon 1301	Halon 1211	Halon 2402	Halon 104
분자식	CF_3Br	CF_2ClBr	C_2F4Br_2	CCl_4
분자량(g)	148.9	165.4	259.8	153.8
비점(°C, 1 atm)	−57.8	−3.4	47.3	76.8
증발잠열(cal/g, 비점)	28.4	32.3	25.0	46.3
밀도(g/cm^2, 20°C)	1.57	1.83	2.18	N/A
증기압(Mpa, 21°C)	1.4	0.25	0.048	N/A
기체비중(공기=1)	5.1	5.7	9.0	5.3
상태(상온, 상압)	기체	기체	액체	액체
소화효과	크다	중간	작다	매우 작다
오존파괴특성	크다	중간	작다	매우 작다

1) Halon 1301 소화약제

(1) 상온과 상압에서 기체 상태로 존재하며, 무색이면서 무취하며 비전도성이다. 또한, 공기보다 약 5.1배 정도 더 높은 밀도를 가지고 있다.

(2) Bromotrifluoromethane (브로모트리플루오로메탄)이라고 부르며 줄여서 BT라고도 한다.

(3) 상온에서는 기체 상태이지만, 25°C 및 1.5 MPa의 조건에서는 액화 상태로 전환하여 고압용기에 액체로 저장한다. 또한, 압축을 통해 67°C의 임계온도까지 액체로 압축하여 사용 가능하다.

(4) 소화약제로서의 용도 이외에도 저온 냉매 또는 저온 유체로도 사용된다.

(5) 열분해 시 미량의 독성물질이 발생하나 인체에 대한 안전성은 매우 높은 편이다.

(6) Halon 소화약제 중에서 가장 큰 소화효과를 보이면서 독성이 가장 낮다. 다만, 오존층을 구성하는 오존(O_3)과의 반응성이 강하여 오존파괴지수(Ozone Depletion Potential, ODP)가 가장 높다.

(7) 전역방출방식 등 고정식 설비에 주로 사용한다.

2) Halon 1211 소화약제

(1) 상온과 상압에서 기체 상태로 존재하며, 무색이면서 무취하며 비전도성이다. 또한, 공기보다 약 5.7배 정도 더 높은 밀도를 가지고 있다.

(2) Bromochlorodifluoromethane (브로모클로로디플루오로메탄)이라 부르며 줄여서 BCF라고도 한다.

(3) 증기압이 낮아 25°C에서 약 0.2 MPa의 낮은 압력에서도 쉽게 액화시켜 저장할 수 있다.

(4) Halon 1301 소화약제보다 독성이 높아 밀폐된 소규모 공간에서의 사용이 제한된다. 하지만, 할론소화약제 중 오존파괴지수가 가장 낮다.

(5) 일반가열물화재(A급 화재), 유류화재(B급 화재), 전기화재(C급 화재) 및 가스화재에 적응되는 유일한 ABC급의 소화약제이다.

3) Halon 2402 소화약제

(1) 상온과 상압에서 액체 상태로 존재하며, 주로 국소방출방식으로 사용된다.

(2) Dibromotetrafluoroethane (디브로모테트라플루오로에탄)이라고 부른다.

(3) 독성이 있기 때문에 주로 인명이 거주하지 않는 옥외 시설물, 특히 옥외위험물 탱크(예 : Floating Roof Tank, FRT) 등에서 사용된다.
(4) 독성문제로 ISO 및 NFPA에서는 소화약제에 관한 기준에서 삭제되었다.

4) Halon 104 소화약제

(1) Halon 104 (사염화탄소, CCl_4)는 공기보다 무겁고 독성이 강하며 특유한 냄새가 난다.
(2) 이 소화약제는 불꽃에 노출되면 열분해되어 매우 유독한 포스겐($COCl_2$) 가스나 염화수소(HCl) 가스를 생성하므로, 법적으로 사용이 금지된 소화약제이다.

17.4 할론 소화약제의 소화원리

1) 할론 소화약제는 주로 두 가지 주요 소화원리를 활용한다. 먼저, 공기 중 산소 농도를 낮춰 질식소화를 통해 불꽃을 소화한다. 또한, 기체 및 액상 할론 소화약제가 열을 흡수함으로써 냉각소화가 이루어지며, 이는 주변의 열을 줄여 불꽃을 둔화시키고 화재를 효과적으로 제어한다.
2) 이와 함께 할론 소화약제는 연쇄반응 억제를 통한 부촉매 소화 효과도 갖고 있다. 이 중에서 가장 주된 소화 원리는 부촉매 소화 효과이다.

1) 부촉매소화(화학적 소화)

할론 소화약제에 함유된 불소, 염소 및 브로민은 가연물질의 수소와 산소로부터 생성된 활성라디칼(H・, OH・)인 연쇄전달체를 포착하여 활성화 에너지를 증가시켜 연속적인 연소반응을 방해, 차단 또는 억제하여 더 이상 연소반응이 진행하지 못하게 하여 화재를 소화시키는 작용을 수행한다. 이러한 소화 원리는 연속적인 연소반응을 강제로 중단시키는 방식으로, 이를 부촉매 소화라고 한다.

2) 질식소화(물리적 소화)

할론 소화약제는 그 자체로는 열에 의해 연소하지 않는 물질이다. 따라서 대기에 기체로 방출될 때, 비중이 공기보다 높아 가연물질의 표면을 피복 시켜 연소 시 필요한 공기 중의 산소 공급을 차단하여 질식소화 효과를 낸다. 또한 열에 의해 생성된 열분해 가스들(HF, Br_2, COF_2, $COBr_2$ 등)은 대부분 산소보다 비중이 높아 가연물질을 덮어 산소 공급을 차단하고 산소 농도를 연소범위 이하로 낮추어 화재를 질식시켜 소화한다. 추가적으로 할론 소화약제의 열분해에 의해 생성된 불활성 가스(HF, HBr 등)가 발생되며, 이 불활성가스가 화재영역의 산소를 희석시켜 희석작용 소화효과도 보인다.

3) 냉각소화(물리적 소화)

할론 소화약제, 특히 Halon 1301의 경우, 끓는점이 −57.8°C로 매우 낮아 기화하는 과정에서 주위로부터 28.4 kcal/kg의 기화열을 흡수하여 가연물질의 온도를 발화점 이하로 냉각시켜 소화하는 냉각소화 효과를 낸다.

17.5 할론 소화약제의 소화 강도

1) 전기음성도는 화학적 반응에서 분자 내의 한 원자가 전자를 끌어당기는 힘을 나타내는 척도이다. 주기율표에서 불소는 오른쪽 상단에 위치하며, 이는 가장 전기음성도가 큰 원자임을 나타낸다. 전기음성도는 다음과 같은 순서로 나타낼 수 있다.
   [F (4.0) > Cl (3.0) > Br (2.8) > I (2.5)]
2) 전기음성도가 큰 물질은 다른 물질과 결합할 때, 결합에 참여한 전자를 강하게 끌어당기기 때문에 결합 길이가 짧고 결합력이 강해져 물질의 안정성이 향상된다. 이에 따라 안정성은 전기음성도의 크기와 연관된다.
   (할론 소화약제의 안정성 : F > Cl > Br > I)
3) 부촉매 소화효과는 Halon 소화약제가 열분해되어 연쇄반응을 억제하여 소화하는 작용으로 나타난다. 이러한 소화효과는 화합물이 빠르게 분해되어야만 소화 작용이 시작되므로, 부촉매에 의한 소화의 강도는 안정성과는 반대의 순서를 가지게 된다.
   (할론 소화약제의 부촉매 효과 : F < Cl < Br < I)
4) 탄소−불소 사이의 결합력은 강하여 다른 물질과의 상호작용이 적어 분해 부산물이

적게 발생하여 독성은 낮지만, 탄소－염소 및 탄소－브롬 사이의 결합력은 상대적으로 강하지 않기 때문에 다른 물질과 쉽게 반응하여 많은 부산물이 생성되어 독성이 높아지게 된다.

(할론 소화약제의 독성 : F < Cl < Br < I)

5) I (요오드) 화합물은 소화 강도는 가장 강하지만 다른 물질과 쉽게 반응하여 많은 분해 부산물을 생성하므로 독성이 높다. 또한 경제적인 측면에서는 소화약제로서의 사용이 효율이 낮아 잘 사용되지 않는다. 따라서 부촉매효과의 소화 강도가 높으면서도 독성이 상대적으로 낮은 Br (브로민) 화합물이 사용되는데, 이 중에서 Halon 1301은 브로민을 주성분으로 하는 소화약제이다.

6) 일반적으로 할로겐족 원소 중에 F (불소)는 불활성과 안정성을 높여주고 Br (브로민)은 부촉매 소화효과를 높여주는 것으로 할론 소화약제의 소화특성에 대해서 간단하게 정리하면 다음과 같다.

표 17-2 할로겐 원소에 따른 할론 소화약제의 특성

7족 원소	전기음성도	안정성	독성	소화 효과
F	큼	큼	작음	냉각
Cl				
Br				
I	작음	작음	큼	부촉매

17.6 할론 소화약제의 장 · 단점

1) 장점

(1) 부촉매 효과에 의한 화학적 소화와 물리적 소화효과(질식소화, 냉각소화)를 동시에 활용할 수 있다.

(2) 공기보다 비중이 약 5배 이상 높아 심부까지 침투가 용이하여 심부화재에도 적응성을 가진다.

(3) 전기적으로 전도성이 없으므로 전기화재(C급 화재)에도 효과적이다.

(4) 저농도 소화가 가능하며 질식의 우려가 없다.

(5) 금속에 대한 부식성이 적고 독성이 상대적으로 적다.

(6) 진화 후 소화약제에 의한 오손이 없어 증거보존이 용이하다.

2) 단점

(1) 프레온(Chlorofluorocarbon, CFC)가스 계열의 물질로 오존층을 파괴한다.
(2) 가격이 매우 비싸며 독성이 있다.
(3) 사용이 제한되어 있어 안정적인 수급이 어렵다.

17.7 할론 소화약제의 적응성 및 비적응성

1) 적응성

(1) 유류화재(B급 화재), 전기화재(C급 화재)에 주로 사용되며 전역방출 방식으로 밀폐 상태에서 방출될 경우에는 일반화재(A급 화재)에도 사용이 가능하다.
(2) 공기보다 비중이 약 5배 이상 크기 때문에 비중이 1.5인 이산화탄소보다 심부화재에 더 효과적이다.
(3) 진화 후 소화약제의 오손이 없으므로 통신 기기실, 전산 기기실, 변전실 등의 전기설비에 적응성이 있다.
(4) 물에 의한 오손이 걱정되는 도서관, 자료실, 박물관, 미술관 등에 유용하다.
(5) 이외에도 제4류 위험물 및 특수 가연물 등에도 사용된다.

2) 비 적응성

(1) 제5류 위험물(자기반응성 물질, 니트로셀룰로오스)을 저장 취급하는 장소
(2) 금속물질(Na, K, Al, Mg 등)을 저장 취급하는 장소
(3) 금속의 수소화합물(LiH, NaH, CaH_2 등)을 저장 취급하는 장소

CHAPTER 18

할로겐화합물 및 불활성기체 소화약제

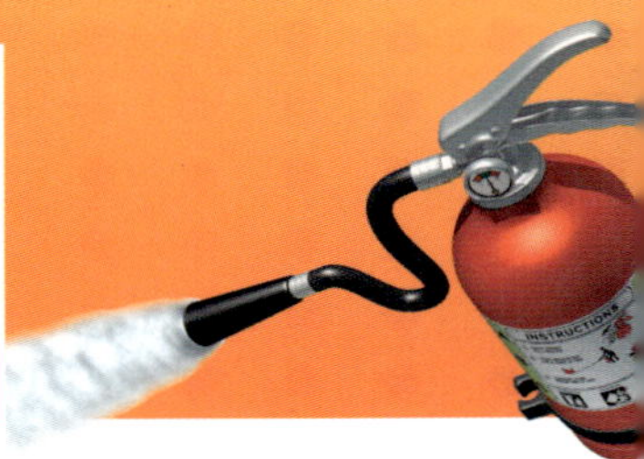

18.1 개요

1) 할론 소화약제는 인체에 미치는 독성이 낮고 소화 후 잔사를 남기지 않으며, B급 화재나 C급 화재에 대한 소화효과가 우수하여 20세기 후반까지 널리 사용되어 왔다. 그러나 오존층 파괴와 지구 온난화 기여 등의 문제로 인해 이를 대체할 수 있는 할로겐화합물 및 불활성 기체 소화약제가 개발되었다.
2) 할로겐화합물 및 불활성 기체 소화약제는 화재진화 후 잔사가 남지 않으며, 전기적으로 비전도성인 소화약제를 지칭한다. 이는 할로겐화합물 소화약제(Halocarbon clean agent)와 불활성기체 소화약제(Inert gas clean agent)로 나뉜다.
3) 할로겐화합물 소화약제는 불소(F), 염소(Cl), 브로민(Br), 요오드(I) 중 하나 이상의 원소를 포함하는 유기화합물을 기본성분으로 하는 소화약제이다. 반면, 불활성 기체 소화약제는 헬륨(He), 네온(Ne), 아르곤(Ar), 질소(N_2) 중 하나 이상의 원소를 기본성분으로 하는 소화약제이다.

참고

할론 소화약제와 할로겐 소화약제 공통점

- 할로겐원소인 F, Cl, Br, I 등을 포함하여 부촉매 소화효과인 화학적 소화를 한다.

할론 소화약제와 할로겐 소화약제 차이점

- 할론 소화약제는 오존층 파괴라는 환경오염을 유발하는 반면, 할로겐화합물 소화약제는 청정소화약제의 한 종류로 오존층 파괴를 기준치 이하로 떨어뜨린다.

18.2 할로겐화합물 및 불활성기체 소화약제의 조건

1) 소화성능

(1) 할론 소화약제의 최소 소화농도에 해당하는 소화성능을 가져야 한다.
(2) 비전도성이어야 한다.
(3) 소화 후 잔사가 없어야 한다.

참고
(1) 할로겐화합물 소화약제 – 냉각, 부촉매 효과로 소화
- F, Cl이 들어가는 물질은 냉각이 주, 부촉매가 보조효과
- Br, I가 들어가는 물질은 부촉매가 주, 냉각이 보조효과

(2) 불활성기체 소화약제 – 질식, 냉각효과 소화

2) 독성

(1) 독성이 적어 인체에 무해하며 부식성이 적어야 한다.
(2) 최대무독성량(NOAEL, No Observed Adverse Effect Level)
독성시험에서 어떠한 부정적인 영향이 관측되지 않는 최고 노출 수준을 나타내는 말이다. 구체적으로, 독성시험에서 다양한 노출 수준에서 실험군에 노출된 동물 또는 인간에게 어떠한 부정적인 생리학적 또는 행동학적 영향도 관측되지 않는 노출 수준을 NOAEL이라고 한다. 이는 해당 화합물이 안전하게 노출될 수 있는 최대 농도를 의미한다(최대허용설계농도).
(3) 최소독성용량(LOAEL, Lowest Observed Adverse Effect Level)
독성시험에서 어떠한 부정적인 영향이 처음으로 관찰된 최저 노출 수준을 나타낸다. 구체적으로, 독성시험에서 실험군에 특정 농도의 물질을 노출시켰을 때 어떠한 부정적인 생리학적 또는 행동학적 영향이 처음으로 나타나는 노출 수준을 LOAEL이라고 한다. 이 수준에서는 부정적인 효과가 측정 가능한 수준으로 나타난다.

설계 농도	허용 범위	
	상주 지역	비상주 지역
NOAEL 이하	○	○
NOAEL 초과~LOAEL 이하	△	○
LOAEL 초과	×	△

○ : 설치가능, △ : 인명노출허용시간을 초과하지 않는 안전장치 필요, × : 설치불가능

3) 환경 영향성

(1) 오존파괴지수(ODP, Ozone Depletion potential), 지구온난화지수(GWP, Global Warming Potential)와 대기잔존시간(ALT, Atmospheric Lifetime)이 최소화 되어야 한다.

(2) 오존파괴지수(ODP)

① $ODP = \dfrac{\text{비교물질 1 kg이 파괴하는 오존량}}{\text{CFC-11 1 kg이 파괴하는 오존량}}$

② ODP지수

분류	IG-541	Halon 1301	Halon 2402	Halon 1211
ODP	0	14	6.6	2.4

(3) 지구온난화지수(GWP)

① $GWP = \dfrac{\text{비교물질 1 kg이 기여하는 지구온난화 정도}}{CO_2\text{ 1 kg이 기여하는 지구온난화 정도}}$

② 총량기준 : CO_2 55%, CFC-11 17%

참고 **한 분자당 온난화 강도**
CO_2가 1일 때 CFC-11은 10,000~20,000배 높다.

4) 할로겐화합물 및 불활성기체 소화약제의 물성 비교

분류	할로겐화합물	불활성기체
상태	액체(액화가스)	기체(가압가스)
점검방법	액위, 중량, 압력측정법	압력측정법
방출시간	10초	1분
소화효과	냉각, 부촉매	질식, 냉각
적응화재	A, B, C급	A, B, C급

18.3 할로겐화합물 및 불활성기체 소화약제의 종류

1) 할로겐화합물 소화약제

불소, 염소, 브로민 또는 요오드 중 하나 이상의 원소를 포함하고 있는 유기화합물을 기본성분으로 하는 소화약제이다. 할로겐화합물 소화약제의 종류는 다음과 같다.

소화약제	상품명	NOAEL [%]	화학식
FC-3-1-10	PFC-410	40	C_4F_{10}
HCFC BLEND A	NAF S-III	10	HCFC-123 ($CHCl_2CF_3$) : 4.75% HCFC-22 ($CHClF_2$) : 82% HCFC-124 ($CHClFCF_3$) : 9.5% $C_{10}H_{16}$: 3.75%
HCFC-124	FE-241	1.0	C_2HF_4Cl
HFC-125	FE-25	11.5	C_2HF_5
HFC-227ea	FM-200	10.5	C_3HF_7
HFC-23	FE-13	50	CHF_3
HFC-236fa	FE-36	12.5	$CF_3CH_2CF_3$ (=$C_3H_2F_6$)
FIC-13I1	Triodide	0.3	CF_3I
FK-5-1-12	Novec-1230	10	$CF_3CF_2C(O)CF(CF_3)_2$

2) 할로겐화합물의 소화약제 명명법과 화학식의 관계

(1) 소화약제의 첫 번째 영어는 계열을 나타내는 것으로 다음과 같은 다섯 종류로 구분된다.

① 불화탄소(FC, Fluoro Carbon)
② 불화탄화수소(HFC, Hydro Fluoro Carbon)
③ 염화불화탄화수소(HCFC, Hydro Chloro Fluoro Carbon)
④ 불화요오드화탄소(FIC, Fluoro Iodine Carbon)
⑤ 불화케톤기(FK, Fluoro Ketones)

3) 명명법

가장 왼쪽의 숫자는 탄소를, 두 번째 숫자는 수소를, 가장 오른쪽의 숫자는 F의 개수를 표시하며, 소화약제에 표시된 각각의 숫자들은 화합물에 존재하는 탄소의 개수보다 하나 작게, 수소는 하나 많게, 불소는 개수만큼 표시를 한다. 단, 염소는 숫자로 표시하지 않는다.

참고 **명명법의 예시**

FC-3-1-10의 화학식은 4개의 C, 0개의 H, 10개의 F인 C_4F_{10}
화합물 내의 탄소 개수 − 1 = 소화약제의 1번째 숫자
화합물 내의 수소 개수 + 1 = 소화약제 2번째 숫자
화합물 내의 불소 개수 = 소화약제 3번째 숫자

4) 불활성가스 소화약제의 명명법 및 화학식

소화약제	상품명	NOAEL [%]	화학식
IG-01	Argotec	43	Ar
IG-100	NN100	43	N_2
IG-541	Inergen	43	N_2 52% + Ar 40% + CO_2 8%
IG-55	Argonite	43	N_2 50% + Ar 50%

18.4 오존층 파괴

1) 오존층 파괴 메커니즘(Mechanism)

(1) CFC 가스는 대기 중의 더 높은 층인 성층권까지 상승한다. 이 층에서 자외선의 영향을 받아 분해되어 염소 원자를 생성한다.
(2) 생성된 염소 원자는 자외선에 의해 활성화되어 오존분자(O_3)와 상호 작용한다.
(3) 염소가 오존 분자에 결합하면 염소모노옥사이드(ClO)와 산소 분자(O_2)로 분해된다. 이러한 반응은 오존 분자의 파괴로 이어지며, 오존층이 훼손된다.

(4) ClO분자는 다른 활성 산소 원자와 상호 작용하여 염소 원자와 산소 분자를 생성한다. 이로써 염소 원자가 다시 재생되며, 재생된 염소는 다시 오존 분자와 반응하게 된다. 이 반복적인 연쇄 반응으로 오존층 파괴가 지속된다.

O_3 + Cl· → ClO· + O_2

ClO· +O· → Cl· + O_2

O_3 + Cl· → ClO· + O_2

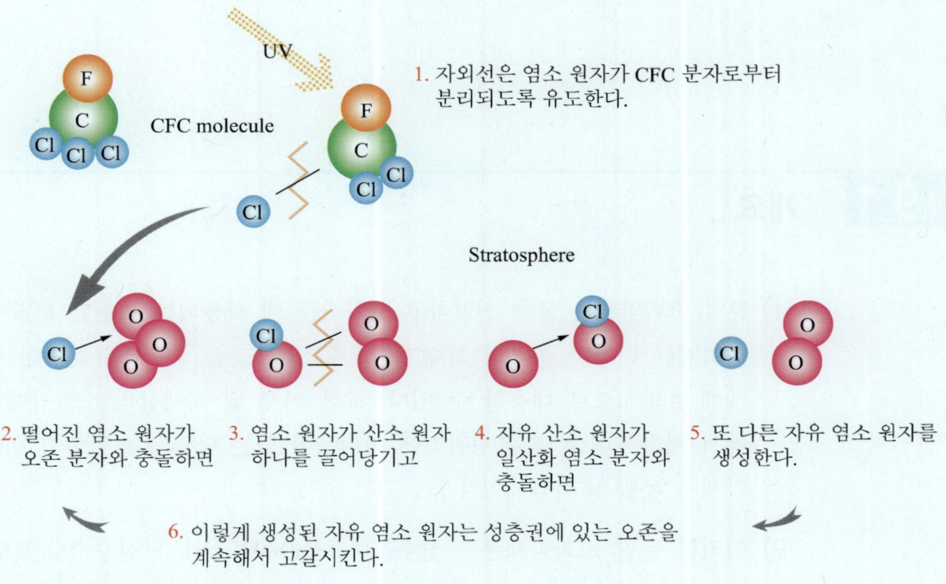

그림 18-1 오존층 파괴 메커니즘

2) 오존층 파괴의 영향

이와 같은 CFC 가스의 오존층 파괴 메커니즘이 지속되면 오존층이 없어져 자외선이 지구 표면에 도달하는 양이 증가하게 된다. 이는 피부암, 백내장 및 다른 건강 문제를 유발할 수 있다. 따라서 국제 사회에서는 모든 국가가 협력하여 CFC 가스를 대체하는 새로운 화합물을 찾고 사용하는데 노력하고 있다.

CHAPTER 19

분말 소화약제

19.1 개요

1) 분말 소화약제는 불을 진압하고 소화하는 데 사용되는 특수한 분말이다. 이러한 소화약제는 다양한 종류의 화재, 특히 유기물, 금속, 가스 등 다양한 물질로 인한 화재에 효과적으로 대응할 수 있다. 또한 기체 및 액체상의 소화약제가 가혹한 환경에서 저장·취급 및 유지관리에 어려움이 있는 단점을 보완하기 위해 개발된 소화약제가 분말 소화약제이다.

2) 이러한 분말 소화약제는 탄산수소나트륨($NaHCO_3$), 탄산수소칼륨($KHCO_3$), 제1인산암모늄($NH_4H_2PO_4$) 등의 물질을 미세한 분말로 만들어 가스압(주로 N_2 또는 CO_2)으로 분출시켜 소화하는 약제로 사용되는 분말의 입자는 10 ~ 70μm 범위이며 최적의 소화효과를 나타내는 입자는 20 ~ 25μm이다.

3) 분말 소화약제는 주로 부촉매, 질식효과, 그리고 냉각작용 등을 통해 B급 화재(유류화재), C급 화재(전기화재)를 진압하는데 중점을 두고 있다. 더불어, 이러한 특성에 방진 효과를 더하여 A급 화재(일반화재), B급, C급 화재에 모두 효과적으로 사용할 수 있다.

4) 분말 소화약제에 사용되는 분말의 입자가(10 ~ 70μm) 공기 부유입자(1μm)보다 크므로 분말이 바닥에 가라앉기 전(약제방사 개시 후 10 ~ 20초 이내)에 소화가 완료되어야 한다(Knockdown효과).

5) 분말의 종류에 따라 제1종 ~ 제4종까지 분류한다.

19.2 분말 소화약제의 종류 및 특성

분말 소화약제는 다양한 화재 유형에 대응하기 위해 여러 종류의 분말이 사용된다. BC급 분말은 B급 화재(유류화재)와 C급 화재(전기화재)에 사용되며, 이는 제1종, 제2종, 제4종 분말이 여기에 해당된다. 또한, ABC급 분말은 A급 화재(일반화재)뿐만 아니라 B급 및 C급 화재에도 효과적으로 대응할 수 있는 제3종 분말이다. 추가로, 특수한 용도를 위한 CDC (Compatible Dry Chemical) 분말과 금속화재용 분말도 있다. 일반용도에 사용되는 4가지 분말 소화약제에 대한 개략적인 물성을 나타내면 다음 표와 같다.

표 19-1 분말 소화약제의 종류 및 특성

종류	제1종 분말	제2종 분말	제3종 분말	제4종 분말
소화효과	4	2	3	1
주성분	중탄산나트륨 (탄산수소나트륨)	중탄산칼륨 (탄산수소칼륨)	제1인산암모늄	중탄산칼륨＋요소
분자식	$NaHCO_3$	$KHCO_3$	$NH_4H_2PO_4$	$KHCO_3$ ＋ $(NH_2)_2CO$
비중	2.18	2.14	1.82	–
착색	백색	보라색/담회색	담홍색/황색	회색
충전비	0.8	1.0	1.0	1.25
적응화재	B, C, F	B, C	A, B, C	B, C
조성	주 : 97% 방습제 –3%	좌동	주 : 96% 방습제 –4%	–

1) 제1종 분말 소화약제

(1) 제1종 분말 소화약제는 백색 분말이며, B, C급 화재에 적응성이 있는 소화약제로 탄산수소나트륨($NaHCO_3$)이 주성분으로 구성되어 있다. 이것은 중탄산나트륨 또는 중탄산소다로도 알려져 있다. 탄산수소나트륨은 열분해 과정에서 이산화탄소와 수증기를 생성하여 산소 공급을 차단하는 질식 효과를 제공한다. 또한 흡열 반응을 통해 냉각 효과도 나타나며, 분해 시 생성된 Na^+ 이온은 연쇄 반응을 차단하는 부촉매 효과도 나타낸다. 따라서 이 약제는 물리적·화학적 소화 효과를 모두 갖춘 분말 소화약제이다.

(2) 식용유 화재에 중탄산나트륨을 적용하면, 지방이 가수분해되어 비누화 반응이 일

어나며, 이로 인해 가연성 액체의 표면에 거품이 생성되어 질식소화를 일으켜 K급 화재에도 적응성을 가진다.

> **참고** 비누화반응
> 에스테르가 알칼리작용으로 가수분해 되어 알코올과 산의 알칼리염이 생성되는 반응

(3) 탄산수소나트륨의 열분해 반응식은 다음과 같다.

$2NaHCO_3 \rightarrow Na_2CO_3 + H_2O + CO_2 - Q\ [-30.3\,kcal]$ (270°C)

$2NaHCO_3 \rightarrow Na_2O + H_2O + 2CO_2 - Q\ [-104.4\,kcal]$ (850°C 이상)

2) 제2종 분말 소화약제

(1) 제2종 분말소화약제는 보라색의 분말이며, B, C급 화재에 적응성이 있는 분말소화약제로서 주성분은 탄산수소칼륨으로 이루어져 있다. 이 약제는 제1종 분말소화약제보다 약 2배의 우수한 소화효과를 보인다. 이는 K^+ 이온의 반응성이 Na^+ 이온보다 더 크기 때문에, 부촉매 효과가 더 뛰어나기 때문이다. 알칼리 금속에서 부촉매 효과는 Cs > Rb > K > Na > Li 순서로 커진다.

(2) 탄산수소칼륨의 열분해 반응식은 다음과 같다.

$2KHCO_3 \rightarrow K_2CO_3 + H_2O + CO_2 - Q\ [-29.92\,kcal]$ (190°C)

$2KHCO_3 \rightarrow K_2O + 2CO_2 + H_2O - Q\ [-127.1\,kcal]$ (890°C)

3) 제3종 분말 소화약제

(1) 분말소화약제는 불꽃연소에는 우수한 소화력을 보여주지만 작열연소의 소화에는 큰 효과가 없다. 이러한 단점을 보완하기 위해 고안된 분말소화약제가 제3종 분말소화약제이다. 이것은 A, B, C급 화재 모두에 적응성이 있어 ABC 분말소화약제라고 불린다. 주성분은 제1인산암모늄이며 인산염류라고도 한다. 제1인산암모늄의 열분해 과정에서 주위의 열을 흡수(냉각소화)하는 흡열반응을 일으키며, 불연성 가스인 수증기와 암모니아 기체를 발생시켜 산소농도를 한계산소농도 이하로 떨어뜨리며(질식소화), 가연물질의 표면에 유리상의 피막을 형성하는 방진효과도 보인다.

(2) 제1인산암모늄의 열분해 반응식은 다음과 같다.

$NH_4H_2PO_4 \rightarrow NH_3 + H_3PO_4 - Q\ [kcal]$ (180°C)

$NH_4H_2PO_4 \rightarrow NH_3 + H_2O + HPO_3 - Q\ [-76.95\,kcal]$ (360°C 이상)

(3) 인산의 종류

① 제1인산암모늄이 열분해 될 때 생성되는 올소인산(H_3PO_4)은 종이, 목재, 섬유 등을 구성하고 있는 섬유소를 연소하기 어려운 탄소로 급속히 변화시키는 작용(탈수 탄화작용)을 하고, 이때 섬유소는 난연성의 탄소와 물로 분해되어 연소 반응을 차단시킨다.

② 섬유소를 탈수 탄화시킨 올소인산(H_3PO_4)은 다시 고온에서 2차 분해되면 최종적으로 가장 안정된 유리상의 메타인산(HPO_3)이 된다. 이 메타인산은 가연물 표면에 융착되어 유리상의 피막을 형성하며, 산소의 유입을 차단하여 숯불 형태의 장시간 연소를 방지한다. 따라서 재연소 방지 효과가 매우 크다.

4) 제4종 분말 소화약제

(1) 제4종 분말 소화약제는 회색 분말로서 B, C급 화재에 적응성을 보인다. 주성분은 탄산수소칼륨($KHCO_3$)과 요소($(NH_2)_2CO$]이며, 이는 제2종 분말 소화약제에 요소를 혼합한 형태이다. 소화력이 1, 2, 3종보다 우수한 이유는 분말약제가 불꽃과 접촉하면 미세한 입자로 분해되면서 약제의 비표면적이 증가하여 소화효과가 증대되기 때문이다.

(2) 제4종 분말 소화약제의 열분해 반응식은 다음과 같다.

$$2KHCO_3 + (NH_2)_2CO \rightarrow K_2CO_3 + 2NH_3 + 2CO_2 - Q[kcal]$$

(3) 제4종 분말 소화약제는 탄산수소칼륨과 요소가 화합되어 있어 부촉매 효과, 냉각 효과, 질식 효과를 모두 갖추고 있으며, 소화 효과는 분말 소화약제 중 가장 우수하다. 특히, 유류화재(B급 화재), 전기화재(C급 화재)에 소화효과가 뛰어나다.

5) CDC (Compatible Dry Chemical) 분말 소화약제

(1) CDC는 포 소화약제와 함께 사용할 수 있는 분말소화약제를 의미한다. 분말 소화약제는 빠른 소화능력을 갖고 있으나 유류화재 등에 사용하는 경우는 소화 후 재발화의 위험성이 있다. 반면, 포 소화약제는 소화에 걸리는 시간은 길지만 소화 후 장시간에 걸쳐 포가 유면을 덮고 있기 때문에 재발화의 위험이 아주 적다는 특징을 보인다. 따라서 두 약제의 장점을 활용한 시너지 효과를 보기 위해 개발된 분말 소화약제가 CDC이며, 2약제 소화방식(Twin Agent System)으로 사용된다. 주로 함께 사용하는 포 소화약제는 수성막포, 불화단백포이다.

(2) 분말소화약제의 분말이 연소 중의 불꽃을 감싸고 연료 표면에 흡착된다. 이 때 활성종의 흡착으로 부촉매 작용을 하여 연쇄반응을 억제한다. 이러한 효과를 분말소화약제의 “Knock Down 효과”라고 한다. 일반적으로, 약제 방사 후 10～20초 이내에 불꽃이 신속하게 소화된다.

(3) CDC 분말소화약제(Twin Agent System)

① TWIN 20/20 : 제3종 분말소화약제 20 kg + 수성막포 20 L

② TWIN 40/40 : 제3종 분말소화약제 40 kg + 수성막포 40 L

6) 금속화재용 분말 소화약제

(1) 금속화재는 가연성 금속인 Al, Mg, Na, K, Li, Ti 등이 연소하는 것으로서 연소온도가 매우 높고 소화하기 어려운 화재로 소화약제로 물을 사용 시 금속과 급격한 반응을 일으키거나 수증기 폭발을 일으킬 위험이 있다.

(2) 따라서 금속화재에는 금속화재용 분말 소화약제가 사용되고 있는데 불꽃을 제거하는 것이 목적인 다른 분말 소화약제와는 다르게 금속 표면을 덮어서 산소의 공급을 차단하거나 온도를 낮추는 것을 주된 소화 원리로 한다.

(3) 금속화재용 분말 소화약제에는 G-1, Met-L-X, Na-X, Lith-X 등이 있다.

참고 **금속분말소화약제 종류**

- G-1 : 흑연화된 주조용 코크스를 주성분으로 유기인산염을 첨가한 소화약제
- Met-L-X : 염화나트륨을 주성분으로 하며 첨가제가 첨가된 소화약제
- Na-X : 탄산나트륨을 주성분으로 하며 첨가제가 첨가된 소화약제(나트륨 화재용으로 개발)
- Lith-X : 흑연을 주성분으로 하며 첨가제가 첨가된 소화약제(리튬이온 배터리 화재용으로 개발)

PART 06

소방시설

CHAPTER 20

소방시설의 개념

소방시설이란 건축물 또는 각종 구조물에 설치되어 화재를 진압하고 화재발생 사실을 주위에 전파하거나 피난을 유도하고 소화용수를 확보하며 소방대의 일련의 활동을 보조하기 위한 설비 일체를 말한다. 소방시설은 그 구조물 내 인명과 재산을 보호하는 안전설비라는 점에서 일반설비와 차별화된다. 소방시설은 기능에 따라 5가지의 설비 군으로 분류되며 각 설비 군 또한 세부설비로 구성되어 소방에 적용되고 있다. 소방시설은 각각의 설비에 대한 적용을 함에 있어 소방대상물의 규모, 높이, 가연물의 양, 위험물질의 사용정도, 화재진압상의 취약성에 따라 기준을 달리하고 있으며, 일상적으로 사용함을 목적으로 사용하는 설비가 아니라 비상시 정확한 작동을 필요로 하는 설비이기 때문에 평상시의 지속적인 유지관리가 필요하다.

소방기본법에서는 소방대상물을 건축물 외에 차량, 선박, 선박건조구조물, 산림 그 밖의 인공구조물 또는 물건이라고 광범위하게 정하고 있다. 이러한 소방대상물 내에 화재나 기타 재해에 대응하여 안전을 확보하기 위한 설비는 유일하게 소방시설만이 그 역할을 하고 있다. 소방시설이 화재예방상 또는 화재진압상 가지는 중요함은 그 동안의 경험을 통하여 익히 잘 알고 있다. 도시화가 시작되던 초기에 소방시설과 방화구조의 미비로 인하여 화재발생 초기에 진화할 수 있었던 것도 대형화재로 확대되어 엄청난 인명피해와 재산피해를 일으킨 예가 있었다. 이는 소방시설이 설치되어 정상적으로 작동되었다면 발생하지 않았을 피해이며 화재발생 초기 또는 그 이전에 예방할 수도 있었을 것이다. 소방법에서 소방시설의 설치에서부터 유지관리까지 법적으로 규제하고 소방대상물의 관계인 등에 대하여 부담을 주는 것은 화재 등 유사시에 소방시설의 정확한 작동으로 국민의 생명 · 신체 및 재산을 보호함으로써 공공의 안녕 및 질서 유지와 복리증진에 이바지하기 위한 목적을 달성하기 위한 것이다.

CHAPTER 21
소방시설의 분류

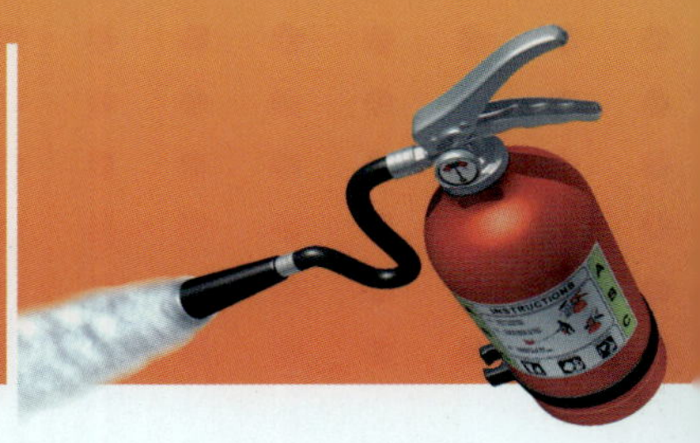

소방시설은 화재를 조기에 감지하여 화재 사실을 관계인 및 재실자 등에게 통보하여 빠른 피난을 유도하고, 소화설비들을 이용하여 초기소화 및 화재진압을 도모하는 등 각 소방시설별 일련의 활동을 통해 소방대가 도착하기 전까지 건축물 내의 화재안전지킴이의 역할을 하는 가장 중요한 시설이다. 소방시설의 정상작동 여부에 따라 화재 시 인명 및 재산 피해의 규모가 결정되기 때문에 평상시 소방시설에 대한 정확한 이해와 사용법에 대한 숙지, 지속적인 유지관리 등을 통해 소방시설의 작동상태를 상시 정상적으로 확보하여야 한다. 이러한 소방시설은 「소방시설 설치 및 관리에 관한 법률(이하 소방시설법) 시행령」 별표1에 정의하고 있으며, 크게 소화설비, 경보설비, 피난구조설비, 소화용수설비, 소화활동설비로 분류된다.

표 21-1 소방시설의 분류

분류	정의 및 종류	
소화설비	물 또는 그 밖의 소화약제를 사용하여 소화하는 기계·기구 또는 설비	
	1. 소화기구	① 소화기 ② 간이소화용구 : 에어로졸식 소화용구, 투척용 소화용구, 소공간용 소화용구 및 소화약제 외의 것을 이용한 간이소화용구 ③ 자동확산소화기
	2. 자동소화장치	① 주거용 주방자동소화장치 ② 상업용 주방자동소화장치 ③ 캐비닛형 자동소화장치 ④ 가스자동소화장치 ⑤ 분말자동소화장치 ⑥ 고체에어로졸자동소화장치
	3. 옥내소화전설비(호스릴 방식 포함)	
	4. 스프링클러설비등	① 스프링클러설비 ② 간이스프링클러설비(캐비닛형 포함) ③ 화재조기진압용 스프링클러설비
	5. 물분무등소화설비	① 물분무소화설비 ② 미분무소화설비 ③ 포소화설비 ④ 이산화탄소소화설비 ⑤ 할론소화설비 ⑥ 할로겐화합물 및 불활성기체 소화설비 ⑦ 분말소화설비 ⑧ 강화액소화설비

		⑨ 고체에어로졸소화설비
	6. 옥외소화전설비	
경보설비	화재발생 사실을 통보하는 기계·기구 또는 설비	
	1. 단독경보형 감지기　2. 비상경보설비(① 비상벨설비 ② 자동식사이렌설비) 3. 자동화재탐지설비　4. 시각경보기　5. 화재알림설비　6. 비상방송설비 7. 자동화재속보설비　8. 통합감시시설　9. 누전경보기　10. 가스누설경보기	
피난구조설비	화재가 발생할 경우 피난하기 위하여 사용하는 기구 또는 설비	
	1. 피난기구	① 피난사다리　② 구조대 ③ 완강기　④ 간이완강기 ⑤ 그 밖에 화재안전기준으로 정하는 것
	2. 인명구조기구	① 방열복, 방화복(안전모, 보호장갑, 안전화 포함) ② 공기호흡기　③ 인공소생기
	3. 유도등	① 피난유도선　② 피난구유도등 ③ 통로유도등　④ 객석유도등 ⑤ 유도표지
	4. 비상조명등 및 휴대용비상조명등	
소화용수설비	화재를 진압하는 데 필요한 물을 공급하거나 저장하는 설비	
	1. 상수도소화용수설비　2. 소화수조·저수조, 그 밖의 소화용수설비	
소화활동설비	화재를 진압하거나 인명구조활동을 위하여 사용하는 설비	
	1. 제연설비　2. 연결송수관설비　3. 연결살수설비 4. 비상콘센트설비　5. 무선통신보조설비　6. 연소방지설비	

CHAPTER 22 소화설비

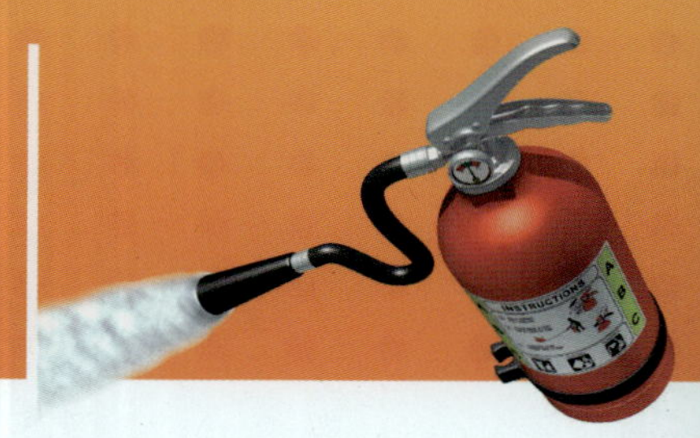

1) 소화기구

소화기구란 소방대상물의 방호공간, 장치, 장비 등에서 화재가 발생한 경우 초기에 화재를 진압할 수 있는 가장 간편한 기구를 말하며, 소화기구의 종류에는 소화기, 간이소화용구, 자동확산소화기가 있다.

2) 자동소화장치

자동소화장치란 소화약제를 자동으로 방사하는 고정된 소화장치로서 「소방시설 설치 및 관리에 관한 법률」에 따라 형식승인이나 성능인증을 받은 유효설치 범위(설계방호체적, 최대설치높이, 방호면적 등) 이내에 설치하여 소화하는 장치로 주거용 주방자동소화장치, 상업용 주방자동소화장치, 캐비닛형 자동소화장치, 가스자동소화장치, 분말자동소화장치, 고체에어로졸자동소화장치가 있다.

3) 옥내소화전설비

옥내소화전설비는 건물 내에서의 화재발생시 당해 소방대상물의 관계자 또는 자위소방대원이 이를 사용하여 발화초기에 신속하게 진화할 수 있도록 건물 내에 설치하는 소화설비로서 사용상의 주체는 소방관이 아니라 현장에 있던 사람, 자위소방대, 근무자 등이다. 옥내소화전설비의 주요 구성요소는 그림 22-1과 같이 수원, 가압송수장치, 배관, 옥내소화전함, 방수구, 송수구, 제어반, 비상전원 등으로 되어 있다.

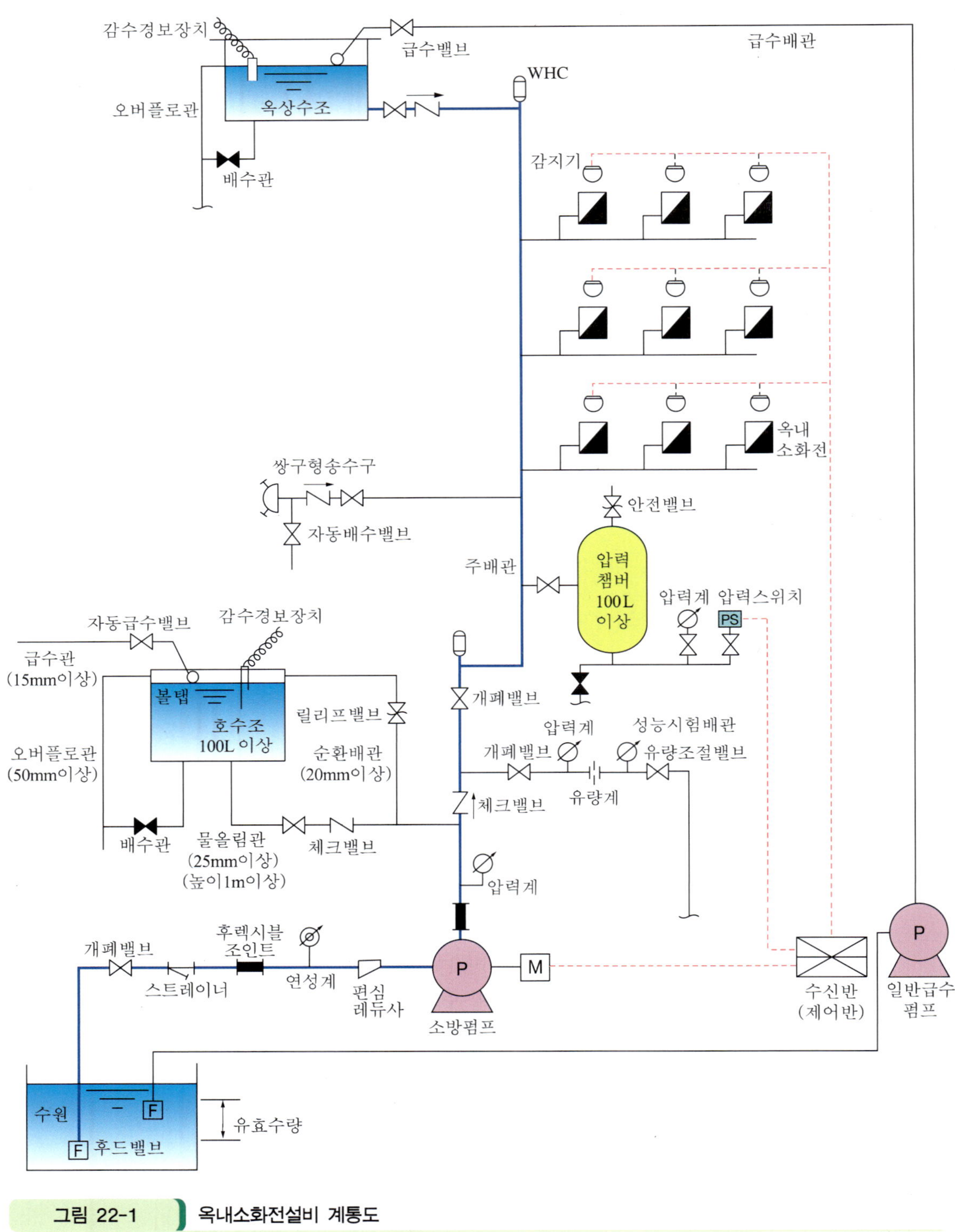

그림 22-1 옥내소화전설비 계통도

4) 옥외소화전설비

옥내소화전이 화재의 초기진압을 위한 목적에 사용된다고 한다면 옥외소화전은 인접 건물에 대한 연소확대의 방지 목적으로 사용된다. 사용상의 주체는 소방대상물의 관계인이나 소방대가 도착한 이후에는 소방대의 연소방지용으로도 사용한다. 옥외소화전의 주요구성은 수원, 가압송수장치, 배관, 제어반 등으로 옥내소화전설비의 구조원리와 유사하게 적용되며, 다만 옥외소화전 및 소화전함, 방수구의 규격 등이 다를 뿐이다.

5) 스프링클러설비

스프링클러설비는 1723년 영국의 화학자인 A. Godfrey에 의하여 만들어졌다. 이 설비는 단순히 물통과 도화선으로 구성되어 화재 시 화염이 도화선에 점화, 화약이 폭발하여 물통의 물이 방출되는 간이설비였다. 그 후 1874년 미국에서 오늘날과 같은 자동 스프링클러헤드가 개발되어 실용화되기에 이르렀다. 스프링클러설비는 폐쇄형 스프링클러헤드 방식과 개방형 스프링클러헤드방식으로 대별되는데 폐쇄형 방식은 습식, 건식, 준비작동식 등이 있으며 개방형 방식은 대량의 물을 일시에 살수하여야 하는 장소에 설치하는 설비로서 일제살수식(Deluge system)이라고 한다.

6) 물분무 소화설비

물분무 소화설비는 스프링클러 소화설비와 유사하나 스프링클러설비의 방수압보다 고압으로 방사하여 물의 입자를 미세하게 분무시켜 물방울의 표면적을 넓게 함으로써 유류화재, 전기화재 등에도 적응성이 뛰어나도록 한 소화설비이다. 이 설비는 1820년 페이구루이(영)에 의해서 개발된 후 1933년경에 미국에서 실용화 되었다. 물분무는 Spray, Fog, Mist, Vapor 등으로 불리며 특별하게 고안된 헤드로 분무상의 미립자를 만들어 방사한다. 물분무 소화설비의 소화효과는 방사되는 물에 의한 냉각작용, 고온의 연소열에 의해 발생되는 수증기에 의한 산소의 차단효과(질식작용), 유류화재 시 가연물질의 표면에 엷은 층의 수막을 형성하여 화재를 소화하는 유화효과 및 알코올, 에테르 등의 수용성 가연물질의 화재 시 연소물질의 농도를 희석하여 소화하는 희석작용을 가지고 있다.

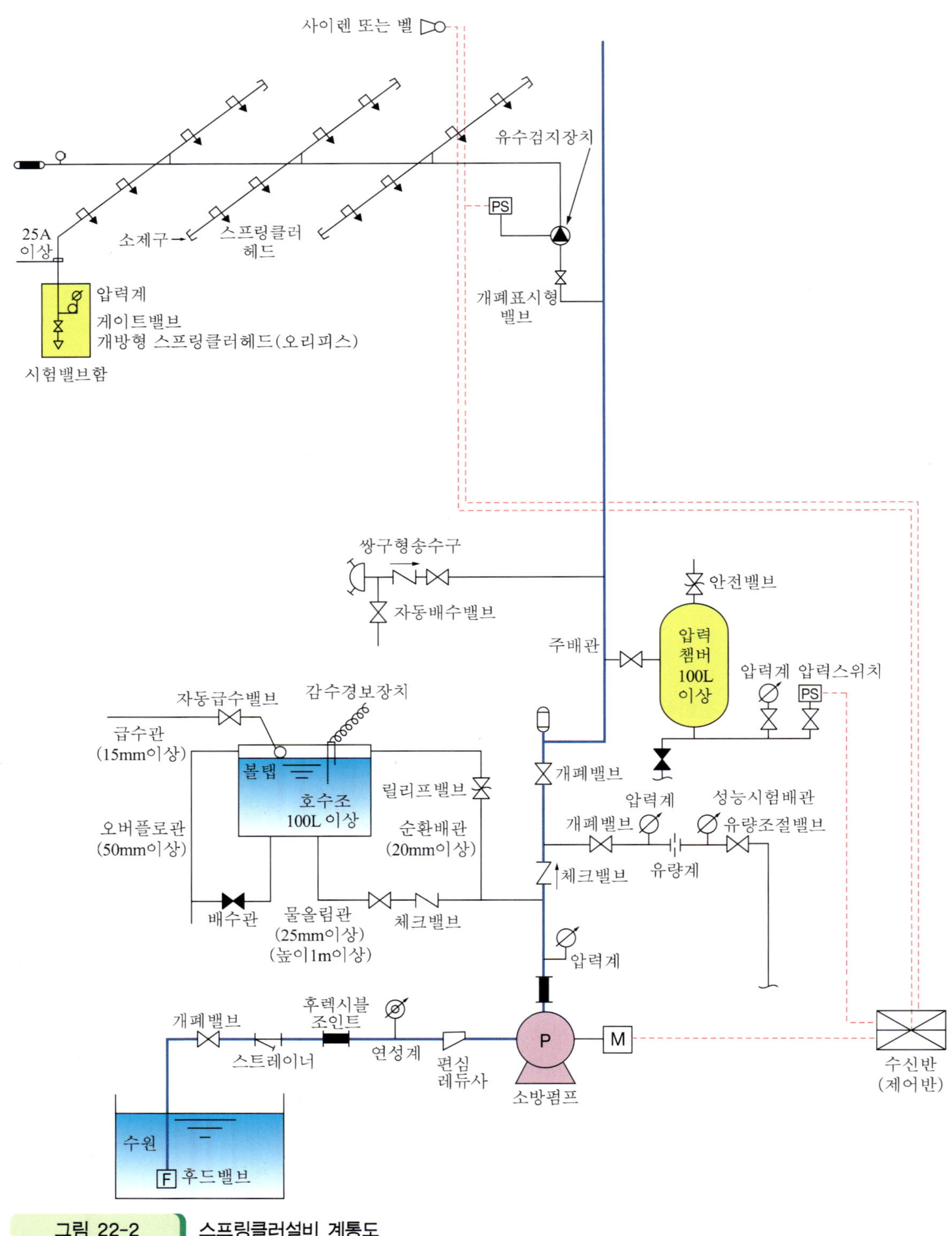

그림 22-2 스프링클러설비 계통도

7) 미분무 소화설비

가압장치를 이용하여 고압의 물을 노즐을 통해 분사시킬 때 발생되는 미세한 물방울로 화재를 신속하게 진압하는 소화설비로서 미분무 소화설비의 분무액적의 크기는 약 30~400μm 범위의 액적을 이용한다. 미분무 소화설비의 소화특성으로는 첫째로 분사된 액적이 화재공간 내에서 단시간 내 완전증발에 의한 냉각효과, 둘째로 액적이 기화하면서 팽창된 증기가 화염원에 침투하여 산소를 차단하는 질식효과, 셋째로 분사된 액적에 의한 화염주변의 복사열 차단 효과, 넷째로 화재 시 발생된 매연 등 오염된 공기를 세정하는 효과가 있다.

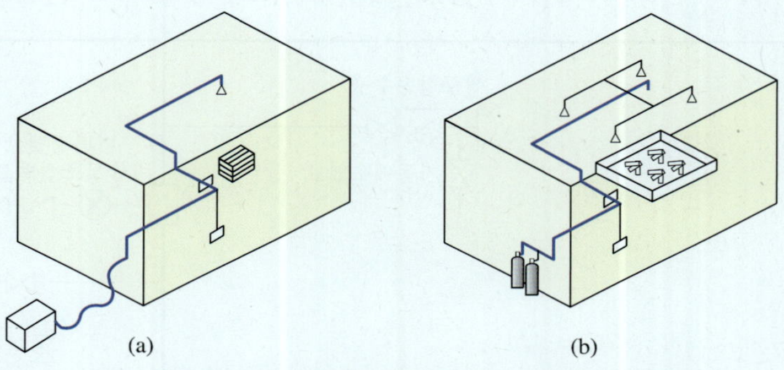

그림 22-3 (a) 펌프를 이용한 시험설비 (b) 축압식 강화액을 이용한 시험설비

8) 포 소화설비

포는 포 용액과 물로 합성된 물질로부터 생성된 기체방울로서 그 안에는 가스나 공기가 들어 있다. 보통 사용하는 것으로는 공기이며, 특수설비의 경우는 불활성가스를 사용하는 경우도 있다. 포는 포용액이나 인화성 액체보다 가볍기 때문에 액체표면을 덮는다. 그 결과 공기와 연료의 계면차단, 냉각, 계속적인 산소분압이 낮은 층의 형성 등으로 소화 작용을 하게 된다.

9) 이산화탄소 소화설비

불연성(불활성) 가스인 탄산가스는 화재의 소화뿐만 아니라 화재 시 인화폭발의 예방에도 적당한 것으로서 연소의 3요소 중 하나인 산소의 공급을 차단하는 질식효과는 물론, 냉각에 의한 소화효과도 있다. 보통 대기 중에는 산소가 21%를 차지하고 있으므로 이를 약 15% 이하로 감소시키면 연소가 계속적으로 진행되지 못하고 소화되는 원리를 이용한 것이다.

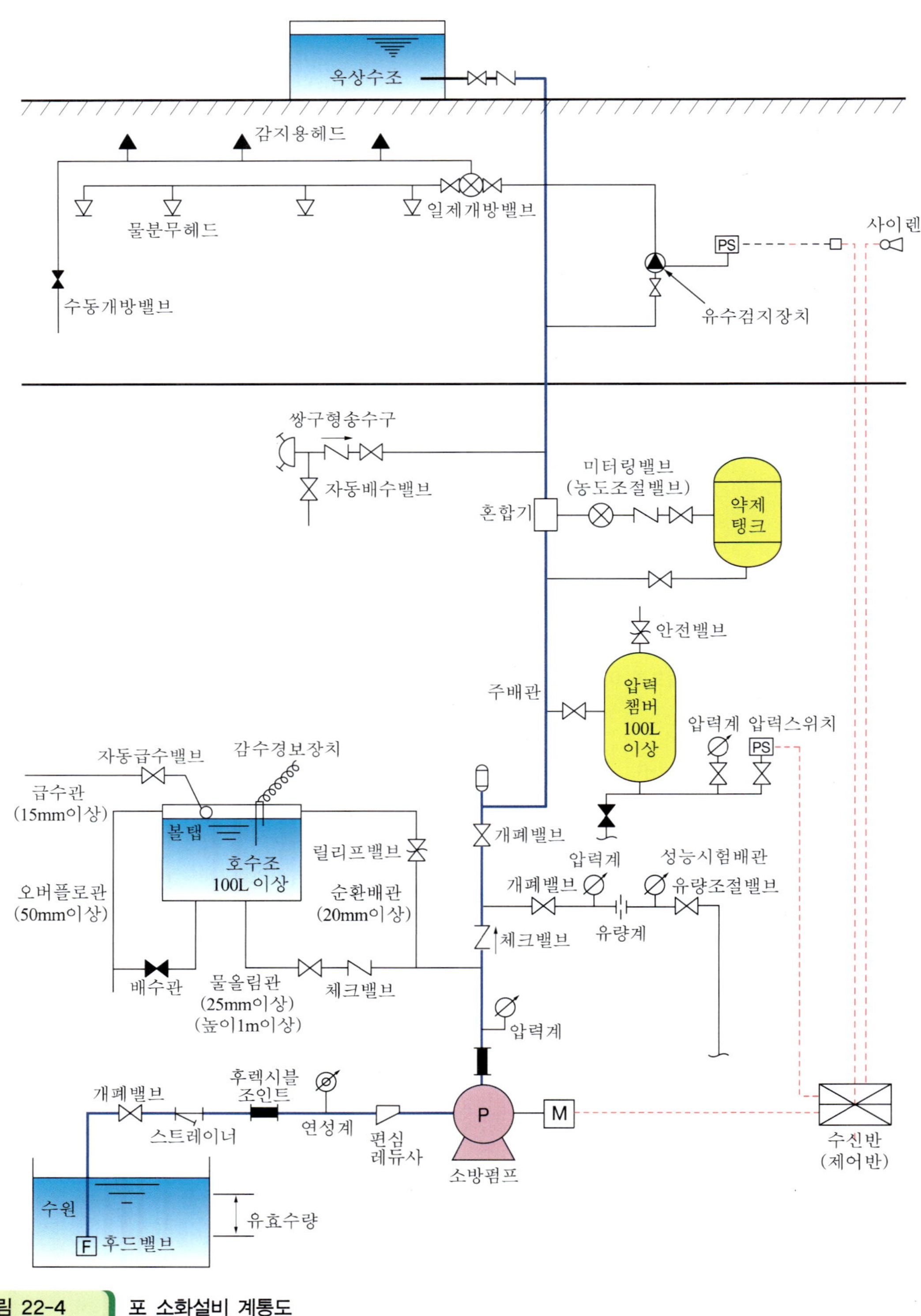

그림 22-4 포 소화설비 계통도

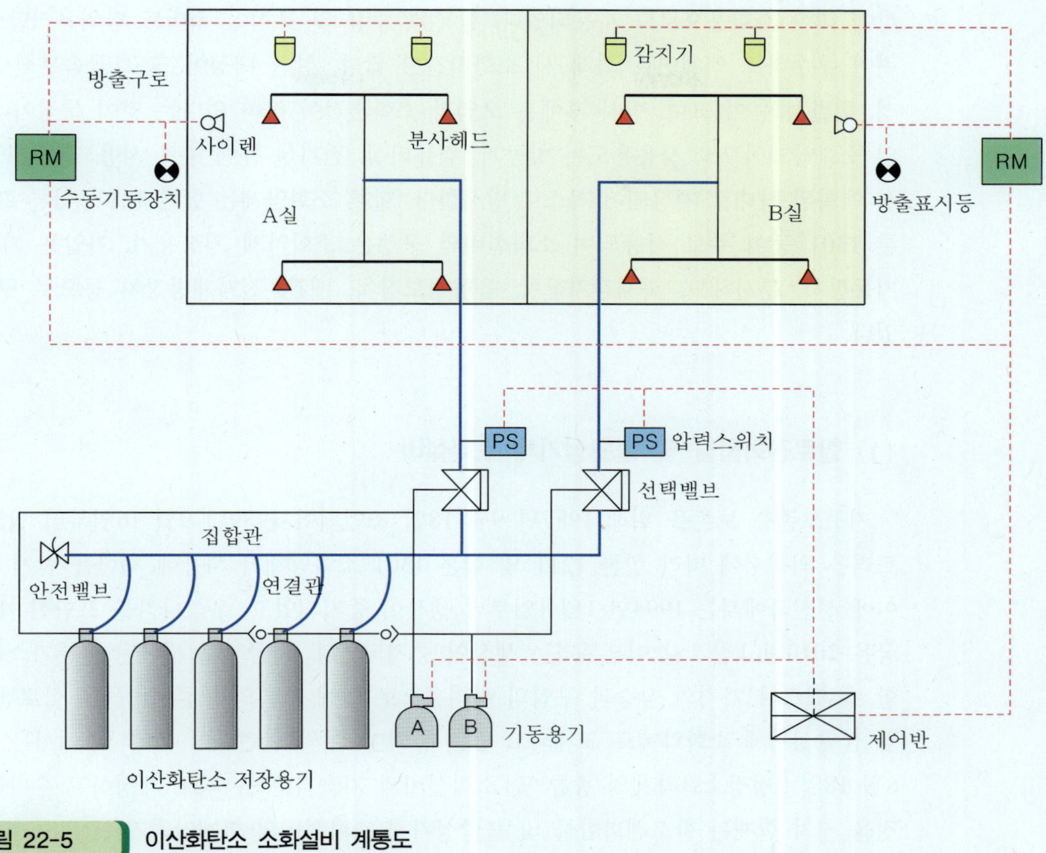

그림 22-5 이산화탄소 소화설비 계통도

소화약제로서의 탄산가스는 오손, 부식, 손상의 우려가 없고 소화 후에도 전혀 흔적이 남지 않으며 기체이기 때문에 어떠한 장소에도 침투 확산되어 소화가 가능하다. 비전도성의 불연성 가스로서 전류가 통하고 있는 장소에도 사용이 가능하고, 자체의 압력으로 배관을 통하여 헤드로 방출할 수 있어 가연물 자체에 산소를 가지고 있는 니트로셀룰로오스류나 연소속도가 아주 빠른 활성금속류를 제외하고 거의 모든 가연성물질의 소화에 사용할 수 있다. 설비의 종류에는 전역방출방식, 국소방출방식, 호스릴방식 등이 있다.

10) 할론 소화설비

할론 소화설비는 불소, 염소, 브롬, 요오드와 같은 할로겐화합물의 원소 중 하나 또는 여러 개의 원자를 함유하고 있으며, 화학적으로 안정되고 우수한 성능을 가지고 있다. 할론이 최초에 개발된 것은 항공기의 소화설비용이었으나 그 우수성에 따라 지상의 주요대상에 대한 소화용으로도 사용되었다. 할론은 중량 및 용적이 적어도 단위용적당의 소화력이 우수하고 액체연료 화재 시 소화시간이 짧다. 한편 내성이 크고 금속부식성, 안정성, 휘발성 등이 크며, 방사 후에는 오염과 소화흔적이 전혀 없다는 것이 특징이다. 고가의 소화약제이므로 사용용도는 항공기, 컴퓨터실, 전기실 등에 주로 사용되고 있으며, 통상 액화된 상태로 저장되어 가스로 방사한다. 할론 소화약제는 할론 1211, 할론 2402, 할론 1301 등이 주로 사용되며 소화설비의 구성은 소화약제 저장용기, 가압용 가스용기, 기동장치, 분사헤드, 화재감지장치, 음향경보장치, 배관, 전자개방장치 등으로 구성되어 있다.

11) 할로겐화합물 및 불활성기체 소화설비

지구오존층 보존을 위해 1987년 9월 18일 조인되어 1989년 9월 16일부터 발효된 몬트리올 의정서에 따라 할론 1211 및 할론 1301 소화약제가 사용에 제한을 받게 되었다. 이에 선진국에서는 1994년 1월 1일부터 생산이 중지되었고, 우리나라를 포함한 개발도상국은 2010년 1월 1일 이후부터는 생산이 중지되었다. 지금까지 생산된 할론가스는 사용할 수 있으나 가격의 상승과 구입의 어려움으로 인해 기존의 할론설비들은 할로겐화합물 및 불활성기체 소화약제로 교체되고 있는 중이다. 이와 관련하여 우리나라에서는 1994년 6월 18일 "청정소화약제의 종류 및 소화설비의 기술기준"을 최초 제정하고 수차례의 개정을 거쳐 현재는 할로겐화합물 및 불활성기체 소화설비의 화재안전기준(NFSC 107A)을 제정하여 그 설치 기준 등에 대하여 규정하고 있다. 할론 대체 할로겐화합물 및 불활성기체 청정소화약제의 개발은 Halon 1301 소화약제를 대체하는 것을 목표로 하고 있다. Halon 1301 소화약제를 대체할 소화약제를 개발하며 충족시켜야 할 조건들로 다음의 사항들을 들고 있다.

① Halon 1301 이상의 소화효과가 있을 것
② 화재진압 후 잔유물이 남지 않을 것
③ 오존파괴지수(ODP)가 0일 것
④ 비전도성일 것(C급 화재 적응성)
⑤ 저장하는데 안정적일 것
⑥ 독성이 없을 것
⑦ 지구온난화지수(GWP)가 0일 것
⑧ 제조원가가 낮을 것

그러나 많은 소화약제들이 개발되었지만 아직 할론 1301에 필적하는 소화약제를 개발하지는 못하고 있다.

12) 분말소화설비

분말소화설비는 물에 의한 소화가 어려운 위험물이나 고압 전기설비 등으로 전기의 절연성이 요구되는 소방대상물에 설치하는 소화설비로서 가압용가스의 압력으로 분말 소화약제를 배관을 통해 배출시키는 구조의 설비를 말한다. 분말소화설비는 소화약제와 가압가스의 충전상태에 따라서 가압가스와 분말약제를 함께 충전시킨 축압식 설비와 가압용가스용기를 별도로 설치하는 가압식설비로 구분되며 분말 소화약제의 종류로는 제1종, 제2종, 제3종 및 제4종 분말 소화약제가 있다. 또한 분말소화설비는 소화성능이 우수하여 연소속도가 빠른 인화성 액체나 고전압의 전기화재 등에 적합하며 소화약제의 수명도 반영구적이어서 설비유지관리에도 경제적인 반면에, 피연소물이 분말약제로 인해 영향을 받으며 배관 내를 흐를 때 분말약제의 특성상 고압이 필요하다는 단점이 있다.

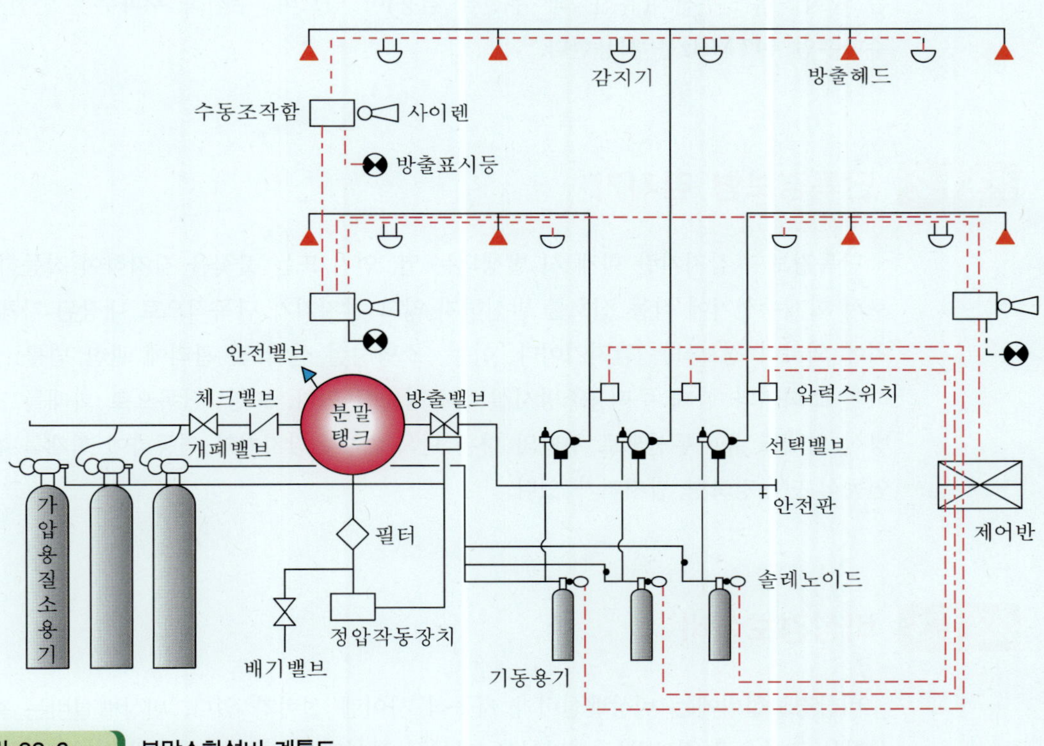

그림 22-6 분말소화설비 계통도

CHAPTER 23

경보설비

23.1.1 경보설비의 종류

경보설비는 화재발생 사실을 통보하는 기계・기구 또는 설비로서 단독경보형 감지기, 비상경보설비, 자동화재탐지설비, 시각경보기, 화재알림설비, 비상방송설비, 자동화재속보설비, 통합감시시설, 누전경보기, 가스누설경보기가 해당된다. 이러한 경보설비는 신호처리 방식에 따라 유선식(배선으로 송・수신하는 방식), 무선식(전파에 의해 송・수신하는 방식), 유・무선식(유선식과 무선식 겸용)이 있으며, 무선식 주파수는 안전시스템용 주파수인 447 MHz를 사용한다.

23.1.2 단독경보형 감지기

단독경보형 감지기란 화재 시 발생되는 열, 연기 또는 불꽃을 감지하여 작동하는 것으로서 화재수신기에 작동 신호를 발신하지 않고 감지기가 단독적으로 내장된 자체 음향장치에 의하여 경보하는 감지기이다. 이는 「소방시설 설치 및 관리에 관한 법률」에 의거하여 소화기와 함께 주택용소방시설로 규정되어 있다. 또한, 단독으로 화재를 경보하는 방식 외에도 유・무선으로 주변의 다른 단독경보형 감지기와 연동하여 화재를 감지하는 연동식 단독경보형 감지기가 있다.

23.1.3 비상경보설비

비상경보설비에는 비상벨설비와 자동식 사이렌 설비가 있다. 비상벨설비는 화재발생 상황을 경종으로 경보하는 설비이고, 자동식 사이렌 설비는 화재발생 상황을 사이렌으로 경보하는 설비이다.

참고

단독경보형 감지기의 일반기능

- 주택용 소방시설로 주전원이 교류전원 또는 건전지를 사용하며, 일반적으로 배선작업이 필요 없는 건전지 타입을 많이 사용함(배터리 용량 : 10년 이상 확보)
- 화재경보음 : 감지기로부터 1 m 떨어진 위치에서 음향경보 85 dB (음성경보 추가 시 70 dB) 이상으로 10분 이상 연속경보
- 건전지 교체 시 경보 : 72시간 이상 경보(1 m 떨어진 위치에서 음향경보 70 dB 이상, 음성안내 60 dB 이상)

유선연동식

유 · 무선연동식

23.1.4 자동화재탐지설비

자동화재탐지설비는 화재 초기에 발생되는 열, 연기 또는 불꽃 등의 연소생성물을 감지기가 자동으로 감지하여, 수신기에 화재신호를 전송하고, 수신기를 통해 소방대상물의 관계자 및 재실자 등에게 경종 및 시각경보기 등의 통보장치를 이용하여 화재사실을 알리는 설비이다. 이와 더불어 특정소방대상물에 설치된 소방시설에 따라 수신기와 연동된 프로그램에 의해 피난 및 초기 소화를 위한 제어 신호 등을 전송하는 설비로 화재피해 저감의 중추적인 역할을 담당한다. 자동화재탐지설비는 수신기, 중계기, 감지기, 발신기 등으로 구성되며, 3급 이상의 모든 소방안전관리대상물에 설치된다.

1) 경계구역

경계구역이란 특정소방대상물 중 화재신호를 발신하고 그 신호를 수신 및 유효하게 제어할 수 있는 구역을 의미한다. 즉, 감지기가 작동하였을 때 어느 구역에서 감지기가 작동하였는지 확인할 수 있도록 설정된 유효구역으로 수신기의 지구표시창 또는 LCD 표시창에 지구표시등 점등 및 문자 등으로 화재발생 위치를 판단할 수 있는 구역이다. 자동화재탐지설비의 경계구역은 일반적으로 다음의 기준에 따라 설정한다.

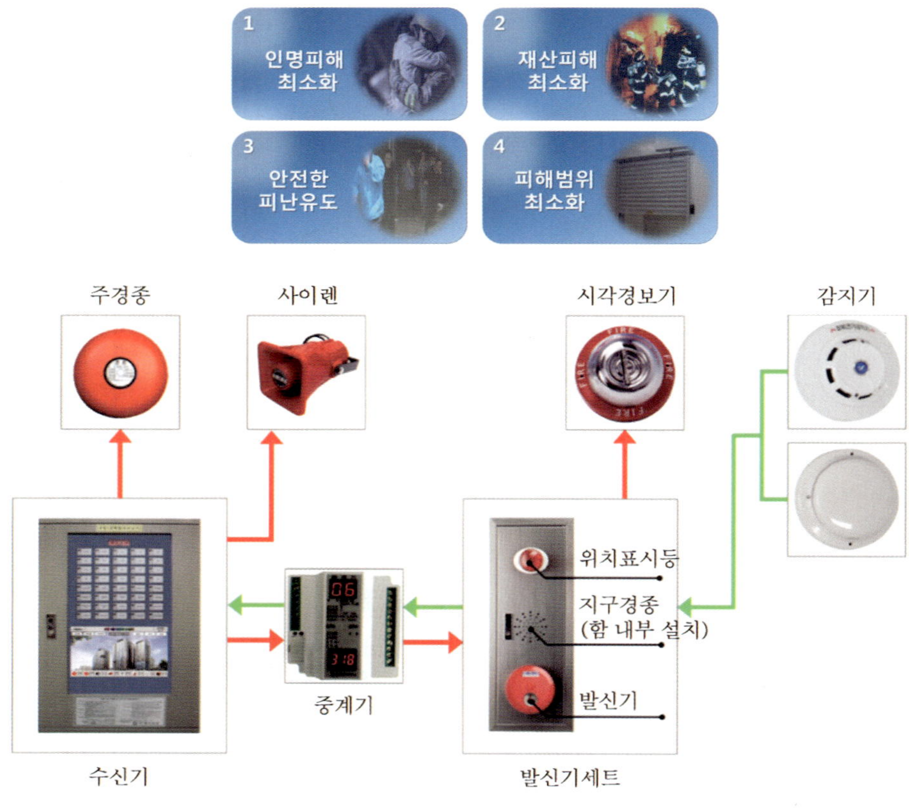

그림 23-1 자동화재탐지설비의 구성도 및 역할

(1) 하나의 경계구역이 둘 이상의 건축물에 미치지 아니하도록 할 것

(2) 하나의 경계구역이 둘 이상의 층에 미치지 않도록 할 것. 다만, 500 m^2 이하의 범위 안에서는 두 개의 층을 하나의 경계구역으로 할 수 있다.

(3) 하나의 경계구역의 면적은 600 m^2 이하로 하고 한 변의 길이는 50 m 이하로 할 것. 다만, 해당 특정소방대상물의 주된 출입구에서 그 내부 전체가 보이는 것에 있어서는 한 변의 길이가 50 m의 범위 내에서 1,000 m^2 이하로 할 수 있다.

(4) 계단(직통계단 외의 것에 있어서는 떨어져 있는 상하 계단의 상호 간의 수평거리가 5 m 이하로서 서로 간에 구획되지 아니한 것에 한한다. 이하 같다) · 경사로(에스컬레이터경사로 포함) · 엘리베이터 승강로(권상기실이 있는 경우에는 권상기실) · 린넨슈트 · 파이프 피트 및 덕트 기타 이와 유사한 부분에 대하여는 별도로 경계구역을 설정하되, 하나의 경계구역은 높이 45 m 이하(계단 및 경사로에 한함)로 하고, 지하층의 계단 및 경사로(지하층의 층수가 한 개 층일 경우는 제외)는 별도로 하나의 경계구역으로 해야 한다.

(5) 외기에 면하여 상시 개방된 부분이 있는 차고·주차장·창고 등에 있어서는 외기에 면하는 각 부분으로부터 5 m 미만의 범위 안에 있는 부분은 경계구역의 면적에 산입하지 않는다.

(6) 스프링클러설비·물분무등소화설비 또는 제연설비의 화재감지장치로서 화재감지기를 설치한 경우의 경계구역은 해당 소화설비의 방호구역 또는 제연구역과 동일하게 설정할 수 있다.

참고
- 수평적 경계구역(1경계구역 설정)
  : 면적 600 m^2 이하, 한 변의 길이 50 m 이하
- 수직적 경계구역(1경계구역 설정)
  : 계단 및 경사로 높이 45 m 이하

2) 수신기

수신기는 자동화재탐지설비의 중추적인(인간의 두뇌) 역할을 하는 장치로 각 경계구역별로 설치된 감지기나 발신기에서 발하는 화재신호를 직접 수신하거나 중계기를 통하여 수신하여 화재의 발생을 표시 및 경보하여 주는 장치이다. 이와 더불어 연동된 소방설비의 제어를 통해 화재피해를 최소화할 수 있는 역할을 할 수 있다. 국내 수신기는 일반적으로 화재수신 및 경보기능을 주목적으로 하며, 수신되는 신호종류에 따라 공통신호로 수신하는 P형 수신기와 고유신호로 수신하는 R형 수신기로 구분된다. 또한, 화재수신 및 경보기능 외에 가스누설경보기의 수신부 기능을 겸비할 경우 GP형 또는 GR형 수신기, 소방설비의 제어기능을 포함할 경우 복합식(P형 복합식, R형 복합식, GP형 복합식, GR형 복합식) 수신기로 세분화할 수 있다. 또한, P형 수신기와 R형 수신기의 사용 여부에 따라 P형 자동화재탐지설비와 R형 자동화재탐지설비로 구분되며, 일반적인 P형 수신기와 R형 수신기의 차이점은 다음과 같다.

표 23-1 P형 수신기와 R형 수신기의 특성 비교

구분	P형 수신기	R형 수신기
① 신호전달방식	접점신호방식	다중통신신호방식
② 신호종류	전회선 공통신호	각 회선별 고유신호
③ 중계기	불필요	필요(통신이용)
④ 화재표시방법	지구창 및 지도식 램프점등	LCD 이용 문자표시
⑤ 도통시험	수동 또는 자동	자동
⑥ 전송회선수	많음(각 회선별 선로 필요)	적음(전원선, 통신선 등)
⑦ 최대 회로수	약 200회로 이내(소규모 건축물 적용)	제한 없음(중규모 이상 건축물 적용)
⑧ 확장성 및 유지관리	어려움(배선수 많고 확장 어려움, 자가진단기능 단순함)	용이(배선수 적고 확장 용이, 자동고장 검출기능 등 자가진단기능 많음)
⑨ 수신반가격	저가(기능이 단순함)	고가(효율적인 유지관리를 위해 다양한 기능 내장)

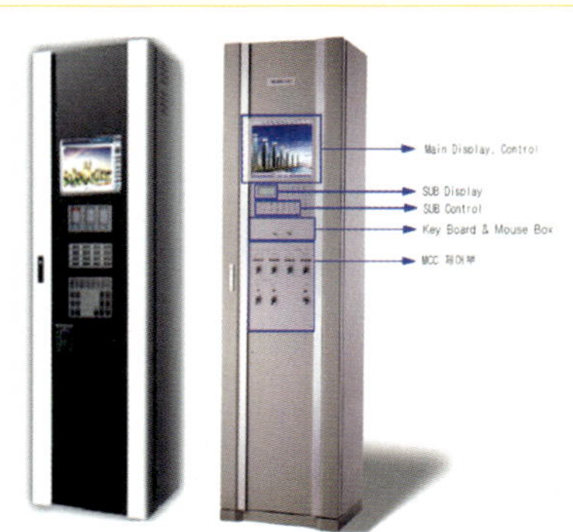

3) 중계기

중계기란 감지기·발신기 또는 전기적인 접점 등의 작동에 따른 신호를 받아 변조 및 증폭하여 수신기에 전송하는 장치이다. 중계기는 접점신호를 통신신호로 통신신호를 접점신호로 변환시켜주는 신호변환장치의 역할을 하며, 입력신호와 출력신호의 수에 따라 수용 규모가 작은 분산형 중계기와 수용 규모가 큰 집합형 중계기로 분류된다. 분산형 중계기는 입력4/출력4, 집합형 중계기는 입력32/출력32 등을 많이 사용한다. 입력신호는 감지기, 발신기, 압력스위치, 템퍼스위치, 저수위감시 등 설비의 동작확인 및 감시신호 등으로서 수신기로 전송되는 신호이고, 출력신호는 경보장치, 소방펌프, 스프링클러설비, 가스계소화설비, 제연댐퍼, 유도등, 방화셔터, 방화문 등 각종 기동장치의 출력을 위한 제어신호로 수신기로부터 연동된 소방시설 등의 작동을 위해 전달되는 신호이다.

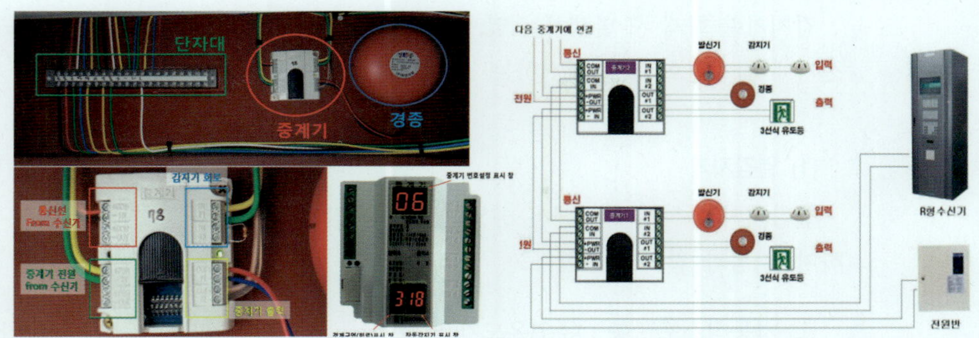

그림 23-2 중계기의 설치 및 결선 예

4) 감지기

(검출대상 → 감지방식 / 기능상)

- 감지기
  - 열감지기
    - 차동식: 스포트형, 분포형
    - 정온식: 스포트형, 감지선형
    - 보상식: 스포트형
    - 열복합형: 스포트형
  - 연기감지기
    - 이온화식: 스포트형
    - 광전식: 스포트형, 분리형, 공기흡입형
    - 연기복합형: 스포트형
  - 불꽃감지기
    - 자외선식(UV)
    - 적외선식(IR)
    - UV · IR겸용
    - 영상분석식
    - 불꽃복합형

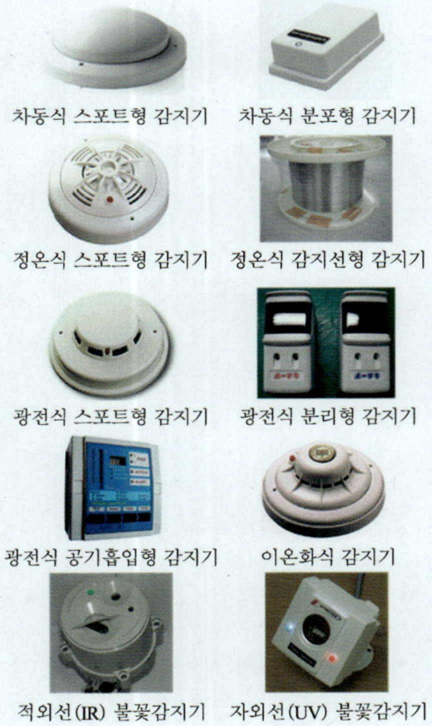

차동식 스포트형 감지기 / 차동식 분포형 감지기

정온식 스포트형 감지기 / 정온식 감지선형 감지기

광전식 스포트형 감지기 / 광전식 분리형 감지기

광전식 공기흡입형 감지기 / 이온화식 감지기

적외선(IR) 불꽃감지기 / 자외선(UV) 불꽃감지기

그림 23-3 감지기의 분류 및 종류

감지기란 화재 시 발생하는 열, 연기, 불꽃 또는 연소생성물을 자동적으로 감지하여 수신기에 화재신호 등을 발신하는 장치이다.

(1) 열감지기

열감지기란 화재에 의해서 발생되는 열을 감지하여 화재신호를 발신하는 감지기를 말하며, 다음과 같이 구분한다.

① 차동식스포트형 : 주위온도가 일정 상승률 이상이 되는 경우에 작동하는 것으로서 일국소에서의 열 효과에 의해 작동(사무실, 거실, 주차장 등)
② 차동식분포형 : 주위온도가 일정 상승률 이상이 되는 경우에 작동하는 것으로서 넓은 범위 내에서의 열 효과의 누적에 의하여 작동(창고, 부식성 가스가 많은 장소, 터널 등)
③ 정온식감지선형 : 일국소의 주위온도가 일정한 온도 이상이 되는 경우에 작동하는 것으로서 외관이 전선과 같이 선형으로 되어 있는 것(터널, 지하공동구, 케이블트레이 등)
④ 정온식스포트형 : 일국소의 주위온도가 일정한 온도 이상이 되는 경우에 작동하는 것으로서 외관이 전선과 같이 선형으로 되어 있지 않은 것(주방, 보일러실 등)
⑤ 보상식스포트형 : 차동식스포트형과 정온식스포트형 성능을 겸한 것으로 어느 한 기능이 작동되면 화재신호를 발하는 것

차동식스포트형(공기팽창식)	차동식스포트형(반도체식)	차동식스포트형(열전대식)
• 급격한 온도상승에 따른 감열실의 공기팽창률 이용 • 리크구멍(리크홀) : 오작동 방지목적 • 과거 가장 많이 사용되었지만, 겨울철 오작동이 심해 현재 반도체식으로 대체	• NTC서미스터 이용 온도상승률 감지 • 현재 가장 많이 사용되는 열감지기	• 제벡효과(Seebeck effect)이용 • 접속개수 최소 4개~최대 20개

차동식분포형(공기관식)	정온식스포트형(바이메탈식, 반도체식)	정온식감지선형
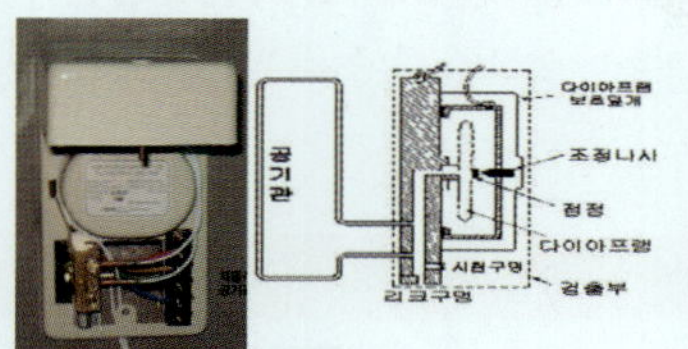	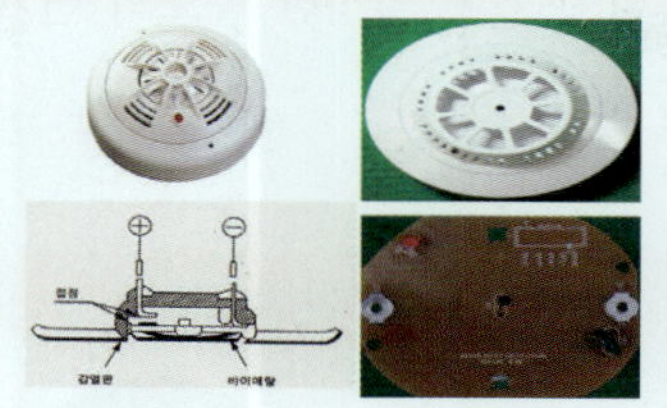	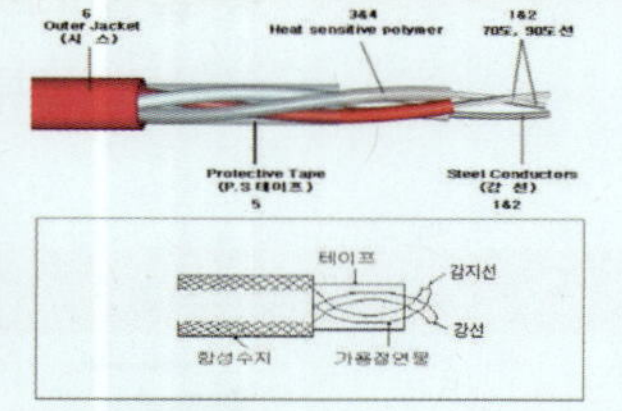
• 온도상승에 따른 공기관의 공기팽창률 이용 • 공기관 1개의 접속길이 최소 20 m ~최대 100 m	• 일정 온도에서 동작 • 바이메탈식 : 금속의 열팽창계수 이용 • 반도체식 : NTC서미스터 이용	• 화재로 온도가 상승하면 가용절연물이 녹아 단락신호 검출 • 재사용불가, 저항값 판독으로 거리측정 가능(별도 수신기 이용)
정온식감지기(아날로그식)	광센서 선형감지기	보상식감지기
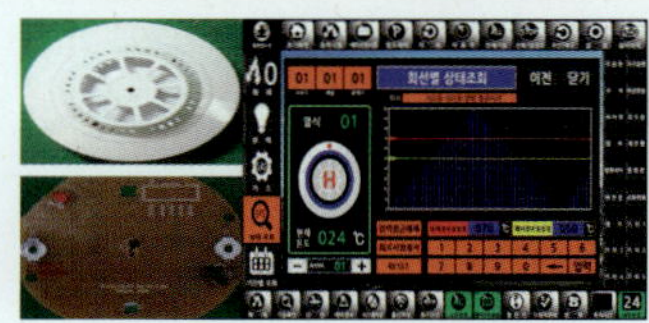		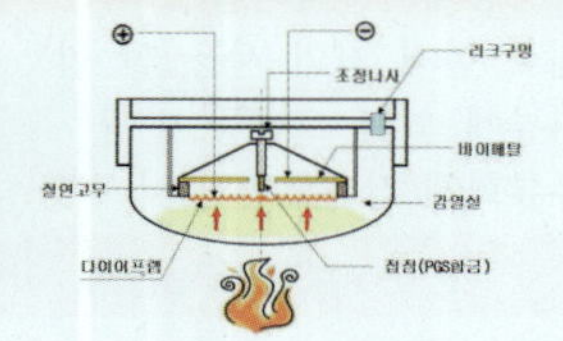
• NTC 서미스터 이용(저항값 변화에 따른 전압차로 온도값 판독) • 실시간 온도 모니터링 가능 • 고층건축물, 공동주택, 특수장소 등 적용	• 라만(Raman)산란 온도감지 알고리즘 적용 • 광케이블을 이용하여 1 m 간격으로 수십 km 이상 지점별 온도감지 가능 • 지하구, 터널, 방폭장소 등 적용	• 차동식과 정온식 성능 겸용

(2) 연기감지기

연기감지기란 화재에 의해서 발생되는 연기를 감지하여 화재신호를 발신하는 감지기를 말하며, 다음과 같이 구분한다.

① 이온화식스포트형 : 주위의 공기가 일정한 농도의 연기를 포함하게 되는 경우에 작동하는 것으로서 일국소의 연기에 의하여 이온전류가 변화하여 작동하는 것(검은 연기화재에 적응성 우수)

② 광전식스포트형 : 주위의 공기가 일정한 농도의 연기를 포함하게 되는 경우에 작동하는 것으로서 일국소의 연기에 의하여 광전소자에 접하는 광량의 변화로 작동하는 것(복도, 거실, 계단, 통신실 등)

③ 광전식분리형 : 발광부와 수광부로 구성된 구조로 발광부와 수광부 사이의 공간에 일정한 농도의 연기를 포함하게 되는 경우에 작동하는 것(지하철 플랫폼, 비행기 격납고, 제련소 등)

④ 공기흡입형 : 감지기 내부에 장착된 공기흡입장치로 감지하고자 하는 위치의 공기를 흡입하고 흡입된 공기에 일정한 농도의 연기가 포함된 경우 작동하는 것(반도체 클린룸, 물류창고 등)

이온화식스포트형	광전식스포트형	광전식감지기(아날로그식)
 		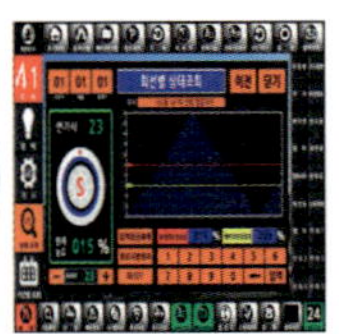
• 방사선동위원소 Am241 이용 • 방사능폐기물처리법에 의한 처리 문제로 현재 거의 사용 안 함 • 기류에 의한 오작동 발생 • 유류화재(검은색연기)시 적응성 우수	• 광산란방식 • 연기감지기 중 가장 많이 설치 • 흑색연기에는 적응성 저하	• 광산란방식(수광부의 광량 변화에 따른 전압차로 연기농도 판독) • 실시간 연기농도 모니터링 가능 • 고층건축물, 공동주택, 특수장소 등 적용

광전식분리형(일반형, 아날로그식)	공기흡입형
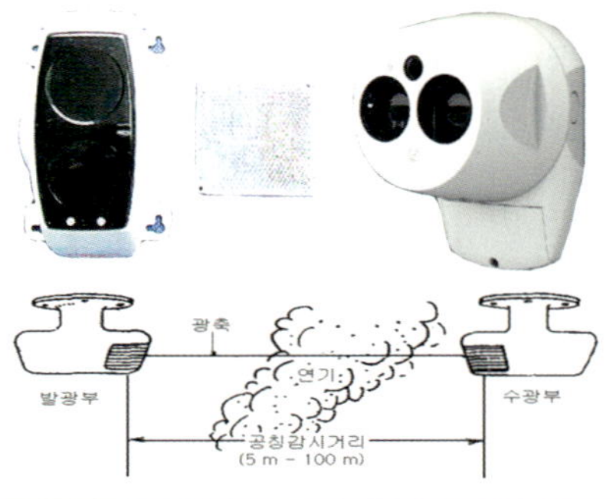	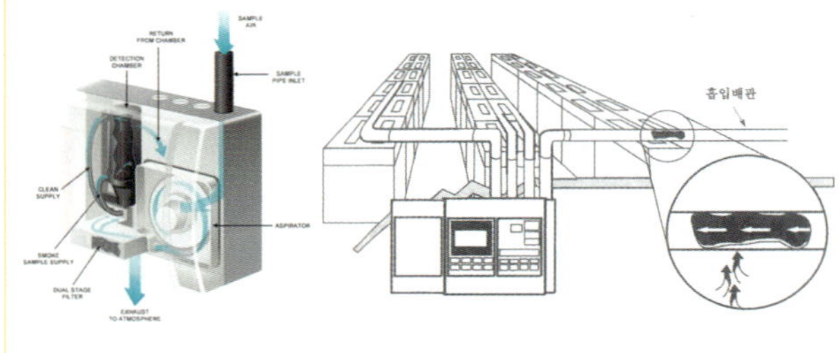
• 감광률방식 • 공칭감시거리 5 m 이상 100 m 이하(5 m 간격)	• 실시간 공기를 흡입하여 공기 중에 함유된 연소생성물 분석하여 화재를 감지하는 방식으로 조기화재감지 가능

(3) 불꽃감지기

불꽃감지기란 화재에 의해서 발생되는 불꽃을 감지하여 화재신호를 발신하는 감지기를 말하며, 다음과 같이 구분한다. 불꽃감지기는 비행기 격납고, 아트리움 등 천장이 높은 공간 또는 문화재, 발전소 등 옥외 감시용 등으로 설치된다.

① 불꽃 자외선식 : 불꽃에서 방사되는 자외선의 변화가 일정량 이상 되었을 때 작동하는 것으로서 일국소의 자외선에 의하여 수광소자의 수광량 변화에 의해 작동하는 것

② 불꽃 적외선식 : 불꽃에서 방사되는 적외선의 변화가 일정량 이상 되었을 때 작동

하는 것으로서 일국소의 적외선에 의하여 수광소자의 수광량 변화에 의해 작동하는 것

③ 불꽃 자외선·적외선겸용식 : 불꽃에서 방사되는 불꽃의 변화가 일정량 이상 되었을 때 작동하는 것으로서 자외선 또는 적외선에 의한 수광소자의 수광량 변화에 의하여 1개의 화재신호를 발신하는 것

④ 불꽃 영상분석식 : 불꽃의 실시간 영상이미지를 자동 분석하여 화재신호를 발신하는 것

불꽃 자외선식	불꽃 적외선식
• 자외선 영역(0.1～0.35μm) 중 화재 시 0.18～0.26μm의 파장에서 강한 에너지 레벨이 되며, 이를 검출하여 화재신호를 발함	• 적외선 영역(0.76～220μm) 중 화재 시 4.35μm의 파장에서 강한 에너지 레벨이 되며, 이를 검출하여 화재신호를 발함
불꽃 자외선·적외선겸용식	**불꽃 영상분석식**
• UV와 IR 센서 겸용	• 불꽃의 실시간 영상이미지 자동 분석

(4) 복합형 감지기

① 열복합형 : 차동식스포트형 및 정온식스포트형의 성능이 있는 것으로서 두 가지 성능의 감지기능이 함께 작동될 때 화재신호를 발하거나 또는 두 개의 화재신호를 각각 발신하는 것

② 연기복합형 : 이온화식스포트형 및 광전식스포트형의 성능이 있는 것으로서 두 가지 성능의 감지기능이 함께 작동될 때 화재신호를 발하거나 또는 두 개의 화재신호를 각각 발신하는 것

③ 불꽃복합형 : 불꽃 자외선식, 불꽃 적외선식 및 불꽃 영상분석식의 성능 중 두 가지

이상 성능을 가진 것으로서 두 가지 이상의 감지기능이 함께 작동될 때 화재신호를 발신하거나 또는 두 개의 화재신호를 각각 발신하는 것

④ 열・연기 복합형 : 열감지기 및 연기감지기의 성능이 있는 것으로 두 가지 성능의 감지기능이 함께 작동될 때 화재신호를 발신하거나 또는 두 개의 화재신호를 각각 발신하는 것

⑤ 연기・불꽃 복합형 : 연기감지기 및 불꽃감지기의 성능이 있는 것으로 두 가지 성능의 감지기능이 함께 작동될 때 화재신호를 발신하거나 또는 두 개의 화재신호를 각각 발신하는 것

⑥ 열・불꽃 복합형 : 열감지기 및 불꽃감지기의 성능이 있는 것으로 두 가지 성능의 감지기능이 함께 작동될 때 화재신호를 발신하거나 또는 두 개의 화재신호를 각각 발신하는 것

⑦ 열・연기・불꽃 복합형 : 열감지기, 연기감지기 및 불꽃감지기의 성능이 있는 것으로 세 가지 성능의 감지기능이 함께 작동될 때 화재신호를 발신하거나 또는 세 개의 화재신호를 각각 발신하는 것

(5) 감지기의 형식별 특성

① 다(多)신호식 : 1개의 감지기 내에 서로 다른 종별 또는 감도 등의 기능을 갖춘 것으로서 일정시간 간격을 두고 각각 다른 2개 이상의 화재신호를 발하는 감지기

② 방폭형 : 폭발성가스가 용기내부에서 폭발하였을 때 용기가 그 압력에 견디거나 또는 외부의 폭발성가스에 인화될 우려가 없도록 만들어진 형태의 감지기

③ 방수형 : 그 구조가 방수구조로 되어 있는 감지기

④ 재용형 : 다시 사용할 수 있는 성능을 가진 감지기

⑤ 축적형 : 일정농도 이상의 연기가 일정 시간(공칭축적시간) 연속하는 것을 전기적으로 검출하므로서 작동하는 감지기(다만, 단순히 작동시간만을 지연시키는 것은 제외)

⑥ 아날로그식 : 주위의 온도 또는 연기의 양의 변화에 따른 화재 정보신호값을 출력하는 방식의 감지기

5) 발신기

발신기란 감지기보다 사람이 먼저 화재를 발견하였을 때 수동누름버튼(스위치) 등을 눌러 수동으로 화재신호를 수신기 또는 중계기에 발신하는 장치이다. 발신기의 스위치는 바닥으로부터 0.8 m 이상 1.5 m 이하의 높이에 설치하며, 발신기의 위치를 표시하는 표

시등은 함의 상부에 설치하되, 그 불빛은 부착면으로부터 15° 이상의 범위 안에서 부착 지점으로부터 10 m 이내 어느 곳에서도 쉽게 식별할 수 있는 적색등으로 하여야 한다. 또한, 특정소방대상물의 층마다 설치하되, 해당 특정소방대상물의 각 부분으로부터 하나의 발신기까지의 수평거리는 25 m 이하가 되도록 한다. 다만, 복도 또는 별도로 구획된 실로서 보행거리가 40 m 이상일 경우 추가로 설치하여야 한다.

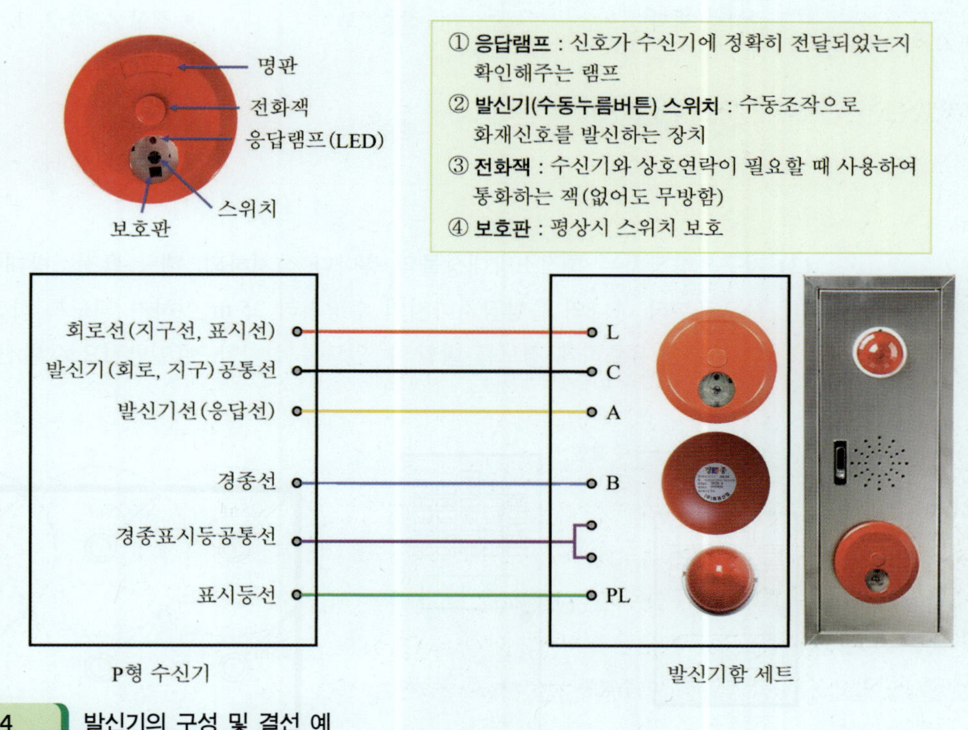

그림 23-4 발신기의 구성 및 결선 예

6) 음향장치

감지기 및 발신기의 작동과 연동하여 작동되는 음향장치는 정격전압의 80% 전압에서 음향을 발휘하여야 하며, 음량은 부착된 음향장치의 중심으로부터 1 m 떨어진 위치에서 90 dB 이상 되어야 한다. 음향장치는 주음향장치(주경종)와 지구음향장치(지구경종)로 구분되며 다음의 기준에 따라 설치하여야 한다.

(1) 주음향장치는 수신기의 내부 또는 그 직근에 설치할 것
(2) 층수에 따라 다음 기준에 따라 경보를 발할 수 있어야 할 것

표 23-2 층수에 따른 경보방식		
발화층	경 보 층	
	10층 이하(공동주택 15층 이하)	12층 이하(공동주택 16층 이상)
2층 이상 발화	전층경보	• 발화층 • 직상 4개층
1층 발화	전층경보	• 발화층(1층) • 직상 4개층(2, 3, 4, 5층) • 지하층
지하층 발화	전층경보	• 발화층 • 직상층 • 기타의 지하층

(3) 지구음향장치는 특정소방대상물의 층마다 설치하되, 해당 특정소방대상물의 각 부분으로부터 하나의 음향장치까지의 수평거리 25 m 이하가 되도록 하고, 해당 층의 각 부분에 유효하게 경보를 발할 수 있도록 설치할 것(일반적으로 발신기함에 내장)

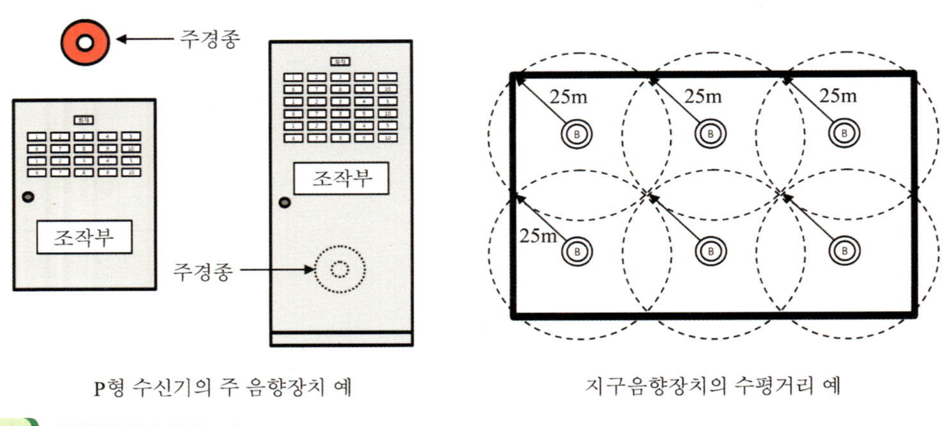

그림 23-5 음향장치의 설치 예

7) 전원

자동화재탐지설비의 전원은 상용전원과 비상전원으로 구분된다. 평상시 상용전원을 사용하며, 화재 시 정전 또는 단선 등으로 상용전원이 차단되면 자동으로 비상전원으로 자동절환되어 작동하게 된다. 이 경우 비상전원의 용량은 일반 건축물에 있어서는 감시상태를 60분간 지속한 후 유효하게 10분 이상 경보할 수 있어야 하며, 고층 건축물에 있어서는 감시상태를 60분간 지속한 후 유효하게 30분 이상 경보할 수 있어야 한다.

23.1.5 시각경보기

자동화재탐지설비에서 발하는 화재신호를 시각경보기에 전달하여 음향장치로 통보되는 화재경보음이 듣기 어려운 청각장애인에게 화재발생 사실을 보다 효율적으로 전파하기 위해 크세논 섬광 램프 등의 광원을 이용하여 점멸형태로 시각으로 경보해주는 장치이다. 설치높이는 바닥으로부터 2 m 이상 2.5 m 이하에 장소에 설치하며, 다만 천장의 높이가 2 m 이하인 경우에는 천장으로부터 0.15 m 이내의 장소에 설치하여야 한다.

참고 **시각경보장치의 성능인증 및 제품검사의 기술기준 주요 개정내용**

- 점멸주기 : 매 초당 1회 이상 3회 이하
- 광원으로부터 수평거리 6 m에서 유효광도를 측정하는 경우
  0° (전면) : 15 cd 이상
  45° : 11.25 cd 이상
  90° (측면) : 3.75 cd 이상
- 수평 180° 및 수직 90° 범위 내 12.5 m 떨어진 임의의 지점에서 점멸상태를 확인하는 경우 어느 지점에서도 작동상태의 빛이 보일 수 있어야 함
- 작동신호를 보내는 경우 : 3초 이내 경보
  정지신호를 받았을 경우 : 3초 이내 정지

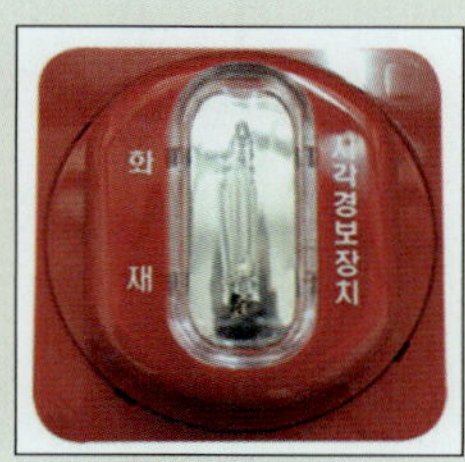

23.1.6 화재알림설비

화재알림설비는 전통시장의 화재피해 최소화 목적과 더불어 IoT기반 소방산업 육성·발전을 위해 2022년 12월 1일부로 「소방시설법」상 경보설비의 종류에 추가된 새로운 설비로 비화재보방지를 위한 자동보정기능이 내장되어 있고, 자동화재탐지설비와 자동화재속보설비의 기능을 겸비한 설비이다.

표 23-3 화재알림설비의 정의 및 시스템 구성 예

용어	정 의
① 화재알림형 감지기	화재 시 발생하는 열, 연기, 불꽃을 자동적으로 감지하는 기능 중 두 가지 이상의 성능을 가진 열·연기 또는 열·연기·불꽃 복합형 감지기로서 화재알림형 수신기에 주위의 온도 또는 연기의 양의 변화에 따라 각각 다른 전류 또는 전압 등(이하 "화재정보값")의 출력을 발하고, 불꽃을 감지하는 경우 화재신호를 발신하며, 자체 내장된 음향장치에 의하여 경보하는 것을 말한다(복합형+아날로그식+단독경보 기능 내장).
② 화재알림형 수신기	화재알림형 감지기나 발신기에서 발하는 화재정보값 또는 화재신호 등을 직접 수신하거나 화재알림형 중계기를 통해 수신하여 화재의 발생을 표시 및 경보하고, 화재정보값 등을 자동으로 저장하여, 자체 내장된 속보기능에 의해 화재신호를 통신망을 통하여 소방관서에는 음성 등의 방법으로 통보하고, 관계인에게는 문자로 전달할 수 있는 장치를 말한다(아날로그식 수신기+화재정보값 등 1년 이상 저장+속보 기능 내장).
③ 화재알림형 비상경보장치	발신기, 표시등, 지구음향장치(경종 또는 사이렌 등)를 내장한 것으로 화재 발생 상황을 경보하는 장치를 말한다.
④ 원격감시서버	원격지에서 각각의 화재알림설비로부터 수신한 화재정보값 및 화재신호, 상태신호 등을 원격으로 감시하기 위한 서버를 말한다(선택사항).

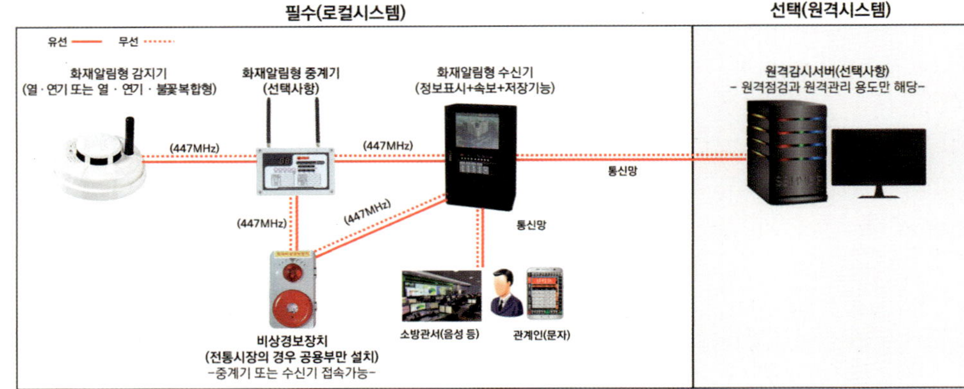

화재알림형 감지기(주요기능)

1. 정보전송기능
2. 자동보정기능(감지기 또는 수신기 선택가능)
3. 자체경보기능(화재표시 포함)
4. 주소기능

화재알림형 수신기(주요기능)

1. 화재 및 비화재보 판단기능
2. 정보저장기능(이벤트, 감지기 데이터 등)
3. 경보기능(화재경보 및 화재표시 등)
4. 속보기능(관계인·소방관서 등)
5. 소방시설 연동기능(타 감시제어반과 연동기능)

23.1.7 비상방송설비

비상방송설비는 자동화재탐지설비로부터 화재신호를 받아서 자동으로 작동되어 관계인 등에게 확성기로 화재사실을 알려 피난을 도모하는 설비로 수동 조작에 의해서도 작동시킬 수 있다. 비상방송설비는 연면적 3천5백 m^2 이상이거나, 층수가 11층 이상 또는 지하층의 층수가 3층 이상인 경우 모든 층에 설치하며, 비상방송설비의 음향장치는 다음의 기준을 충족해야 한다.

1) 확성기의 음성입력은 3 W (실내 1 W) 이상이고, 정격전압의 80% 전압에서 음향을 발할 수 있을 것
2) 확성기는 각 층마다 설치하되, 그 층의 각 부분으로부터 하나의 확성기까지의 수평거리가 25 m 이하가 되도록 하고, 해당 층의 각 부분에 유효하게 경보를 발할 수 있도록 설치할 것
3) 음량조정기를 설치하는 경우 음량조정기의 배선은 3선식으로 할 것
4) 조작부의 조작스위치는 바닥으로부터 0.8 m 이상 1.5 m 이하의 높이에 설치할 것
5) 층수에 따라 다음 기준에 따라 경보를 발할 수 있어야 할 것

발화층	경 보 층	
	10층 이하(공동주택 15층 이하)	12층 이하(공동주택 16층 이상)
2층 이상 발화	전층경보	• 발화층 • 직상 4개층
1층 발화	전층경보	• 발화층(1층) • 직상 4개층(2, 3, 4, 5층) • 지하층
지하층 발화	전층경보	• 발화층 • 직상층 • 기타의 지하층

6) 다른 방송설비와 공용하는 것에 있어서는 화재 시 비상경보 외의 방송을 차단할 수 있는 구조로 할 것
7) 기동장치에 따른 화재신호를 수신한 후 필요한 음량으로 화재발생상황 및 피난에 유효한 방송이 자동으로 개시될 때까지의 소요시간은 10초 이내로 할 것

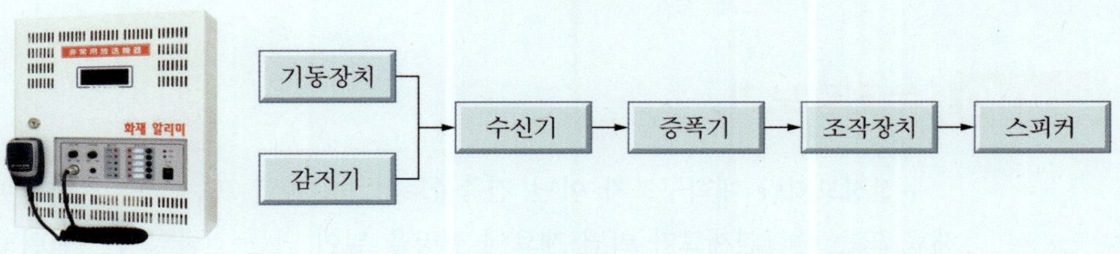

그림 23-6 비상방송설비의 계통도

23.1.8 자동화재속보설비

자동화재속보설비는 속보기를 이용하여 수동작동 및 자동화재탐지설비 수신기의 화재 신호와 연동으로 작동하여 관계인에게 화재발생을 경보함과 동시에, 통신망을 통해 소방관서에 자동으로 화재발생 및 해당 소방대상물의 위치 등을 음성으로 통보하여 주는 설비이다. 속보기는 소방관서에 통신망으로 통보하도록 하며, 데이터 또는 코드전송방식을 부가적으로 설치할 수 있다.

표 23-4 자동화재속보설비의 정의 및 예

용어	정 의	
① 속보기	화재신호를 통신망을 통하여 음성 등의 방법으로 소방관서에 통보하는 장치를 말한다.	
② 통신망	유선이나 무선 또는 유무선 겸용 방식을 구성하여 음성 또는 데이터 등을 전송할 수 있는 집합체를 말한다.	
③ 데이터전송방식	전기・통신매체를 통해서 전송되는 신호에 의하여 어떤 지점에서 다른 수신 지점에 데이터를 보내는 방식을 말한다.	
④ 코드전송방식	신호를 표본화하고 양자화 하여, 코드화한 후에 펄스 혹은 주파수의 조합으로 전송하는 방식을 말한다.	

23.1.9 통합감시시설

통합감시시설은 특정소방대상물의 지하구에 설치하는 시설로 화재 신호와 경보, 발화 지점 등 수신기(지하구 통제실에 설치)에 표시되는 정보가 119상황실이 있는 관할 소방관서의 정보통신장치에 표시되어야 한다. 이를 위해 소방관서와 지하구의 통제실 간에 화재 등 소방활동과 관련된 정보를 상시 교환할 수 있는 정보통신망을 구축해야 한다.

23.1.10 누전경보기

누전경보기란 내화구조가 아닌 건축물로서 벽, 바닥 또는 천장의 전부나 일부를 불연재료 또는 준불연재료가 아닌 재료에 철망을 넣어 만든 건물의 전기설비로부터 누설전류를 탐지하여 경보를 발하는 기기로서, 변류기와 수신부로 구성되며, 계약전류용량이 100 A를 초과하는 특정소방대상물에 설치한다. 일반적으로 경계전로의 정격전류가 60 A를 초과하는 전로에 있어서는 1급 누전경보기를, 60 A 이하의 전로에 있어서는 1급 또는 2급 누전경보기를 설치한다. 누전경보기의 공칭작동전류치는 200 mA 이하이고, 감도조정장치의 조정범위 최대치는 1 A이다. 음향장치 경보 음압은 음향장치의 중심으로부터 1 m 떨어진 위치에서 70 dB (고장표시장치용 등은 60 dB) 이상이어야 한다.

23.1.11 가스누설경보기

가스누설경보기란 가스시설이 설치된 장소에서 액화석유가스(LPG), 액화천연가스(LNG), 일산화탄소 또는 기타 가스(이소부탄, 메탄, 수소)를 탐지하여 경보하는 장치로 탐지부와 수신부가 일체로 된 단독형과 분리된 분리형으로 구분된다. 공기보다 무거운 가스를 사용하는 연소기가 설치되어 있는 곳의 검지기는 연소기로부터 4 m 이내에 설치하고, 바닥으로부터 0.3 m 떨어져 설치한다. 공기보다 가벼운 가스를 사용하는 연소기가 설치되어 있는 곳의 검지기는 연소기로부터 8 m 이내, 천장으로부터 0.3 m 이내에 설치하고, 0.6 m 이상 돌출된 보가 있는 경우에는 보 보다 안쪽으로 설치하고 천장부에 흡입기구가 있으면 그 부근에 검지기를 설치한다.

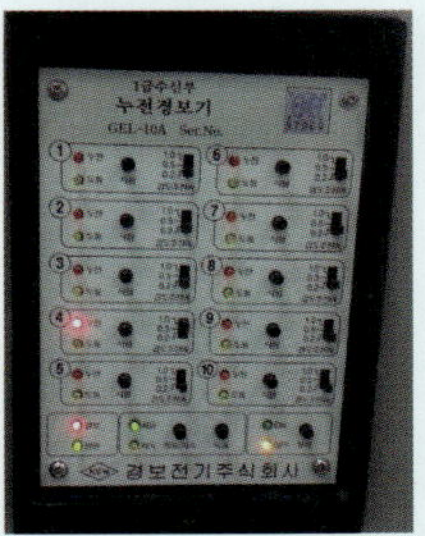

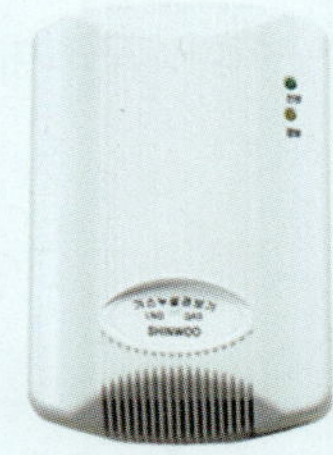

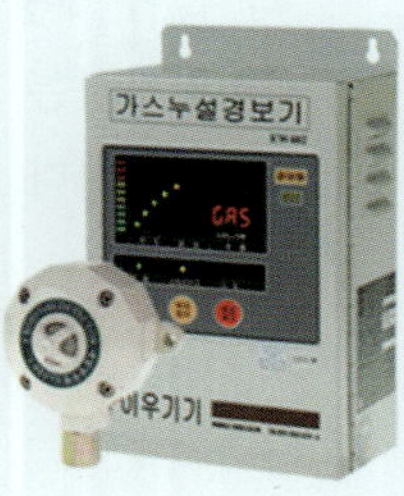

그림 23-7 (좌)누전경보기 (우)가스누설경보기

CHAPTER 24

피난설비

24.1.1 피난설비

1) 피난기구

피난기구란 건축물의 화재발생을 예상하여 대피가 용이하도록 건축물에 설치하는 것으로서, 건축물의 구조와 기능에 따라 여러 가지 형태의 피난기구의 설치가 요구된다.

(1) 구조대

구조대는 건축물의 3층 이상부터 설치하는 피난기구로서 비상시 발코니, 건축물의 창과 같이 개방할 수 있는 부분에서 지상까지 자루형태의 포대를 설치하여 그 포대의 내부를 활강하는 피난기구이다. 구조대를 설치하는 방법에 따라 경사하강식과 수직하강식으로 분류한다.

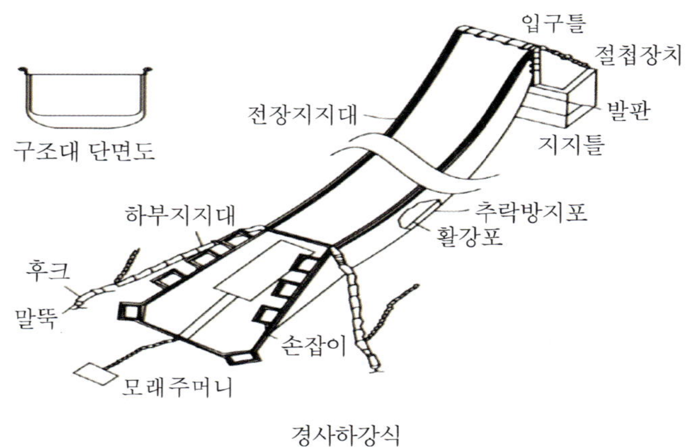

경사하강식

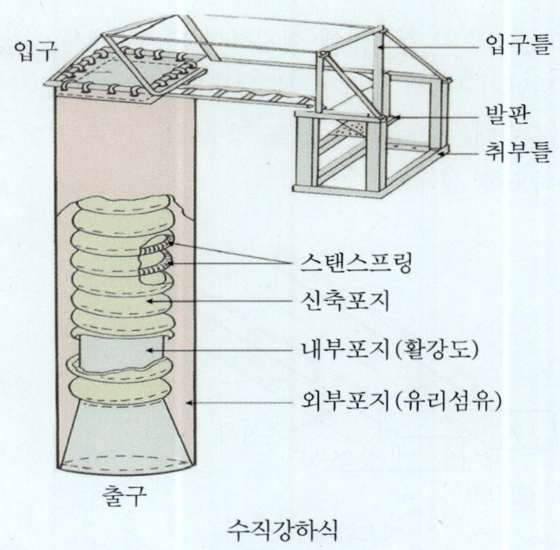

수직강하식

그림 24-1 (위) 경사하강식 (아래) 수직강하식

(2) 피난사다리

건축물화재 시 안전한 장소로 피난하기 위해서 건축물의 개구부에 설치하는 기구로서 고정식 사다리, 올림식 사다리 및 내림식 사다리로 분류된다.

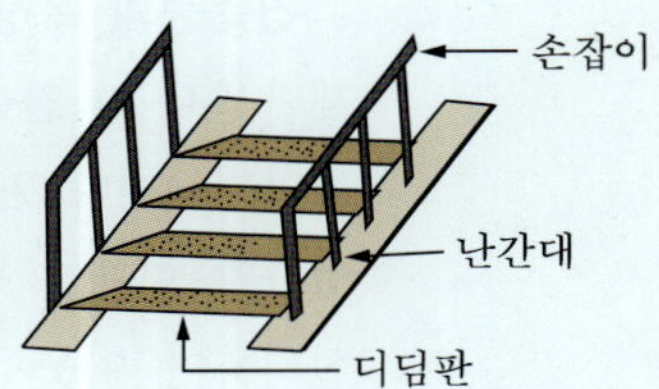

(3) 완강기

지지대에 걸어서 사용자 몸무게에 의하여 자동적으로 내려올 수 있는 기구로 사용자가 교대하여 연속적으로 사용할 수 있는 것을 말한다. 완강기의 강하 속도는 16 ~ 150 cm/sec 이내이다.

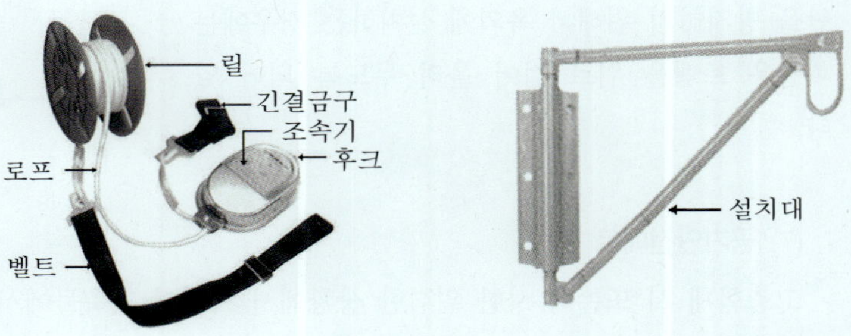

(4) 미끄럼대

2층 또는 3층의 건축물에 설치하여 화재발생시 신속하게 지상으로 피난할 수 있도록 제조된 피난기구로서 장애인 복지시설, 노약자 수용시설 및 병원 등에 적합한 피난기구이다. 미끄럼대는 사용하지 않을 경우에는 위로 접어 올렸다가 비상시에는 지면까지 내려 사용하도록 설계되어 있다.

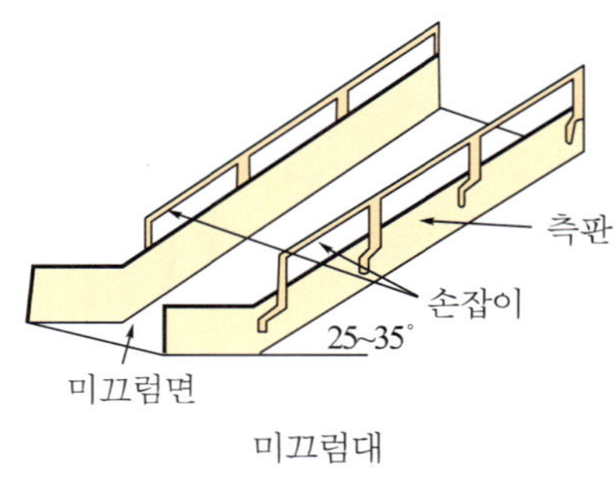

미끄럼대

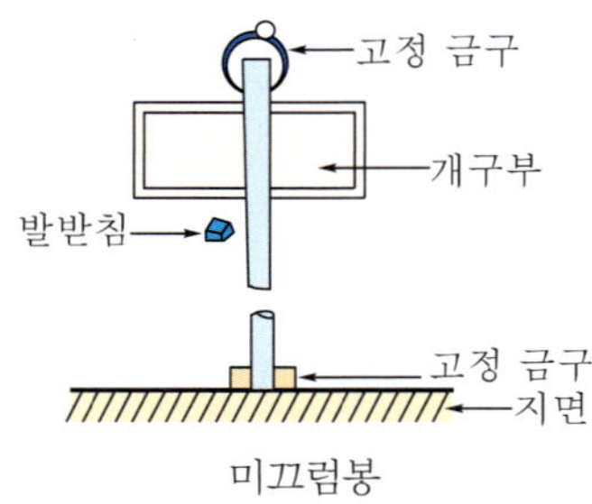

미끄럼봉

(5) 피난교

건축물의 옥상층 또는 그 이하의 층에서 화재발생시 옆 건축물로 피난하기 위해 설치하는 피난기구이다. 평상시에는 건축물 내에 접어두었다가 화재가 발생하면 신속하게 옆건축물에 설치하여 이웃 건축물로 안전하게 피난할 수 있도록 가교역할을 해주는 피난기구이다

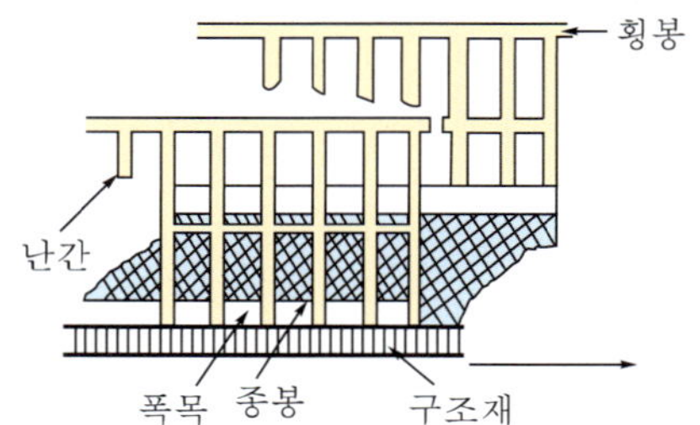

(6) 피난용트랩

건축물의 지하 2층 및 3층에서 피난하기 위해서 건축물의 개구부에 설치하는 피난기구로서 도난을 방지하기 위해서 옥외에 설치하는 경우에는 피난용 트랩을 위로 접어 올려 두도록 되어 있다.

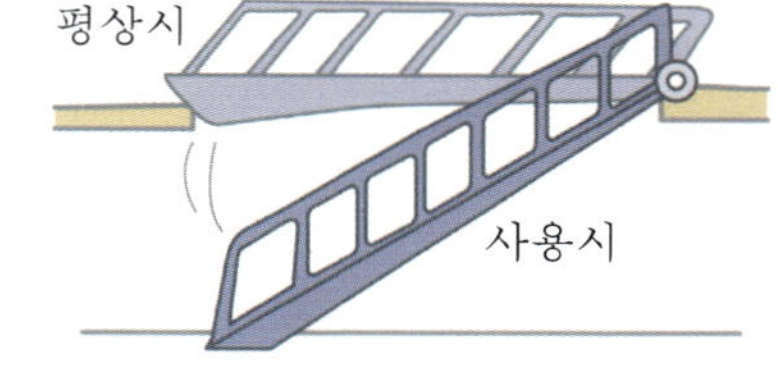

(7) 공기안전매트

고층화재 시 또는 유사한 위험한 상황에서 사람이 건축물에서 외부로 긴급히 뛰어내릴 때 충격을 흡수하여 안전하게 지상에 도달할 수 있도록 포지에 공기를 주입하는 구조로 되어 있는 인명구조장비이며, 아파트 단지에는 반드시 설치해야 하는 장비 중 하나이다.

재질은 충격에 잘 찢어지지 않고, 직물에 방염, 방수 등 특수처리를 하여 화재 현장에서도 유용하게 사용할 수 있다.

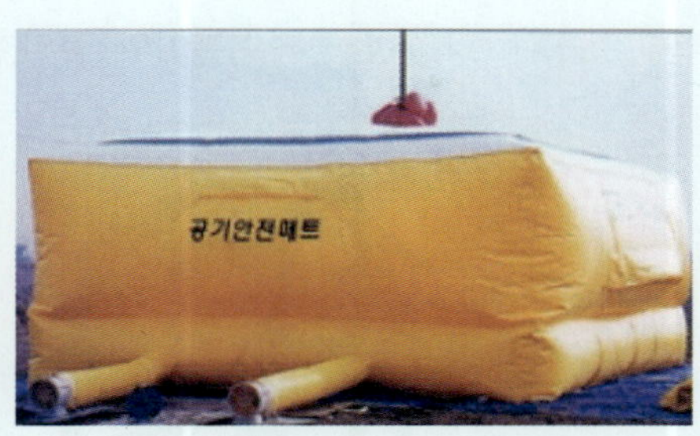

2) 인명구조기구

인명구조기구는 소방대상물의 화재 발생뿐만 아니라 유독성, 유해성가스, 위험물질 등으로부터 인명을 보호하거나 구조하는데 사용되는 기구로서 해당 기구로 인하여 인명에 피해를 주거나 취급 및 조작기술 부족으로 인하여 위해가 발생되지 않도록 평상시 충분한 조작 및 사용, 취급에 대한 안전관리가 요구되는 기구이다.

(1) 방열복

인명구조기구 중 가장 많이 이용되는 것으로서 고온의 복사열에 가까이 접근할 수 있는 내열 피복이다. 또한, 방열복은 방열상의, 방열하의, 방열장갑 및 속복형 방열복으로 구분된다.

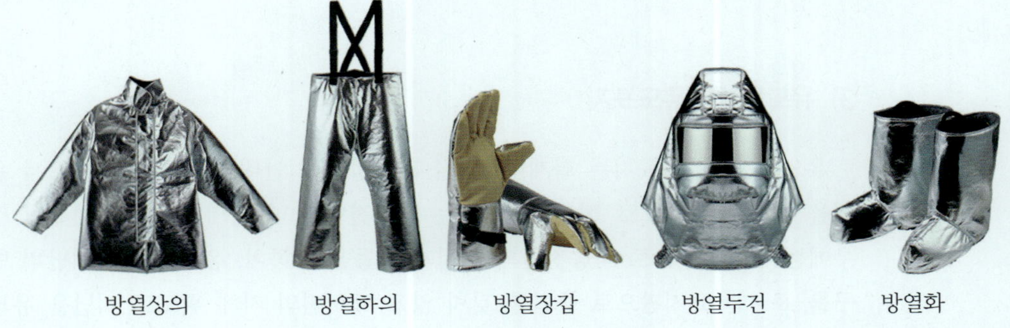

방열상의 방열하의 방열장갑 방열두건 방열화

(2) 공기호흡기

소방대상물의 화재로 인한 소화활동 시 내장재, 유독성 가연물질 등에 의해서 발생되는 유해성 가스 중에서 일정한 시간 동안 사용이 가능하도록 제조된 공기압축식의 공기호흡장비이다. 또한, 공기호흡기는 유독성가스 중에서도 순수한 공기만을 공급하여 소화활동을 하는 사람이 유독성 가스에 질식하거나 실명, 중독 등의 사고 방지를 위해 고압의 공기 압축용기, 공기공급밸브, 배기밸브, 감압밸브, 급기호스, 압력계, 면체, 경보장치 등으로 구성되어 있으며, 양압형 공기호흡기와 음압형 공기호흡기로 구분된다.

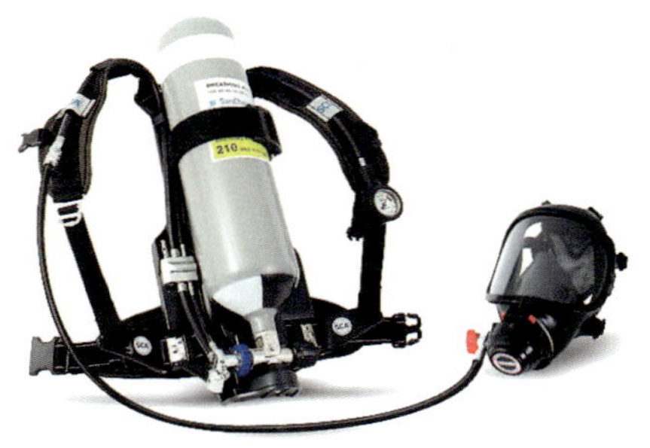

(3) 인공소생기

화재의 발생으로 인하여 유독성 가스에 질식되었거나 중독 등에 의해서 심폐기능이 악화되어 정상적으로 호흡할 수 없는 사람에게 인공 호흡시켜 소생하도록 하는 구급용 기구로서 소방용으로 사용되는 것을 말한다.

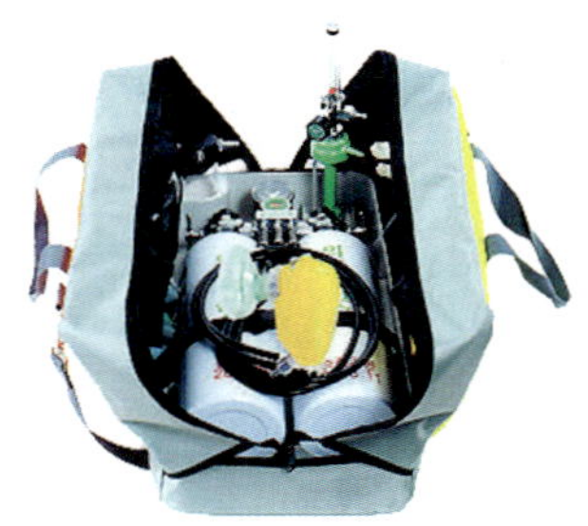

3) 유도등 및 유도표지

유도등 및 유도표지는 화재 시 긴급대피 방향을 안내하기 위한 설비로서 유도등은 전원을 이용하는 것으로 정상상태에서는 상용전원에 따라 켜지고 상용전원이 정전되는 경우에는 비상전원으로 자동전환되어 켜지는 등을 말하며, 유도표지는 피난의 방향과 피난구를 표시한 표지판으로 등화를 갖지 않고 표시면의 자체 휘도로 피난을 유도하는 표지이다. 유도등에는 피난구 유도등, 통로유도등, 객석유도등이 있고 통로유도등에는 계단통로유도등, 복도통로유도등, 거실통로유도등이 있다. 유도표지에는 피난구유도표지, 통로유도표지가 있으며 통로유도표지에는 계단통로유도표지, 복도통로유도표지가 있다.

피난구 유도등

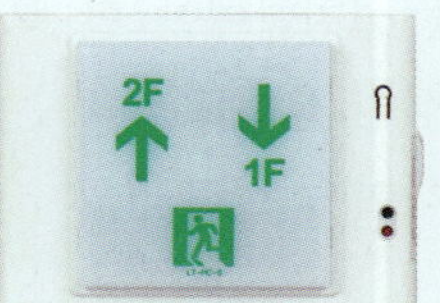

계단통로 유도등

객석 유도등

4) 비상조명등 및 휴대용 비상조명등

비상조명등은 화재발생 등에 따른 정전 시에 안전하고 원활한 피난활동을 할 수 있도록 거실 및 피난통로 등에 설치되어 자동점등 되는 조명등을 말하며, 휴대용비상조명등은 화재발생 등으로 인한 정전 시 피난자가 휴대할 수 있는 조명등을 말한다. 소방대상물의 각 거실과 그로부터 지상에 이르는 복도·계단 및 그 밖의 통로에 설치한다.

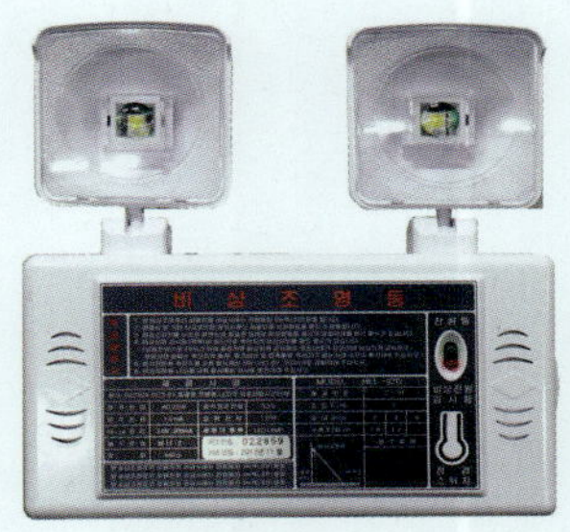

비상조명등(예비전원 내장형)

휴대용 비상조명등

24.1.2 소화용수설비

소화용수설비는 소방대원이 사용하는 소화설비이다. 화재 발생 시에 물을 사용하기 위해 사전에 비축된 설비로서 대규모 건축물이나 대형 건물에 설치하여 소방대가 사용할 수 있게 지하 등에 만든 설비를 말한다.

연면적 5,000 m^2 이상인 큰 규모의 건축물과 11층 이상의 고층 건축물에 대하여 화재 발생 시 소화용수의 부족으로 소화작업에 차질이 생기지 않도록 공공 소방용수인 소화전, 저수조, 급수탑과 더불어 사설 소방용수인 상수도소화용수설비와 소화수조 또는 저수조를 설치한다.

그리고 연면적 5,000 m^2 이상이거나 지상에 설치한 가스시설의 탱크용량이 1,000 ton 이상인 특정소방대상물에는 상수도소화용수설비를 설치하여야 한다. 하지만 상수도소화용수설비를 설치하여야 할 특정소방대상물의 대지 경계선으로부터 180 m 이내에 구경 75 mm 이상인 상수도용 배수관이 설치되지 아니한 지역에 있어서는 소화수조 또는 저수조로 설치하여야 한다.

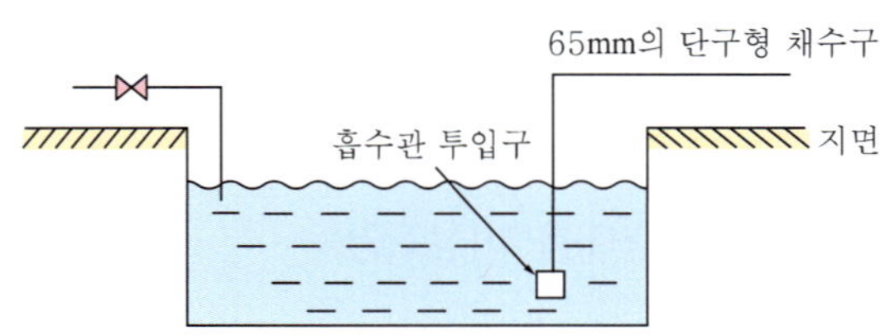

그림 24-2 소화수조(저수조)

CHAPTER 25

소화활동설비

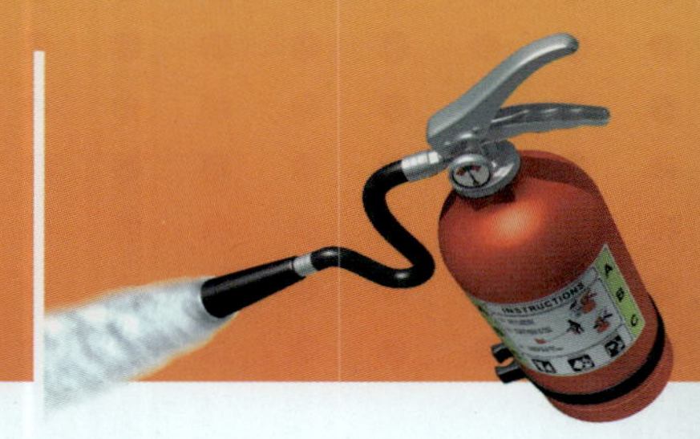

1) 연결송수관설비

화재 시 소방대원이 건물 외부에 돌출된 송수관에 수원을 연결하여 화재 발생층을 봉상수주 소화하는 설비로서 고층건축물, 아케이드, 지하건축물 등에 설치하여 옥내소화전설비, 스프링클러 설비 등 주소화설비를 도와주는 공설 소방대가 사용하는 소화설비이다.

연결송수관설비 구성요소 및 특징으로서는 다음과 같다. 구성으로서는 송수구(구경은 65 mm), 방수구, 방수기구함, 배관으로 구성되며, 송수구의 높이는 0.5 m 이상 1 m 이하의 위치에 설치하며, 송수압력은 0.35 MPa 이상으로 한다.

연결송수관의 종류로서는 습식과 건식이 있으며, 습식은 11층 이상의 건축물에 적용되고 있으며 고가수조에 의해 입상관에 항상 물이 채워있는 방식으로 3 1m 이상 또는 11층 이상의 건축물에 적용하는 설비이다.

건식은 10층 이하의 건물에 적용되고 있으며, 건축물 입상관에 상시 물을 채워두지 않는 방식으로 10층 이하의 건물에 적용하며 화재 시 소방펌프차로 물을 공급하는 설비이다.

이때, 주배관의 구경은 100 mm 이상의 것으로 하여야 하며 아파트에 연결송수관설비를 설치할 때 방수구는 1층과 2층은 제외할 수 있으며, 11층 이상의 부분에 설치하는 방수구는 아파트를 제외한 곳은 쌍구형으로 하여야 한다. 또한 방수기구함은 방수구가 가장 많이 설치된 층을 기준하여 3개 층마다 설치하되, 그 층의 방수구마다 보행거리 5 m 이내에 설치하여야 한다.

그림 25-1 연결송수관 송수구

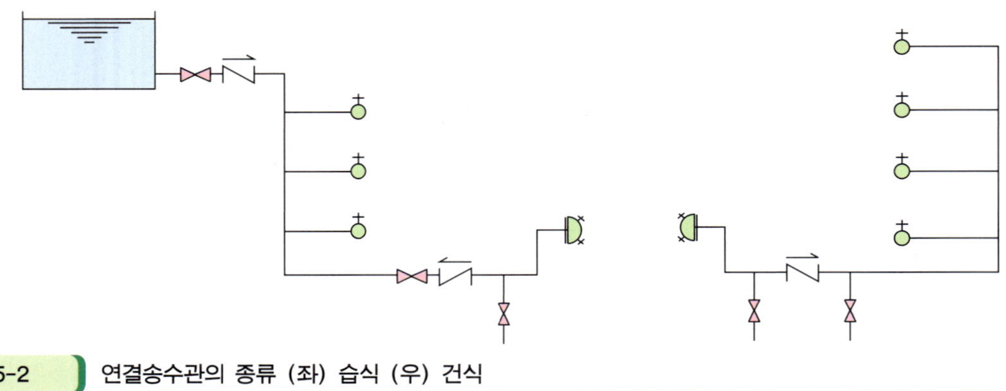

그림 25-2 연결송수관의 종류 (좌) 습식 (우) 건식

2) 연결살수설비

연결살수설비는 판매시설 및 지하가 또는 건축물 지하층의 연면적이 150 m^2 이상인 곳에 설치하는 본격 소화를 위한 소화활동설비이다. 지하가, 건축물의 지하층은 화재가 발생할 경우 연소생성물인 연기가 외부로 쉽게 배출되지 않아 소화활동에 지장을 초래하므로 초기소화용으로 설치된 옥내소화전설비만으로는 화재의 소화가 어려워 건축물의 1층벽에 설치된 연결살수설비용의 송수구로 수원을 공급받아 사용하도록 되어있다. 주요 구성 부분으로서는 송수구, 연결살수설비의 헤드, 배관 및 밸브 등으로 구성되어 있다.

(연결)송수구의 부근에는 "연결살수설비송수구"라고 표시한 표지와 선택밸브의 부근에는 "송수구역 일람표"를 설치하며, 송수구에는 이물질을 막기 위한 마개를 씌워야 한다.

연결살수설비의 헤드는 연결살수설비전용헤드 또는 스프링클러헤드로 설치하여야 하며, 가연성 가스의 저장 · 취급시설의 헤드는 전용의 개방형헤드를 설치하여야 한다.

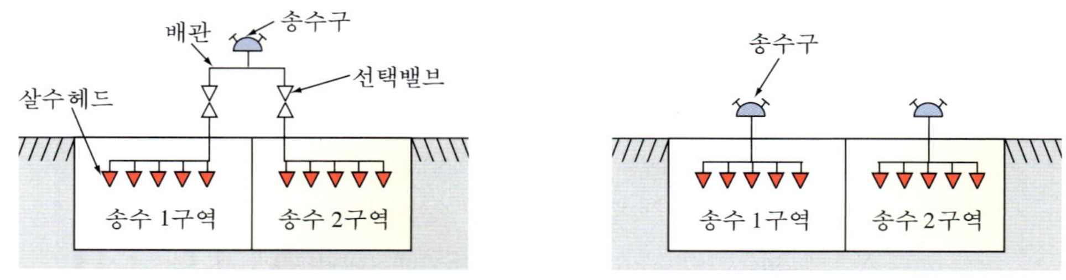

그림 25-3 (좌) 선택밸브가 설치된 경우 (우) 선택밸브가 없는 경우

참고 **하나의 배관에 부착하는 살수헤드의 개수**

살수헤드의 개수	1개	2개	3개	4개 또는 5개	6개 이상 10개 이하
배관의 구경(mm)	32	40	50	65	80

3) 제연설비

제연설비는 소화활동설비의 하나로서 화재 시 발생된 연기 및 유독가스를 효과적으로 배출시켜 소방관의 소화활동에 장애가 되는 연기를 제거하는 설비이다. 화재 시 연기가 침입하는 것을 방지하고 산소와 함께 외부의 신선한 공기를 불어넣어서 인명을 신속히 피난시킴과 동시에 소화활동을 원활하게 돕는 설비로서, 주로 문화 및 집회시설 등으로서 무대부 바닥면적이 200 m^2 이상 등에 설치하는 소화활동설비이다.

작동원리로는 제연설비에서 벽, 제연경계벽 댐퍼 및 배출기의 작동은 자동화재감지기와 연동되어야 하며, 예상 제연구역 및 제어반에서 수동 기동도 가능하여야 한다. 제연설비의 자동 작동방법은 화재감지기 작동－수신기－급·배기댐퍼 작동－팬작동－제연의 순서로 작동된다.

제연설비의 설치기준을 살펴보면 다음과 같다.

① 하나의 제연구역 면적은 1,000 m^2 이내로 한다.
② 거실과 통로(복도포함)는 상호제연구획(거실배기, 통로급기)으로 한다.
③ 통로상 제연구역은 보행중심선의 길이가 60 m (직경 60 m원 내)를 초과하지 않아야 한다.
④ 하나의 제연구역은 2개 이상 층에 미치지 아니하도록 할 것(다만, 층의 구분이 불분명한 부분은 그 부분을 다른 부분과 별도로 제연구획을 하여야 한다.)
⑤ 제연구획은 보, 제연경계벽 및 벽(가동벽·셔터·방화문 포함)으로 한다.
⑥ 제연경계는 제연경계의 폭이(천장, 반자로부터 그 수직하단까지의 거리가 0.6 m 이상이고 수직거리가 2 m 이내이어야 한다.
⑦ 배연구는 실의 상부에 설치하고 급기구(5 m/s 이하)는 바닥부분 하부에 설치하여야 한다.
⑧ 유입풍도 안의 풍속은 20 m/s 이하이어야 한다.
⑨ 배출기 흡입측 풍도 안의 풍속은 15 m/s 이하로 하고 배출측 풍속은 20 m/s 이하로 한다.

⑩ 예상제연구역의 각 부분으로부터 하나의 배출구까지 수평거리는 10 m 이내가 되도록 한다.

4) 연소방지설비

연소방지설비란 전력 · 통신용의 전선이나 가스 · 냉난방용의 배관 또는 이와 비슷한 것을 집합수용하기 위하여 설치된 지하공작물로서 사람이 점검 또는 보수하기 위해 출입이 가능한 폭 1.8 m 이상, 높이 2 m 이상 및 길이 500 m 이상의 전력 또는 통신사업용의 지하공동구 내에 연소를 방지하기 위하여 설치하는 수막설비와 유사한 설비로 기본적인 구성은 송수구, 배관, 방수헤드 등으로 구성된다.

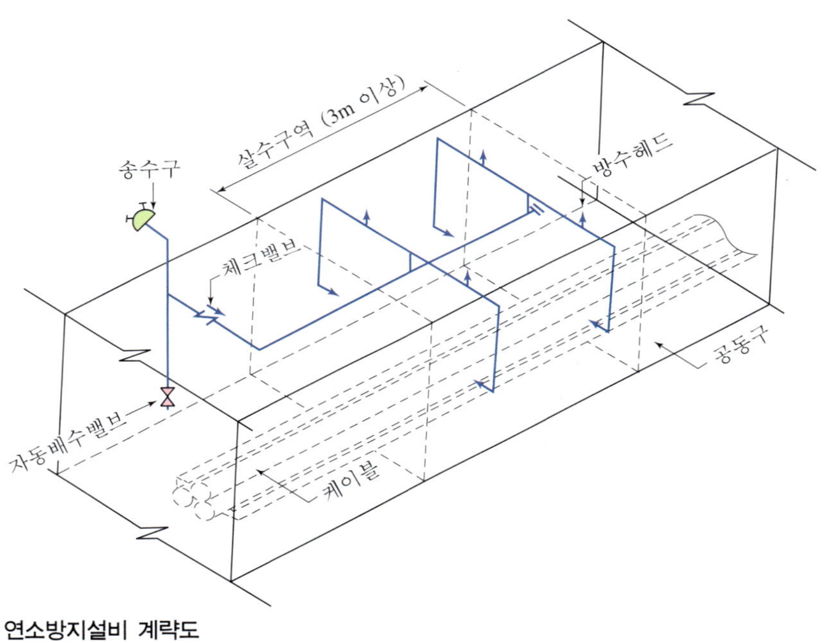

그림 25-4 연소방지설비 계략도

5) 무선통신보조설비

지하층이나 지하상가는 그 구조상 전파의 반송특성이 나빠서 무선교신이 용이하지 않아 화재진압이나 구조현장에서 소방대원간의 무선교신이 어렵게 된다. 따라서, 이러한 특성이 있는 건축물 중 일정규모 이상의 소방대상물에 전파가 도달하기 어려운 구역을 보완하기 위해 누설동축케이블이나 안테나(공중선)를 설치하여 원활하게 무선교신을 할 수 있도록 한 설비이다.

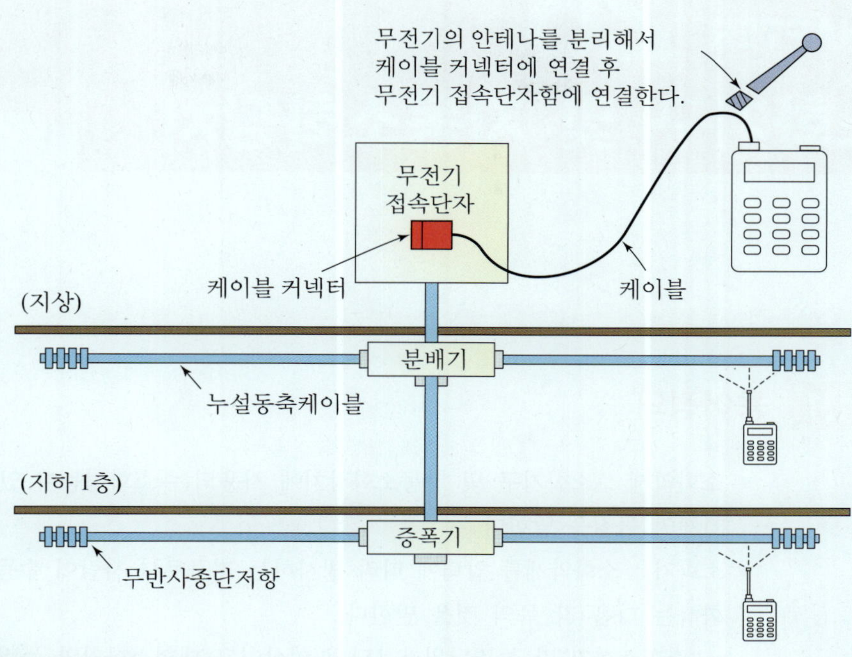

그림 25-5 무선통신설비 개략도

6) 비상콘센트설비

화재가 발생하면 건물 내의 전원이 대부분 차단되므로 출동한 소방대의 소화활동장비(조명장치 및 파괴장비 등)에 전원을 공급하기 위해서 이동용 자가발전기를 사용하거나 외부로부터 전선릴을 이용하여 전원을 공급해야 하는데, 건물 내부로 접근이 용이하지 않은 고층건물이나 지하층은 전원공급에 많은 어려움이 있다. 따라서, 일정규모 이상의 건물에는 화재발생 시 소화활동에 필요한 전원을 전용으로 공급받을 수 있는 설비를 설치하도록 하고 있는데 이를 비상콘센트설비라고 한다. 이 설비는 일반전원이 차단되더라도 비상콘센트에 공급되는 전원에 영향을 최소화 할 수 있도록 분기하고, 전원에서 비상콘센트까지는 전용배선으로 하고, 배선은 내화배선과 내열배선으로 설치하도록 하고 있다.

CHAPTER 26
소화기구 및 자동소화장치

26.1.1 용어정의

- 소화약제 : 소화기구 및 자동소화장치에 사용되는 소화성능이 있는 고체·액체 및 기체의 물질을 말한다.
- 소화기 : 소화약제를 압력에 따라 방사하는 기구로서 사람이 수동으로 조작하여 소화하는 다음 각 목의 것을 말한다.
  - "소형소화기"란 능력단위가 1단위 이상이고 대형소화기의 능력단위 미만인 소화기를 말한다.
  - "대형소화기"란 화재 시 사람이 운반할 수 있도록 운반대와 바퀴가 설치되어 있고 능력단위가 A급 10단위 이상, B급 20단위 이상인 소화기를 말한다.
- 자동확산소화기 : 화재를 감지하여 자동으로 소화약제를 방출 확산시켜 국소적으로 소화하는 소화기를 말한다.
- 자동소화장치 : 소화약제를 자동으로 방사하는 고정된 소화장치로서 법 제36조 또는 제39조에 따라 형식승인이나 성능인증을 받는 유효설치 범위(설계방호체적, 최대설치높이, 방호면적 등을 말한다) 이내에 설치하여 소화하는 다음 각 목의 것을 말한다.
  - "주거용 주방자동소화장치"란 주거용 주방에 설치된 열발생 조리기구의 사용으로 인한 화재 발생 시 열원(전기 또는 가스)을 자동으로 차단하며 소화약제를 방출하는 소화장치를 말한다.
  - "상업용 자동소화장치"란 상업용 주방에 설치된 열발생 조리기구의 사용으로 인한 화재 발생 시 열원(전기 또는 가스)을 자동으로 차단하며 소화약제를 방출하는 소화장치를 말한다.
  - "캐비닛형 자동소화장치"란 열, 연기 또는 불꽃 등을 감지하여 소화약제를 방사하여 소화하는 캐비닛형태의 소화장치를 말한다.
  - "가스자동소화장치"란 열, 연기 또는 불꽃 등을 감지하여 가스계 소화약제를 방사

하여 소화하는 소화장치를 말한다.

- "분말자동소화장치"란 열, 연기 또는 불꽃 등을 감지하여 분말의 소화약제를 방사하여 소화하는 소화장치를 말한다.
- "고체에어로졸자동소화장치"란 열, 연기 또는 불꽃 등을 감지하여 에어로졸의 소화약제를 방사하여 소화하는 소화장치를 말한다.
- "거실"이란 거주・집무・작업・집회・오락 그 밖에 이와 유사한 목적을 위하여 사용하는 방을 말한다.
- "능력단위"란 소화기 및 소화약제에 따른 간이소화용구에 있어서는 법 제36조 제1항에 따라 형식승인 된 수치를 말하며, 소화약제 외의 것을 이용한 간이소화용구에 있어서는 별표 2에 따른 수치를 말한다.
- "일반화재(A급 화재)"란 나무, 섬유, 종이, 고무, 플라스틱류와 같은 일반 가연물이 타고 나서 재가 남는 화재를 말한다. 일반화재에 대한 소화기의 적응 화재별 표시는 'A'로 표시한다.
- "유류화재(B급 화재)"란 인화성 액체, 가연성 액체, 석유 그리스, 타르, 오일, 유성도료, 솔벤트, 래커, 알코올 및 인화성 가스와 같은 유류가 타고 나서 재가 남지 않는 화재를 말한다. 유류화재에 대한 소화기의 적응 화재별 표시는 'B'로 표시한다.
- "전기화재(C급 화재)"란 전류가 흐르고 있는 전기기기, 배선과 관련된 화재를 말한다. 전기화재에 대한 소화기의 적응 화재별 표시는 'C'로 표시한다.
- "주방화재(K급 화재)"란 주방에서 동식물유를 취급하는 조리기구에서 일어나는 화재를 말한다. 주방화재에 대한 소화기의 적응 화재별 표시는 'K'로 표시한다.

1) 소화기구

소화기구는 화재 시 관계인 등이 소방대원이 도착하기 전 초기소화를 신속하게 실시하기 위해서 간단히 사용할 수 있는 구조나 기능을 지니는 소화 시 사용하는 기구를 말한다.

2) 소화기의 종류

① 소화기 : 물이나 소화약제를 압력에 의하여 방사하는 기구로서 사람이 조작하여 소화하는 것(소화약제에 의한 간이소화용구를 제외한다)을 말한다.

- 축압식소화기 : 본체용기 중에 소화약제와 함께 소화약제의 방출원이 되는 압축가스(질소 등)를 봉입한 방식의 소화기를 말한다.

- 가압식소화기 : 소화약제의 방출원이 되는 가압가스를 소화기 본체용기와는 별도의 전용용기에 충전하여 장치하고 소화기 가압용가스용기의 작동봉판을 파괴하는 등의 조작에 의하여 방출되는 가스의 압력으로 소화약제를 방사하는 방식의 소화기를 말한다.

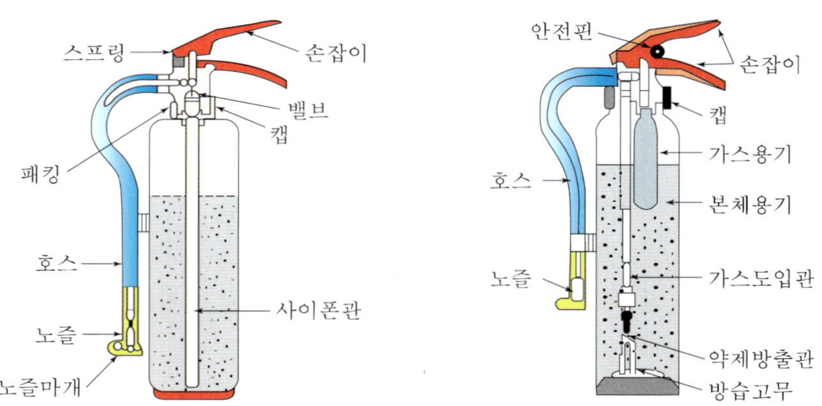

그림 26-1 (좌) 축압식 분말소화기 (우) 가압식 분말소화기

표 26-1 소화약제별 소화기의 종류

구분			주성분
수계소화기	물소화기		H_2O + 침윤제 첨가
	산・알칼리소화기		A제 : $NaHCO_3$, B제 : H_2SO_4
	강화액소화기		K_2CO_3
	포 소화기	화학포	A제 : $NaHCO_3$, B제 : $Al_2(SO_4)_3$
		기계포	AFFF (수성막포), FFFP (막형성 불화단백포)
가스계소화기	CO_2 소화기		CO_2
	Halon 소화기		CF_2ClBr
			CF_3Br
분말계소화기	인산염류		$NH_4 \cdot H_2PO_4$ (제일인산암모늄)
	중탄산염류		$NaHCO_3$ 또는 $KHCO_3$

3) 자동소화장치

① 주방용 자동소화장치 : 가연성가스의 누출이나 화재발생시 경보를 발하고 가연성가

스의 누출을 자동으로 차단하여야 하며, 화재발생시 화재를 소화하는 장치를 말하며, 크게 가압형 자동소화장치와 축압형 자동소화장치로 구분한다.

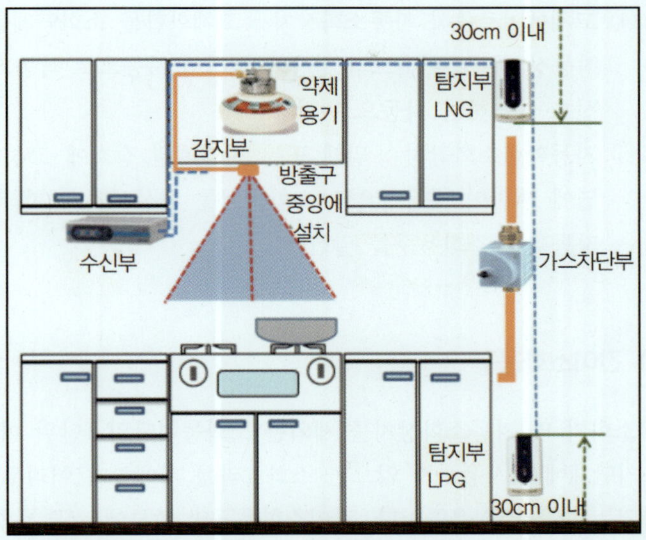

그림 26-2 주방용 자동소화장치

② 캐비닛형 자동소화장치 : 감지부, 방출구, 방출유도관, 소화약제 저장용기 등, 수신장치, 작동장치 등에 의해 구성된 것으로써 화재에 의하여 생기는 열 또는 연기 등을 감지하고 자동적으로 소화약제를 방출하여 화재를 진압하는 고정된 소화장치를 말한다.

그림 26-3 캐비닛형 자동소화장치

③ 가스·분말 자동소화장치 : 화재 시 발생하는 열이나 연기 또는 불꽃 등을 감지하여 제어부에서 화재를 수신 후 경보를 발하고, 작동장치에 의해 가스 및 분말약제를 방출시키는 장치를 말한다.

④ 고체에어로졸식 자동소화장치 : 고체화합물 소화약제를 사용하는 장치로 유리벌브 작동장치는 주위온도의 상승에 의하여 자동으로 작동되며, 감지기와 연동하여 전기신호에 의하여 자동으로 작동된다.

⑤ 자동확산소화장치 : 밀폐 또는 반밀폐된 장소에 고정 설치하여 화재 시 화염이나 열에 의하여 자동적으로 소화약제를 확산시켜 소화하는 장치로서 파열식, 분사식 자동확산 소화용구를 말한다.

4) 간이소화용구

소화기 및 자동소화장치를 제외한 소화능력단위 1단위 이하의 소화용구로서 화재발생 초기단계에서 사용하지 않으면 소화효과를 기대하기 어려우며 일반적으로 1회용으로 제작되는 보조 소화용구이다. 간이소화용구의 종류에는 투척용 소화용구, 에어졸식 소화용구 및 소화약제 외의 것을 이용한 간이소화용구(팽창질석, 팽창진주암, 마른모래)로 구분된다.

① 투척용 소화용구 : 용기(원통형 모양)는 경질유리 및 합성수지류로 화재지역에 투척 시 쉽게 깨지도록 되어 있으며, 소화약제는 무기산염인 요소, 암모늄염, 알칼리금속염, 알칼리토금속염 등을 봉입하여 사용한다.

② 에어로졸식 소화용구 : 사람이 조작하여 압력에 의해 방사하는 기구로서 소화능력단위 수치가 1단위 미만이고, 소화약제 중량은 0.7 kg 미만이며, 한 번 사용한 후에는 다시 사용할 수 없는 소화용구를 말한다.

에어졸식간이소화용구는 보호카바 및 안전핀을 제거한 후 누름핀을 손가락으로 누

그림 26-4 (좌) 투척용 소화용구 (우) 에어로졸식 소화용구

르면 약제방출관(사이편관)을 통과하여 노즐을 거쳐 소화약제가 방출되는 구조이다. 소화약제는 주로 할론1211을 사용하며 분말(ABC, BC), 강화액 및 침윤제 등의 소화약제를 사용한다.

③ 소화약제 외의 것을 이용한 간이소화용구

- 팽창질석 : 알루미늄·마그네슘·철의 수산화규산염으로 된 점토광물이다. 회백색 또는 갈색이며, 진주광택이 난다. 산(酸)에 쉽게 분해되고, 양이온 교환능력이 크다. 가열하면 팽창하며, 사문암 지대에서 산출된다. 다공질이며, 흡수능력이 좋아서 내열재료 및 방음재로서 널리 이용되고 있다.
- 팽창진주암 : 암석이 작은 진주 모양의 조각으로 부서지는 동심원 또는 소용돌이 모양의 균열을 가지는데 이와 같은 균열 구조를 진주상이라고 하며, 이는 점성이 큰 용암이나 마그마의 냉각시의 수축 또는 냉각 후의 가수(加水)로 인한 팽창 때문에 생긴 것으로 보고 있다.

표 26-2 팽창질석, 팽창진주암 능력단위

구 분		능력단위
팽창질석, 팽창진주암	160 L (1포) + 삽	1.0단위

- 마른모래 : 습기가 없이 충분히 건조된 모래를 의미하여, 원활한 소화작업을 위하여 반드시 삽을 함께 비치하여야 한다.

표 26-3 마른모래 능력단위

구 분		능력단위
마른모래	50 L (1포) + 삽	0.5단위

5) 설치장소에 따라 설치할 수 있는 소화기의 종류

표 26-4 설치장소별 적응성

소화약제 구분 / 설치장소별 적응 대상	가스			분말		액체				기타			
	이산화탄소소화약제	할로겐화물소화약제	청정소화약제	인산염류소화약제	중탄산염류소화약제	산알칼리소화약제	강화액소화약제	포소화약제	물·침윤소화약제	고체에어로졸화합물	마른모래	팽창질석·팽창진주암	그 밖의 것
일반화재(A급 화재)	-	○	○	○	-	○	○	○	○	○	○	○	-
유류화재(B급 화재)	○	○	○	○	○	○	○	○	○	○	○	○	-
전기화재(C급 화재)	○	○	○	○	○	*	*	*	*	○	-	-	-
주방화재(K급 화재)	-	-	-	-	*	-	*	*	*	-	-	-	*

6) 특정소방대상물에 따른 능력단위 기준

표 26-5 능력단위 기준

특정소방대상물	소화기구의 능력단위
1. 위락시설	해당 용도의 바닥면적 30 m^2 마다 능력단위 1단위 이상
2. 공연장·집회장·관람장·문화재·장례식장 및 의료시설	해당 용도의 바닥면적 50 m^2 마다 능력단위 1단위 이상
3. 근린생활시설·판매시설·운수시설·숙박시설·노유자시설·전시장·공동주택·업무시설·방송통신시설·공장·창고시설·항공기 및 자동차 관련 시설 및 관광휴게시설	해당 용도의 바닥면적 100 m^2 마다 능력단위 1단위 이상
4. 그 밖의 것	해당 용도의 바닥면적 200 m^2 마다 능력단위 1단위 이상

(주) 소화기구의 능력단위를 산출함에 있어서 건축물의 주요구조부가 내화구조이고, 벽 및 반자의 실내에 면하는 부분이 불연재료·준불연재료 또는 난연재료로 된 특정소방대상물에 있어서는 위 표의 기준면적의 2배를 해당 특정소방대상물의 기준면적으로 한다.

7) 소화기구 설치 기준

① 각층마다 설치하되, 특정소방대상물의 각 부분으로부터 1개의 소화기까지의 보행거리가 소형소화기의 경우에는 20 m 이내, 대형소화기의 경우에는 30 m 이내가 되도록 배치할 것. 다만, 가연성물질이 없는 작업장의 경우에는 작업장의 실정에 맞게 보행거리를 완화하여 배치할 수 있으며, 지하구의 경우에는 화재발생의 우려가 있거나 사람의 접근이 쉬운 장소에 한하여 설치할 수 있다.

② 특정소방대상물의 각층이 2 이상의 거실로 구획된 경우에는 가목의 규정에 따라 각 층마다 설치하는 것 외에 바닥면적이 33 m^2 이상으로 구획된 각 거실(아파트의 경우에는 각 세대를 말한다)에도 배치할 것

③ 능력단위가 2단위 이상이 되도록 소화기를 설치하여야 할 특정소방대상물 또는 그 부분에 있어서는 간이소화용구의 능력단위가 전체 능력단위의 2분의 1을 초과하지 아니하게 할 것 다만, 노유자시설의 경우에는 그렇지 않다.

④ 소화기구(자동확산소화기를 제외한다)는 거주자 등이 손쉽게 사용할 수 있는 장소에 바닥으로부터 높이 1.5 m 이하의 곳에 비치하고, 소화기에 있어서는 "소화기", 투척용소화용구에 있어서는 "투척용소화용구", 마른모래에 있어서는 "소화용모래", 팽창질석 및 팽창진주암에 있어서는 "소화질석"이라고 표시한 표지를 보기 쉬운 곳에 부착할 것

⑤ 자동확산소화기는 다음 각 목의 기준에 따라 설치할 것

- 방호대상물에 소화약제가 유효하게 방사될 수 있도록 설치할 것
- 작동에 지장이 없도록 견고하게 고정할 것

⑥ 자동소화장치 중에서 주거용 주방자동소화장치는 다음 기준에 따라 설치할 것

- 소화약제 방출구는 환기구(주방에서 발생하는 열기류 등을 밖으로 배출 하는 장치를 말한다. 이하 같다)의 청소부분과 분리되어 있어야 하며, 형 식승인 받은 유효설치 높이 및 방호면적에 따라 설치할 것
- 감지부는 형식승인 받은 유효한 높이 및 위치에 설치할 것
- 차단장치(전기 또는 가스)는 상시 확인 및 점검이 가능하도록 설치할 것
- 가스용 주방자동소화장치를 사용하는 경우 탐지부는 수신부와 분리하여 설치하되, 공기보다 가벼운 가스를 사용하는 경우에는 천장 면으로부터 30 cm 이하의 위치에 설치하고, 공기보다 무거운 가스를 사용하는 장소에는 바닥 면으로부터 30 cm 이하의 위치에 설치할 것
- 수신부는 주위의 열기류 또는 습기 등과 주위온도에 영향을 받지 아니하고 사용자가 상시 볼 수 있는 장소에 설치할 것. 기타 상업용 주방자동소화장치 · 캐비닛형자동소화장치 · 가스, 분말, 고체에어로졸 자동소화장치는 화재안전기준에 따른다.

⑦ 이산화탄소 또는 할로겐화합물을 방사하는 소화기구(자동확산소화기를 제외한다)는 지하층이나 무창층 또는 밀폐된 거실로서 그 바닥면적이 20 m^2 미만의 장소에는 설치할 수 없다. 다만, 배기를 위한 유효한 개구부가 있는 장소인 경우에는 그러하지 아니하다.

⑧ 소화기의 감소 및 면제가능 조건

- 소형소화기를 설치하여야 할 특정소방대상물 또는 그 부분에 옥내소화전설비 · 스프링클러설비 · 물분무등소화설비 · 옥외소화전설비 또는 대형소화기를 설치한 경우에는 해당 설비의 유효범위의 부분에 대하여는 제4조 제1항 제2호 및 제3호에 따른 소화기의 3분의 2 (대형소화기를 둔 경우에는 2분의 1)를 감소할 수 있다. 다만, 층수가 11층 이상인 부분, 근린생활시설, 위락시설, 문화 및 집회시설, 운동시설, 판매시설, 운수시설, 숙박시설, 노유자시설, 의료시설, 아파트, 업무시설(무인변전소를 제외한다), 방송통신시설, 교육연구시설, 항공기 및 자동차관련시설, 관광 휴게시설은 그러하지 아니하다.
- 대형소화기를 설치하여야 할 특정소방대상물 또는 그 부분에 옥내소화전 설비 · 스프링클러설비 · 물분무등소화설비 또는 옥외소화전설비를 설치한 경우에는 해당 설비의 유효범위안의 부분에 대하여는 대형소화기를 설치하지 아니할 수 있다.

CHAPTER 27 수계소화설비

소방대상물에 화재가 발생하는 경우, 화재 발생 초기에 신속하게 화재를 진압할 수 있도록 건축물 내에 설치하는 고정식 물 소화설비이다. 순수한 물을 사용하는 수계 소화설비는 옥내소화전설비를 포함한 옥외소화전설비, 스프링클러설비, 물분무 소화설비를 말한다.

1) 옥내소화전설비

옥내소화전설비의 소화전의 설치위치는 소방대상물의 층마다 호스 접속구를 중심으로 25 m 이내에 소방대상물의 모든 부분이 포함되도록 설치한다. 화재 시 공・사설의 소방대가 화재현장에 도착해서 본격적으로 소화할 때까지의 초기적 단계의 화재소화에 보조하는 것이다. 옥내소화전은 초기소화를 목적으로 일반적으로는 소방대상물 내에 설치하고, 초기단계를 지나버린 중기화재 및 이웃 건물로의 연소 방지용으로도 사용된다. 초기화재, 작은 불의 단계에서는 간이소화용구나 소화기로 소화가 가능하지만, 화재가 천장에 달하는 상태(중기화재)에서는 소화기구만으로는 진압이 불가능해진다. 중기화재로 성장하기 전, 소방대원이 소화 작업을 실시하기 전에 거주자 또는 자체관리요원(자위소방대원)이 발화 초기단계에서 신속하게 진화작업을 행할 수 있도록 소방대상물 내의 적절한 위치에 설치한 설비를 옥내소화전설비라고 한다. 설비의 구성요소는 수원, 수조(저수조, 압력수조, 고가수조), 가압송수장치, 배관 및 관부속품, 호스, 노즐, 소화전함, 비상전원, 수신반, 제어반 등으로 구성되어 있다.

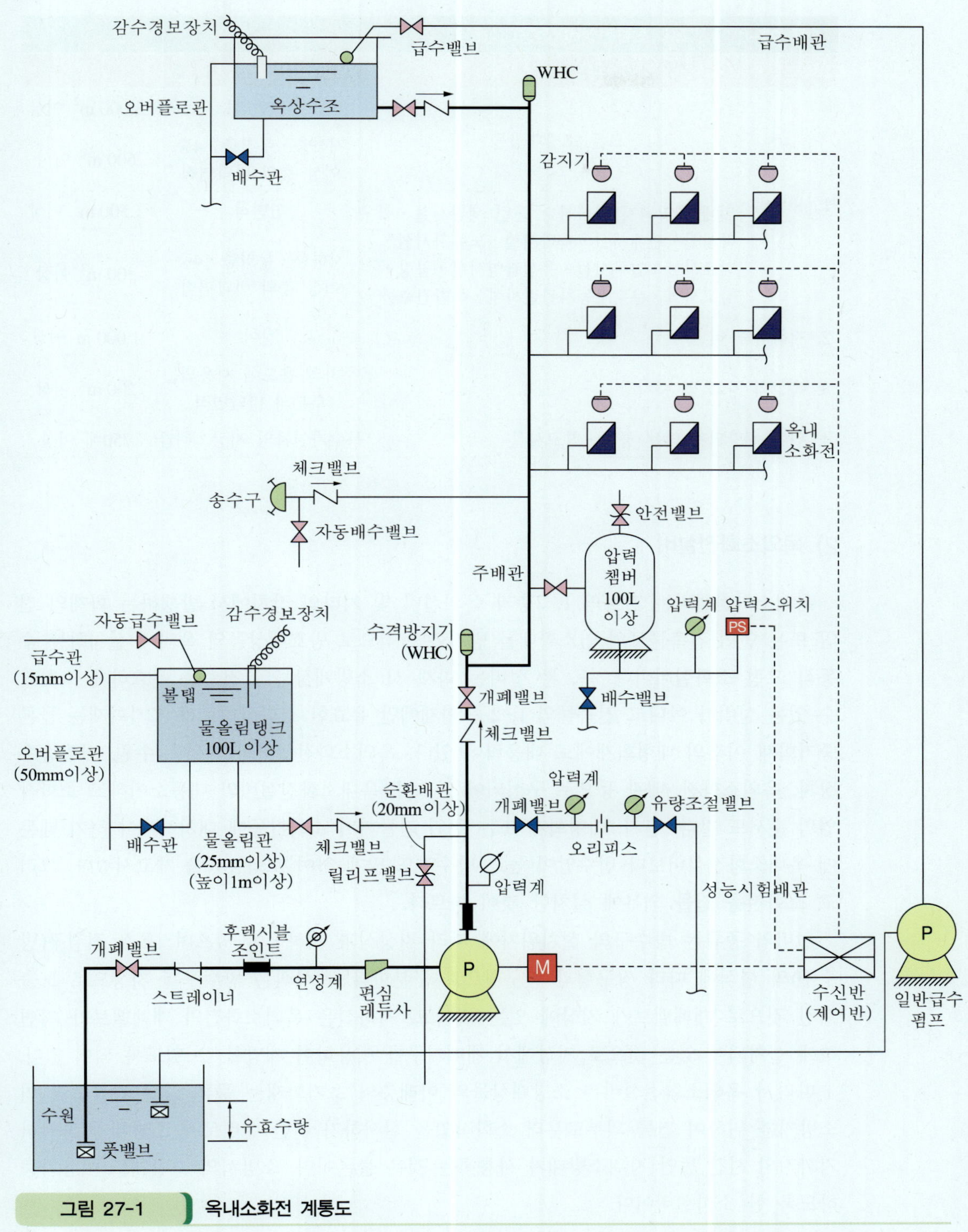

그림 27-1 옥내소화전 계통도

표 27-1	옥내소화전설비 적용대상물		
소방 대상물		기 준	
1. 용도별	모든 소방대상물	연면적	3,000 m^2 이상
		지하층·무창층·4층 이상 층의 바닥면적	600 m^2 이상
	위에 해당되지 아니하는 근린 생활시설·위락시설·판매시설·숙박시설·노유자시설·의료시설·업무시설·통신촬영시설·공장·창고시설·운수자동차관련시설·복합건축물	연면적	1,500 m^2 이상
		지하층·무창층·4층 이상 층의 바닥면적	300 m^2 이상
2. 지하가중 터널		길이	1,000 m 이상
3. 옥상의 차고 및 주차장		주차의 용도에 사용되는 부분의 바닥면적	200 m^2 이상
4. 위에 해당되지 않는 공장·창고시설		특수가연물의 저장·취급	750배 이상

2) 옥외소화전설비

옥외소화전설비는 건물의 1, 2층과 옥외설비 및 기타의 장치에서 발생하는 화재의 진압 또는 인접 건축물로의 연소확대를 방지할 목적으로 방호대상물의 옥외에 설치하는 수동식 고정 소화설비이다. 즉, 본 설비는 화재 시 소방대상물의 전층을 유효하게 소화할 수 있는 설비가 아니고 건축물의 1, 2층 화재에만 유효한 소화설비로서 초기화재는 물론 중기화재 이후의 대형화재에도 대응력이 있다. 옥외소화전설비의 구성은 수원, 가압송수장치, 옥외소화전, 배관 등으로 구성되어 있으며, 옥내소화전설비와 대동소이하고 소화작업의 순서도 같다. 단지, 대형화재 또는 주위 건물까지 소화활동에 대처하여야 하기 때문에 옥내소화전설비보다 방수압이 높고 방수량도 많게 하여 소화능력을 제고시켰다. 그리고 소화전을 건물 외부에 설치한 것이 다르다.

설비의 종류는 방수구의 설치위치에 따라 지상식과 지하식이 있으며, 호스 접결구(방수구)의 형식에 따라 쌍구형과 단구형으로 구분한다. 지상식은 방수구를 지상으로 노출시킨 것으로 개폐밸브가 지상에 있는 것이고, 지하식은 옥외소화전의 개폐밸브가 지면하에 설치되어 있는 것으로 지상에서 개폐기구를 이용하여 개방할 수 있도록 되어 있다.

따라서 옥외소화전설비는 소방대상물의 아래층의 초기화재는 물론 인접 건물로의 연소방지를 위하여 건물 외부로부터 소화작업을 실시하기 위한 설비로서 소방대가 도착하기까지의 시간 동안 자위소방대가 사용하는 것은 물론이며, 소방서의 소방대도 이용가능하도록 한 소화설비이다.

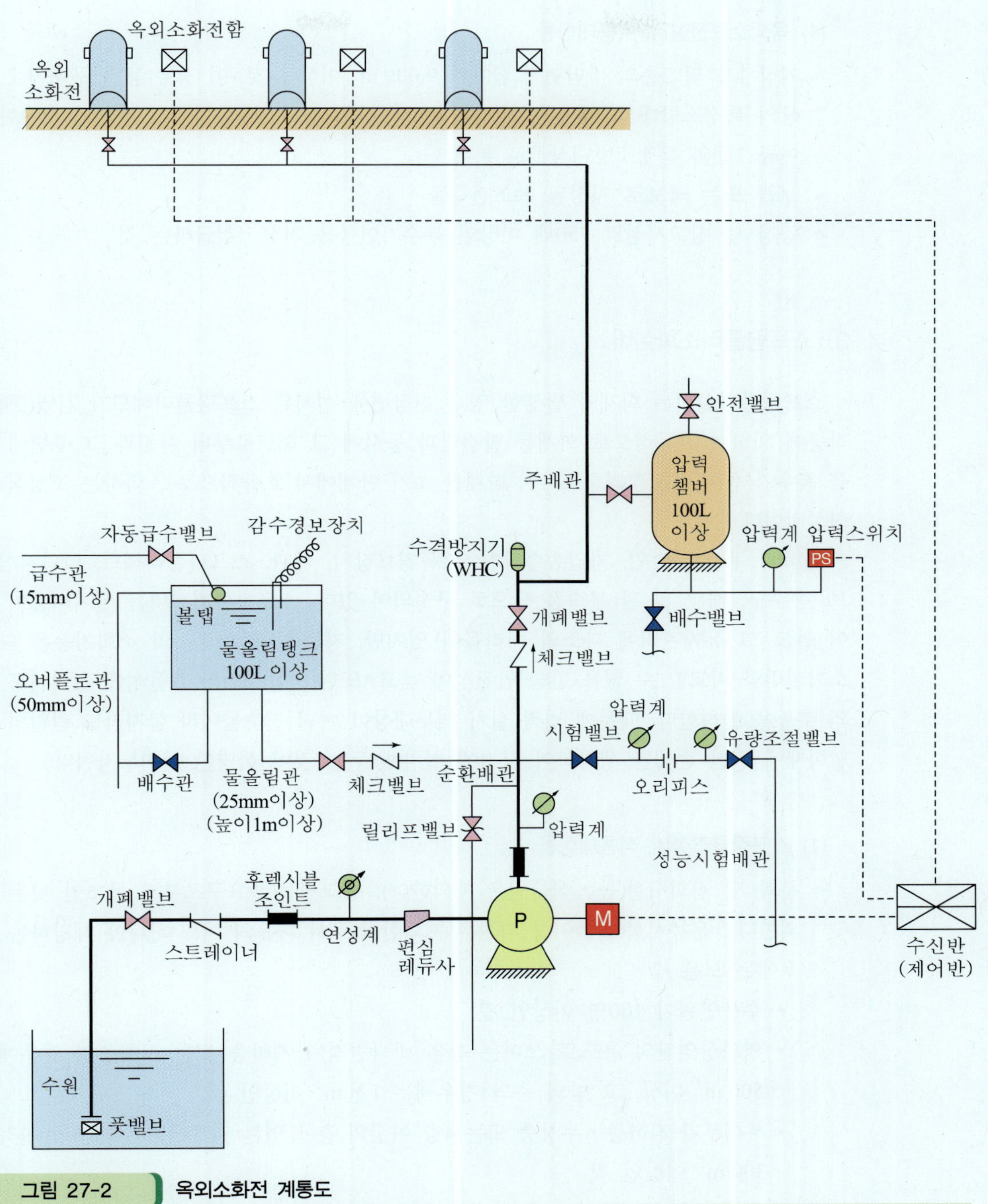

그림 27-2 옥외소화전 계통도

(1) 옥외소화전설비 적용대상물

- 지상 1층 및 2층의 바닥면적 합계가 9,000 m^2 이상인 것. 이 경우 동일 구내에 2 이상의 특정소방대상물이 행정자치부령이 정하는 연소 우려가 있는 구조인 경우에는 이를 1개의 특정소방대상물로 본다.
- 보물 또는 국보로 지정된 목조건축물
- 공장 및 창고시설로 750배 이상인 특수가연물을 저장·취급하는 것

3) 스프링클러소화설비

스프링클러설비는 화재가 발생한 경우 천장면에 설치된 스프링클러헤드가 감열(感熱) 작동에 의하여 자동적으로 화재를 발견함과 동시에 그 헤드로부터 화원과 그 주변에 물을 폭우가 쏟아지듯 뿌려줌으로써 화재를 초기 단계에서 효율적으로 소화하는 고정식 소화설비이다.

설비의 구성은 수원, 가압송수장치, 자동경보장치, 배관, 스프링클러헤드, 말단시험밸브, 송수구, 배관 및 관 부속품 등으로 구성되어 있다. 스프링클러설비는 설치비용이 많이 들고 그 유지관리에 다소의 어려움이 있지만, 자동소화장치로서의 소화기능은 다른 소화설비와 비교할 수 없을 만큼 안전성이 높고, 또한 자동소화의 효율성에 있어서도 타의 추종을 불허한다. 때문에 법적 설치 의무대상이 아닌 건축물이라 할지라도 만일의 대형화재에 의한 손해를 생각하여 사전에 설치해 두는 것이 현명한 설비투자이다.

(1) 스프링클러설비 적용대상물

- 문화 및 집회시설(동·식물원은 제외한다), 종교시설(주요구조부가 목조인 것은 제외한다), 운동시설(물놀이형 시설은 제외한다)로서 다음의 어느 하나에 해당하는 경우에는 모든 층
  - 수용인원이 100명 이상인 것
  - 영화상영관의 용도로 쓰이는 층의 바닥면적이 지하층 또는 무창층인 경우에는 500 m^2 이상, 그 밖의 층의 경우에는 1천 m^2 이상인 것
  - 무대부가 지하층·무창층 또는 4층 이상의 층에 있는 경우에는 무대부의 면적이 300 m^2 이상인 것
  - 무대부가 위 항 외의 층에 있는 경우에는 무대부의 면적이 500 m^2 이상인 것
- 판매시설, 운수시설 및 창고시설(물류터미널에 한정한다)로서 바닥면적의 합계가 5천 m^2 이상이거나 수용인원이 500명 이상인 경우에는 모든 층
- 층수가 6층 이상인 특정소방대상물의 경우에는 모든 층. 다만, 주택 관련 법령에 따

라 기존의 아파트 등을 리모델링하는 경우로서 건축물의 연면적 및 층높이가 변경되지 않는 경우에는 해당 아파트 등의 사용검사 당시의 소방시설 적용기준을 적용한다.

- 다음의 어느 하나에 해당하는 용도로 사용되는 시설의 바닥면적의 합계가 600 m^2 이상인 것은 모든 층
  - 의료시설 중 정신의료기관
  - 의료시설 중 요양병원(정신병원은 제외한다)
  - 노유자시설
  - 숙박이 가능한 수련시설
- 창고시설(물류터미널은 제외한다)로서 바닥면적 합계가 5천 m^2 이상인 경우에는 모든 층
- 천장 또는 반자(반자가 없는 경우에는 지붕의 옥내에 면하는 부분)의 높이가 10 m를 넘는 랙식 창고(rack warehouse, 물건을 수납할 수 있는 선반이나 이와 비슷한 것을 갖춘 것을 말한다)로서 바닥면적의 합계가 1천5백 m^2 이상인 것
- ①부터 ⑥까지의 특정소방대상물에 해당하지 않는 특정소방대상물의 지하층・무창층(축사는 제외한다) 또는 층수가 4층 이상인 층으로서 바닥면적이 1천 m^2 이상인 층
- ⑥에 해당하지 않는 공장 또는 창고시설로서 다음의 어느 하나에 해당하는 시설
  - 「소방기본법 시행령」 별표 2에서 정하는 수량의 1천 배 이상의 특수가연물을 저장・취급하는 시설
  - 「원자력안전법 시행령」 제2조 제1호에 따른 중・저준위방사성폐기물(이하 "중・저준위방사성폐기물"이라 한다)의 저장시설 중 소화수를 수집・처리하는 설비가 있는 저장시설
- 지붕 또는 외벽이 불연재료가 아니거나 내화구조가 아닌 공장 또는 창고시설로서 다음의 어느 하나에 해당하는 것
  - 창고시설(물류터미널에 한정한다) 중 2)에 해당하지 않는 것으로서 바닥면적의 합계가 2천5백 m^2 이상이거나 수용인원이 250명 이상인 것
  - 창고시설(물류터미널은 제외한다) 중 5)에 해당하지 않는 것으로서 바닥면적의 합계가 2천5백 m^2 이상인 것
  - 랙식 창고시설 중 ⑥에 해당하지 않는 것으로서 바닥면적의 합계가 750 m^2 이상인 것
  - 공장 또는 창고시설 중 ⑦에 해당하지 않는 것으로서 지하층・무창층 또는 층수가 4층 이상인 것 중 바닥면적이 500 m^2 이상인 것

- 공장 또는 창고시설 중 ⑧ ㉠에 해당하지 않는 것으로서 「소방기본법 시행령」 별표 2에서 정하는 수량의 500배 이상의 특수가연물을 저장·취급하는 시설

- 지하가(터널은 제외한다)로서 연면적 1천 m^2 이상인 것
- 기숙사(교육연구시설·수련시설 내에 있는 학생 수용을 위한 것을 말한다) 또는 복합건축물로서 연면적 5천 m^2 이상인 경우에는 모든 층
- 교정 및 군사시설 중 다음의 어느 하나에 해당하는 경우에는 해당 장소
  - 보호감호소, 교도소, 구치소 및 그 지소, 보호관찰소, 갱생보호시설, 치료감호시설, 소년원 및 소년분류심사원의 수용거실
  - 「출입국관리법」 제52조 제2항에 따른 보호시설(외국인보호소의 경우에는 보호대상자의 생활공간으로 한정한다. 이하 같다)로 사용하는 부분. 다만, 보호시설이 임차건물에 있는 경우는 제외한다.
  - 「경찰관 직무집행법」 제9조에 따른 유치장
- ①부터 ⑫까지의 특정소방대상물에 부속된 보일러실 또는 연결통로 등

4) 물분무소화설비

물분무 소화설비는 스프링클러설비와 마찬가지로 소화약제로서 물을 사용하는 것으로 설비에 있어서도 스프링클러설비와 대동소이하다. 차이점이라면 스프링클러설비는 스프링클러헤드로부터 물을 빗방울 모양의 형상으로 살수하는 것이지만, 물분무 소화설비는 특수한 헤드로부터 0.02~2.5 mm의 미립자, 즉 안개비 모양의 형태로 소방대상물을 모두 감싸주는 방식으로 방수하여 덮는 것이다. 물분무의 특성은 소화효과가 높고 연소를 저지하는 우수한 특성을 발휘한다. 화재 시 피난통로의 확보 또는 안전구획의 유지에도 이용할 수 있는 것이다. 그러므로 물분무 소화설비는 주차장, 특수가연물의 저장소 또는 위험물시설의 소화설비로 설치되고 있다. 물분무 소화설비의 구성은 수원, 가압송수장치, 배관, 헤드, 감지기, 유수검지장치 등으로 되어 있다.

(1) 물분무소화설비 적용대상물

- 항공기 및 자동차 관련 시설 중 항공기격납고
- 차고, 주차용 건축물 또는 철골 조립식 주차시설. 이 경우 연면적 800 m^2 이상인 것만 해당한다.
- 건축물 내부에 설치된 차고 또는 주차장으로서 차고 또는 주차의 용도로 사용되는 부분의 바닥면적이 200 m^2 이상인 층
- 기계장치에 의한 주차시설을 이용하여 20대 이상의 차량을 주차할 수 있는 것

- 특정소방대상물에 설치된 전기실・발전실・변전실(가연성 절연유를 사용하지 않는 변압기・전류차단기 등의 전기기기와 가연성 피복을 사용하지 않은 전선 및 케이블만을 설치한 전기실・발전실 및 변전실은 제외한다)・축전지실・통신기기실 또는 전산실, 그 밖에 이와 비슷한 것으로서 바닥면적이 300 m^2 이상인 것[하나의 방화구획 내에 둘 이상의 실(室)이 설치되어 있는 경우에는 이를 하나의 실로 보아 바닥면적을 산정한다]. 다만, 내화구조로 된 공정제어실 내에 설치된 주조정실로서 양압시설이 설치되고 전기기기에 220볼트 이하인 저전압이 사용되며 종업원이 24시간 상주하는 곳은 제외한다.
- 소화수를 수집・처리하는 설비가 설치되어 있지 않은 중・저준위방사성 폐기물의 저장시설. 다만, 이 경우에는 이산화탄소소화설비, 할로겐화합물소화설비 또는 청정소화약제소화설비를 설치하여야 한다.
- 지하가 중 예상 교통량, 경사도 등 터널의 특성을 고려하여 행정안전부령으로 정하는 터널. 다만, 이 경우에는 물분무소화설비를 설치하여야 한다.
- 「문화재보호법」 제2조 제2항 제1호 및 제2호에 따른 지정문화재 중 소방청장이 문화재청장과 협의하여 정하는 것

5) 미분무소화설비

미분무소화설비란, 가압된 물이 헤드를 통과한 후 미세한 입자로 분무되어 소화 성능을 발휘하는 설비를 말한다. 이 설비는 소화력을 증가시키기 위해 강화액 등을 첨가할 수 있으며, 일반적으로는 물만을 사용하여 소화하는 방식으로 최소설계압력에서 헤드로부터 방출되는 물입자 중 99%의 누적체적분포가 400μm 이하로 분무되고 A, B, C급 화재에 적응성을 갖는 것을 말한다.

(1) 적용범위

물분무등 소화설비규정에 준용한다.

(2) 수원의 양

$$Q = N \times D \times T \times S + V$$

여기서, Q : 수원의 양(m^3)

N : 방호구역(방수구역) 내 헤드의 개수

D : 설계유량(m^3/min)

T : 설계방수시간(min)
S : 안전율(1.2 이상)
V : 배관의 총 체적(m^3)

(3) 수조

- 전용으로 하며, 점검에 편리한 곳에 설치할 것
- 동결방지조치를 하거나 동결의 우려가 없는 장소에 설치할 것
- 수조의 외측에 수위계를 설치할 것. 다만, 구조상 불가피한 경우에는 수조의 맨홀 등을 통하여 수조 내 물의 양을 쉽게 확인할 수 있도록 하여야 한다.
- 수조의 상단이 바닥보다 높은 때에는 수조의 외측에 고정식 사다리를 설치할 것
- 수조가 실내에 설치된 때에는 그 실내에 조명 설비를 설치할 것
- 수조의 밑 부분에는 청소용 배수밸브 또는 배수관을 설치할 것
- 수조 외측의 보기 쉬운 곳에 "미분무설비용 수조"라고 표시한 표지를 할 것
- 미분무펌프의 흡수배관 또는 수직배관과 수조의 접속부분에는 "미분무설비용 배관"이라고 표지를 할 것. 다만, 수조와 가까운 장소에 미분무펌프가 설치되고 미분무펌프에 제7호에 따른 표지를 설치한 때에는 그러지 아니하다.

6) 포소화설비

옥내 · 외소화전설비, 스프링클러설비, 물분무소화설비 등의 소화설비는 물만을 소화약제로 사용하여 소화효과를 얻을 수 있는 소화시스템이지만, 포소화설비는 물만으로는 소화가 불가능하거나 소화효과가 적거나 또는 오히려 화재를 확산시킬 우려가 있는 인화성 액체 물질에서 발생하는 화재를 효과적으로 진압하기 위한 소화설비이다. 포소화설비 구성요소는 수조, 가압송수장치(소화펌프), 기동용수압개폐장치, 약제저장탱크, 포소화약제 혼합장치, 배관 및 관부속품, 유수검지장치, 일제개방밸브, 고정포방출장치, 포방출구 등으로 구성된다.

7) 가압송수방식

(1) 고가수조방식

옥상이나 높은 곳에서 물탱크를 설치하고 최상층 부분의 방수구에서 순수한 자연낙차 압력에 의해서 법정방수압력을 토출할 수 있도록 낙차를 이용하는 가압방식이다.

(2) 압력수조방식

압력수조를 물탱크로서 1/3은 에어콤프레서에 의해 압축공기를, 2/3는 물을 급수펌프로 공급하여 방수구의 법정방수압력을 제공하는 가압방식이다.

(3) 펌프방식

방수구에서 법정방수압력을 얻기 위해서 전동기를 사용하여 펌프의 가압에 의해 방수압력을 얻는 방식으로 가장 많이 적용되는 방식이다. 펌프는 원심펌프를 주로 사용하는데 원심펌프에는 볼류트펌프와 터빈펌프가 있으며, 터빈펌프를 소화설비의 펌프로 주로 사용된다.

(4) 가압방식

가압원인 압축공기 또는 불연성 고압기체를 사용하여 소화용수를 가압시켜 법정방수량 및 방수압을 공급하는 방식이다.

8) 전양정

① 옥내소화전설비 : $H = h_1 + h_2 + h_3 + 17\,\text{m}$

② 옥외소화전설비 : $H = h_1 + h_2 + h_3 + 25\,\text{m}$

③ 스프링클러설비 : $H = h_1 + h_2 + 10\,\text{m}$

④ 물분무 및 포소화설비 : $H = h_1 + h_2 + h_4$

여기서, H : 전양정(m)

h_1 : 실양정(흡입양정 + 토출양정)(m)

h_2 : 배관 및 관부속품 마찰손실수두(m)

h_3 : 소방용 호스 마찰손실수두(m)

h_4 : 물분무 및 포헤드의 설계압력 환산수두(m)

※ 배관길이당 압력강하 계산식 : 배관의 마찰손실에 대하여 배관 1 m당 압력강하를 하젠－윌리암의 식에 의하여 구한다.

Hazen－william의 식

$$P_m = 6.053 \times 10^4 \times \frac{Q^{1.85}}{C^{1.85} \times D^{4.87}}$$

여기서, P_m : 관의 길이 1 m당의 마찰손실에 따른 압력강하(MPa)

Q : 유량(L/min)

D : 관의 내경(mm)

C : 관의 조도계수

9) 배관(옥내소화전설비 기준)

① 배관의 기준

- 배관 내 사용압력이 1.2 MPa 미만일 경우에는 다음 각 목의 어느 하나에 해당하는 것
  - 배관용 탄소강관(KS D 3507)
  - 이음매 없는 구리 및 구리합금관(KS D 5301). 다만, 습식의 배관에 한한다.
  - 배관용 스테인리스강관(KS D 3576) 또는 일반배관용 스테인리스강관(KS D 3595)
  - 덕타일 주철관(KS D 4311)
- 배관 내 사용압력이 1.2 MPa 이상일 경우에는 다음 각 목의 어느 하나에 해당하는 것
  - 압력배관용탄소강관(KS D 3562)
  - 배관용 아크용접 탄소강강관(KS D 3583)

② 제1항에도 불구하고 다음 각 호의 어느 하나에 해당하는 장소에는 소방청장이 정하여 고시한 「소방용합성수지배관의 성능인증 및 제품검사의 기술기준」에 적합한 소방용 합성수지배관으로 설치할 수 있다.

- 배관을 지하에 매설하는 경우
- 다른 부분과 내화구조로 구획된 덕트 또는 피트의 내부에 설치하는 경우
- 천장(상층이 있는 경우에는 상층바닥의 하단을 포함한다. 이하 같다)과 반자를 불연재료 또는 준불연 재료로 설치하고 그 내부에 습식으로 배관을 설치하는 경우

③ 급수배관은 전용으로 하여야 한다. 다만, 옥내소화전의 기동장치의 조작과 동시에 다른 설비의 용도에 사용하는 배관의 송수를 차단할 수 있거나, 옥내소화전설비의 성능에 지장이 없는 경우에는 다른 설비와 겸용할 수 있다.

④ 펌프의 흡입 측 배관은 다음 각 호의 기준에 따라 설치하여야 한다.

- 공기고임이 생기지 아니하는 구조로 하고 여과장치를 설치할 것
- 수조가 펌프보다 낮게 설치된 경우에는 각 펌프(충압펌프를 포함한다)마다 수조로부터 별도로 설치할 것

⑤ 펌프의 토출 측 주배관의 구경은 유속이 4 m/s 이하가 될 수 있는 크기 이상으로

하여야 하고, 옥내소화전방수구와 연결되는 가지배관의 구경은 40 mm (호스릴옥내소화전설비의 경우에는 25 mm) 이상으로 하여야 하며, 주배관중 수직배관의 구경은 50 mm (호스릴옥내소화전설비의 경우에는 32 mm) 이상으로 하여야 한다.

⑥ 연결송수관설비의 배관과 겸용할 경우의 주배관은 구경 100 mm 이상, 방수구로 연결되는 배관의 구경은 65 mm 이상의 것으로 하여야 한다.

⑦ 펌프의 성능은 체절운전 시 정격토출압력의 140%를 초과하지 아니하고, 정격토출량의 150%로 운전 시 정격토출압력의 65% 이상이 되어야 하며, 펌프의 성능시험배관은 다음 각 호의 기준에 적합하여야 한다.

- 성능시험배관은 펌프의 토출측에 설치된 개폐밸브 이전에서 분기하여 설치하고, 유량측정장치를 기준으로 전단 직관부에 개폐밸브를 후단 직관부에는 유량조절밸브를 설치할 것
- 유량측정장치는 성능시험배관의 직관부에 설치하되, 펌프의 정격토출량의 175% 이상 측정할 수 있는 성능이 있을 것

⑧ 가압송수장치의 체절운전 시 수온의 상승을 방지하기 위하여 체크밸브와 펌프사이에서 분기한 구경 20 mm 이상의 배관에 체절압력 미만에서 개방되는 릴리프밸브를 설치하여야 한다.

⑨ 동결방지조치를 하거나 동결의 우려가 없는 장소에 설치하여야 한다. 다만, 보온재를 사용할 경우에는 난연재료 성능 이상의 것으로 하여야 한다.

⑩ 급수배관에 설치되어 급수를 차단할 수 있는 개폐밸브(옥내소화전방수구를 제외한다)는 개폐표시형으로 하여야 한다. 이 경우 펌프의 흡입측 배관에는 버터플라이밸브 외의 개폐표시형밸브를 설치하여야 한다.

⑪ 배관은 다른 설비의 배관과 쉽게 구분이 될 수 있는 위치에 설치하거나, 그 배관표면 또는 배관 보온재표면의 색상은 「한국산업표준(배관계의 식별 표시, KS A 0503)」 또는 적색으로 식별이 가능하도록 소방용설비의 배관임을 표시하여야 한다.

⑫ 옥내소화전설비에는 소방차로부터 그 설비에 송수할 수 있는 송수구를 다음 각 호의 기준에 의하여 설치하여야 한다.

- 송수구는 소방차가 쉽게 접근할 수 있는 잘 보이는 장소에 설치하되 화재층으로부터 지면으로 떨어지는 유리창 등이 송수 및 그 밖의 소화작업에 지장을 주지 아니하는 장소에 설치할 것
- 송수구로부터 주 배관에 이르는 연결배관에는 개폐밸브를 설치하지 아니할 것. 다만, 스프링클러설비・물분무소화설비・포소화설비 또는 연결송수관 설비의 배관과 겸용하는 경우에는 그러하지 아니하다.
- 지면으로부터 높이가 0.5 m 이상 1 m 이하의 위치에 설치할 것

- 구경 65 mm의 쌍구형 또는 단구형으로 할 것
- 송수구의 가까운 부분에 자동배수밸브(또는 직경 5 mm의 배수공) 및 체크밸브를 설치할 것. 이 경우 자동배수밸브는 배관안의 물이 잘 빠질 수 있는 위치에 설치하되, 배수로 인하여 다른 물건 또는 장소에 피해를 주지 아니하여야 한다.
- 송수구에는 이물질을 막기 위한 마개를 씌울 것

⑬ 분기배관을 사용할 경우에는 소방청장이 정하여 고시한 「분기배관의 성능인증 및 제품검사의 기술기준」에 적합한 것으로 설치하여야 한다.

CHAPTER 28

가스계소화설비

가스계 소화설비는 물분무 등 소화설비로 분류되며, 특수한 위험이 있는 곳이나 고가의 장치가 있는 장소와 불활성·비전도성 소화약제가 필수적인 장소 또는 물에 의한 수손 피해가 우려되거나 다른 소화약제를 사용하기 어려운 장소에 많이 사용되고 있다. 이산화탄소 소화설비, 할로겐화합물 소화설비, 청정소화약제 소화설비, 분말소화설비 등이 포함된다.

1) 이산화탄소(CO_2) 소화설비

(1) 개요

이산화탄소(CO_2) 소화설비는 스프링클러설비나 포 소화설비 등 물에 의한 피해가 예상되는 장소나 전기화재, 유류화재 등에 사용된다. 이산화탄소(CO_2)는 화학적으로 안정된 소화약제이므로 약제의 변질이 없고 한 번 설치하면 반영구적으로 사용이 가능하며, 복잡하고 입체적 구조물의 대상물이라도 침투성이 강해 심층부까지 파고들어 완전소화가 된다. A급 화재(일반화재), B급 화재(유류화재), C급 화재(전기화재) 등 어느 것이라도 유효하며 소화 후에도 잔류물이 남지 않는 것이 특징이다. 이산화탄소(CO_2)는 무색, 무취의 기체로서 독성이 없으며 공기보다 비중이 1.52배 무겁다. 고체는 드라이아이스(dry ice), 액체는 액화탄산가스, 기체는 탄산가스라 한다. 이산화탄소(CO_2)의 특징으로는 오손, 부식, 손상의 우려가 없고 소화 후 흔적이 남지 않으며 비전도성이므로 전기설비가 있는 장소에 소화가 가능하다. 자체 압력으로도 소화가 가능하므로 별도로 가압할 필요가 없으며 증거보존이 양호하여 화재원인의 조사가 쉽다.

그러나 소화 시 산소의 농도를 저하시키므로 질식의 우려가 있고 방사 시에는 영하의 액체상태에서 기화하므로 동상의 우려가 있다. 또한 자체압력만으로도 소화가 가능할 정도로 고압으로 저장되므로 사용상 주의를 요하며 방사 시 소음이 크다.

이산화탄소(CO_2) 소화설비는 방출방식에 따라 전역방출방식, 국소방출방식, 호스릴방식의 3종류로 구분된다.

(2) 용어의 정의

- "전역방출방식"이란 고정식 이산화탄소 공급장치에 배관 및 분사헤드를 고정 설치하여 밀폐된 방호구역 내에 이산화탄소를 방출하는 설비를 말한다.
- "국소방출방식"이란 고정식 이산화탄소 공급장치에 배관 및 분사헤드를 설치하여 직접 화점에 이산화탄소를 방출하는 설비로 화재발생부분에만 집중적으로 소화약제를 방출하도록 설치하는 방식을 말한다.
- "호스릴방식"이란 분사헤드가 배관에 고정되어 있지 않고 소화약제 저장용기에 호스를 연결하여 사람이 직접 화점에 소화약제를 방출하는 이동식 소화설비를 말한다.
- "충전비"란 용기의 용적과 소화약제의 중량과의 비율을 말한다.
- "심부화재"란 목재 또는 섬유류와 같은 고체가연물에서 발생하는 화재형태로서 가연물 내부에서 연소하는 화재를 말한다.
- "표면화재"란 가연성물질의 표면에서 연소하는 화재를 말한다.
- "교차회로방식"이란 하나의 방호구역 내에 2 이상의 화재감지기회로를 설치하고 인접한 2 이상의 화재감지기가 동시에 감지되는 때에는 이산화탄소소화설비가 작동하여 소화약제가 방출되는 방식을 말한다.
- "방화문"이란 「건축법 시행령」 제64조에 따른 갑종방화문 또는 을종방화문으로서 언제나 닫힌 상태를 유지하거나 화재로 인한 연기의 발생 또는 온도의 상승에 따라 자동적으로 닫히는 구조를 말한다.

(3) 계통도 및 작동원리

① 작동원리

화재감지기에 의해서 화재가 감지되거나 인위적으로 화재를 목격한 사람이 수동기동장치의 누름단추를 누르면 수신반에 화재표시등이 점등되고 해당방호구역의 음향장치가 화재경보를 울리기 시작한다. 수신기 내부에는 지연장치인 지연타이머가 내장되어 미리 조정된 시간동안 경보만 울리다가 지연 시간이 경과하면 기동용기 솔레노이드가 작동되고 기동용 가스용기밸브의 봉판을 뚫어서 기동가스를 방출시킨다. 방출된 기동가스는 조작동관을 따라 선택밸브의 피스톤릴리저로 들어가 선택밸브의 잠김장치를 해제한다. 선택밸브 개방으로 인해 당해 방호구역으로 가스유입을 허용해놓고 나머지 가스는 다시 조작동관을 따라서 저장용기밸브의 파괴침(공이) 직전의 피스톤을 가압하여 파괴침으로 하여금 저장용기밸브의 봉판을 뚫어 저장된 가스를 개방시킨다. 저장용기의 가스가 집합관을 통해 선택밸브를 거치면서 압력스위치를 작동시키며 송출배관을 따라 분사헤드에서 당해방호구역에서 방출되어 소화작업이 이루어진다. 선택밸브 2차측 배관에 설치된 압력스위치가 동작되면서 제어반, 수동기동 조작함 및 방호구역 출입문 상단에 설치된 방출표시등을 점등시키고 배관 내 압력에 의하여 자동폐쇄장치의 작동이 이루어진다.
국소방출방식도 작동원리는 위와 동일하며 분사헤드가 국소부분에만 설치되어 있기 때문에 가스의 방출이 해당 부위에만 이루어진다.

② 계통도

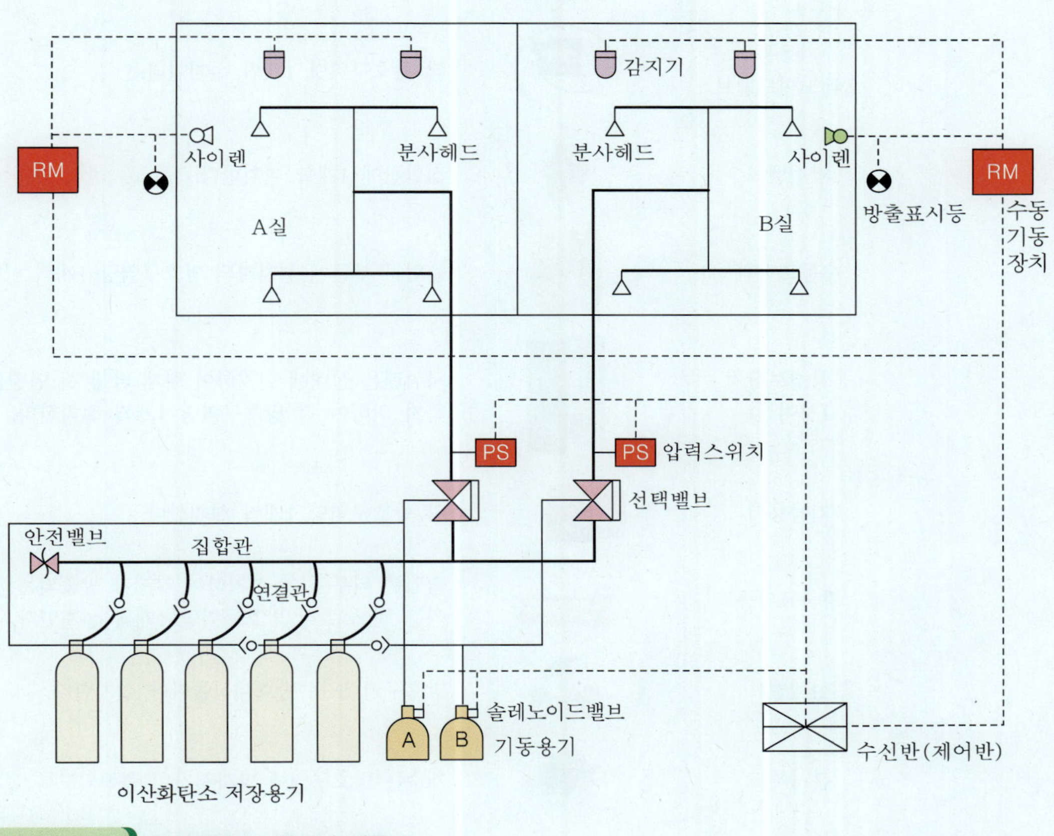

그림 28-1 이산화탄소소화설비 계통도

(4) 이산화탄소소화설비 주요 구성요소

- 계통도
- 분사헤드
- 선택밸브
- 음향경보장치
- 제어반
- 저장용기와 용기밸브
- 기동장치
- 자동폐쇄장치
- 소화약제저장
- 배관

(5) 가스계 소화설비의 사용부품

표 28-1 가스계 소화설비의 사용부품의 설치기준

명칭	구조	설치기준
제어반		하나의 특정소방대상물에 1개가 설치된다.
기동용 솔레노이드밸브		각 방호구역당 1개씩 설치한다.
안전밸브		집합관에 1개를 설치한다.
수동조작함		출입문 부근에 설치하되 방호구역당 1개씩 설치한다.
음향경보장치 (사이렌)		사이렌은 실내에 설치하여 화재 발생 시 인명을 대피하기 위하여 각 방호구역당 1개씩 설치한다.
기동용기		각 방호구역당 1개씩 설치한다.
방출표시등	소화약제방출중	출입문 외부 위에 설치하여 약제가 방출되는 것을 알리는 것으로 각 방호구역당 1개씩 설치한다.
선택밸브		방호구역 또는 방호대상물마다 설치한다.
분사헤드		개수는 방호구역에 방사시간이 충족되도록 설치한다.
가스체크밸브		• 저장용기와 집한관 사이 : 용기수 만큼 • 역류방지용 : 용기의 병수에 따라 따름 • 저장용기의 적정 방사용 : 방호구역에 따라 다름
감지기		교차회로방식을 적용하여 각 방호구역당 2개씩 설치하여야 한다.
피스톤릴리저		가스방출시 자동적으로 개구부를 차단시키는 장치로서 각 방호구역당 1개씩 설치한다.
압력스위치		각 방호구역당 1개씩 설치한다.

(6) 저장용기와 용기밸브

- 저장용기의 충전비

구분	저압식	고압식
충전비	1.1 이상 1.4 이하	1.5 이상 1.9 이하

$$충전비 = \frac{용기의\ 내용적[L]}{충전하는\ 탄산가스의\ 중량[kg]}$$

- 저장용기는 고압식은 25 MPa 이상, 저압식은 3.5 MPa 이상의 내압시험에 합격한 것으로 할 것

(7) 저장용기의 설치장소기준

- 방호구역 외의 장소에 설치할 것. 다만, 방호구역 내에 설치할 경우에는 피난 및 조작이 용이하도록 피난구 부근에 설치하여야 한다.
- 온도가 40°C 이하이고, 온도변화가 적은 곳에 설치할 것
- 직사광선 및 빗물이 침투할 우려가 없는 곳에 설치할 것
- 방화문으로 구획된 실에 설치할 것
- 용기의 설치장소에는 해당 용기가 설치된 곳임을 표시하는 표지를 할 것
- 용기간의 간격은 점검에 지장이 없도록 3 cm 이상의 간격을 유지할 것
- 저장용기와 집합관을 연결하는 연결배관에는 체크밸브를 설치할 것. 다만, 저장용기가 하나의 방호구역만을 담당하는 경우에는 그러하지 아니하다.

(8) 이산화탄소소화설비의 배관시공

- 이산화탄소 소화설비의 배관은 다음 기준에 의하여 설치하여야 한다.
  - 배관은 전용으로 할 것
  - 강관을 사용하는 경우의 배관은 압력배관용 탄소강관(KS D 3562) 중 스케줄 80 (저압 식에 있어서는 스케줄 40) 이상의 것 또는 이와 동등 이상의 강도를 가진 것으로 아연도금 등으로 방식 처리된 것을 사용할 것. 다만, 배관의 호칭구경이 20 A 이하인 경우에는 스케줄 40 이상인 것을 사용할 수 있다.
  - 동관을 사용하는 경우의 배관은 이음매 없는 동 및 동합금관(KS D 5301)으로서 고압식은 16.5 MPa 이상, 저압식은 3.75 MPa 이상의 압력에 견딜 수 있는 것을 사용할 것
- 고압식의 경우 개폐밸브 또는 선택밸브의 2차측 배관부속은 호칭압력 2.0 MPa 이상인 것을 사용하여야 하며, 1차측 배관부속은 호칭압력 4.0 MPa 이상인 것

을 사용하여야 하고, 저압식의 경우에는 2.0 MPa의 압력에 견딜 수 있는 배관 부속을 사용할 것

- 배관의 구경은 이산화탄소의 소요량이 다음의 기준에 의한 시간 내에 방사될 수 있는 것으로 하여야 한다.
  - 전역방출방식에 있어서 가연성 액체 또는 가연성 가스 등 표면화재 방호대상물의 경우에는 1분
  - 전역방출방식에 있어서 종이, 목재, 석탄, 섬유류, 합성수지류 등 심부화재 방호대상물의 경우에는 7분, 이 경우 설계농도가 2분 이내에 30%에 도달하여야 한다.
  - 국소방출방식의 경우에는 30초
- 소화약제의 저장용기와 선택밸브 사이의 집합배관에는 수동잠금밸브를 설치하되 선택밸브 직전에 설치할 것. 다만, 선택밸브가 없는 설비의 경우에는 저장용기실 내에 설치하되 조작 및 점검이 쉬운 위치에 설치하여야 한다.

(9) 분사헤드

- 전역방출방식
  - 방사된 소화약제가 방호구역의 전역에 균일하게 신속히 확산할 수 있도록 할 것
  - 분사헤드의 방사압력이 2.1 MPa (저압식은 1.05 MPa) 이상의 것으로 할 것
  - 특정소방대상물 또는 그 부분에 설치된 이산화탄소소화설비의 소화약제의 저장량 방사시간 이내에 방사할 수 있는 것으로 할 것
- 국소방출방식
  - 소화약제의 방사에 따라 가연물이 비산하지 아니하는 장소에 설치할 것
  - 이산화탄소 소화약제의 저장량은 30초 이내에 방사할 수 있는 것으로 할 것
  - 성능 및 방사압력이 제1항 제1호 및 제2호의 기준에 적합한 것으로 할 것
- 이산화탄소소화설비의 분사헤드의 오리피스구경
  - 분사헤드에는 부식방지조치를 하여야 하며 오리피스의 크기, 제조일자, 제조업체가 표시되도록 할 것
  - 분사헤드의 개수는 방호구역에 방사시간이 충족되도록 설치할 것
  - 분사헤드의 방출율 및 방출압력은 제조업체에서 정한 값으로 할 것
  - 분사헤드의 오리피스의 면적은 분사헤드가 연결되는 배관구경면적의 70%를 초과하지 아니할 것
- 분사헤드 설치제외
  - 방재실・제어실 등 사람이 상시 근무하는 장소

- 니트로셀룰로오스 · 셀룰로이드제품 등 자기연소성물질을 저장 · 취급하는 장소
- 나트륨 · 칼륨 · 칼슘 등 활성금속물질을 저장 · 취급하는 장소
- 전시장 등의 관람을 위하여 다수인이 출입 · 통행하는 통로 및 전시 실 등

(10) 호스릴이산화탄소 소화설비

- 방호대상물의 각 부분으로부터 하나의 호스접결구까지의 수평거리가 15 m 이하가 되도록 할 것
- 노즐은 20°C에서 하나의 노즐마다 60 kg/min 이상의 소화약제를 방사할 수 있는 것으로 할 것
- 소화약제 저장용기는 호스릴을 설치하는 장소마다 설치할 것
- 소화약제 저장용기의 개방밸브는 호스의 설치장소에서 수동으로 개폐할 수 있는 것으로 할 것
- 소화약제 저장용기의 가장 가까운 곳의 보기 쉬운 곳에 표시등을 설치하고, 호스릴이산화탄소소화설비가 있다는 뜻을 표시한 표지를 할 것
- 화재 시 현저하게 연기가 찰 우려가 없는 장소로서 다음 각 호의 어느 하나에 해당하는 장소에는 호스릴이산화탄소소화설비를 설치할 수 있다.
  - 지상 1층 및 피난층에 있는 부분으로서 지상에서 수동 또는 원격조작에 따라 개방할 수 있는 개구부의 유효면적의 합계가 바닥면적의 15% 이상이 되는 부분
  - 전기설비가 설치되어 있는 부분 또는 다량의 화기를 사용하는 부분(해당 설비의 주위 5 m 이내의 부분을 포함한다)의 바닥면적이 해당 설비가 설치되어 있는 구획의 바닥면적의 5분의 1 미만이 되는 부분

2) 할론 소화설비

(1) 개요

할론 소화설비의 주요 구성요소는 이산화탄소소화설비와 거의 유사하며 약제만 차이가 있는 것으로 생각하면 된다. 할론 소화약제를 사용하여 화재의 연소반응을 억제하여 소화하는 설비로서 본 소화약제는 당초 항공기 엔진의 화재를 소화할 목적으로 개발되었다. 할론 소화약제란 지방족 포화탄화수소의 분자 중 수소 원자의 일부 또는 전부가 할로겐족원소 F (불소), Cl (염소), Br (브롬), I (요오드)와 치환되어 생성된 물질 중 현실적으로 소화약제로 사용될 수 있는 것을 총칭하는 것을 말한다.

Halon은 몬트리올 의정서(Montreal Protocol 1987년 9월)에 의해 선진국은 1994년부터 생산 및 사용을 중지하였으며, 개발도상국(우리나라 포함)은 2010년 1월 1일 이후부

터 생산 및 사용을 금지하였다. Halon의 대체 소화약제로 할로겐화합물 및 불활성기체 청정소화약제의 개발이 이루어지고 있다. 법령상 소화약제로 인정되는 것은 할론 1301, 할론 1211, 할론 2402의 3종류가 있으며, '할론'은 할로겐화합물의 상품명으로, 고유명사로 사용된다. 할론 소화약제는 연소의 연쇄반응 억제작용이 우수하여 소화약제로 사용되어 왔으나, 지구환경에 대한 영향으로 인해 현재는 규제되고 있는 실정이다. 할론 소화설비 시스템은 이산화탄소 소화설비와 구조 및 원리가 대동소이하다.

(2) 할론 소화약제

탄화수소의 수소원자를 할로겐원소(F · Cl · Br · I)로 치환한 것으로 약제의 명칭은 Halon번호로 한다. Halon번호는 C → F → Cl → Br의 순서로 원자수만큼 숫자를 부여한다. 법령상 소화약제로 인정되는 것은 할론 1301, 할론 1211, 할론 2402의 3종류이다.

> 예시) HALON 1301 ➡ C F_3 Br
> C의 원자수 : 1
> F의 원자수 : 3
> Cl의 원자수 : 0
> Br의 원자수 : 1

(3) 할론 소화약제의 저장용기 등

- 저장용기 설치장소
  - 방호구역 외의 장소에 설치할 것. 다만, 방호구역 내에 설치할 경우에는 피난 및 조작이 용이하도록 피난구 부근에 설치하여야 한다.
  - 온도가 40°C 이하이고, 온도변화가 적은 곳에 설치할 것
  - 직사광선 및 빗물이 침투할 우려가 없는 곳에 설치할 것
  - 방화문으로 구획된 실에 설치할 것
  - 용기의 설치장소에는 해당 용기가 설치된 곳임을 표시하는 표지를 할 것
  - 용기간의 간격은 점검에 지장이 없도록 3 cm 이상의 간격을 유지할 것
  - 저장용기와 집합관을 연결하는 연결배관에는 체크밸브를 설치할 것. 다만, 저장용기가 하나의 방호구역만을 담당하는 경우에는 그러하지 아니하다.
- 저장용기 설치기준
  - 축압식 저장용기의 압력은 온도 20°C에서 할론 1211을 저장하는 것은 1.1 MPa 또는 2.5 MPa, 할론 1301을 저장하는 것은 2.5 MPa 또는 4.2 MPa이 되도록 질소가스로 축압할 것
  - 저장용기의 충전비는 할론 2402를 저장하는 것 중 가압식 저장용기는 0.51

이상 0.67 미만, 축압식 저장용기는 0.67 이상 2.75 이하, 할론1211은 0.7 이상 1.4 이하, 할론 1301은 0.9 이상 1.6 이하로 할 것

- 동일 집합관에 접속되는 용기의 소화약제 충전량은 동일충전비의 것이어야 할 것

- 가압용 가스용기는 질소가스가 충전된 것으로 하고, 그 압력은 21°C에서 2.5 MPa 또는 4.2 MPa이 되도록 하여야 한다.
- 할론 소화약제 저장용기의 개방밸브는 전기식·가스압력식 또는 기계식에 따라 자동으로 개방되고 수동으로도 개방되는 것으로서 안전장치가 부착된 것으로 하여야 한다.
- 가압식 저장용기에는 2.0 MPa 이하의 압력으로 조정할 수 있는 압력조정장치를 설치하여야 한다.
- 하나의 구역을 담당하는 소화약제 저장용기의 소화약제량의 체적합계보다 그 소화약제 방출시 방출경로가 되는 배관(집합관 포함)의 내용적이 1.5배 이상일 경우에는 해당 방호구역에 대한 설비는 별도 독립방식으로 하여야 한다.

(4) 분사헤드

- 전역방출방식
  - 방사된 소화약제가 방호구역의 전역에 균일하게 신속히 확산할 수 있도록 할 것
  - 할론 2402를 방출하는 분사헤드는 해당 소화약제가 무상으로 분무되는 것으로 할 것
  - 분사헤드의 방사압력은 할론 2402를 방사하는 것은 0.1 MPa 이상, 할론 1211을 방사하는 것은 0.2 MPa 이상, 할론 1301을 방사하는 것은 0.9 MPa 이상으로 할 것
  - 기준저장량의 소화약제를 10초 이내에 방사할 수 있는 것으로 할 것
- 국소방출방식
  - 소화약제의 방사에 따라 가연물이 비산하지 아니하는 장소에 설치할 것
  - 할론 2402를 방사하는 분사헤드는 해당 소화약제가 무상으로 분무되는 것으로 할 것
  - 분사헤드의 방사압력은 할론 2402를 방사하는 것은 0.1 MPa 이상, 할론 1211을 방사하는 것은 0.2 MPa 이상, 할론 1301을 방사하는 것은 0.9 MPa 이상으로 할 것
  - 기준저장량의 소화약제를 10초 이내에 방사할 수 있는 것으로 할 것
- 호스릴 할론 소화설비
  - 방호대상물의 각 부분으로부터 하나의 호스접결구까지의 수평거리가 20 m 이

하가 되도록 할 것

- 소화약제의 저장용기의 개방밸브는 호스릴의 설치장소에서 수동으로 개폐할 수 있는 것으로 할 것
- 소화약제의 저장용기는 호스릴을 설치하는 장소마다 설치할 것
- 노즐은 20°C에서 하나의 노즐마다 1분당 다음 표에 따른 소화약제를 방사할 수 있는 것으로 할 것

소화약제의 종별	1분당 방사하는 소화약제의 양
할론 2402	45 kg
할론 1211	40 kg
할론 1301	35 kg

3) 할로겐화합물 및 불활성기체 소화설비

(1) 개요

"할로겐화합물 및 불활성기체 소화약제"(Clean Agent)라 함은 할로겐화합물(할론 1301, 할론 2402, 할론 1211 제외) 및 불활성기체로서 전기적으로 비전도성이며 휘발성이 있고 증발 후 잔여물을 남기지 않는 소화약제를 말한다. 오존층을 파괴하는 할론 소화약제의 대체물질로서 개발된 할로겐화합물 및 불활성기체 소화약제는 브롬(Br)이 함유되어 있지 않으므로 오존층을 파괴하는 오존파괴지수(ODP)와 지구의 온도를 상승시켜 지구를 온실화 하는 지구온난화지수(GWP)가 할론 물질과 이산화탄소(CO_2)에 비하여 무시할 정도로 낮으며, 화재에 대하여 질식・냉각 소화기능 및 부촉매 소화기능이 우수하다. 할로겐화합물 및 불활성기체 소화약제는 화재를 소화하는 동안 피연소물질에 물리적・화학적 변화나 재산상의 피해를 주지 않으며, 소화가 완료된 후 특별한 물질이나 지방성 부산물을 발생시키지 않는다. 또한 오랜 기간 저장해도 부패나 변질이 없고, 화학적 변화도 적어 저장성이 뛰어나며, 소화약제 방출시 할론 물질이나 이산화탄소와 같이 산소의 농도를 급격하게 저하시키지 않다는 장점이 있다.

다만, 할로겐화합물 및 불활성기체 소화약제는 대부분 선진국에서 개발한 것을 그대로 국내에 도입・사용하고 있어 고가이며, 선진외국과 시스템 구성 등에 대한 상이함을 고려하지 않고 적용함에 따라 많은 문제점이 나타나고 있는 것이 사실이다. 예를 들면, 미국 등 외국에서는 방호구역마다 소화약제를 저장하는 독립배관방식으로 대부분 설치하나 국내에서는 다수의 방호구역에 대하여 소화약제를 공용하는 집합배관방식으로 설치함으로써 동일 설계프로그램 및 매뉴얼 적용에 대한 기술적인 검증이 요구되고 있다. 또한, 청정소화약제는 인체나 환경에 완전히 무해한 것으로 알고 있으나 일정시간(5분 이내)

내에 대피하도록 되어 있어, 이 설비를 사용하는 관계인에 대한 정확한 교육 및 홍보가 반드시 필요하다.

(2) 용어의 정의

- "할로겐화합물 및 불활성기체 소화약제"라 함은 할로겐화합물(할론 1301, 할론 2402, 할론 1211 제외) 및 불활성기체로서 전기적으로 비전도성이며 휘발성이 있고 증발 후 잔여물을 남기지 않는 소화약제를 말한다.
- "할로겐화합물 소화약제"라 함은 불소, 염소, 브롬 또는 요오드 중 하나 이상의 원소를 포함하고 있는 유기화합물을 기본성분으로 하는 소화약제를 말한다.
- "불활성기체 소화약제"라 함은 헬륨, 네온, 아르곤 또는 질소가스 중 하나 이상의 원소를 기본성분으로 하는 소화약제를 말한다.
- "충전밀도"라 함은 용기의 단위용적당 소화약제의 중량의 비율을 말한다.

(3) 설치제외

할로겐화합물 및 불활성기체 소화설비는 다음에 정한 장소에는 설치할 수 없다.

- 사람이 상주하는 곳으로서 최대허용설계농도를 초과하는 장소
- 제3류 위험물(자연발화성 물질 및 금수성 물질) 및 제5류 위험물(자기반응성 물질)을 사용하는 장소. 다만, 소화성능이 인정되는 위험물은 제외한다.

(4) 분사헤드

- 분사헤드의 설치높이는 방호구역의 바닥으로부터 최소 0.2 m 이상 최대 3.7 m 이하로 하여야 하며 천장높이가 3.7 m를 초과할 경우에는 추가로 다른 열의 분사헤드를 설치할 것. 다만, 분사헤드의 성능인정 범위 내에서 설치하는 경우에는 그러하지 아니하다.
- 분사헤드의 개수는 방호구역에 충족되도록 설치할 것
- 분사헤드에는 부식방지조치를 하여야 하며 오리피스의 크기, 제조일자, 제조업체가 표시되도록 할 것
- 분사헤드의 방출율 및 방출압력은 제조업체에서 정한 값으로 한다.
- 분사헤드의 오리피스의 면적은 분사헤드가 연결되는 배관구경면적의 70%를 초과하여서는 아니된다.

4) 분말소화설비

(1) 개요

분말소화설비는 연소할 위험이 크거나 열과 연기가 가득하여 소화기구로는 소화할 수 없는 방호대상물에 설치한다. 기동은 수동 또는 자동 작동이 가능하며 불연성가스의 압력을 이용하여 소화분말을 배관으로 압송시켜 분사헤드 또는 노즐을 통해 방호구역에 분말 소화약제를 방출시키는 설비이다. 특히 급격히 확산되는 가연성 액체의 표면화재를 소화하는데 효과적일 뿐만 아니라 변전 설비, 발전기 등 전기설비와 섬유나 종이화재에도 소화효과가 있다. 분말 소화약제의 유동성을 높여주기 위하여 입도가 작은 미분상태로 만들고 고압의 기체팽창을 이용하여 분말이 분산, 혼합되도록 하여 약제를 방출시킨다. 저장용기에 분말과 고압기체를 함께 충전시키는 축압식과 약제 저장용기를 별도로 설치하여 상호 연결시켜 두었다가 화재 시 고압기체 용기의 기체가 분말용기 내로 들어가게 한 다음 방출되도록 하는 가스가압식이 있다. 이와 같이 액체의 수송 또는 이송에 사용되는 고압기체를 추진가스라 하며, 추진가스는 당연히 불연성가스이어야 하므로 주로 질소가스가 사용되나 이산화탄소도 사용한다. 탄산수소나트륨의 분말을 화원에 다량 방사하면, 먼저 분말이 연소면을 넓고 두껍게 덮음으로써 연소에 필요한 산소 차단으로 질식소화를 한다. 탄산수소나트륨의 경우는 화재시의 고열에 의해 가열분해되어 다량의 이산화탄소, 수증기를 발생하여 냉각효과를 발생함과 동시에 연소되는 것을 억제하는 소화 효과를 낸다. 분말 소화약제의 종류는 탄산수소나트륨을 주성분으로 한 제1종 분말, 탄산수소칼륨을 주성분으로 한 제2종 분말, 인산염을 주성분으로 한 제3종 분말, 탄산수소칼륨과 요소가 화합된 제4종 분말약제가 사용된다. 분말소화설비의 주요 구성요소는 약제저장용기, 정압작동장치, 압력조정기, 클리닝장치, 선택밸브, 분사헤드, 감지장치 등으로 구성되어 있다. 그러나 최근 건축물에는 거의 가스계소화설비로 대체되어 분말소화설비가 실제 설치되어 있는 건축물은 많지 않다.

(2) 계통도

다음 그림과 같다.

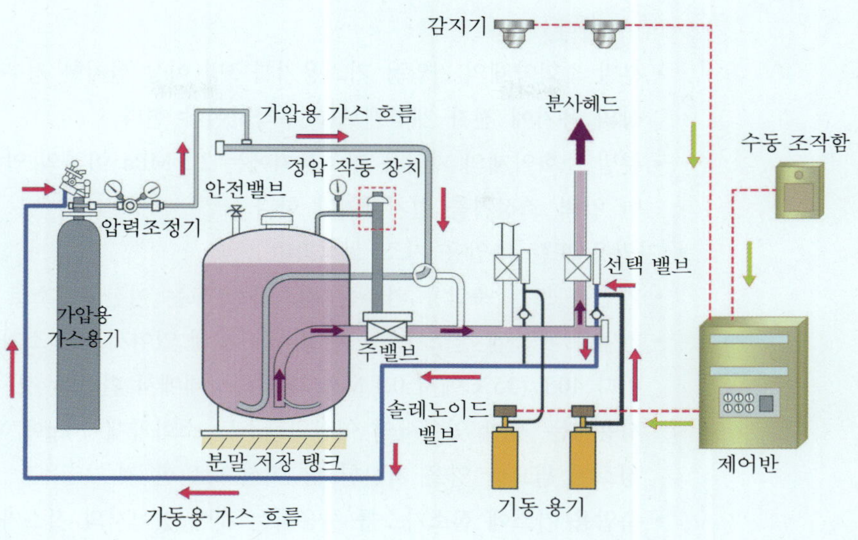

그림 28-2 분말소화설비 계통도

(3) 소화약제의 저장용기

- 저장용기의 내용적은 다음 표에 따를 것

소화약제의 종별	소화약제 1 kg당 저장용기의 내용적
제1종 분말(탄산수소나트륨을 주성분으로 한 분말)	0.5 L
제2종 분말(탄산수소칼륨을 주성분으로 한 분말)	1 L
제3종 분말(인산염을 주성분으로 한 분말)	1 L
제4종 분말(탄산수소칼륨과 요소가 화합된 분말)	1.25 L

- 저장용기에는 가압식은 최고사용압력의 1.8배 이하, 축압식은 용기의 내압시험 압력의 0.8배 이하의 압력에서 작동하는 안전밸브를 설치할 것
- 저장용기에는 저장용기의 내부압력이 설정압력으로 되었을 때 주밸브를 개방하는 정압작동장치를 설치할 것
- 저장용기의 충전비는 0.8 이상으로 할 것
- 저장용기 및 배관에는 잔류 소화약제를 처리할 수 있는 청소장치를 설치할 것
- 축압식의 분말소화설비는 사용압력의 범위를 표시한 지시압력계를 설치할 것

(4) 분말소화약제의 기준 및 주요장치

- 가압용 가스용기 설치기준
  - 분말소화약제의 가스용기는 분말 소화약제의 저장용기에 접속하여 설치하여

야 한다.

- 분말 소화약제의 가압용 가스용기를 3병 이상 설치한 경우에 있어서는 2개 이상의 용기에 전자 개방밸브를 부착하여야 한다.
- 분말 소화약제의 가압용 가스용기에는 2.5 MPa 이하의 압력에서 조정이 가능한 압력 조정기를 설치하여야 한다.

- 가압용 또는 축압용 가스 설치기준
  - 가압용 또는 축압용 가스는 질소가스 또는 이산화탄소로 할 것
  - 가압용 가스에 질소가스를 사용하는 것에 있어서는 질소가스는 소화약제 1 kg마다 40 L (35°C에서 0.1 MPa의 압력상태에서 환산한 것) 이상, 이산화탄소를 사용하는 것에 있어서의 이산화탄소는 소화약제 1 kg에 하여 20 g에 배관의 청소에 필요한 양을 가산한 양 이상으로 할 것
  - 축압용 가스에 질소가스를 사용하는 것에 있어서의 질소가스는 소화약제 1 kg에 대하여 10 L (35°C에서 0.1 MPa의 압력상태로 환산한 것) 이상, 이산화탄소를 사용하는 것에 있어서의 이산화탄소는 소화약제 1 kg에 대하여 20 g에 배관의 청소에 필요한 양을 가산한 양 이상으로 할 것
  - 배관의 청소에 필요한 양의 가스는 별도의 용기에 저장할 것
- 압력조정장치
  - 가압용의 질소가스는 용기 내 15 MPa의 고압으로 충전되어 있으므로 이를 1.5～2 MPa로 감압하여 약제탱크에 보내기 위한 것으로 약제탱크의 내압이 낮을 때에는 질소가스를 공급하고 소정의 압력이 되면 공급을 정지한다.
  - 1차는 15 MPa, 2차는 2.5 MPa용으로 사용하며, 질소 가압용기 1병마다 1개씩 설치한다.

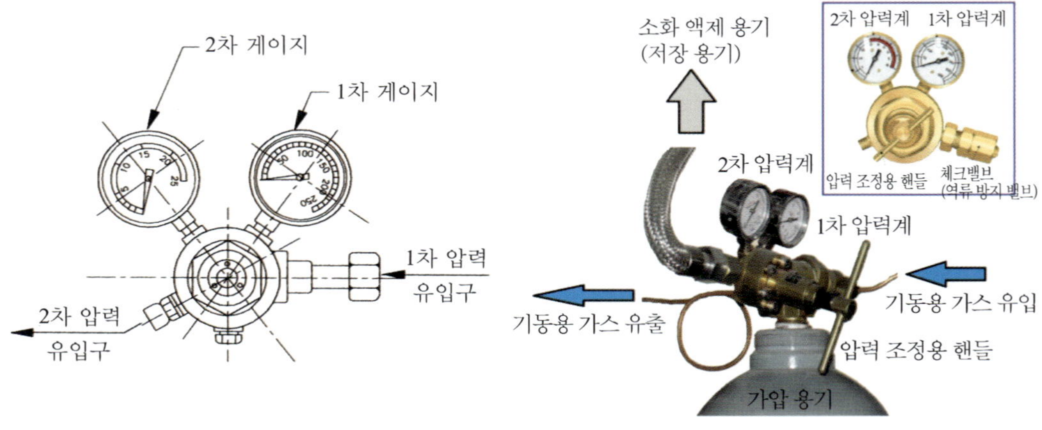

그림 28-3 가압용기에 설치된 압력조정장치의 예

- 정압작동장치
  - 정압작동장치는 소화약제 저장용기와 방출 주밸브 사이에 있는 장치이다. 가압식 분말소화설비에서 소화약제 저장용기 내의 소화약제를 헤드로 방사하기 위해서는 소화약제 저장용기 내에 가압용가스(질소)가 들어와 적정한 방출압력이 되어야 배관 및 헤드로 분말 약제를 원활히 방출할 수 있다. 가압용가스가 저장용기 내에 들어가 적정 방출압력이 될 때까지 주밸브를 폐쇄하고 있다가 가압용가스가 소화약제를 유동화하여 설정치의 방출압력이 되었을 때(통상 소요시간 10～20초) 주밸브를 개방하는 장치를 정압작동장치라 한다.
- 배관 클리닝장치
  - 분말소화설비는 소화 후에 소화약제의 저장탱크 안에 가압용 가스가 남게 되므로 남아 있는 가스를 배출하기 위한 배출장치와 배관 내에 잔류되어 있는 분말 소화약제를 배출하기 위한 클리닝장치를 설치하여야 한다. 그 이유는 분말약제를 그대로 방치하면, 배관 안의 흡습으로 굳어져 배관을 막아 재사용 시에 사용 불능 또는 기능저하로 인하여 소화설비로서의 효능을 상실하기 때문이다. 작동방출 및 잔압방출, 클리닝에 관한 밸브 조작은 다음 그림과 같다.

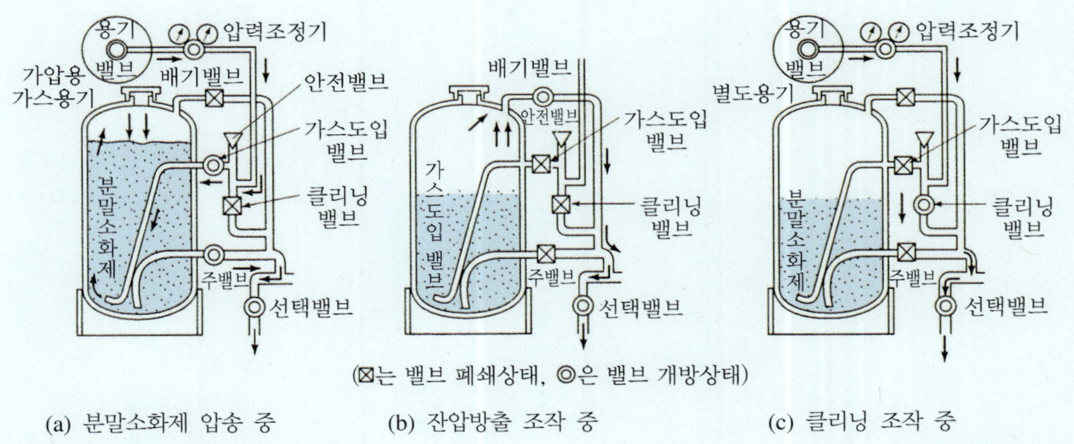

(a) 분말소화제 압송 중 (b) 잔압방출 조작 중 (c) 클리닝 조작 중

그림 28-4 배관 클리닝 밸브 조작

- 배관
  - 배관은 전용으로 할 것
  - 저장용기 등으로부터 배관의 굴절부까지의 거리는 배관 내경의 20배 이상
  - 주밸브에서 헤드까지의 배관의 분기는 방사량과 방사압력을 일정하기 위해서 전부 토너먼트방식으로 할 것

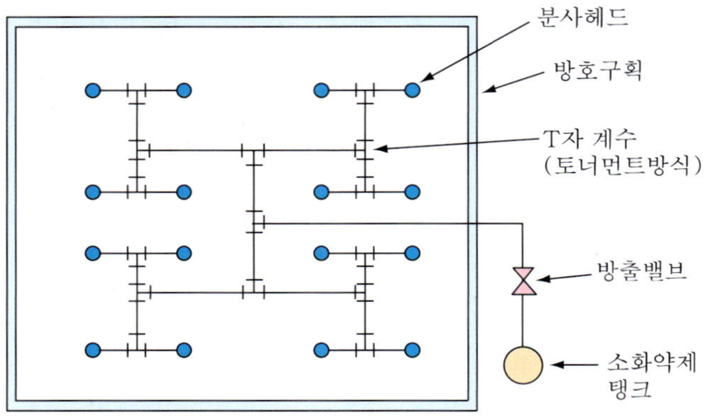

그림 28-5 토너먼트 배관의 설치 예

PART 07

구조 · 구급론

CHAPTER 29 구조활동

29.1 구조활동의 개요

29.1.1 구조의 개념

1) "구조(rescue)"란 화재, 재난・재해 및 테러, 그 밖의 위급한 상황에서 외부의 도움을 필요로 하는 사람[요(要)구조자]의 생명, 신체 및 재산을 보호하기 위하여 수행하는 모든 활동을 말한다.
2) 화재나 재해현장에서 요구조자가 있는 경우에는 화재의 대・소 또는 연소 확대 위험에 관계없이 다른 어떤 행동보다 우선하여 소방대의 모든 능력을 최대한으로 발휘하여 인명 구조활동을 적극적으로 전개하는 것이 원칙이다.
3) 국민들의 안전에 대한 욕구가 한층 증가하는 시점에서 구조업무는 소방의 고유업무 분야로 정착되었다.
4) 구출(extrication)은 단순히 일반 환자의 통로를 확보하기 위하여 자동차의 문을 열어주는 일에서부터 기차 탈선이나 고층건물의 붕괴 등과 같은 사고현장에서 발생한 다양한 환자의 구출을 포함하는 복잡한 경우에 이르기까지 매우 넓은 범위의 활동을 말한다.

29.1.2 구조업무의 연혁

1) 소방법 제정(1958.3.11. 법률 제485호) : 화재와 함께 풍・수해, 설해에 의한 인명 구조업무가 소방업무에 포함되었다.

2) 소방법 개정(1967.4.14. 법률 제1955호) : 화재만을 담당하도록 개정되었다.
3) 1987년 이전 : 시대적 추세에 따라 1987년 이전에는 각 소방서 단위로 신체가 건강하고 희생정신이 강한 직원을 선발하여 인명구조특공대를 운영하였다.
4) 「119특별구조대설치운영계획」 수립(1987.9.4.) : 1988년 8월 1일 올림픽이 개최되는 7개 도시에 119특별구조대 9개대(서울 3, 부산・대구・인천・광주・대전・수원)를 설치하여 구조대원 114명과 구조공작차 9대로 화재 및 각종 사고시의 인명구조 활동을 수행하였다.
5) 구조구급과의 설치 : 성수대교 붕괴사고(1994.10.21.), 충주호 유람선 화재사고(1994.10.24.), 삼풍백화점 붕괴사고(1995.6.29.) 등 각종 대형재난・사고가 빈발함에 따라, 구조기능의 보강이 추진되어 각종 재난현장에서 긴급구조구난 활동능력을 보강하기 위하여 행정자치부와 시・도 및 소방서에서 구조구급과를 설치하였다.

29.1.3 구조대의 편성과 운영

1) 설치목적

화재・재난・재해 및 그 밖의 위급한 상황에서 사람의 생명 등을 안전하게 구조하기 위한 것이다.

2) 설치근거

"소방기본법" 제34조, "119구조・구급에 관한 법률" 제8조, 제9조, 동법 시행령 제5조

(1) 소방기본법
제34조(구조대 및 구급대의 편성과 운영) 구조대 및 구급대의 편성과 운영에 관하여는 별도의 법률로 정한다.

(2) 119구조・구급에 관한 법률(약칭 : 119법)
제8조(119구조대의 편성과 운영)
제9조(국제구조대의 편성과 운영)
제10조(119구급대의 편성과 운영)

(3) 119구조・구급에 관한 법률 시행령(대통령령 제25753호, 2014.11.19)
제5조(119구조대의 편성과 운영)
제6조(구조대원의 자격기준)

제7조(국제구조대의 편성과 운영)
제10조(119구급대의 편성과 운영)
11조(구급대원의 자격기준)

3) 119구조대 종류와 설치지역

(1) 일반구조대 : 소방서마다 1개 대 이상 설치(소방서 미설치지역 119안전센터설치 가능)
(2) 특수구조대 : 소방대상물, 지역 특성, 재난 발생 유형 및 빈도 등을 고려하여 소방서에 설치
① 화학구조대 : 화학공장 밀집지역 관할 소방서
② 수난구조대 : 내수면 주요 호수 유원지지역 관할 소방서
③ 산악구조대 : 국립공원 등 주요 산악지역 관할 소방서
④ 고속도로구조대 : 고속국도
⑤ 지하철구조대 : 도시철도의 역사(驛舍) 및 역 시설
(3) 직할구조대 : 대형·특수 재난사고의 구조, 현장 지휘 및 지원 목적으로 국민안전처 또는 소방본부에 설치
(4) 테러대응구조대 : 테러 및 특수재난에 전문적으로 대응하기 위한 목적으로 국민안전처 또는 소방본부에 설치
(5) 119시민수상구조대 : 여름철 물놀이 장소에서의 안전을 확보하기 위하여 필요한 경우 민간 자원봉사자로 구성된 구조대(시, 도 조례)

4) 국제구조대 편성과 운영

(1) 설치권자 : 소방청장
(2) 목적 : 인명 탐색 및 구조, 응급의료, 안전평가, 시설관리, 공보연락 등의 임무 수행
(3) 운영 : 국제구조대의 파견 규모 및 기간은 재난유형과 파견지역의 피해 등을 종합적으로 고려하여 파견

29.1.4 구조대원 자격과 임무

1) 소방공무원으로서 자격

구조대원은 각종 재해의 특이성, 위험성에 관한 사고의 내용을 냉철하고 신속하게 판단하고 장비를 최대한 활용하여 요구조자를 안전・신속하게 구출하여야 하는 임무를 가지는 것이므로 강인한 체력과 정신력을 가져야 함은 물론 시대의 변화와 더불어 변화하는 사고나 재해의 양상을 파악하고 이에 대처할 수 있는 고도의 과학적・전문적 지식 및 구조기술을 몸에 익혀야 한다. 구조대원이 기본적으로 갖추어야 하는 자격조건은 다음과 같다.

(1) 소방청장이 실시하는 인명구조사 교육을 받았거나 인명구조사 시험에 합격한 사람
(2) 국가・지방자치단체 및 공공기관의 구조 관련 분야에서 근무한 경력이 2년 이상인 사람
(3) 응급구조사 자격을 가진 사람으로서 소방청장이 실시하는 구조업무에 관한 교육을 받은 사람

2) 대원의 임무

구조대원은 각종 재해의 특이성, 위험성에 관한 사고의 내용을 냉철하고 신속하게 판단하고 장비를 최대한 활용하여 요구조자를 안전・신속하게 구출하여야 하는 임무를 가지는 것이므로 강인한 체력과 정신력을 가져야 함은 물론 시대의 변화와 더불어 변화하는 사고나 재해의 양상을 파악하고 이에 대처할 수 있는 고도의 과학적・전문적 지식 및 구조기술을 몸에 익혀야 한다.

(1) 대장의 지휘명령을 준수하고 자의적 행동은 하지 않는다.
(2) 작업의 진전 상황을 수시로 보고한다.
(3) 위험요인 및 상황변화에 주목하고 인지된 정보는 시기적절하게 대장에게 보고한다.
(4) 자신의 안전은 물론 대원 상호간의 안전에도 주의한다.

3) 대원의 역할

(1) 구조대원은 그들이 살며 일하는 지역사회에서 존경을 받을 수 있어야 한다. 이러한 목적을 달성하기 위하여 구조대원의 태도와 행동은 항상 인간의 생명을 구하는데

진정한 헌신을 하고 있다는 것을 보여줄 수 있어야 한다.

(2) 구조대원은 도덕과 윤리를 갖추어야 한다. 구조대원은 그들의 개인적인 모습에 긍지를 가져야 하며 숙련된 지식이나 기술을 생명을 위협 당하는 이들을 위하여 사용하여야 한다.

(3) 구조대원은 자신감과 침착함을 가지고 직무에 임해야 한다. 구조대원은 자기훈련과 통제로 자신의 감정을 조절할 수 있어야 한다. 강한 압박상태에 처한 요구조자와 환자의 격한 행동을 동정과 이해로 다룰 수 있어야 한다.

(4) 구조대원은 책임 있는 행동을 하여야 한다. 상황의 어려움에 관계없이 구조의 순간부터 이송까지 최선을 다함으로써 환자의 안전과 생존을 유지할 수 있어야 한다.

4) 대원의 책임

위급한 상황에 관련된 구조대원은 다양한 잠재적인 법적 문제에 연루될 가능성이 크다. 법적 소송의 전형적인 형태는 주로 피구조자(요구조자) 구조 활동 사항에 대해 불만을 가지게 될 경우 발생하는데 요구조자의 상태가 악화되었거나 혹은 심한 상해(傷害)로부터 보호받지 못한 경우 구조대원의 미숙한 행동부분에 대하여 과실 문제를 제기할 수 있다.

(1) 구조 · 구급기준에 의한 책임

① 관계하고 있는 활동과 무관하게 법률은 한 개인이 일정하고 제한된 방법으로 다른 사람에 대하여 행동하기를 요구하는 경우가 있다. 또한 주어진 상황에서 구조대원은 기준에 따라서 행동해야 할 의무와 혹은 행동을 삼가 할 의무를 가지게 된다. 구조대원의 행위나 활동이 요구조자에게 해를 줄 가능성이 있다면 그의 안전에 대한 관심을 가져야 하며 구조대원이 이에 따라 행동해야만 되는 방식을 구조(구급)의 기준이라 한다. 그 기준에는 관행 · 법규 · 조례 · 판례법 등 많은 것이 있으며 구조 및 구급업무를 행함에 있어서는 응급의료에 관한 법률, 의료법 등과 같은 법이 마련되어 적용되고 있다.

② 법률에 의해 부여된 기준 : 응급 구조 · 구급의 기준은 법률 · 명령 · 조례 또는 판례법에 의해 부여된다. 사법권의 범위 내에서 이러한 기준을 위반하는 것을 추정된 과실을 범하는 것이라고 한다. 따라서 각 구조대원은 현존하는 특별한 법적 기준을 항상 숙지하고 있어야 한다.

③ 전문적 또는 제도화된 기준 : 법의 힘으로 부여된 기준 이외에 전문적 또는 제도화된 기준은 구조 · 구급대원의 행위에 대한 타당성 여부를 결정하는 증거로 인정

될 수 있다. 전문적 기준은 응급구조업무와 관련된 조직과 사회에 공표된 추천사항을 포함하며 제도화된 기준은 특별법과 구조·구급의 수행과정 또는 그가 소속된 기구에서 정한 기준 등을 말한다.

(2) 과실주의적 입장에 의한 책임

법적 문제의 발생가능성은 구조·구급수단이나 기준 등이 충족되지 않은 경우에 있다. 적절하고 필수적인 조치가 시행되지 않았거나 시행 중 부주의 또는 미숙한 행동이 있는 경우 이는 기준을 위반한 것이 된다. 더구나 시행기준의 위반하여 구조자에게 해(害)를 더한 경우 또는 대원의 행위가 경솔하고 무모하거나 숙련되지 않은 상태였다면 법은 구조·구급대원의 과실을 인정할 것이다. 과실주의는 법적 책임의 기본이다.

(3) 동의의 법칙에 의한 책임

동의의 법칙은 모든 구조대원마다 직면하는 문제이다. 한 개인이 그의 동의 없이 다른 사람으로부터의 의도적 접촉이나 개입으로부터 자유로운 권리가 있다는 것은 오랫동안 확립된 법적 권리이다. 그러므로 동의 없이 한 개인에 대한 의도적 접촉은 폭행을 구성하는 요건이 된다고 알려져 있다. 그러나 동의 없는 모든 접촉에 대해 소송이 제기되는 것은 아니다.

① 묵시적 동의 : 법률은 사망이나 영구적인 불구를 방지하기 위해 긴급한 응급조치를 필요로 하는 사람이 그러한 응급조치 시행과 이송에 동의한 것으로 간주하는 입장을 취하고 있다. 그러나 이러한 묵시적 동의주의는 극히 제한된 상황에서만 적용해야 한다.

② 미성년자에 대한 동의 : 법률은 미성년자(만 20세가 되지 못하여 판단능력이 불완전하므로 법률상 모든 권리를 행사할 수 없는 자)를 지혜, 판단능력, 성숙 등의 부분에 있어 유효한 동의를 할 만한 판단력을 갖추지 못하고 있다고 인정하고 있다. 따라서 미성년자에게 있어서는 원칙적으로 동의를 구하여야 할 필요는 없으나 그들의 정신적 성숙도에 따라 차이가 있으므로 가능한 부모나 보호자의 동의를 구하는 것이 바람직하다고 할 수 있다.

③ 정신질환에 대한 동의 : 정신적으로 무능한 자의 경우 동의에 관하여 유효한 정보를 제공받을 수 없으나 정신질환자의 경우 대부분 부모 또는 후견인이 동의권을 갖고 있으므로 그들로부터의 동의여부를 확보할 수 있는 경우에는 처치가 가능하며 그렇지 못한 경우 긴급한 상황에 한하여 적용될 수 있다.

5) 구조대의 출동지역

① 전국 : 소방청에 설치하는 직할구조대 및 특수구조대
② 관할 특별시·광역시·특별자치시·도·특별자치도 : 소방본부에 설치하는 직할구조대 및 화학구조대
③ 소방서 관할 구역 : 기타 구조대
④ 출동구역 밖으로 출동할 경우 : 지리적·지형적 여건상 신속한 출동이 가능한 경우 또는 대형재난이 발생한 경우

29.1.5 구조 활동 시 유의사항

1) 구조작업의 분류

(1) 간단한 구조(light rescue)

간단한(가벼운) 구조는 단순한 자동차 사고나 건물 등에서 발생한 환자의 운반 등을 말한다. 이를 위해 운반하기에 가장 쉽고 일반적으로 최소한의 도구가 필요하다.

(2) 중간구조(medium rescue)

중간구조는 보통 구조차량에 적재되어 있는 특별한 장비를 필요로 한다. 또한 운반 또는 구조하기에 다소 어려움이 있으며, 구조를 위해 다소의 도구 및 기계기구가 필요하다.

(3) 복잡한 구조(heavy rescue)

복잡하고 어려운 구조는 여러 특수한 장비의 동원, 매우 어렵거나 힘든 상황의 전개, 벽이 무너지거나 차량의 전파, 건물의 구조적 손상이 발생된 상황 등을 포함한 복합적 상황 하에서의 구조활동을 말한다.

2) 구조작업의 우선순위

(1) 우선순위

구명 → 구출 → 고통경감 → 재산보전

(2) 구조활동 순서

① 식별 가능한 사고의 원인이 되는 물건이나 물질을 제거한다.
→ 철강재나 구조물 등을 제거함으로써 요구조자들이 자유로워질 수 있다.

② 더 위급한 상황에 있는 요구조자를 옮긴다.

③ 탈출이 어려워 더 많은 작업시간이 필요한 요구조자들을 구한다.

④ 사망자를 수습한다.

3) 인명구조 시 기본원칙

(1) 인명사고현장의 구조활동

① 대원의 자세

구조업무의 대상인 재해나 사고는 인구의 과밀화, 도시환경의 복잡화, 산업기술의 고도화에 따라 매년 증가추세에 있으며 그 양상도 복잡・다양・대형화되고 있다. 또한 최근 끊임없는 자연재해와 대형사고가 계속되고 있어 이에 대한 효율적 대응대책과 함께 소방의 역할이 한층 더 중요해지고 있다. 따라서 구조대원은 사회의 환경과 동향에 항상 귀를 기울이고 각종 재해나 사고의 발생 추이를 정확하게 판단・예측하여 이에 대비하는 자세를 가져야 한다.

가. 사례의 연구 : 급속한 사회의 변화에 맞춰 발생하고 있는 사고의 종류와 내용 그리고 그 규모가 점차 다양화・대형화되어가고 있어 앞으로의 구조활동에 더 많은 어려움이 있을 것으로 예상된다. 이와 같은 복잡한 구조상황에 보다 신속・정확하면서도 효과적인 업무를 수행하기 위하여 구조대원은 항상 과거에 발생한 재해사례를 끊임없이 연구함과 동시에 이를 바탕으로 발생 가능한 재해의 형태를 예측・방호하는 슬기로운 자세를 가져야 한다.

나. 기술의 숙달 : 구조작업은 특수한 환경이나 불안하고 초조한 심리상태에서 실시되는 경우가 많다. 또한 실제 구조 작업에 종사하는 기회는 그리 많지 않다. 수많은 경험을 쌓는 것이 정확한 상황의 판단, 고도의 구조기술 배양, 합리적인 활동력을 높이는 데 가장 중요한 요소라고 생각되지만 실전활동 건수나 상황이 항상 발생되는 것은 아니다. 이러한 점을 보완시켜 주는 것이 평소의 부단한 훈련이다. 따라서 평소의 훈련결과가 사고현장에서는 요구조자의 생명과 직결되는 역할수행에 기여한다는 사실을 잊어서는 안 된다.

다. 대원간의 협동 : 구조행동이 엄격한 규율과 긴밀한 연계 하에 실시되지 않는 한 소수의 인원으로 극대의 효과를 거둘 수 없다. 보조자의 한 순간의 오판,

조작의 실수는 요 구조자의 생명뿐만 아니라 동료의 안전을 위협할 수도 있으므로 지휘자는 대원의 행동전체를 확실하게 장악하고 적시(適時)에 적절한 명령을 내려야 하며, 대원은 자의적인 판단에 의한 행동을 지양하고 철저히 지휘자의 명령에 복종하고 협동하는 마음의 자세를 가져야 한다.

라. 대원의 사기 : 요구조자의 안전과 구명(救命)의 책무를 가지는 구조대원이 망설이거나 겁을 내는 것은 구조작전상 바람직하지 않으며 곤란한 구조작업현장에 직면하여 불필요한 행동이나 망설임은 요구조자의 상태의 악화를 초래할 수 있기 때문에 작전의 실패를 가져올 수 있다. 특히, 활동시의 긴장, 공포, 피로도 등은 다른 작업에 비하여 심하므로 구조대원은 평소의 강인한 체력과 정신력을 연마하여 어떠한 상황 하에서도 자신감 있게 행동할 수 있도록 하여야 한다. 그러나 군중을 과도하게 의식한 무모한 행동은 삼가야 한다.

② 인명구조 현장지휘

재해현장에서 요구조자를 안전하고 확실하게 구출·구명하는 것이 구조대의 임무이며 지휘자의 지휘능력에 따라 구조활동의 성패가 결정될 수 있으므로 지휘자는 항상 지휘능력 향상에 노력하여야 한다. 특히, 구조활동의 대부분은 화재진압과는 달리 단독적으로 활동하게 되는 경우가 흔히 있으므로(원칙적으로는 진압대와의 연계가 바람직 함)지휘자의 판단을 보완하거나 기술상의 조언도 받을 수 없는 경우도 있다. 지휘자의 잘못된 판단에 따른 지시나 명령이 이루어지면 대원을 위험에 빠뜨리기도 하고 요구조자의 부상을 확대시키거나 또는 구출을 불가능하게 하는 등 활동전반에 걸쳐 실패를 초래할 수 있으므로 현장에서의 지휘에 대하여 충분히 유의하지 않으면 안 된다.

가. 초동판단(사전지휘) : 구조활동은 재해를 인지한 시점부터 시작된다. 인지내용에서 사고의 상황을 추측하고 제1차적인 구조방법을 강구하며, 재해내용, 구조방법 등에 적합한 기자재를 선정, 적재하는 외에 응원요청 등도 고려하면서 이들 사항에 관하여 대원에게 전달지시 하는 것이 필요하다.

나. 구조현장지휘 : 구조현장지휘는 초동판단에 따라 예상한 구조방법과 사용기자재, 기타 각종 대응책으로 현장을 확인한 결과 요구되는 사항을 보완하고 최종적인 구조방법을 결정하여 이에 필요한 기자재를 선정하며 각 대원에게 임무를 지정시켜 적정한 현장통제를 실시함으로써 체계적이고 안정적인 구조활동을 수행하는 것이다. 현장지휘시 유념해야할 경우 유의해야 할 사항은 다음과 같다.

- 구조방법의 결정

  화재사고와 달리 구조사고는 특별한 경우를 제외하고 일단 발생한 상황이 시간의 경과에 따라 대체로 완만한 속도로 사고가 진행되고 있는 경우가 많기 때문에 우선 현장을 냉철하게 관찰하고 지형지물과 요구조자의 수, 그리고 보유기자재 및 현재의 상황 등을 최대한 고려하여 가장 안전하고 확실하며 가장 신속한 구조방법을 결정하여야 한다. 확신 없는 무모한 작업을 서둘러 시작하는 것은 절대 금물이다.

- 대원의 임무분담

  대원의 적성 · 체격 등을 고려하여 명확하게 임무분담을 하여야 한다. 특히 사용 장비의 결정, 구출방법의 결정에 관해서는 절대로 애매한 명령을 내려서는 안 되며 대원 각자의 임무를 확실하게 인식시키는 것이 필요하다. 과도한 지시나 확신 없는 명령 또는 애매한 임무의 지정은 자신감을 감소시키거나 혹은 활동의 적극성을 결하게 하며 망설이게 함에 따라 효과적인 사고의 대응이 이루어질 수 없을 뿐만 아니라 안전사고의 원인이 될 수 있다.

- 행동의 확인

  임무를 부여받은 대원은 사고현장의 긴박감 혹은 임무에 대한 책임감 과 부담감 때문에 행동을 원활하게 할 수 없을 경우 장비조작 등에 있어서 사고를 일으킬 수 있다. 지휘자는 대원의 행동에 세심한 주의를 기울여 대원의 조작이 잘못되지 않도록 확인함과 동시에, 때로는 긴장을 풀어주거나 강한 어조로 주의력을 환기시키고 격려하는 등의 배려가 필요하다.

- 다른 구조대(救助隊)와의 연계성 확보

  인명구조는 보통 1개 대의 단독적인 활동이 많지만 사고의 규모와 복잡성 등에 따라 여러 대(隊)가 연계하여 종합적인 활동을 하는 경우도 적지 않다. 또한 구조활동의 목적이 사람의 구명과 안전에 있기 때문에 당연히 구급대와 동시 출동하는 것이 바람직하다. 이 경우에는 지휘계통을 정하고 서로 연락을 긴밀하게 하여 협의하고 대(隊)의 임무분담을 명확하게 하는 것은 물론 인원, 기자재의 융통, 기술의 응원협력 등을 통하여 효율적인 작업이 진행되도록 하여야 한다.

- 구조명령의 수정

  현장에 있어서 명령은 순간적인 정보나 상황의 판단에 기초해서 반사적으로 내리는 경우가 많다. 따라서 돌변하는 사고현장의 상황에 따라 명령의 수정이나 철회도 필요한 경우가 있다. 명령내용이 실정에 적합하지 않을 때 혹은 판단에 착오가 있을 때에는 체면을 생각하여 애매하거나 책임을 회피하는 식의 명령은 절대 내려서는 아니되며 수정을 위한 명령 혹은 철회를 위한 명령도 업무상의 명백한 명령임을 인식하여 신중하고 명료하게 행해져야 한다.

(2) 상황의 평가

사고 현장에서의 사고 요인들을 신속히 수집하여 문제를 분석하고, 이를 조정할 방법을 결정하는 것을 의미한다. 여기서 말하는 "상황"이란 사고의 종류와 정도, 사고의 위치, 환경(여건)과 위험, 장비와 인력의 지원, 희생자의 수와 의료여건 등과 같은 것을 말한다. 예를 들면, 교통사고의 경우

- 차량이 바로 서 있나, 거꾸로 있나, 옆으로 넘어져 있는가?
- 환자가 안전띠에 매달려 있는가? 부딪혀 충돌한 후 엎어져 있는가? 또는 자세가 기울어져 있는가?
- 구조활동을 시작하기 전에 옮겨야 할 물건(장애물) 등이 차량의 내부에 방치되어 있지는 않은가?
- 특별한 장비의 지원이 필요한가?
- 손상의 부위와 정도는?
- 환자나 구조요원에게 미칠 위험(가스의 유출, 전기선의 낙하 및 방치, 위험물질 등)이 있는가?

(3) 구조대원과 요구조자의 안전

구조대원은 종종 위험한 지역이나 상황에서 임무를 수행하여야 하는 경우가 있다. 우선 구조대원 자신의 개인적인 손상이 없어야 하며 요구조자에게 더 큰 손상을 주지 않도록 노력하여야 한다. 이것이 성공하려면 출동이 있기 전에 완전한 준비가 되어 있어야 한다.

(4) 현장활동 중의 대원의 안전

교통사고 시 가장 공통된 위험중의 하나는 누출된 연료이다. 이것은 사고 처리 시 반드시 제거해야 하며, 펌프차와의 합동작전이 불가피하다. 또한 차량의 시동장치를 끄고 열쇠를 제거하여 만일의 사태(화재, 폭발 등)에 대비하여야 한다. 차량이 전신주를 들이받아 전선이 늘어져 있거나 물에 잠겨 있는 경우 특히 감전에 주의하여야 하며, 사고현장 주변의 구경꾼이나 관계자들의 안전에 대해서도 각별한 주의를 기울여야 한다. 구조사고를 비롯한 모든 사고현장에서 안전은 절대적으로 중요한 요소라고 할 수 있다.

(5) 요구조자에의 접근

요구조자에게 접근할 경우 가장 중요한 것은 심리적 안정감을 제공하는 것이며, 부상 부위와 정도를 정확하게 판단하여 즉시 응급처치를 하여야 한다.

(6) 응급처치

본격적인 구조활동에 앞서 우선적으로 선행되어야 하는 것이 응급처치이며 구조시간이 다소 지연되더라도 반드시 적절한 처치가 있어야 한다. 이는 병원이송 후 환자의 회복 여부와 속도에 큰 영향을 미치며, 적절한 처치가 이루어지지 않은 상태에서의 무리한 구조작업은 법적 문제의 발생가능성을 내포하고 있기 때문에 유의하여야 한다.

(7) 요구조자의 구조

응급처치를 시행한 후 상황에 따른 적절한 구조기법을 동원하여 구조하는 단계를 말한다. 전 과정을 통하여 실제적인 구조작업이 이루어지는 단계를 말한다.

(8) 요구조자의 이송준비

요구조자의 이송준비는 생명에 위협을 주는 모든 문제에 대한 지속적인 조절과 모든 상처의 치료, 의심되는 모든 부위에 대한 적절한 응급처치 등을 시행한 후 구급차에 탑승시키는 단계를 말한다.

(9) 요구조자의 이송

각종 안전장치가 장착된 구급차를 이용해 응급의료센터가 설치・운영되고 있는 가장 가까운 병원으로 후송하는 단계를 말한다.

4) 장애물 제거시의 유의사항

(1) 필요한 기자재 준비
(2) 대원의 안전 확보
(3) 요구조자의 생명・신체에 영향이 있는 장애를 우선 제거
(4) 위험이 큰 장애부터 제거
(5) 장애는 주위에서 중심부로 향하여 순차 제거

5) 구출방법의 결정 원칙

(1) 현장의 상황 및 특성에 맞는 방법
(2) 가장 안전하고 신속한 방법
(3) 상태의 긴급성에 맞는 방법
(4) 환경에 맞는 방법
(5) 실패의 가능성이 가장 적은 방법
(6) 재산 피해가 적은 방법

6) 구출방법 결정시 회피요인

(1) 일반인에게 피해가 예측되는 방법
(2) 2차재해 발생이 예측되는 방법
(3) 억측에 의한 방법
(4) 전체를 파악하지 않고 일면의 확인에 의해 결정한 방법

7) 구조대 현장도착시의 보고내용

(1) 사고발생 장소
(2) 사고개요
(3) 요구조자 상태와 수
(4) 확인된 부상자 수와 그 정도
(5) 주위의 위험상태
(6) 응원대의 필요성
(7) 기타 구조 활동상 필요한 사항

29.2 구조장비의 종류

119구조대가 갖추어야 할 장비는 "소방력 기준에 관한 규칙 및 소방장비관리규칙"에 따른다.

(1) 일반구조용장비 : 로프, 로프총, 공기매트
(2) 측정용 구조장비 : 잔류전류감기지, 열화상카메라, 가스측정기
(3) 호흡 및 신체 보호용 장비 : 공기호흡기, 산소호흡기
(4) 중량물 작업용 장비 : 맨홀 구조기구, 에어백, 유압엔진펌프, 유압스프레다
(5) 절단용 장비 : 동력 절단기, 체인톱, 공기톱, 유압절단기
(6) 파괴용 장비 : 에어건, 착암기, 만능 도끼, 방화문 파괴기
(7) 인명 탐색용 장비 : 서치탭(매몰자 영상 탐지기), 지중 음향탐지기
(8) 산악 구조용 장비
- 일반등반장비 : 카라비너, 등반기(주마), 팔자하강기, 스톱하강기, 그리그리, 스위벨
- 암벽등반장비 : 테이프 슬링, 데이지 체인(확보줄), 퀵드로우세트

(9) 수난 구조용 장비
- 수중구조장비 : 수경, 오리발, 스노쿨, 잠수복, 중량벨트, 부력조절기, 공기통, 레귤레이터, 보조호흡기, 수중 잔압계, 수중 칼
- 수상구조장비 : 라이프자켓, 구명부환, 순환구조용 캔, 순환구조용튜브

29.3 구조기술

29.3.1 로프에 관한 개요

1) 로프의 활용

각종 구조작업에 있어서 대원의 진입, 탈출, 요구조자의 구출 및 각종 기자재의 조작, 장애물의 견인, 제거 등 그 활용의 범위가 매우 넓다.

2) 로프의 명칭

일반적으로 로프(Rope)라고 칭하고 있으나 독일의 경우 자일(Seil), 프랑스의 경우 꼬르드(Corde)라고 부른다.

3) 로프의 종류

(1) 재료에 따른 종류 : 대마, 마닐라로프, 나일론, 테트론, 비닐론로프 등

(2) 굵기에 따른 종류 : 로프의 지름이 11 mm 또는 12 mm가 가장 일반적이며 8 ~ 13 mm까지 다양하다.

(3) 길이에 따른 종류 : 40 m가 가장 일반적이며 필요에 따라 60, 80, 100, 150, 200 m까지 제작하여 활용한다.

(4) 로프를 구입할 때 고려하여야 하는 사항

- 되도록 가벼운 것을 선정한다.
- 취급이 용이한 것을 선정한다.
- 고강도, 충격흡수가 용이하고 신장성, 내마모성(耐磨耗性)이 큰 것을 선정한다.

(5) 로프를 사용할 때 주의하여야 하는 사항

- 사용 전에는 마모나 절손부위(切損部位)가 있는지를 확인한다.
- 밟거나 땅에 끌지 않는다(모래 등에 의한 심지손상).
- 로프를 장시간 당긴 상태로 놓아두지 않는다.
- 건물이나 모서리에 직접 닿는 것을 피한다.
- 불에 약하기 때문에 화기(火氣)에 조심한다.
- 구입시기를 기록하여 적절한 시기에 폐기조치 한다.
- 가장 취약한 요소를 조심한다. : 햇빛, 산, 남용
- 자외선에 약하다(햇빛에 오래 노출시킨 뒤 섬유를 현미경으로 보았을 때 자연절단 되는 것을 볼 수 있다).
- 보통 로프의 재질 및 횟수에 따른 평균수명은 다음과 같다.
  - 삼 로프 : 평균 50회
  - 나일론 로프 : 바위 30회, 얼음 : 60회
  - 부정기적으로 가끔 사용할 때 : 2 ~ 4년
  - 정기적으로 주말 산행에 사용할 때 : 2년
  - 매일 사용할 경우 : 정도에 따라 3개월 ~ 1년

29.3.2 로프 매듭법

1) 개요

로프의 매듭은 직접 인명에 관계되는 것이므로 부정확하거나 자신이 없는 매듭을 해서

는 절대 안 되며, 간단한 매듭법으로서 필요조건을 만족시키는 것이 좋다.

2) 매듭 사용하기

(1) 기본원칙

① 목적에 맞는 매듭을 선택한다.
② 정확하게 묶고 반드시 확인한다.
③ 가장 자신 있는 방법을 선택하여 확실하게 묶는다.

(2) 매듭의 종류

① 기본매듭
- 결절(結節) : 로프에 절(마디)을 만드는 것(옭매듭, 절반매듭, 나비매듭, 줄사다리매듭, 한겹8자매듭 등)
- 결착(結着) : 로프의 한쪽 끝을 다른 물체에 감아 붙이는 것(말뚝매기, 두겹말뚝매기, 고정매듭, 걸어매기, 감아매기 등)
- 연결(連結) : 로프의 양쪽 끝 또는 2본의 로프를 결합하는 것(바른, 한겹·두겹매듭, 피셔맨매듭 등)

② 신체묶기 : 부상자 등의 구출/확보(고정매듭, 두겹/세겹고정매듭 등)
③ 기구묶기 : 관창, 수관(호스), 갈고리, 도끼, 사다리 등
④ 휴대묶기 : 한발감기, 무릎감기, 새우감기

(3) 로프매듭의 용도[결절(結節)]

① 옭매듭 로프에 마디를 만들거나 절단한 로프의 풀림을 방지하기 위하여 활용한다.
② 절반매듭 : 절반매듭만으로는 사용해서는 안 되며 로프의 연결, 결착 등 매듭의 안전을 보완하기 위한 보조 용도로 사용한다.

(4) 매듭의 조건

① 매듭법을 많이 아는 것보다 잘 쓰이는 매듭을 정확히 숙지하는 것이 더욱 중요하다. 야간이나 악천후에도 능숙히 설치할 수 있어야 하고 다른 사람에게도 안전하게 해줄 수 있어야 한다.
② 매듭은 단단하게 조여지고 정확한 형태를 갖추어야 하중을 지탱할 수 있다.

③ 가급적 매듭의 크기를 작게 한다. 매듭부분으로 기구, 장비 등을 통과시켜야 하는 경우가 있기 때문이다.
④ 매듭의 끝 부분을 잘 처리하여 늘어지지 않도록 하고 사용 중에 이상이 없는지 수시로 확인한다.
⑤ 로프는 매듭 부분의 강도가 저하된다는 사실을 기억한다.

3) 이어매기(연결)

(1) 바른매듭(맞매듭)

① 묶고 풀기가 쉬우며 같은 굵기의 로프를 연결하기에 적합하다.
② 재질이 다른 것을 연결할 때에는 미끄러져 빠질 우려가 있다.
③ 연결의 기본이 되는 매듭이며 힘을 많이 받지 않는 곳에 사용한다.

(2) 한겹매듭

① 굵기가 서로 다른 로프나 젖은 로프를 연결할 때에 사용한다.
② 주 로프를 너무 짧게 하면 빠질 우려가 있으므로 주의한다.

(3) 두겹매듭

한겹매듭에서 로프를 한 번 더 돌려 감은 것으로 한겹매듭보다 더 튼튼하게 연결하고자 할 때에 사용한다.

(4) 8자연결매듭

큰 힘을 받을 수 있고 힘이 가해진 경우에도 풀기가 쉬운 매듭이다.

(5) 피셔맨매듭(장구매듭)

① 신속하고 간편하게 묶을 수 있으며 매듭의 크기도 작다.
② 두 줄을 이을 때 연결매듭으로 많이 활용된다.
③ 힘을 받은 후에는 풀기가 매우 어려울 수 있다.
④ 장시간 고정시켜 두는 경우에 주로 사용한다.
⑤ 이중으로 하면 매듭이 단단하고 쉽게 느슨해지지 않는다.

4) 마디짓기(결절)

(1) 엄지매듭 ・팔자매듭

① 로프 중간에 마디를 만들어 구멍으로 로프가 빠지는 것을 방지하고자 할 때

② 절단한 로프끝이 풀어지는 것을 방지할 때 사용한다.

(2) 두겹엄지매듭

① 두겹엄지매듭은 로프의 중간에 고리를 만들 필요가 있을 때 사용한다.

② 힘을 많이 받으면 고리가 계속 조여져 풀기가 힘들다.

(3) 두겹8자매듭

① 간편하고 튼튼하기 때문에 로프에 고리를 만드는 경우 많이 활용된다.

② 고리를 만들어 카라비나에 걸거나 나무, 기둥 등에 확보하고자 하는 경우

③ 로프를 두겹으로 겹쳐 만드는 방법과 한겹으로 되감기 하는 방식이 있다.

(4) 줄사다리매듭

① 로프에 수개의 엄지매듭을 일정한 간격으로 만들고자 할 때의 매듭법이다.

② 로프를 타고 오르거나 내릴 때에 이용할 수 있도록 하는 매듭이다.

(5) 고정매듭

① 묶고 풀기가 쉬우며 조여지지 않는 매듭법이다.

② 로프를 사람이나 물건에 묶어두는 경우 많이 사용된다.

(6) 두겹고정매듭

① 로프의 중간에 두 개의 고리를 만들어 활용하는 매듭이다.

② 수직맨홀 등 좁은 공간으로 진입하거나 의식이 있는 요구조자를 구출하는 경우 유용하게 활용된다.

③ 요구조자를 구출하는 경우 고리의 크기를 잘 조절하여 벗겨지지 않게 한다.

(7) 세겹고정매듭

① 의식이 없는 요구조자를 끌어올리거나 내리는 구조활동에 적합하다.

② 경추나 척추손상 환자에게는 사용할 수 없다.

(8) 나비매듭

① 로프 중간에 고리를 만들 필요가 있을 경우 사용한다.
② 로프를 당기거나 연장로프를 설치할 때 많이 사용된다.
③ 매듭사이에 막대 등을 삽입하여 사용하면 작업 후에 잘 풀린다.

5) 움겨매기(결착)

(1) 말뚝매기

① 로프의 한쪽 끝을 확보점에 묶는 매듭이다.
② 로프 하강을 위해 확보점에 로프를 결착하고자 할 때 사용한다.
③ 묶고 풀기는 쉬우나 반복적인 충격 하중을 받는 경우 매듭이 자연적으로 풀릴 우려가 있으므로 매듭의 끝을 보강(절반매듭 또는 엄지매듭)한다.

(2) 두겹말뚝매기

① 말뚝매기와 같은 용도로 사용되지만 보다 안전하고 확실한 방법이다.
② 말뚝매기 후에 돌려 감는 방법과 그대로 돌려 감는 방법이 있다.

(3) 잡아매기

① 확보점에 로프를 결착시켜 사용하는 고정매듭의 일종이다.
② 자기 확보를 위해 활용되기도 한다.

(4) 감아매기

① 굵은 로프에 가는 로프를 감아 당기기 위한 매듭이다.
② 감은 로프를 늦추면 이동이 자유로워 전주, 로프, 종형봉 등반 및 고정 등에 활용
③ 방수 시 수관을 고정할 때 유용되기도 한다.
④ 로프활용 시 감는 로프는 주 로프의 절반정도 굵기일 때 효과적이다.

(5) 바흐만매듭

① 카라비나에 작은 로프나 슬링을 돌려 감는 매듭이다.
② 감아매기와 유사한 용도로 사용되지만 아래위로 움직이기가 쉽다.
③ 하중이 걸릴 경우 쉽게 느슨해지는 단점이 있다.

(6) 걸어매기

① 하강 후 아래에서 로프를 회수하기 위하여 사용한다.

② 최소한 3번 이상 반복하여야 한다.

③ 하강로프를 확실히 확인하고 활용하여야 한다.

(7) 절반매듭

① 로프의 접합, 결착 등 매듭을 확실하게 하기 위해 사용하는 보조매듭이다.

② 단독으로는 사용할 수 없다.

6) 응용매듭

(1) 신체묶기

① 두겹고정 매듭활용

맨홀이나 우물 등의 협소한 수직갱도 내에서 요구조자 구출하거나 구조대원이 진입하고자 할 때 안전로프로 이용된다.

② 세겹고정 매듭활용

- 비교적 작업공간이 넓은 장소에서 요구조자의 끌어올리거나 매달아 내려 구출할 때 적합하다.
- 경추나 척추 손상이 의심되는 요구조자나 다발성골절환자에게는 사용하면 안 된다.

③ 앉아매기

안전벨트 대용으로 하강 또는 수평도하 등에 사용하는 매듭이다.

29.3.3 운반구출법(환자운반법)

1) 환자운반의 일반사항

사고현장에서 요구조자의 구조 활동 못지않게 중요한 것이 신속하고 안전한 운반이다. 환자의 운반에는 기본적으로 바스켓 들것, 분리식 들것, 접는식 들것 등 여러 가지 형태의 들것이 이용되고 있다. 여기서는 인력과 간단한 기구를 이용한 운반법에 대해 소개하고자 한다.

(1) 환자를 운반할 때 주의사항

① 대원은 자신의 능력의 한계를 명심하고 너무 무거운 환자를 무리하게 운반하려 하지 말아야 한다.
② 운반 작업 중 발 자세를 확고히 하여 균형을 잃지 않도록 한다.
③ 들어 올리거나 내릴 때는 허리를 굽히지 않고 다리를 이용한다. 등은 가능한 한 펴고 무릎은 굽히도록 한다.
④ 쥐거나 운반할 때 등을 펴고 어깨 · 다리근육을 최대한 활용한다.
⑤ 당기는 동작에서는 어깨와 다리근육을 최대한 활용한다.
⑥ 모든 동작은 천천히, 부드럽게 수행하며 동료와 협조한다.
⑦ 환자를 다룰 경우 몸의 균형을 유지하기 위해 되도록 환자의 신체 가까이에 위치하도록 한다.
⑧ 특정근육의 장시간 사용을 금하고 적절한 휴식을 취하도록 한다.

(2) 환자의 응급처치

환자가 물이나 불 · 연기 · 독성 혹은 폭발성 가스나 증기, 붕괴되는 구조물 등으로부터 심각한 위협을 받고 있는 경우 신속히 안전지대로 이동조치 후 적절한 응급처치를 실시하여야 한다. 여기서 말하는 응급처치란 부상부위의 악화방지, 고통 또는 충격의 완화, 생명의 연장과 관련되는 처치를 말한다. 때로는 병원으로의 후송보다 현장에서의 신속 · 정확한 응급처치 활동이 환자의 생명에 더 큰 안전을 제공할 수 있다.

(3) 환자의 운반방법

환자의 운반방법에는 환자의 상태에 따라 다양한 방법이 있지만, 여기서는 인력과 간단한 기구를 이용한 운반방법에 대해 기술하고자 한다.

① 1인 들쳐업기 운반법

한 사람의 구조대원이 의식이 없는 환자를 이송하는 가장 쉬운 방법으로서 환자를 구조대원의 어깨 위로 들쳐 업어서 운반하는 방법이다.

1인 들쳐업기는 다음의 경우 활용이 가능하다.

- 구조대원이 1인일 경우
- 연기가 많지 않고 열기가 적어 바른 자세로 설 수 있는 경우
- 환자가 부상을 당하지 않았거나 경미한 부상을 당한 경우
- 이동거리가 짧고 시간을 지체할 수 없는 경우

② 앉은자세 운반법

앉은 자세 운반은 기본적으로 두 사람의 구조대원이 필요하다. 앉은 자세 운반은 환자의 의식유무와 부상정도에 따라 4손 앉은자리 운반법 등 두 가지의 방법이 있다.

③ 둘러매기(pack strap) 운반법

기본적으로 개인로프나 붕대, 슬링테이프 등의 기자재를 필요로 하며 1인이 운반 가능하다. 특히 산악사고 시 요구조자를 업고 운반 시 효과적으로 활용이 가능하며 요구조자의 부상이 심각하거나 호흡기 계통에 문제가 있는 경우에는 사용하지 않는다.

④ 3인 운반법

3인 운반법은 극도의 안정을 요하는 요구조자를 들거나 운반할 경우 활용하는 방법으로서 대원간의 상호 보조를 맞추는 것이 매우 중요하다.

⑤ 의자 운반법

의자 운반법은 갑작스러운 회전이나 가파른 계단 때문에 들것이나 등받이를 사용할 수 없을 때 효과적이다. 일반 계단식 의자나 일반 가정용 등받이 의자가 사용될 수 있으며 의자가 튼튼한지 그리고 요구조자를 수용할 수 있는지 반드시 확인한 후 사용하는 것이 좋다.

⑥ 경사끌기 운반법

경사끌기 운반법은 의식불명의 환자를 계단 혹은 경사진 곳에서 이동하는데 사용할 수 있다. 요구조자의 얼굴을 위로하고 머리는 아래로 향하게 한다. 구조대원은 요구조자의 머리 쪽에 쪼그리고 앉아 요구조자의 겨드랑이를 잡는다. 이때 요구조자의 머리를 팔로 지지해야 하며 가능한 한 머리가 계단에 가깝도록 한다. 의식이 없는 요구조자일 경우 양 손목을 부드러운 헝겊 등으로 묶어서 신체의 중앙에 위치시킴으로써 손의 손상을 방지할 수 있다.

⑦ 담요끌기 운반법

담요끌기 운반법은 부상 때문에 구조대원 혼자서는 이송할 수 없는 요구조자를 이송하는데 사용한다. 이 방법을 적절히 사용하면 대원은 혼자서도 의식불명의 환자(혹은 부상자)를 안전하고도 효과적으로 이송할 수 있다. 우선 담요를 길이 방향으로 반 접은 후 요구조자의 가까이에 놓고, 반대쪽 팔을 머리 위로 뻗은 뒤 그 방향으로 요구조자를 돌려 옆으로 눕힌다. 그 다음 담요의 접힌 부분을 몸 가까이에 당기고, 요구조자의 얼굴이 위를 향하게 하여 담요 위로 굴린다. 담요로 머리와 목을 지지하도록 감싸며, 요구조자의 머리는 항상 앞쪽으로 향하게 하고, 머리와 어깨를 살짝 들어 머리가 바닥에 부딪히는 것을 방지해야 한다. 계단을 내려가야 하는 경우, 요구조자의 머리를 보호하도록 주의해야 한다. 매트리스를 사용할 수도 있지만 적어도 두 사람의 구조대원이 필요하다.

(4) 3인 운반법

3인 운반법은 극도의 안정을 요하는 요구조자를 들거나 운반할 경우 활용하는 방법으로서 대원간의 상호보조를 맞추는 것이 중요하다.

(5) 의자 운반법

의자 운반법은 갑작스러운 회전이나 가파른 계단 때문에 들것이나 등받이를 사용할 수 없을 때 효과적이다. 일반 계단식 의자나 일반 가정용 등받이 의자가 사용될 수 있으며, 의자가 튼튼하지 그리고 요구조자를 수용할 수 있는지 확인하기 위해 사용 전에 시험해 보는 것이 좋다.

(6) 경사 끌기 운반법

경사 끌기 운반법은 의식불명의 환자를 계단 혹은 경사진 곳에서 이동하는데 사용할 수 있다. 요구조자의 얼굴을 위로 하고 머리는 아래로 향하게 한다.

구조대원은 요구조자의 머리 쪽에 쪼그리고 앉아 요구조자의 겨드랑이를 잡는다. 이때 요구조자의 머리를 팔로 지지해야 하며, 가능한 머리가 계단에 가깝도록 한다. 의식이 없거나 부족한 요구조자일 경우 양 손목을 부드러운 헝겊 등으로 묶어서 신체의 중앙부분에 위치시킨다. 이렇게 할 경우 손의 손상을 방지할 수 있다.

(7) 담요 끌기 운반법

담요 끌기 운반법을 부상 때문에 신체를 이용하여 구조대원 혼자서 이송할 수 없는 요구조자를 담요와 같은 것을 이용하여 운반하는 방법이다. 이 방법을 적절히 사용하면 대원은 혼자서도 안전하고 효과적으로 의식불명 혹은 부상자를 이송할 수 있다.

요구조자의 머리를 앞으로 오게 한 다음 살짝 들어 올려 머리가 바닥에 부딪히는 것을 방지한다. 계단을 내려가야 하는 경우, 요구자의 머리를 보호하도록 주의한다.

29.4 사고유형별 인명구조

29.4.1 자동차관련 사고

1) 자동차사고의 일반적인 특성

- 구조 활동에 관한 직접적인 장애요인은 비교적 적은 반면 많은 차량과 군중이 운집되는 등의 간접적인 장애요인이 많다.
- 요구조자는 대부분 타박, 절창, 골절 등의 부상을 입고 경우에 따라서는 예상보다 훨씬 심각한 상황이 전개되는 경우도 있다.
- 화재 등 2차 사고의 발생 위험성이 있다.
- 버스 등 대중교통수단의 사고는 대량의 요구조자가 발생하는 "재난"의 상황을 띠기도 한다.

2) 각 지시의 행동

- 구조대가 사고현장에 안전하고 신속하게 도착하는 일은 필수적이다.
- 거리상의 최단경로 도착이 아니라 최소시간으로 접근하는 것이 중요하다.
- 사고차량의 종류나 대수, 사상자의 수, 위험물이 적재 여부 등에 관한 정보를 최대한 수집하고 특별한 사전조치의 필요여부 등을 사전 주지하여야한다.

3) 사고내용의 파악

(1) 지령내용의 확인

- 장소, 대상(자동차만의 사고인가, 복합적인 사고인가)
- 사고 상태(충돌, 전복, 탈선 등)
- 요구조자의 상황(인원, 부상상태, 끼었는가, 깔려있는가) 등

(2) 사고 상황의 파악

사고시간대의 도로・교통상황, 기상조건 등 현장활동에 필요한 제반요인을 확인한다.

4) 사전판단요소

- 도로상황(교통량, 도로 폭, 도로 포장여부 등)
- 지형(높은 곳, 낮은 곳, 지반의 강약, 주변의 가옥밀집도 등)
- 철도관계사고의 경우는 역구내 여부, 고가궤도 또는 지하철인가의 판단

5) 도착시의 행동

(1) 교통통제

교통사고 현장에서의 교통통제는 부상자와 구조대원들을 2차 충돌로부터 보호하는 것이기 때문에 최우선 순위로 시행되어야 한다. 주변지역의 교통흐름을 제한하고 통제함으로써 사고현장을 보호할 뿐 아니라 응급차량의 접근을 용이하게 하고 통과하는 다른 차량운전자들의 불편을 최소화할 수 있다.

교통통제 방법으로는 섬광신호나 간이분리대, 또는 깃발신호기 등 적적할 경고 장비를 이용하여 사고현장에 다가오는 차량에게 양방향으로 신호를 보낼 수 있도록 설치한다. 구조차량은 사고현장의 진행 방향 후면에 구조대원의 활동공간을 확보하고 주차하는 것이 원칙이다.

(2) 현장확인

- 현장의 확인요소 : 사고의 규모, 요구조자의 상황, 주위의 상황
- 관계자로부터 청취할 요소 : 발생원인과 경과, 열차사고인 경우에는 차체의 중량, 자체보유 구조장비 등

(3) 상황판단

상황이 파악되기 전에 대원들이 섣불리 조치를 취하는 것은 좋지 않은 결과를 가져올 수 있다. 현장상황을 파악할 때는 다음과 같은 사항을 고려해야 한다.

- 관련된 차량의 수와 종류, 손상정도
- 부상자의 수와 부상정도
- 현재 상황에서 일어날 수 있는 추가위험요소

(4) 구출방법의 결정

교통사고에서 요구조자가 당하는 부상은 사고의 경중과 정비례하는 것은 아니다. 때로

사고는 매우 경미함에도 매우 심각한 부상을 입는 경우가 있고 차량이 대파되는 대형 사고에서도 큰 부상을 당하지 않는 경우도 있다.

그러므로 구조대원은 요구조자가 부상을 입었을 것으로 간주하고 언제나 침착한 행동으로 최선・최적의 구조방법을 결정하여야 하며, 이렇게 함으로써 요구조자의 안전을 확보할 수 있다.

(5) 현장의 상황에 따른 요구조자의 구조

요구조자의 구조에 있어서는 구조대원의 안전을 확보하기 위해 차체의 고정 및 안정화 조치가 선행되어야 한다.

- 도어의 개방 : 차량사고의 경우 사고 당시의 충격으로 차량의 문(도어)이 변형되기 쉬우므로 인력으로 차량이 문을 개방하기 어려운 경우들이 있으며 다음의 방법을 통해 도어를 개방할 수 있다.
- 지렛대, 유압전개기, 유압식 도어오퍼너를 문틈에 집어넣어 강제로 개방
- 절단기를 이용해 차량문의 지지점(경첩부분)을 절단하여 문을 제거한다.
- 전동끌을 이용해 차량문의 손잡이 부분을 도려낸 후 문을 개방한다.

(6) 유리창의 제거 및 개방

충분한 작업공간을 확보하여야 하는 경우, 유리창의 일부가 파손되어 안전을 위해 남은 유리창을 제거하여야 하는 경우 유리창 파괴기구, 도끼 등을 이용하여 유리창을 제거할 수 있다. 유리의 파편으로부터 작업자 또는 요구조자를 보호하는 조치가 먼저 이루어져야 한다.

(7) 차량의 지붕 개방

차량이 심하게 변형・훼손되어 작업공간을 확보할 수 없거나 요구조자가 심하게 부상을 입어 움직이기 곤란한 경우 차체의 지붕을 절단하여 공간을 확보한 다음 구출을 용이하게 할 수 있다.

절단기를 이용해 차량 전면의 필라를 먼저 절단한 다음 지붕의 일부분을 잘라서 접어올려 지붕을 개방한다. 사고의 상황에 따라 유리창을 먼저 제거할 경우도 있다.

(8) 좌석과 핸들(계기판 등)에 의한 신체의 일부가 끼어 있는(압박) 경우

가장 손쉬운 방법은 좌석을 뒤로 옮기는 것이지만 그렇지 못할 경우 유압전개기 세트 등을 이용하여 강제로 틈을 확보하는 방법 등을 활용하여야 한다.

- 유압전개기 체인을 핸들과 차량의 전면에 연결 후 차량의 보닛 위에 전개기 또는 윈치를 이용해 체인을 당긴다.
- 유압전개기를 계기판 하부에 설치하여 벌린다.
- 유압 램을 계기판 하부에 설치하여 밀어낸다.
- 좌석 조정레버로 의자를 뒤로 이동시킨다.

(9) 차량이 전복되어 있는 경우(요구조자의 위치 전도)

차량이 비스듬히 기울여져 있거나 전복된 경우 차체 자체가 불안정한 상태에 있어 구조대원에게 위험 할 수 있으므로 우선 에어백이나 고임목, 받침대 등을 이용하여 차량을 안정화 시킨 다음에 구조를 실시한다.

- 에어백을 차량의 전 · 후에 설치한다.
- 유압전개기 및 유압절단기를 이용한 문의 개방 및 제거
- 차량 내의 요구조자를 완벽히 응급처치 후 구조(요구조자의 2차 손상 방지)

(10) 트럭의 충돌에 의하여 요구조자가 전면 복부(흉부 등) 압박상태인 경우

충돌에 의해 흔히 일어날 수 있는 상황이며, 다음의 방법 등을 활용할 수 있다.

- 에어톱(공기톱) 또는 유압절단기를 이용하여 발판을 절단 · 제거한다.
- 유압전개기를 이용하여 벌린 뒤 틈을 확보한 후 구조한다.
- 체인을 감은 후 윈치 등을 이용하여 당겨서 공간을 확보한다.
- 하지부분의 골절 및 출혈방지조치 후 또는 동시에 실시하면서 작업한다.

(11) 대형트럭의 전복에 의하여 소형차량이 눌려 있는 경우

- 대형차량의 전후에 대형에어백, 고임목 등을 고여 틈을 확보함과 동시에 차량을 움직여 안전사고가 발생되지 않도록 안전조치를 한다.
- 휴대용 윈치(가반식 윈치)를 이용하여 소형차량을 끌어내거나 대형 에어백을 적당한 부분에 설치한 다음 우선적으로 요구조자를 구조한다.
- 유압식 구조기구를 이용하여 구조한다.

(12) 차량의 하단부에 요구조자가 깔려 있는 경우

- 차량의 균형유지에 주의한다.
- 요구조자의 좌 · 우에 대형 혹은 중형 에어백을 설치하여 차량을 들어올린다(유압식

작키도 활용가능).

- 인양 높이가 부족한 경우 에어백의 하단부에 버팀목을 설치한다.

29.4.2 수난사고 구조

1) 수상구조

물에 빠진 사람을 구출할 때는 다음 4가지 원칙을 명심한다.

던지고, 끌어당기고, 저어가고, 수영한다.

(1) 구조대원의 신체를 이용하는 방법

- 기본적 구조
  물에 빠진 사람이 손이 닿을 수 있는 거리에 있을 경우 구조자는 엎드린 자세에서 몸의 상부를 물 위로 펴고 요구조자에게 손을 내민다. 그러나 손이 물에 빠진 사람에게 미치지 않는 경우 구조자는 그 자세를 반대로 한다. 즉, 기둥이나 물건 등을 단단히 붙잡은 채 몸을 물속에 넣어 두 다리를 쭉 펴게 되면 요구조자가 그 다리를 잡고 나올 수 있다.
- 신체 연장에 의한 구조
  요구조자와의 거리가 멀어서 손으로 붙잡기가 곤란한 경우에는, 그 주위에 있는 물건 중 팔의 길이를 연장하는 데 쓰일 수 있는 도구를 이용하여 신체의 길이를 연장시킬 수 있다. 구조대원의 경우 검색봉을 이용할 수도 있고 주변에 마땅한 도구가 없을 때에는 옷을 벗어 로프로 대용할 수도 있다.
- 인간사슬 구조
  다수의 구조대원이 손을 맞잡고 물에 빠진 사람을 구조하는 방법은 물살이 세거나 수심이 얕아 보트의 접근이 불가능한 장소에서 적합한 방법이다. 4~5명 또는 5~6명이 서로의 팔목을 잡아 쇠사슬 모양으로 길게 연결한다.
  서로를 잡을 때는 손바닥이 아니라 각자의 손목 위를 잡아야 연결이 끊기지 않는다.

(2) 구명환과 로프를 이용한 구조

익수한 사람을 구조하기 위하여 만들어낸 최초의 기구는 구명환이었다. 이것은 카아데라는 영국인이 1840년에 고안하여 만들었으며, 그 후 전 세계적으로 널리 사용되어 왔다.

요구조자는 수중에서 부력을 받는 상태이기 때문에 구명환에 연결하는 로프는 일반구조용 로프보다 가는 것을 사용해도 구조 활동이 가능하다.

(3) 구명보트에 의한 구조

구명보트가 요구조자에게 접근할 때 무엇보다도 중요한 것은 익수자에게 붙잡을 것을 빨리 건네주어 가능한 물위에 오래 떠 있을 수 있게 하는 것이다. 보트는 바람이 부는 방향을 따라 요구조자에게 접근하는 것이 좋다. 그러나 강풍이 불 경우 바람이 불어오는 방향에서 접근하면 구명보트에 요구조자가 부딪혀 다칠 우려가 있다. 따라서 일률적으로 적용하기 보다는 풍향과 풍속, 유속, 익수자의 위치 등 여건을 고려하여 구조한다.

2) 빙상사고 구조

- 복식사다리를 이용하는 방법을 강구한다.
- 가급적 접근이 가능한 장소까지 최대한 접근한다. 이 때 자세는 사다리 하단부를 복부로 누른 상태를 취한다. 만약 1단을 전개하여 사다리가 요구조자에게 미치지 않을 경우 2단계까지 전개한다.
- 2단계까지 전개하여도 부족한 경우 구명환을 익수자에게 던져 당긴 후 요구조자가 최 말단의 가로대를 붙잡고 사다리 위로 나올 수 있도록 한다. 만약 요구조자의 상태가 악화되어 자력으로 사다리위로 오를 수 없는 경우 구조요원이 직접 사다리 위를 낮은 자세로 접근하여 구조를 한다.
- 다른 구조요원은 사다리를 지지해야 한다.

3) 익수자 구조

물에 빠져서 호흡이 멎었을 때는 인공호흡법을 이용하여 구조한다. 즉, 삼킨 물을 토해내게 하고, 인공호흡을 실시한다. 특히 익수자는 체온이 급격히 떨어질 수 있으므로 보온에 각별히 신경 써야 하며, 의식이 회복되더라도 반드시 의료진의 진찰을 받도록 한다.

29.4.3 붕괴사고 구조

1) 각지 시의 행동

현장에 도착할 시에는 지형 등의 상황, 건물의 상황, 요구조자의 상황 등을 확인하며 현장의 기계 기자재를 이용할 것인가, 특수차량을 이용할 것인가, 구조대의 장비를 이용할 것인가 등의 구출방법과 사용기자재를 선정한다.

2) 도착 시의 행동

현장도착시 사고 발생 장소를 확인하고 요구조자의 상태 및 적용 가능한 기자재, 응원 요청 여부 등의 사항을 판단하여 구출방법을 결정한다.

3) 구출행동

(1) 토사붕괴

- 부근의 목재, 판넬 등을 활용하여 재 붕괴를 방지한다.
- 현장의 입회는 재 붕괴의 염려가 없는 장소를 선정한다.
- 굴착 후의 토사는 매몰장소에서 가능한 먼 곳으로 운반한다.
- 요구조자의 매몰 위치 가까이에 접근 후, 널빤지나 손으로 신중히 제거한다.

(2) 교통통제

교통사고 현장에서의 교통통제는 부상자와 구조대원들을 2차 충돌로부터 보호하는 것이기 때문에 최우선으로 시행되어야 한다. 주변지역의 교통흐름을 제한하고 통제함으로써 사고현장을 보호할 뿐 아니라 응급차량의 접근을 용이하게 하고 통과하는 다른 차량 운전자들의 불편을 최소화할 수 있다.

- 주위에서의 재붕괴, 미끄러짐, 낙하물 등 2차 재해발생 방지조치를 취한다.
- 비교적 소규모 또는 경량의 도괴물에는 유압식구조기구 등을 사용한다.
- 기타 도괴개소의 범위를 확인하고 도괴물에 직접 작용하고 있는 것 및 상부의 장애물을 제거한다.
- 도괴물을 들어 올리거나 제거할 때는 주변 상황에 주의하면서 천천히 한다.

(3) 행동상의 주의사항

- 로프 등으로 제한 통제구역을 설정 관계자 외의 출입을 금한다.
- 현장지휘소 및 차량 등의 중량물은 널빤지 등의 가까이에 두지 않는다.
- 함부로 주위를 배회하지 않는다.
- 굴착에 지장을 주지 않도록 주의한다.
- 침수, 용수, 유독가스 등의 발생에 주의한다.
- 기자재 및 인원보충에 관해서는 현장책임자와 긴밀한 연락을 하여야 한다.

(4) 화재에 인한 건축물의 붕괴의 원인

- 부재간의 결합력 상실
- 철근과 콘크리트의 결합력 상실
- 고온에 의한 폭열

(5) 건축물 붕괴구조의 4단계

- 1단계 : 신속한 구조
- 2단계 : 정찰
- 3단계 : 부분잔해 제거
  - 실종자가 마지막으로 파악된 위치
  - 잔해물의 위치와 상태
  - 건물의 붕괴과정에서 이동되었을 것으로 예상되는 지점
  - 붕괴에 의해서 형성된 공간
  - 요구조자가 보내는 신호가 파악된 곳
  - 요구조자가 갇혀있을 곳으로 예상되는 위치
- 4단계 : 일반적인 잔해제거

29.4.4 추락사고

1) 각지 시의 행동

추락사고가 발생한 장소의 위치와 구조, 요구조자의 수 등을 우선 파악하며 만약 건물이나 공사장에서 발생한 사고라면 사고발생 장소가 기존 건물인지, 공사 중인 건물인지를 확인하여야 한다. 공사 중인 건물인 경우 작업장소의 붕괴나 현장주변의 각종 장비, 장애물들로 인하여 추가적인 위험요인이 있기 때문이다. 산악이나 교량에서 발생한 사고인 경우 현장에 접근하기가 쉽지 않을 수 있으므로 접근 가능한 경로를 확인한다. 다음으로는 사고자가 추락한 높이나 깊이, 부상정도를 파악하여 구조방법과 사용할 장비를 선정한다.

2) 도착 시의 행동

현장에 도착하면 즉시 현장관계자로부터 입수 가능한 모든 정보를 수집하여 부상 정도의 확인, 상태, 위험요소 등을 고려 후 적정한 구출방법을 선정하고, 장비를 선택한다.

3) 안전조치

(1) 작업 전의 준비

- 구조대원은 반드시 헬멧, 안전벨트를 착용하고 안전로프를 설치한다. 현장에 진입하는 대원뿐 아니라 구조 활동을 보조하는 대원들까지 모두 착용하여야 한다.
- 작업 장소의 위험요인을 확인하고 대비를 하여야 한다. 공사장이나 산악에서 추락사고가 발생하면 주위의 토석붕괴, 공사용 장비의 도괴 또는 낙하 등의 위험성이 높으며 맨홀이나 지하에 추락한 경우에는 유독가스나 가연성가스의 발생 및 체류, 산소결핍, 감전 등의 위험요인이 있고 드물긴 하지만 지하용수에 의한 침수가 발생할 수도 있다.

(2) 구조활동

- 매달아 올리거나 내리는 경우 로프는 2줄로 설치한다. 도르래를 사용하는 경우에는 별도로 구조로프를 연결하여 안전을 확보한다.
- 현장에 있는 작업용 바스켓, 로프 등을 사용하는 경우에는 충분한 강도를 확인하는 외에 별도의 보강조치를 한다.

29.4.5 가스사고 구조

1) 사용기자재

(1) 구조기자재 등

- 유독가스 검지기, 가연성가스 측정기 등 각종 측정기
- 방열복 등, 공기호흡기 등 보호장비
- 누출을 차단할 수 있는 쐐기, 목봉, 테이프 등
- 기타 요구조자 상황에 맞는 각종 구조기구

(2) 현지조달 기자재

구조대가 가지고 있는 기자재는 한계가 있으므로 사업소, 가스사업자, 전기사업자 등의 관계자로부터 필요한 기자재를 조달 또는 준비시킨다.

- 측정기구
- 방폭구조의 회중전등, 베릴륨 동합금제 등의 방폭용 안전공구
- 방폭구조의 송풍기 등 기계기구
- 파이프렌치 등 공구류
- 봄베, 탱크로리 등 저장 용기

2) 구출방법

- 건축물 및 공작물 관련 사고의 구출 방법에 따른다.
- 가스 확산 범위를 파악하여 소방 활동구역을 설정하고 구역 내 주민에게 대피 및 화기취급 금지 경고 방송을 한다.
- 부상자가 있는 경우 신속히 안전한 장소로 구출하고 필요에 따라 구급차 등을 요청한다.
- 소방 활동구역 내의 교통통제를 철저히 한다.
- 요구조자 관리
  - 폭발 등의 우려가 장소에 있는 요구조자에 대해서는 흡연, 조명기구 스위치 조작 등 기타폭발의 불씨가 되는 행위를 금지시킨다.
  - 일산화탄소 중독, 산소결핍 등의 요구조자에 대하여는 움직여서 상태가 더 악화될 우려가 있으므로 안정시키는데 노력한다.
  - 화상 부위를 더러운 장갑 등으로 만지지 않고 찬물로 냉각토록 하여 고통을 경감

하고 악화를 방지한다.

- 열이나 유독가스에 의한 호흡기 손상의 우려가 있는 환자는 외관상 이상을 확인할 수 없어도 신속히 전문 의료기관에 이송한다.

3) 엄호주수

- 엄호주수가 필요한 경우
- 농연열기가 충만된 장소에서 인명구조를 할 때
- 가연성 또는 유독성가스가 있는 장소에서 소방 활동을 할 때
- 소방 활동 중 농연열기가 휘몰아칠 우려가 있을 때
- 복사열이 강한 장소에서 직사주수를 할 때
- 열이 강한 장소에서 셔터파괴 작업을 할 때
- 바닥을 파괴하여 소화작업 시 화염의 분출이 예상될 때
- 구조대원의 접근이 곤란한 곳의 요구조자에게 구호주수

29.4.6 항공기구조

1) 헬리콥터 이용시의 안전수칙

- 항상 조종사의 가시권 내에서 타거나 내려야 한다.
- 항상 조심스럽게 타야하며, 머리를 숙인 자세로 올라타고 내린다.
- 꼬리부분의 날개는 위험성이 많기 때문에 뒤로부터 접근하지 않는다.
- 이·착륙할 경우 기체로부터 가급적 멀리 떨어져 있도록 한다.
- 조종사나 구조대원의 신호가 없이는 접근하지 않는다.
- 조종사의 허가 없이 기내로 들어가지 않는다.
- 항상 헬리콥터의 주위가 위험하다는 것을 인식하여야 한다.

2) 항공기로 접근하는 방법

항공기가 착륙하면 구조·구급대원이 항공기까지 환자를 이송하게 되는데 일반적으로 다음과 같은 방법으로 접근하여야 한다.

- 항공기 착륙지점으로부터 15 m 이내에는 화기, 담뱃불 등의 점화원을 제거한다.

- 항공기의 회전날개가 작동 중인 경우에는 상체를 숙인 자세로 항공기의 앞쪽이나 조종석 측면(앞쪽 측면)으로 접근한다.
- 꼬리 회전날개는 지상으로부터 1 ~ 1.8 m에 위치하고 회전속도가 빨라서 육안으로 식별이 안 되는 경우가 많으므로, 항공기 뒤쪽이나 뒤쪽 측면으로 접근하면 위험하다.
- 필요한 인원만 항공기에 접근하며, 신체 이상 높이의 수약대 등은 절대 사용하지 말아야 한다.
- 항공기 한쪽에서 반대편으로 이동시에도 반드시 항공기 전면을 끼고 이동해야 한다.
- 환자를 탑승시킨 후에 의료진은 안전지대에 위치하도록 한다.
- 경사에 있는 헬리콥터에 접근할 때 매우 주의해야 한다. 주회전날개가 언덕 쪽에서는 지면에 가깝기 때문이다. 그러므로 언덕 아래쪽에서 접근해야 한다.
- 주회전날개가 지면으로부터 1.2 m 정도로 낮게 회전할 수 있으므로 쪼그린 자세에서 헬기의 앞쪽으로 항상 접근한다.

29.4.7 산악사고

1) 구조요령 및 안전관리

- 암벽등반은 추락의 위험이 있기 때문에 확보장비를 확실히 갖춘다.
- 등반이나 하강자를 안전하게 확보할 수 있는 태세를 갖춘다.
- 사고자는 등반자의 확보장비 사용방법 미숙, 등반영웅심, 등반기술 부족에 의해서 일어나는 것이 대부분이다.
- 심한 부상으로 혼자 힘으로는 내려가거나 올라갈 수 없을 때 또는 의식이 없을 때는 적절히 응급처치를 하고 빨리 구조해야 한다.
- 무리한 등반은 대원의 체력을 급속히 소모시키므로 체력상황에 맞추어 등반한다.
- 숲이 우거진 지역에서는 뱀, 독충 등에 의한 부상방지 조치를 한다.
- 낙석, 붕괴, 추락에 유의한다.
- 반드시 2개 이상의 지점을 확보하고, 강도를 확인한다.
- 낙뢰의 징후에 유의한다.
- 독사, 곤충에 물리지 않도록 피부 노출을 최소화한다.
- 손에 땀이 나서 장비를 놓치거나 추락하는 것에 유의한다.
- 경사면, 절벽에서 구조대원이 서로 부딪히거나 밀치지 않도록 주의한다.
- 길을 잃기 쉬우므로 나침반과 지도를 휴대한다.
- 겨울철에는 눈사태, 얼음 낙하에 유의해야 한다.

- 빙벽은 확보물이 녹아 파괴되기 쉽다.

29.4.8 엘리베이터 사고

1) 정전 혹은 기계적 결함으로 인해 정지한 경우

- 정전 시에는 곧바로 카(car) 내의 정전등이 점등된다. 정전이 단시간 내에 복구 가능할 때는 곧 복구됨을 승객들에게 알려 안심시킨다. 전원이 복구되면 어떤 층의 버튼을 누르더라도 엘리베이터는 통상적으로 동작하기 시작한다.
- 지금까지 정전으로 엘리베이터가 정지한 사례를 보면 80% 이상이 승장이 있는 근처인 것으로 밝혀졌다. 이러한 경우 승객이 스스로 카도어를 열게 할 경우 카도어와 연동되어 움직이는 승장도어가 동시에 열리게 되어 쉽게 밖으로 구출할 수 있다.
- 탈출 중에 전원이 복구되어 카가 움직일 수 없도록 하기 위해 기계실에서 엘리베이터의 전원을 차단하는 것이 안전상 필요하다.
- 엘리베이터 마스터키를 사용하여 1차 문을 열고 승객에게 2차 문을 개방토록 한다.
- 승장도어, 카도어가 정위치에서 열리지 않을 경우 카의 문턱과 승장의 문턱과의 거리차를 확인한 후 60 cm 이내에서 위 또는 아래에 있을 때는 직접 구조작업을 행한다.
- 카의 문턱이 승장의 문턱보다 60 cm 이상 120 cm 미만일 경우에는 승장에 접사다리, 의자 등을 카 내에 넣어 구출한다.
- 승객이 직접 잠금장치를 벗겨내는 것이 곤란한 경우나 카의 문턱과 승장의 문턱과의 격차가 심한 경우에는 원칙적으로는 보수회사의 기술진을 기다리는 것이 좋지만, 상황이 긴급한 경우에는 카의 구출구를 열고 직상층으로 구출한다.
- 카가 정지한 근처의 승장도어를 여는 것은 그곳에 해제장치가 없으면 어렵기 때문에 가장 가까운 상층의 승강측 도어를 마스터키로써 열어 줄사다리 등을 사용해 카 위에 타서 손으로 자물쇠를 개방시켜 승장도어를 연다.

2) 권상기의 수동조작에 의한 구출법

승객이 잠금 장치를 벗기는 것이 곤란하거나 카 문턱과 승장의 문턱과의 거리차가 큰 경우에는 보수회사의 기술자가 올 때까지 기다리는 것이 원칙이다.

(1) 구조활동 요령

- 주전원스위치를 차단한다.
- 전 층의 승장도어가 닫혀있는 것을 확인한다.
- 인터폰으로 승객에게 카 도어가 닫혀있는가를 확인하고 엘리베이터를 수동으로 움직이는 취지를 알린다.
- 모터샤프트 또는 플라이휠에 터닝핸들을 끼워서 양손으로 확실히 잡는다. 다른 작업자는 전자브레이크 개방레버를 세팅한다.
- 긴급한 경우 기어가 있는 권상기는 2인 이상이 조작한다.
  - 터닝핸들을 좌 또는 우측의 가벼운 방향으로 돌려서 카를 움직인다.
  - 가벼운 방향으로 카를 움직였을 때 비상해제장치가 있는 승장까지의 거리가 매우 먼 겨우는 반대방향(무거운 방향)으로 돌려도 좋다.
  - 기계실에서 카의 위치를 확인하면서 비상해제장치가 붙어있는 층의 근처까지 카를 움직인다.
- 개방레버 및 터닝핸들을 벗긴다.
- 앞에 서술한 방법에 따라서 승객을 구출한다.

3) 화재가 발생한 경우

- 화재원인이 엘리베이터의 기계실이나 승강로에서 떨어진 장소에 있을지라도 소화작업에 수반하는 전원차단 등으로 승객이 갇히게 될 우려가 있기 때문에 피난에는 엘리베이터를 이용하지 않고 계단을 이용해야 한다.
- 빌딩 내의 카는 모두 피난층으로 집합시켜 도어를 닫고 정지시켜 두는 것이 원칙이다.
- 비상용엘리베이터는 소화활동용으로 활용한다.
- 엘리베이터 기계실에서 화재가 발생해 확대되고 있을 때에는 전기화재에 적응한 소화기 등을 사용해서 소화에 주력함과 더불어 카 내의 승객과 연락을 취하면서 엘리베이터용 주전원스위치를 차단한다.
- 엘리베이터의 승강로에 화재가 발생한 경우 승강로에는 가연물은 거의 없기 때문에 카 내에 대량의 가연물을 가지고 있지 않는 한 그을리는 정도의 연소에 그칠 수 있다.

CHAPTER 30

구급활동

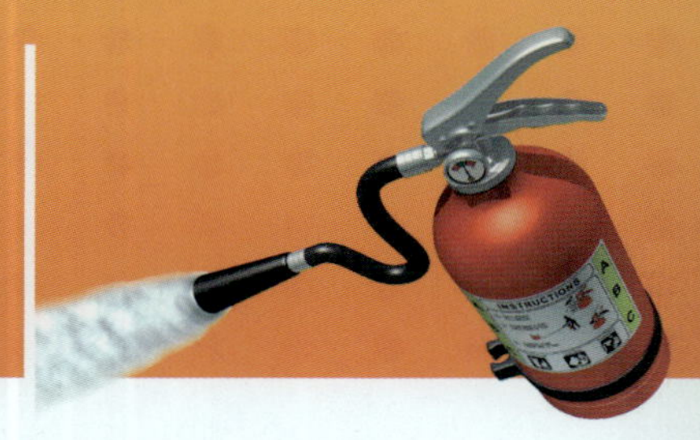

30.1 구급활동의 개요

30.1.1 구급의 개념

1) "구급"이란 응급환자에 대하여 행하는 상담, 응급처치 및 이송 등의 활동을 말한다.
2) "119구급대"란 구급활동에 필요한 장비를 갖추고 소방공무원으로 편성된 단위조직을 말한다.

30.1.2 용어 정의

1) 응급환자의 정의

'응급의료'라 함은 응급환자의 발생부터 생명의 위험에서 회복되거나 심신상의 중대한 위해가 제거되기까지의 과정에서 응급환자를 위하여 행하여지는 상담·구조·이송·응급처치 및 진료 등의 조치를 말한다. 응급의료에 관한 법률은 국민들이 응급상황에서 신속하고 적절한 응급의료를 받을 수 있도록 응급의료에 관한 국민의 권리와 의무, 국가·지방자치단체의 책임, 응급의료제공자의 책임과 권리를 정하고 응급의료자원의 효율적인 관리를 위하여 필요한 사항을 규정함으로써 응급환자의 생명과 건강을 보호하고 국민의료의 적정을 기함을 목적으로 하고 있다. 이 법에서는 " <응급환자>라 함은 질병, 분만, 각종 사고 및 재해로 인한 부상이나 기타 위급한 상태로 인하여 즉시 필요한 응급처치를 받지 아니하면 생명을 보존할 수 없거나 심신상의 중대한 위해가 초래될 가능성이 있는 환자 또는 이에 준하는 자로서 '보건복지부령이 정하는 자'를 말한다."고 규정하고 있다.

참고 **응급의료에 관한 법률 시행규칙**

제2조(응급환자) 「응급의료에 관한 법률」(이하 "법"이라 한다) 제2조 제1호에서 "보건복지부령이 정하는 자"란 다음 각 호의 어느 하나에 해당하는 증상이 있는 자를 말한다.

1. 별표 1의 응급증상 및 이에 준하는 증상
2. 제1호의 증상으로 진행될 가능성이 있다고 응급의료종사자가 판단하는 증상

2) 기타 용어

(1) 응급처치

응급의료 행위의 하나로서 응급환자에게 행하여지는 기도의 확보, 심장박동의 회복 및 기타 생명의 위험이나 증상의 현저한 악화를 방지하기 위하여 긴급히 필요로 하는 처치를 말한다.

(2) 응급환자

질병, 분만, 각종사고 및 재해로 인한 손실, 기타 위급 상황에서 즉시 필요한 응급처치를 받지 아니하면 생명을 보존할 수 없거나 심신상의 중대한 위해가 초래될 것으로 판단되는 환자를 말한다.

(3) 응급의료

응급환자의 발생부터 생명의 위험에서 회복되거나 심신상의 중대한 위해가 제거되기까지의 과정에서 응급환자를 위하여 행하여지는 상담·구조·이송·응급처치 및 진료 등의 조치를 말한다.

(4) 증상(Symptom)

"팔이 아프다" 혹은 "어지럽다"라고 하는 등과 같이 환자가 현재의 상태에 대해 느끼고 말하는 표시를 말한다.

(5) 징후(Sign)

의료인이 환자를 관찰하거나 검사함으로써 얻을 수 있는 의료정보를 말하며, 신뢰도가 높다. 징후에는 혈압, 맥박, 호흡수, 체온, 피부색, 동공 등이 있다.

(6) 구급차 등

응급의료의 목적에 이용되는 자동차·선박·항공기 등 응급환자용 이송수단을 말한다.

3) 응급처치의 개념과 중요성

(1) 응급처치 개념

일반인이 응급환자인지 아닌지 정확히 구별하기는 쉽지 않으므로 상식적으로 급하다고 생각되는 환자는 일단 응급환자로 생각하고 응급처치를 준비하는 것이 좋다. 여기서 응급처치라 함은 응급의료행위의 하나로서 응급환자에게 행하여지는 기도의 확보, 심장박동의 회복 및 기타 생명의 위험이나 증상의 현저한 악화를 방지하기 위하여 긴급히 필요로 하는 처치를 말하며 일반인도 어느 정도 할 수 있지만 이를 위하여 응급처치에 대한 교육을 받을 필요가 있다. 이러한 응급처치 또는 응급의료의 목적은 급한 신체적 이상에 대해 환자의 생명을 구하고 환자의 상태를 최단시간 내에 정상 내지는 이에 가까운 상태로 회복시켜 계속 요구되는 치료의 효과를 높이는데 있는 만큼 응급처치만으로 모든 것을 해결하려 들면 안 되고 신속하게 의료기관으로 이송하는 것이 중요하다. 우리가 응급처치를 시행하여야 하는 이유는 생명을 유지시키고 상태의 악화를 방지하며 회복을 촉진시키는 것임을 명심해야 한다. 병원 도착 전의 응급처치여부에 따라서 사망률과 불구률에 많은 차이가 있음은 이미 선진국에서 증명된 바 있다. 현장에서 응급처치를 수행하는 궁극적인 목적은 사망률과 불구률 또는 부상률을 감소시키자는 것이다. '비정상적 심장박동으로 인한 심장정지'상태에 있는 응급환자는 일반인도 교육만 받으면 시행할 수 있는 기본심폐소생술과 전문가에 의한 전문심장소생술을 실시하게 되면 43%의 생존율을 나타내지만 기본심폐소생술과 전문심장소생술이 늦어지면 생존확률은 점점 떨어져서 12분이 경과하게 되면 거의 사망하게 된다. 주요 심혈관 질환의 유병률을 보면 뇌졸중이나 관상동맥질환은 고혈압에 비하여 대단히 적게 발생한다. 그에 반하여 사망 수는 심장마비와 뇌졸중이 주종을 차지하고 있다. 관상동맥질환이나 뇌졸중은 발생률에 비하여 사망률이 매우 높다는 것이다. 이러한 급성 부정맥 사망의 주요원인은 급성심근경색증과 같은 관상동맥질환이다. 따라서 사망은 이미 병원 밖에서 발생하기 때문에 병원 전 응급처치에 대한 대책이 절실히 필요하다. 심장이 정지된 환자에 대하여 현장에서 즉시 심폐소생술을 하면서 구급차를 불러 전문소생술을 실시한다면 30~40% 정도가 살아날 수 있다. 즉시 구급차호출, 심폐소생술(心肺蘇生術, cardiopulmonary resuscitation), 제세동술(制細動術, fibrillation treatment/defibrillation)에 이어 전문소생술을 하는 과정이 잘 연계되면 환자는 최대의 생존확률을 가질 수 있다. 이때 만일 아무런 처치도 하지 않는다면 결국 사망에 이르게 될 것이다. 최대한의 생존률을 보장하기 위해서는 신고, 심폐소생술, 제세동술, 전문소생술의 이 4가지 과정이 연쇄적으로 신속하게 이루어져야 한다. 응급처치에서는 이 4가지 과정을 가장 중요한 개념으로 보고 있으며 이를 생존연쇄고리(chain of survival)라고 부른다.

(2) 119구급체계(응급의료체계)

응급의료체계란 일정지역 내에서 응급환자 치료를 위한 양질의 응급의료 서비스를 제공하는데 필요한 인적·물적 자원의 모든 요소를 효과적으로 운영하기 위하여 조직화한 체계라고 볼 수 있다. 그러나 일반인이나 환자가 실제적으로 느끼는 응급의료체계는 응급환자가 발생하였을 때 신속히 조직적으로 누군가가 도움을 주는 체계일 것이다. 예를 들어, 가정에서 간단한 상처가 나서 스스로 소독을 하고 지혈을 했다면 여기서 응급의료체계란 말을 이야기 할 필요는 없을 것이다. 그러나 스스로나 가까운 일반인의 힘으로 어떤 응급환자에 대하여 해결하려 하면 꼭 응급의료체계가 필요하며 이에 대하여 접근, 이용하는 방법에 대하여 국민 누구나 알고 있어야 한다. 아무 지식은 없더라도 적어도 119에 신고하면 응급환자에 대한 도움을 받을 수 있다는 것만 알더라도 응급의료체계로의 접근은 가능하다. 응급의료체계는 환자발생에서 의료기관으로의 도착 전까지(병원 전)의 단계, 의료기관에서 진료를 시행하는 병원단계로 대별할 수 있는데 실제로 국민들이 더 급하게 느끼지만 여러 가지 여건상 제대로 수행하기 어려운 단계가 '병원 전 단계'이다. 이러한 체계 내에서 도움을 줄 수 있는 사람은 의사, 간호사, 응급구조사 119구조·구급대원, 신고접수자, 경찰, 안전관리자 등 다양하다. 그러나 가장 중요한 것은 자신의 동료, 가족이 현장에서 신속한 응급처치를 수행하면서 119에 신고하여 도움을 받아야 한다는 것이다(주변에서 응급상황이 발생한 경우에는 누구라도 119로 빨리 전화하여 도움을 요청한 후 구급대가 현장에 도착하기 전까지는 간단한 응급처치를 시행하는 것이 중요하다). 이것이 응급의료체계의 기초적인 개념이다. 우리나라에서는 모든 현장 응급환자의 처치, 이송신고는 119번호로 통일되었다.

30.1.3 구급대 편성과 운영

(1) 근거

"119구조·구급에 관한 법률" 제10조

(2) 설치

① 일반구급대 : 시·도의 규칙으로 정하는 바에 따라 소방서마다 1개 대 이상 설치(소방서가 없는 경우는 119안전센터에 설치)

② 고속국도구급대 : 교통사고 발생 빈도 등을 고려하여 소방청, 소방본부 또는 고속국도를 관할하는 소방서에 설치

(3) 구급대원 자격기준

소방공무원으로서 다음 각 호의 어느 하나에 해당하는 자격을 갖춘 대원으로 한다.

① 의료인
② 1급 응급구조사 자격을 취득한 사람(응급구조학과 졸업 후 보건복지부 실시 시험 합격자)
③ 2급 응급구조사 자격을 취득한 사람(양성기관 수료 후 보건복지부 실시 시험 합격자)

(4) 출동지역

① 일반구급대, 소방서 설치 고속국도구급대 : 구급대 설치지역 관할 시 · 도
② 소방청 또는 소방본부에 설치된 고속국도구급대 : 고속국도로 진입하는 도로 및 인근 지역
③ 항공구조구급대 : 소방청에 설치된 경우는 전국, 소방본부에 설치된 경우는 관할 시 · 도
④ 출동구역 밖으로 출동 : 지리적 · 지형적 여건상 신속한 출동이 가능한 경우나 대형재난이 발생한 경우

30.1.4 응급처치의 중요성과 일반원칙

(1) 중요성

① 환자의 생명을 구하고 유지한다.
② 질병 등 병세의 악화를 방지한다.
③ 환자의 고통을 경감한다.
④ 환자의 치료 및 입원기간을 단축시킨다.
⑤ 기타 불필요한 의료비의 지출 등을 절감시킬 수 있다.

(2) 일반적 원칙

① 아무리 위급한 상황이라도 구급대원 자신의 안전에 주의를 기울인다.
② 신속 · 침착하고 질서 있게 대처한다.
③ 긴급을 요하는 환자부터 우선하여 처치한다.
④ 부상상태에 따라 의료기관에 연락한다(사고의 경위, 환자의 상태. 환자의 발견

장소 및 시간, 응급처치의 내용, 주위의 환경 및 여건 등).

⑤ 쇼크를 예방하는 처치를 한다.

- 환자를 안정시킨다.
- 조이는 옷을 풀어준다.
- 심한 부상으로 상태악화가 예상될 경우 환자에게 보이거나 알리지 않는 것이 바람직하다.
- 체온을 적정하게 유지한다.
- 출혈방지에 유의한다.
- 감염방지에 유의한다.

⑥ 다음의 환자에게는 아무것도 투여하지 않는다.

- 의식이 없는 환자
- 복부에 심한 상처를 입은 환자
- 심한 출혈이 있는 환자

⑦ 손상의 여부를 재차 철저하게 확인하여야 한다.

⑧ 부상자를 옮길 때에는 환자의 상태에 적절한 운반법을 활용하여야 한다.

(3) 응급처치 수행시 일반적인 순서

① 구급대원 자신과 환자의 안전을 우선적으로 확보하여야 한다.

② 환자와 구급대원 자신의 안전이 확보된 후에는 환자의 생명과 안전을 위협하는 요인에 대하여 고려한다.

③ 기본 인명구조술의 ABC (기도확보, 호흡유지, 순환유지)를 시행한다.

④ 응급처치가 끝나면 들것 등을 이용하여 병원으로 이송한다.

(4) 응급환자 이송 거부

① 응급환자 또는 그 보호자가 의료기관으로의 이송을 거부하는 경우

② 응급환자의 병력 · 증상 및 주변 상황을 종합적으로 평가하여 즉시 필요한 응급처치를 받지 아니하면 생명을 보존할 수 없거나 심신상의 중대한 위해를 입을 가능성이 있다고 인정할 만한 상당한 이유가 있는 경우에는 환자의 이송을 위하여 이송을 위해 최대한 노력하여야 한다.

참고 **구급요청의 거절(구조대 및 구급대의편성·운영 등에 관한 규칙)**

① 단순 치통환자
② 단순 감기환자. 다만 섭씨 38도 이상의 고열이 있거나 호흡곤란이 동반되는 경우를 제외한다.
③ 혈압 등 생체징후가 안정된 타박상 환자
④ 술에 취한 자 다만, 강한 자극에도 의식의 회복이 없거나 외상이 있는 경우를 제외한다.
⑤ 만성질환자로서 검진 또는 입원 목적의 이송 요청자
⑥ 단순 열상 또는 찰과상으로 지속적인 출혈이 없는 외상환자
⑦ 병원 간 이송 또는 자택으로의 이송 요청자. 다만, 의사가 동승한 응급환자의 병원 간 이송을 제외한다.
⑧ 구급대원에게 폭력을 행사하는 등 구급활동을 방해하는 경우에는 구급활동을 거절할 수 있다.
⑨ 그 밖에 응급의료에 관한 법률 제2조 제1호의 규정에 의한 응급환자가 아닌 자

- 이송을 거절한 구급대원은 이송거절·거부확인서 작성 후 그 내용을 이송을 요청한 자에게 구두로 알려주어야 한다.
- 이송거절·거부확인서류 작성한 구급대원은 소방관서장에게 보고
- 이송거절·거부확인서는 당해 구급대원의 소속 소방관서에 3년간 보관

(5) 구급대원의 역할 및 책임

① 손상 또는 질병의 증상 및 징후의 인지
② 환자에 대한 신속하고 효율적인 응급처치
③ 안전하고 효율적인 환자 이송법
④ 차량으로부터 환자의 구조, 사고현장에서 위험요소의 최소화, 무선 교신, 환자 상태에 대한 보고 및 기록, 응급차량 운전법 등
⑤ 현장에서 의료기관으로의 이송법
⑥ 자신이 소속된 지역의 응급의료체계에 대한 파악

(6) 구급대원의 자세

① 의료인으로서의 전문적인 태도
② 환자에게 신뢰와 안정을 줄 수 있는 외모 및 행동
③ 응급상황에서도 안정된 태도
④ 다른 의료인과의 협조적인 자세

30.1.5 응급의료 단계

(1) 현장단계

현장단계는 응급환자가 발생하였다는 신고가 접수되는 동시에 현장으로 응급차량과 요원을 출동시켜 환자가 발생한 현장에서부터 응급처치를 시행하는 단계를 말한다.

(2) 이송단계

응급환자를 현장으로부터 병원까지 이송하기 위한 단계이다.
이송은 지상이송, 수상이송, 항공이송으로 구분할 수 있다.

(3) 병원단계

응급환자가 응급의료센터에 도착하여 신속하고 전문적인 응급처치를 받는 단계를 말한다.

30.1.6 선한 사마리아인법(Good Samarian Law)

선한 사마리아인법은 고통받는 사람을 기꺼이 도와주도록 격려하는 법으로서 내용은 나라마다 다소 차이가 있으나 선한 사마리아인법은 다음과 같은 경우에 해당된다.
구조자가

(1) 위급한 상황에서 응급조치를 할 때
(2) 올바른 신념에 따라 응급조치를 할 때, 즉 좋은 의도로 응급처치를 행한 경우
(3) 보상을 바라지 않고 행동한 경우
(4) 부상자에게 악의에 찬 행동을 하거나 지나친 과실을 범하지 않은 경우

즉, 합리적 우선순위에 따라 응급처치를 행한 경우이다.

30.1.7 환자의 분류(중증도)

(1) 긴급환자(빨간색) : 생명이 위험한 경우로 기도폐쇄, 심한 호흡곤란, 과다 또는 지혈이 안 되는 출혈, 의식장애, 쇼크, 중증화상, 심정지 환자
(2) 응급환자(노란색) : 심각하나 치명적이지 않은 경우로 기도상 문제가 없는 화상, 주

요 또는 다발성 골절, 척추 손상에 상관없이 등 부위 손상

(3) 비응급환자(녹색) : 경증 근골격계 손상과 연부조직 손상

(4) 지연환자(흑색) : 사망자, 20분 이상 맥박이 없는 경우, 완전히 탄 경우 등

〈 중증도 분류 체계가 가지는 기능 〉

① 분류기능 ② 치료의 우선권 부여 ③ 환자의 분산배치

30.2 응급의료장비 종류

30.2.1 기도유지 장비

1) 흡입기

의식이 없는 환자의 구강 또는 비강 내 타액, 분비물 등 이물질을 신속하게 흡입할 수 있다. 흡입기는 작동원리에 의해 전지형(충전식)과 수동형으로, 사용범위에 따라 고정식, 이동식으로 분류한다.

(1) 충전식 흡입기

① 사용법

- 기계를 on으로 하여 작동시킨다.
- 흡입튜브를 흡입관에 끼운다.
- 환자의 입 가장자리에서 귓불까지의 길이를 측정하여 흡입 튜브의 적절한 깊이를 결정하고, 흡입 전에 환자를 전산소화 한다.
- 수지 교차법으로 입을 벌린 후 흡입튜브를 넣는다.
- 흡입관을 꺾어서 막고 흡입막대기를 삽입하는데 전에 측정한 깊이까지 입안으로 넣는다.
- 흡입관을 펴서 흡입한다(단, 흡입시간은 15초를 초과하지 않는다).
- 흡인 후에는 흡입튜브에 물을 통과시켜 세척하고 환자는 전산소화 한다.

(2) 수동형 응급 흡입기

① 용도

전지나 전기 연결 없이 한 손으로 간단히 조작할 수 있어 신속하고 강력하게 기도의 이물질을 흡입하여 기도를 확보할 수 있다.

② 본체, 흡입통 : 플라스틱, 흡입관 : 폴리우레탄

2) 인공 기도유지기(Artificial Airways)

인공 기도유지기의 일차적 기능은 혀에 의한 상기도 폐쇄를 예방하여 기도를 유지하는 것이다. 일반적으로 구인두 기도유지기와 비인두 기도유지기가 많이 사용되며 숙달된 응급구조사는 식도위관기도유지기 등도 많이 사용한다.

(1) 구인두 기도유지기(Oropharyngeai Airways)

① 용도

무의식 환자의 기도유지를 위해 사용하는 기구로 입의 가장자리에서 귀까지의 길이로 크기를 선정한다.

② 사용법

- 적당한 크기를 선택한다.
- 수지 교차법으로 환자의 입을 연다.
- 기도기의 끝이 입천장을 향하도록 하여 구강 내로 삽입한다.
- 입천장에 닿으면 180도 회전시켜서 후방으로 밀어 넣는다.
- 기도기의 플랜지가 환자의 입술이나 치아에 걸려있도록 한다.
- 또 다른 방법으로 설압자로 혀를 누르고 기도자를 회전시키지 않고서 굴곡면이 아래로 향하게 넣을 수도 있다.

(2) 비인두 기도유지기(Nasopharyngeal Airway)

① 용도

의식이 있는 환자에게 일시적으로 기도를 확보해 주기 위한 기구로 구인두 기도유지기를 사용할 수 없을 때 코로 삽입하여 사용한다. 크기의 측정은 코의 끝부분에서 귓불까지 길이로 한다.

② 사용법

- 적당한 크기를 선택한다.

- 기도기에 윤활제를 묻힌다.
- 삽입 전에 무엇을 하는지를 환자에게 꼭 설명해준다.
- 기도기 끝의 단면이 비중격으로 가도록 하여 코로 집어넣는다.
- 플랜지가 피부에 오도록 하여 부드럽게 밀어 넣는다.
- 기도기를 집어넣는 동안 막히는 느낌이 들면 반대쪽 비공으로 집어넣는다.

3) 기관 내 삽관(Endotracheal Intubation)

기관 내 삽관은 전문적 기도유지법으로 시행에 숙달이 필요하지만 일단 시행하면 완전한 기도를 확보하여 호흡처치가 효율적으로 시행할 수 있으며, 구강 내의 이물질이 기관으로 유입되는 것을 방지할 수 있다.

(1) 기도삽관용 튜브

기도삽관용 튜브는 환자의 기도크기에 따라 여러 가지 크기가 이용될 수 있다. 튜브 끝의 풍선은 기관의 나머지 공간을 폐쇄함으로써 호흡처치가 효율적으로 시행되고 이물질이 들어가는 것을 예방한다.

(2) 기도삽관 탐침(Stylet)

탐침을 휘어서 기도삽관 튜브의 유선형을 변화시켜 기도삽관을 쉽게 한다.

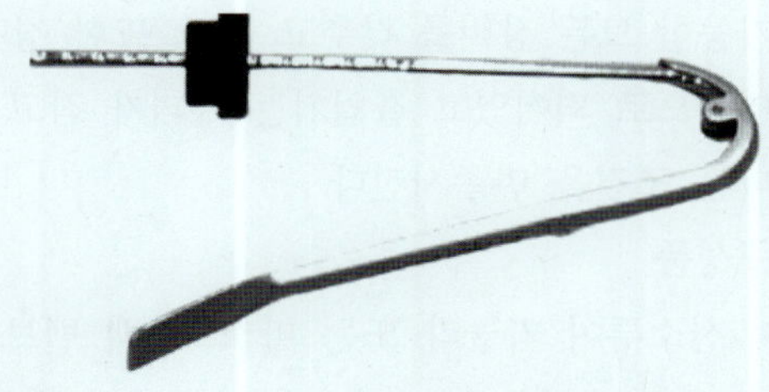

그림 30-1 탐침(Stylet)

(3) 기도삽관 고정기

기도삽관 튜브가 적당히 위치하면 기도삽관 고정기를 사용해 고정함으로써 환자가 물어서 튜브가 막히는 것을 방지하고 튜브 끝의 위치를 고정할 수 있다.

(4) 후두경

후두경은 기도삽관을 시행할 때 시야의 확보 위해 이용된다. 부리가 가능한 후두경의 날은 직선형과 곡선형으로 된 두 가지 유형이 있다. 후두경 날에 있는 전구는 날이 손잡이로부터 직각으로 펴지면서 점등된다.

(5) 기도삽관 기구 가방

기도삽관에 필요한 기도유지기, 후두경, 기도삽관용 튜브, 메질 겸자 등을 보호하면서 사용하기 편리하게 고안되었다.

그림 30-2 기도유지 장비 세트

(6) 기도유지 장비 세트

① 용도

응급구조사가 휴대하기 편리하며(Self-Contained), 어떠한 환자의 기도유지도 가능한 모든 장비를 갖추고 있다. 또한 경량을 유지하기 위해 산소탱크는 알루미늄으로 되어있고 흡입기는 부피가 작고 가벼워 산소를 사용하지 않아야 한다는 조건을 만족시킨다.

② 구성품

- 산소투여 카늘라 또는 마스크, 백 밸브 마스크 소생기 등
- 포켓 마스크, 구강기도유지기, 후두경 세트, 기도 삽관 튜브 등

30.2.2 호흡보조 장비

1) 산소 공급용 기구(Oxygen Supply Apparatus)

저산소증이 지속되면 신체장기가 정상적인 기능을 유지할 수 없다. 모든 외상환자는

특별한 경우가 아니면 저산소증으로 간주하여야 한다.

(1) 비강 캐뉼라(Nasal Cannula)

비강용 산소투여 장치로 환자의 거부감을 최소화 시켰으며 낮은 산소를 요구하는 환자에게 사용한다. 환자의 코에 삽입하는 2개의 돌출관을 통해 환자에게 산소를 공급한다. 유량을 분당 5~8 L로 조절하면 산소농도가 35~44%까지 유지할 수 있다.

(2) 단순안면 마스크(Simple Face Mask)

입과 코를 동시에 덮어주는 산소공급기구로 작은 구멍의 배출구와 산소가 유입되는 관 및 얼굴에 고정시키는 끈으로 구성되어 있다.

6~10 L의 유량으로 흡입 산소농도를 35~60%까지 증가시킬 수 있다.

크기에 따라 성인용, 소아용으로 구분되며, 산소저장백이 있는 것과 없는 것이 있다. 저장백이 있는 마스크에는 일방향 조절용 밸브가 있어 이 밸브를 통해 들어온 산소가 마스크에 부착된 저장백을 부풀리게 된다.

(3) 벤트리 마스크(Ventri Mask)

환자에게 특수하게 선택된 용도로 산소를 제공할 경우에 사용되며, 표준 안면 마스크에 연결된 공급배관을 통해 특정한 산소 농도를 공급해 주는 호흡기구이다. 산소가 공급될 때마다 일정한 양의 실내 공기가 매 흡기 시 섞여 들어가서 일정한 산소농도를 제공한다.

2) 호흡보조장비

(1) 포켓 마스크(Pocket Mask)

포켓마스크를 사용하면 구조자의 흡기 내 산소농도가 상승하므로 상대적으로 산소함유량이 높은 호기로 환자에게 인공호흡을 할 수 있다.

① 용도

구강 대 구강 인공호흡시 환자와 직접적인 신체접촉을 피할 수 있으며, 또한 산소튜브가 있어 충분한 산소를 보충하면서 인공호흡을 할 수 있다. 유아에 사용할 때는 마스크를 거꾸로 하여 기저부가 코 위에 놓이도록 하여 사용한다.

② 사용법

- 포켓 마스크에 일방형 밸브를 연결한다.
- 포켓마스크를 환자의 얼굴에 밀착시켜서 뾰족한 쪽이 코로 가도록 한다.
- 일방형 밸브를 통해 환기한다.
- 소아에서는 포켓 마스크를 거꾸로 밀착시켜서 뾰족한 끝이 턱으로 가도록 한다.

(2) 구강대 구강 호흡용 보호막

심폐소생술시 환자의 얼굴을 덮을 수 있는 비닐과 입을 열어주고 일방향 밸브가 달린 관이 있어 환자와의 직접적인 신체접촉을 방지함으로써 감염을 예방할 수 있다.

(3) 백 밸브 마스크 소생기(Bag-Valve Mask)

① 용도

백 밸브 마스크 환기장치는 병원 도착 전 환기 제공장치로서 가장 보편적으로 사용되고 있다. 보유 산소장비 없이 즉각적인 초기 환기를 제공할 수 있다.

② 사용법

- 마스크와 백 밸브를 연결한다.
- 마스크의 첨부가 콧등을 향하게 하여 비강과 구강을 완전히 덮는다.
- 마스크와 밸브의 연결부에 엄지와 인지로 C자형의 형태로 고정하고 나머지 세 손가락으로 하악을 들어 올려 기도유지를 한다.
- 반대 손으로 백을 잡고 1회에 800～1,000 mL로 짜서 환기시킨다.

30.2.3 순환 보조 장비

1) 자동심폐소생술기(Thumper)

건강한 구급대원이라도 평균 5분 이상 심폐소생술을 시행하기 힘들며, 특히 구급차로 이송 중일 때는 거의 시행이 불가능하다. 자동 심폐소생술기는 주변상황이나 응급구조사의 상태에 관계없이 정확히 심폐소생술을 시행할 수 있다. 특히 구급대원이 부족한 한국 현실에서 효과적인 심폐소생술을 시행하는 응급구조사의 역할을 대신하여 생존율을 높이는데 결정적인 기여를 할 수 있다.

① 용도

산소 충전식 휴대용 심폐소생술기기로 현장, 구급차 및 헬리콥터 내 등 어떠한 상황 하에서도 산소탱크만 있으면 흉부압박과 인공호흡이 가능하다. 미국의 일부지역, 일본 등에서는 구급차와 대중집회장소에서 반드시 갖추어야 할 장비로 규정하고 있다

② 사용법

- 기본인명 구조술을 실시한다.
- Thumper용 받침판을 환자의 등 밑에 위치시킨 후 본체를 결합한다.
- 본체에 피스톤 지지대를 결합한 후 산소밸브를 연결시킨다.
- 1번 밸브와 4번 스위치가 잠겨있는지 확인한 후 산소통을 연다.
- 1번 밸브를 열고 피스톤을 환자의 흉부에 위치시킨다.
- 2번과 3번 밸브를 차례로 연다.
- 환기 밸브를 연결하고 4번 스위치와 5번 밸브를 차례대로 연다.
- 마스크에서 산소가 나오는지 확인한 후 마스크를 환자에게 완전히 밀착시킨다.
- 어깨 벨트로 단단하게 환자를 고정한다.

2) 제세동기(Defibrillator)

(1) 자동 제세동기

① 용도

심전도를 모르는 현장 응급처치자(First res-ponder)나 응급구조사가 제세동을 시행할 수 있도록 제세동기 내에 심전도를 인식하고 제세동을 시행할 것을 지시해줄 수 있는 프로그램이 내장되어 있다. 젤로 덮인 큰 접착성 패드를 환자의 가슴에 부착하여 심폐소생술을 멈추는 시간을 최소화 하며 연속적으로 제세동할 수 있다. 심실세동 외에는 제세동이 자동으로 차단되어 100%의 안전성이 확보되어 있다.

② 사용법

- 환자의 무의식, 무호흡 및 무맥박을 확인한다(도움요청 포함).
- 전원버튼을 눌러 자동 제세동기를 켠다.
- 자동 제세동기를 켜고 일회용 패드를 환자와 자동 제세동기에 연결한다.
- 모든 동작을 중단하고 분석단추를 누른다.
- 제세동을 시행하라는 말과 글이 나오면 환자와의 접촉금지를 확인한 후 제세동 버튼을 누른다.

- 세 번의 연속적인 제세동을 시행한 후 자동 제세동기에서 환자의 맥박을 확인하라는 지시가 나오면 맥박을 확인한다.

(2) 자동 수동 전환식 제세동기

① 용도

심전도를 인지할 수 없는 응급구조사나 현장 응급처치자는 자동 방식으로, 심전도를 인식할 수 있는 응급구조사나 의료진은 심전도를 보면서 제세동과 심조율을 시행할 수 있다. 젤로 덮인 접착성 패드를 사용하여 제세동시마다 젤을 바르지 않아도 되어 시간과 노력을 절약할 수 있다. 또한 전극이 연결되지 않았거나 작동불량일 때 음성 경고로 알려준다.

② 특성

자동제세동기로도 사용하고 수동제세동기로도 사용가능한 이 장비는 심전도를 판독할 수 없는 응급 구조사는 물론 숙련된 응급구조사 모두 사용할 수 있으며, 심전도를 감시하고 기록할 수 있다.

3) 기타 순환보조장비

(1) 심폐소생술용 받침판

해부학적으로 설계되어 심정지 환자를 적절하게 위치시킬 수 있으며 자연스럽게 기도를 확보해 준다. 전면은 미끄러지지 않으면서 환자의 척추를 적절히 지지할 수 있게 할 수 있고 뒷면은 흉부압박 시 움직이지 않도록 홈이 파여 있다.

(2) 마스트(쇼크방지용 바지)

① 목적

- 외상 등으로 인한 출혈성 쇼크 환자에 대하여 공기압으로 하반신을 압박함으로써 뇌, 심장 등 주요장기로의 순환을 유지해 주고(하지의 혈관수축으로 인한 혈압상승)
- 하지와 복부의 외부 및 내부 출혈의 지혈
- 또한 골반 및 하지의 골절시 공기부목의 역할을 해준다.

② 대상 환자

- 주로 성인을 대상으로 한다.
  - 수축기 혈압 80 mmHg 이하

- 명백한 쇼크의 징후와 함께 수축기 혈압 90 mmHg 이하
- 골반 및 하지의 골절로 인한 내출혈의 경우(다발성 골절 포함)
- 척추성 쇼크
- 심폐 기능 정지상태의 경우

- 다음의 경우는 사용하지 않거나 특별한 주의를 요한다.
  - 폐수종이 의심되는 경우는 절대 사용 금지
  - 심근경색 등 심장성 쇼크의 경우(심폐 정지 상태는 제외)
  - 두부, 흉부, 복부의 외상이 있는 경우
  - 호흡곤란, 현기증, 구토시는 사용상 주의
  - 내장 돌출 시 : 다리부분만 사용
  - 임산부 : 다리부분만 사용
  - 마스트의 장착에 많은 시간이 소요된다고 판단되는 경우
  - 이송시간이 짧은 경우
  - 신생아, 소아, 유아 등의 경우

③ 마스트 착용 시 유의사항

- 마스트를 장착한 환자는 가능한 한 큰 의료기관의 응급센터로 이송한다.
- 통상 쇼크방지용 바지는 60 mmHg 정도 가압을 하는데, 그 후 순환 상태를 확인하면서 의사와 연락을 취하고, 환자 상태에 따라 수축기 혈압이 100 mmHg를 유지하도록 가압한다.
- 하지부위에 개방성 골절 등이 있는 경우는 창상처치를 먼저 실시한 후에 장착한다.
- 주머니 안의 물건 등 신체를 압박할 가능성이 있는 물품은 미리 제거한다.
- 마스트의 가압 도중에 환자의 혈압, 호흡상태 등 생체징후를 계속해서 관찰하면서 실시한다.
- 압박에 의한 호흡 장애 시에는 환기보조를 준비한다.
- 마스트를 장착한 시간을 기록하고, 이송하는 병원에 미리 연락한다.
- 착용 후 주위의 압력과 온도변화에 유의한다.

④ 마스트 착용 순서

- 생체징후(혈압, 호흡, 맥박 등) 등을 통해 마스트의 착용이 필요한 상태인지 확인한다.
- 들것이나 척추고정판 위에 마스트를 펴고 환자를 그 위에 위치시킨다.
- 접착 천으로 양쪽 하지, 복부부분을 확실히 결착한다.
- 가압용 공기펌프를 본체의 밸브와 연결한다.

- 복부는 잠가 놓은 채 양쪽하지 부분을 먼저 팽창시키고 환자상태에 따라 복부도 팽창시킨다.
- 생체징후의 변화에 주의를 기울이면서 천천히 가압한다.
- 가압 종료 후, 공기의 누출, 가압상태를 확인하고 시간을 기록한다.
- 가압 후, 호흡곤란이 일어날 수 있으므로 호흡, 순환상태를 주의 깊게 감시한다.

⑤ 마스트의 제거

- 현장상황에서는 원칙적으로 제거하지 않지만 호흡곤란, 폐수종, 고혈압 등의 증상이 있는 경우 의사의 지시에 따라 천천히 감압하여 제거한다.
- 제거방법
  - 착용의 역순으로 복부에서 다리로 천천히 감압(각각 5분 이상 소요)한다.
  - 감압시 또는 각 부분 감압 후 환자 혈압상태를 감시한다.
  - 6 mmHg 하락 시는 감압을 중지한다.
  - 10 mmHg 하락 시는 재 팽창을 고려한다.

30.2.4 척추고정 장비

(1) 척추고정장비

척수손상은 여러 신경계통의 기능마비를 유발하고, 때로는 영구마비를 일으킬 수 있다. 따라서 외상초기에 척추고정을 시행함으로써 척수손상이 악화되거나 발생되는 것을 방지하여야 한다. 척추고정의 시작은 경추고정으로부터 시작된다.

① 용도

- 환자를 구출하거나 이송하기 전에 경추를 고정할 수 있다.

② 사용방법

- 경추 고정 장비의 형태를 만든다.
- 환자의 크기에 맞는 적절한 고정장비를 선택한다.
- 머리와 경부를 고정한 채 경추 고정장비를 착용시킨다.

(2) 두부 고정장비

경추고정 장비만으로는 경추의 완전한 고정이 불가능하다, 두부 고정장비를 긴 척추고정판 등과 함께 사용하여 완벽한 경추고정을 유지하여 이송시 안전을 확보할 수 있다. 환자가 소리를 들을 수 있도록 구멍이 있으며 가볍고 보수가 용이하다.

(3) 짧은 척추고정판

환자가 앉아 있는 자세 등으로 긴 척추고정판을 사용할 수 없거나 필요 없는 경우 척추를 보호하면서 구출하기 위한 장비이다.

① 사용법

- 머리와 경추를 고정한다.
- 1차 평가를 실시한다.
- 경추 고정 장비를 착용한다.
- 환자의 등 뒤에 짧은 척추고정판을 넣고 고정띠로 환자를 척추고정판에 고정한다.
- 환자의 머리와 몸통을 일직선으로 유지한 채 돌려 환자를 긴 척추고정판에 위치시킨다.
- 긴 척추고정판에 눕히고 환자를 동시에 당겨서 긴 척추고정판에 적절히 위치시킨 후 몸통과 머리를 고정한다.

(4) 구출 고정대(Ked)

① 용도

부서진 차속과 같은 좁은 공간에서 환자를 구조해 내기 위한 장비로 먼저 척추 고정 장비를 대고 머리, 경추, 흉추, 요추를 고정하여 구출할 때 사용한다.

② 사용방법

- 머리와 경추를 고정한다.
- 1차 평가를 실시한다.
- 경추 고정 장비를 착용한다.
- 환자의 등 뒤에 구출 고정대를 넣고 환자의 겨드랑이 끝부분까지 위치시킨다.
- 흉복부대의 고정 띠를 채우고 당겨서 조인다.
- 대퇴부에 패드를 대고 고정 띠로 당겨서 고정한다.
- 두경부에 패드를 대고 이마를 고정 띠로 고정한다.
- 환자의 엉덩이 밑에 긴 척추고정판을 끼고 환자의 흉부와 다리를 받쳐서 머리와 몸통이 일직선이 되도록 한 채 환자를 돌려서 긴 척추고정판에 눕힌다.
- 대퇴부의 고정띠를 풀어주고 몸통과 머리를 고정한 후 1차 평가를 재실시한다.

(5) 구출용 짧은 척추고정판

제한된 공간에 있는 척추 및 경추 손상이 의심되는 환자의 구출에 용이하도록 고안하였다. 머리를 완벽하게 고정할 수 있으며, 헬멧을 착용한 채로도 고정이 가능하다.

(6) 구출용 들 것

맨홀, 산악 등 구출과 이송이 까다로운 환경에서 환자를 안전하게 고정하여 구출하고 이송할 수 있다. 머리를 보호할 수 있는 고정대, 들어 올릴 수 있는 손잡이, 복부와 하지를 고정할 수 있는 벨트가 있다.

(7) 고정 및 구출용 슬리브

고정과 구출이 가능하도록 고안되었다. 긴 척추고정판을 슬리브에 밀어 넣어 단단한 고정이 가능하며 머리의 고정도 가능하다.

30.3 응급처치 기술

30.3.1 일반 응급의학

1) 응급 처치술의 개념

뇌세포는 산소와 영양공급 차단 후 4~6분이 지나면 조직손상이 시작되며 뇌조직 손상은 비가역적이기 때문에 호흡이 정지하거나 심장이 멈춘 후 4~6분 이내에 심폐소생술이 시행되지 않으면 환자는 생존가능성은 매우 낮아진다.

현재 우리나라 여건상 구급차가 환자에게 도착하기까지 적어도 4~6분 이상 소요되므로 일반인들도 심폐소생술 방법을 익히는 것이 매우 중요하며, 주변에 있는 목격자의 신속하고 적극적인 대처만이 환자의 생존율을 증가시킬 수 있다.

2) 환자평가 및 심폐소생술

(1) 의식 확인

쓰러져 있는 사람을 발견하면 가볍게 어깨를 두드리며 “여보세요, 괜찮으세요?”라고 말한 다음 반응을 살핀다. 환자를 지나치게 흔들면 목을 다칠 수 있으니 주의해야 한다.

(2) 구조요청

의식이 없으면 119로 즉시 신고하여 장소, 전화번호, 환자상태 등을 알려주어야 한다.

(3) 기도유지

의식이 없는 환자는 혀가 뒤로 밀리면서 기도가 막힐 수 있으므로 환자의 머리를 뒤로 젖히고 턱을 들어주어 기도를 유지한다(두부후굴 하악거상법). 그러나 사고에 의한 경우에는 경추손상의 가능성이 있으므로 턱만 살며시 들어준다. 소아에서도 지나친 경추신전은 오히려 기도폐쇄를 일으킬 수 있으므로 턱만 살며시 들어준다.

(4) 호흡확인

기도유지상태에서 눈으로 가슴의 움직임을 관찰하고 귀로는 호흡음을 들으며, 뺨의 촉감을 이용하여 호흡유무를 3～5초 이내에 확인한다. 호흡이 없으면 2회의 인공호흡을 시행해서 이물질에 의한 기도폐쇄가 있는지 확인한다.

(5) 인공호흡

환자의 호흡이 없으면 인공호흡을 해주어야 하는데, 가장 많이 쓰이는 방법은 구강 대 구강 인공호흡법으로 다음과 같이 실시한다.

- 이마를 누르면서 턱을 들어 기도를 유지한 다음 환자의 입을 벌린다.
- 환자의 코를 막고 자신의 입을 환자의 입에 밀착시킨다.
- 공기를 서서히(어른 : 1.5～2초, 소아 : 1～1.5초) 불어넣는다.
- 잡았던 코를 놓고 입을 떼어 불어넣은 공기가 밖으로 나올 수 있도록 한다.
- 입으로 인공호흡을 할 수 없을 때는 입을 막고 코로 인공호흡을 할 수 있다.

표 30-1 인공호흡 횟수

분류	인공호흡	불어넣기	내쉬기
성인(8세 이상)	5초에 1회	1.5～2초간	2～5초간
소아(1～8세 미만)	4초에 1회	1～1.5초간	2～5초간
영아(1세 미만)	3초에 1회	1～1.5초간	2～5초간

그림 30-3 인공호흡 순서

(6) 맥박확인

심정지 확인을 위해 목의 양측에 있는 경동맥을 손으로 만져서 맥박의 유무를 확인하는데 10초 이내에 해야 하며 양측을 동시에 압박해서는 안 된다.

영아의 경우는 상완동맥에서 확인하는 것이 좋으며 맥박이 뛰는 것이 확인되면 인공호흡만 계속 시행하면서 1분마다 맥박을 확인하며, 맥박이 만져지지 않으면 흉부압박을 시행한다.

(7) 흉부압박

맥박이 없으면 흉부압박을 해야 하는데 압박하는 위치와 압박깊이를 정확하게 시행해야 한다.

- 흉골의 압박점에 한 손을 올려놓고 그 위에 다른 손을 겹쳐 깍지를 껴서 손가락이 흉벽에 닿지 않도록 한다. 손가락이 가슴에 닿으면 늑골이 골절되어 합병증이 발생할 수 있기 때문이다.
- 팔꿈치를 곧게 펴고 어깨와 손목이 팔과 일직선이 되게 한다.
- 수직으로 구조자의 체중이 실리도록 한 다음 가슴이 4～5 cm 정도 들어가도록 압박한다.
- 압박하는 속도는 1분에 100회 정도이다(5회/3초).
- 압박과 이완의 비율은 50 : 50 정도가 바람직하다.

(8) 재평가(맥박, 호흡확인)

1분 동안 심폐소생술을 시행한 후 다시 맥박과 호흡을 평가 한다. 회복되지 않았을 경우 구조자가 도착할 때까지 심폐소생 술을 계속 시행한다.

(9) 심폐소생술의 방법

① 1인의 경우

흉부압박을 30회 계속한 다음 인공호흡을 2회 시행하는 30 : 2의 비율로 시행하여, 1분 동안에 8번의 호흡과 120번의 흉부압박이 이루어지게 한다.

② 2인의 경우

2명의 구조자가 있을 경우에는 환자의 양측에 1명씩 위치한 다음 마주본다. 1명은 환자의 머리 쪽에 위치하여 인공호흡을 시행하며, 다른 1명은 환자의 가슴 쪽에 위치하여 흉부를 압박한다.

흉부압박과 인공호흡의 비율은 1인의 경우와 마찬가지로 30회 흉부압박을 시행한 후 2회 인공호흡을 시행하는 30 : 2의 비율로 반복한다.

압박의 깊이는 성인의 경우 4～5 cm가 적당하다

③ 심폐소생술을 종료하는 경우

- 환자의 맥박과 호흡이 회복될 경우
- 심폐소생술 교육을 받은 사람과 교대할 때
- 의료인이 도착하여 응급처치를 시행할 때
- 지쳐서 더 이상 심폐소생술을 할 수 없을 때
- 의사가 사망선언을 한 경우
- 사망의 증거가 명백한 때(예 : 두부분리, 사후강직, 시반)

④ CPR 미실시 및 중지

- 치명적인 손상 : 몸과 몸통이 분리, 전신이 불에 탄 경우, 두부・목・가슴에 심각한 압좌상을 입은 경우
- 사후 강직 상태(사망 후 4～10시간 후에 나타남)
- 부패한 시신
- 흙청색화 현상
- 사산

3) 호흡곤란의 증상과 징후

- 코를 벌름거림
- 기관이 경직됨

- 목과 안면, 복부의 근육사용
- 청색증
- 배가 부름
- 기관의 편위
- 비대칭적인 호흡
- 역설적(기이성)호흡
- 호흡수의 증가와 짧고 얕은 호흡
- 호흡음 이상
- 어지러움, 현기증, 안절부절, 걱정, 성격의 변화
- 의식의 저하 또는 무의식

4) 쇼크(Shock)

(1) 쇼크의 원인

- 심장이 손상되어 펌프로서의 역할을 제대로 할 수 없는 경우
- 혈액이 소실되어 심혈관계의 혈액량이 관류하기에는 충분하지 않은 경우
- 전체적인 혈액량은 충분하지만 혈관이 갑자기 확장되어 관류가 충분히 되지 않는 경우

(2) 쇼크의 유형

- 출혈성 쇼크
- 심장성 쇼크
- 패혈성 쇼크
- 저체액성 쇼크
- 신경성 쇼크
- 정신적 쇼크
- 호흡성 쇼크
- 과민성 쇼크

(3) 쇼크의 증상과 징후

- 불안감과 두려움
- 약하고 빠른 맥박
- 차가운 피부
- 촉촉한 피부
- 청색증
- 얕고 빠르며 불규칙한 호흡
- 빛에 대한 동공반응이 느림
- 갈증
- 오심과 구토
- 혈압저하
- 의식소실

(4) 쇼크의 처치

초기에 시행하는 응급처치의 원칙은 쇼크 상태의 모든 환자에게 사용될 수 있으며 원칙들은 다음과 같다.

- 기도를 유지하고 필요하면 산소를 공급한다.
- 출혈부위를 지혈시킨다.
- 하지를 지면으로부터 15~25 cm 높여준다.
- 골절부위를 부목으로 고정한다.
- 환자를 조심스럽게 다룬다.
- 체온을 보존한다.
- 환자를 누운 상태로 유지한다.
- 생체징후를 계속 측정한다.
- 금식한다.

30.3.2 외상처치

(1) 폐쇄성 연부조직 손상

- 피부나 점막 표면의 조직은 손상되지 않고 내부조직만 손상된 경우
- 타박상, 혈종, 폐쇄성 연부조직 손상의 처치

(2) 개방성 연부조직 손상

- 찰과상, 결출상, 열상, 천자상

(3) 절단 시 응급처치

① 절단된 부위에 압박 드레싱을 한다.

② 지혈하기 위해 압박점 지혈법을 사용한다. 다른 방법들이 모두 실패한 경우에만 지혈대를 사용한다.

③ 절단된 부위를 처치한다. 소독 드레싱으로 부위를 감싸고 접착 거즈붕대로 고정시킨다. 절단 부위는 깨끗한 비닐봉지에 넣고 밀봉한 후, 차가운 팩이 담긴 용기에 넣어 차갑게 유지한다. 절단된 부위가 직접 물이나 식염수에 닿지 않도록 하고, 얼음에 닿거나 얼지 않도록 주의한다.

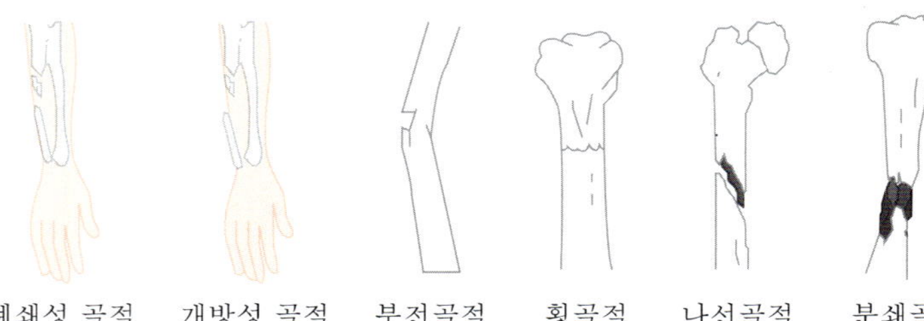

그림 30-4 골절의 종류

(4) 근, 골격계 손상

① 골절의 증상과 징후
- 변형 – 압통
- 운동제한 – 부종 및 반상출혈
- 노출된 골편 – 염발음
- 가성운동

② 탈구의 증상과 징후
- 관절의 심한 변형
- 관절부위의 부종
- 관절부위 통증과 운동 시에 통증의 악화
- 정상적인 관절운동의 소실
- 관절부위를 촉진 시에 심한 압통

③ 근골격계 손상의 일반적인 처치방법
- 휴식 – 고정
- 얼음찜질 – 거상

(5) 척추손상

① 척추손상의 증상과 징후
- 해당부위 통증, 압통, 운동 시 통증
- 무감각증, 타진통
- 열상과 타박상, 좌상
- 감각기능 소실로 인한 혼몽 또는 무감각증
- 운동기능 소실로 인한 근육 쇠약이나 마비
- 변형된 호흡형태
- 신경성 쇼크 – 근육강직

② 척추손상환자의 응급처치

- 손상기전을 평가한다.
- 경추를 고정한 채로 기도를 개방 및 유지(변형 하악견인법)한다.
- 고농도의 산소를 공급한다.
- 신경성 쇼크의 대비하여 마스트의 착용을 고려한다.
- 긴급구출의 경우를 제외하고는 환자를 움직이기 전에 완전하게 고정한다.
- 장비를 이용하여 고정할 때까지는 손으로 환자의 머리를 중립위치로 고정하여 경추를 보호한다.
- 머리를 수동으로 고정할 때는 뼈의 돌출부분을 이용한다.
- 환자의 자세에 따라 긴 척추고정판을 선택한다.
- 로그롤이나 담요끌기를 이용하여 환자를 척추고정판에 고정시킨다.
- 긴급히 환자를 옮겨야 하는 경우에도 손으로 척추를 고정하여 척추의 움직임을 최소한으로 한 채 긴급구출을 실시한다.
- 헬멧 제거는 환자의 기도유지나 호흡을 방해하는 경우나 헬멧이 너무 느슨해서 머리와 목을 고정시킬 수 없는 경우에 한하여 실시한다. 완전한 헬멧 제거를 위해서는 2인 이상이 필요하다.

30.4 환자유형별 구급활동

1) 의식장애

(1) 의식장애를 초래하는 원인

두부손상, 감염, 경련, 경련 후 상태, 쇼크 중독, 약물이나 알코올 남용, 저산소증, 호흡 곤란으로 이산화탄소 축적, 뇌졸중, 당뇨

(2) 환자의 처치

① 기도를 개방한다. 단 외상환자의 경우 하악견인법을 이용한다.

② 고농도 산소를 공급한다. 저산소증으로 의식장애가 초래될 수 있으므로 고농도 산소를 공급한다.

③ 필요하다면 인공호흡기를 적용하고 기도 내 이물질을 흡입한다.

④ 환자를 이송한다.

2) 경련 환자 응급처치

(1) 경련 중 환자 입에 무언가를 억지로 넣거나 환자를 신체적으로 구속하면 안 된다.
(2) 기도 개방 확인, 고농도 산소 공급, 흡인 준비한다.
(3) 경추 손상이 없는 환자인 경우, 회복 자세로 돌려 측와위를 취해준다.
(4) 청색증이 나타나면 기도 개방을 확인하고, 고농도 산소로 인공호흡을 시행한다.
(5) 환자를 이송하면서 ABC (기도, 호흡, 순환)와 생체징후를 주의 깊게 관찰한다.

3) 알레르기 반응

(1) 일반적 원인

① 독을 갖고 있는 곤충에게 물리거나 쏘일 때(벌, 쐐기)
② 견과류, 갑각류(게, 새우, 조개), 우유, 달걀, 초콜릿 등 음식섭취
③ 독성이 있는 담쟁이덩굴이나 오크, 두드러기 쑥과 풀의 가루 등 식물 접촉
④ 페니실린, 항생제, 아스피린, 경련약, 근이완제 등의 약품
⑤ 기타 먼지, 고무, 접착제, 비누, 화장품 등

(2) 환자의 처치

알레르기 반응으로 호흡곤란과 쇼크 증상을 보이는 환자에게

① 호흡곤란을 해소하기 위해서 고농도의 산소를 공급한다.
② 병원에서 알레르기 반응 시 투여할 수 있는 에피네프린 약품이 있는지 확인한다.
③ 지정 병원 의사와 통신 후 투여를 결정하며 환자를 이송한다.
④ 생체징후 평가는 매 5분마다 실시한다.
⑤ 인체를 조이는 반지, 팔찌, 넥타이 등은 제거한다.
⑥ 환자에게 발생한 모든 상황을 기록한다.

참고 **환자의 상태가 악화되면 다음과 같은 처치를 실시한다.**
- 쇼크 증상에 대한 처치를 실시한다.
- 100%산소를 공급한다.
- CPR을 실시한다.
- 심정지 상태이면 AED를 실시한다.

4) 화상(Burn)

(1) 화상의 정도

① 1도 화상 : 표피(Epidermis)에만 손상이 있는 경우를 말한다.

② 2도 화상 : 표피뿐만 아니라 진피(Dermis)도 손상을 입은 화상을 말한다.

③ 3도 화상 : 피하지방조직까지 손상을 입은 경우를 말한다.

(2) 화상의 중증도 분류

표 30-2 화상의 중증도 분류

중증도	깊이, 체표면의비율, 합병증 요인 등
경증화상	• 얼굴, 손, 발, 생식기 또는 호흡기를 제외한 2% 미만의 전층화상 • 15% 미만의 부분층 화상, 50% 이하의 표층화상
중등도 화상	• 얼굴, 손, 발, 생식기 또는 호흡기를 제외한 2~10%의 전층화상 • −15~30%의 부분층 화상, 50% 이상의 표층화상
중증화상	• 호흡기계 손상, 다른 연부조직 손상과 뼈의 손상에 의해 악화되는 모든 화상 • 얼굴, 손, 발, 생식기 또는 호흡기계에 발생한 부분층 화상이나 전층 화상 • 10% 이상의 전층 화상, 30% 이상의 부분층 화상, 근골격계 손상에 의해 악화되는 화상

(3) 화상의 치료

① 1도 화상의 치료

시원한 물로 화상부위를 식혀 준다. 몸은 찬물에 적신 수건을 이용하여 식혀 준다. 대부분의 1도 화상은 병원으로 이송할 필요가 없다.

② 2도 화상의 치료

화상부위가 크지 않다면 찬물에 적신 수건으로 화상부위를 덮어 주도록 하고 물이 없는 상황이라면 깨끗한 면포로 감싸고 환자의 체온이 떨어지지 않도록 주의한다. 골절이 있으면 화상부위를 싸고 난 후 부목을 해주고 즉시 가까운 병원으로 이송한다. 이송 중 산소공급이 가능하다면 100% 산소를 공급해준다.

③ 3도 화상의 치료

쇼크에 빠질 우려가 있으므로 생체징후를 자주 측정하고 수액을 공급하면서 흡인여부를 점검하여 산소투여를 하면서 이송한다. 병원으로 이송할 필요가 있는 환자의 경우 실바딘(크림제)이나 기타 소독약을 상처부위에 바르는 것은 병원 내 치료의 과정에서 상처를 씻어내는 데 시간이 지연될 수 있기 때문에 시행하지 않는 것이 좋다.

5) 협심증(Angina pectoris)

(1) 증상과 징후

협심증 환자의 일반적인 증상과 징후는 다음 표와 같다.

표 30-3 협심증 환자의 증세

통증부위	전흉부, 흉골하부
통증의 특징	소화불량처럼 더부룩함, 누르는 듯한 통증, 쥐어짜는 듯한 통증, 가슴의 답답함, 빠근한 듯한 통증 등으로 표현
통증의 지속시간	3～5분(20분 이내)
통증의 유발인자	운동, 정신적 스트레스, 흡연
통증을 경감시키는 요소	휴식
전이통	왼쪽 팔의 통증, 목의 통증, 턱의 통증
발병되는 임상증상	식은 땀, 호흡곤란, 실신
니트로글리세린에 대한반응	1, 2회의 설하투여로 통증 소실

(2) 처치

협심증 환자에서는 니트로글리세린(Nitroglycerin)이라는 약물을 투여하여야 한다. 니트로글리세린을 환자의 혀 밑에 넣으면 수초 내에 작용이 시작된다. 니트로글리세린은 혈관의 평활근을 이완시켜 심근의 산소요구량을 감소시키며, 관상동맥을 확장시켜 심근으로의 산소공급을 증가시킨다.

6) 급성 심근경색(Acute Myocardial Infarction)

(1) 임상적 증상

① 통증
② 심장 박동수의 증가
③ 혈압의 감소
④ 얕고 빠른 호흡
⑤ 식은땀, 오심, 구토, 창백한 피부, 청색증, 경정맥 팽대
⑥ 불안, 의식혼미, 혼수

(2) 급성 심근경색의 초기 응급치료

① 환자를 안심시킨다.
② 환자의 과거력 파악
③ 편안하게 앉거나 기댄 자세
④ 고농도의 산소의 공급
⑤ 응급센터로 연락
⑥ 신속한 이송

(3) 급성 심근경색 환자의 이송

① 환자를 안심시켜 안정 상태를 유지한다.
② 주기적으로 환자의 생체징후를 측정한다.
③ 이송 중 항상 심전도 감시 장치 또는 자동제세동기로 환자를 감시한다.
④ 심실세동의 발생가능성에 항상 유의한다.
⑤ 환자가 앉은 자세로 이송하며, 산소를 흡입시킨다.
⑥ 응급센터로 신속히 이송하여 빠른 시간 내에 재관류요법을 받을 수 있도록 한다.

7) 뇌졸중

뇌졸중은 심근경색과 같이 작은 혈전이나 방해물이 뇌의 일부분으로 가는 뇌동맥을 차단하면서 발생한다. 이런 차단 결과는 빠르게 뇌에 영향을 미치고 영향을 받은 부분이 담당하고 있는 기능을 상실한다.

(1) 증상 및 징후

① 어지러움, 혼란에서부터 무반응까지 다양한 의식변화
② 편마비, 한쪽 감각의 상실
③ 비대칭 동공
④ 한쪽 눈의 시력 상실
⑤ 시력장애나 복시 호소
⑥ 편마비 된 쪽으로부터 눈이 돌아감
⑦ 오심/구토
⑧ 의식장애 전에 심한 두통 및 목 경직 호소

(2) 응급처치

① 기도를 유지하고 비강캐뉼라(nasal prong)[42]로 산소를 공급한다. 호흡곤란을 호소하면 BVM (백－밸브 마스크)으로 고농축산소를 공급하고 인공호흡을 준비한다.

② 의식이 있다면 머리와 가슴을 약간 올리고 좌측위를 취해준다. 좌측위는 구급대원과 마주본 자세로 구급차 내에서 환자처치와 평가를 쉽게 할 수 있게 해준다.

③ 신속하게 병원으로 이송한다.

④ 이송 중 병원에 연락을 취해 병원도착 예정시간과 증상이 나타난 시간을 알려준다.

⑤ 재평가를 실시한다.

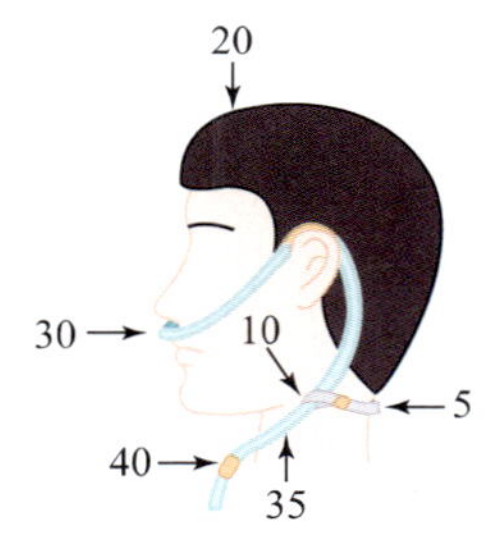

그림 30-5 비강캐뉼라(nasal prong)

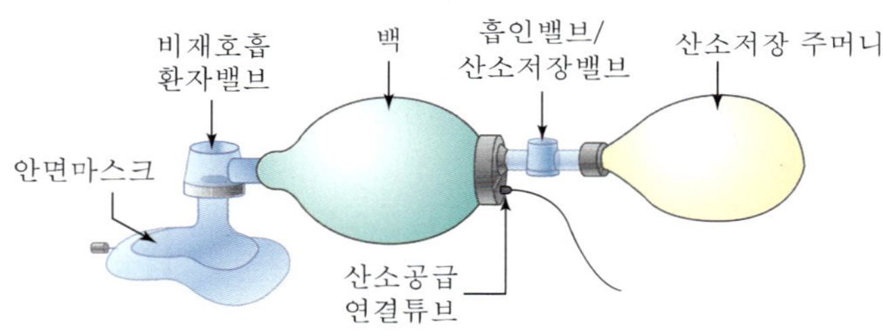

그림 30-6 백 - 밸브 마스크

42) 콧구멍에서 목젖 윗부분에 이르는 코 안의 빈 곳

찾아보기

가

나

다

라

마

바

사

아

자

차

타

파

하

영문

소방학개론 편찬위원회 (제1판)

	위원장	이춘하(호서대학교)	
	간 사	김엽래(경민대학)	
소방행정분과	위원장	우성천(강원대학교)	
	위원	김준경(세명대학교)	송용선(목원대학교)
		정기성(원광대학교)	한국희(경일대학교)
화공분과	위원장	오규형(호서대학교)	
	위원	김명철(경일대학교)	김영수(신성대학)
		박인수(경남대학교)	박종탁(대구보건대학)
		오인석(청양대학)	우상철(대구보건대학)
		인세진(우송대학교)	정영진(강원대학교)
		최돈묵(경원대학교)	홍순강(초당대학교)
건축분과	위원장	백민호(강원대학교)	
	위원	권영진(호서대학교)	김우근(경동정보대학)
		문종욱(한국국제대학교)	
소방기계분과	위원장	김유식(한국국제대학교)	
	위원	기석호(서강정보대학)	김선진(서강정보대학)
		민세홍(경원대학교)	박용환(호서대학교)
		백은선(동신대학교)	윤충국(창신대학교)
		이동명(경민대학)	임창현(대림대학)
		최규출(동원대학)	최영상(대구보건대학)
		허만성(우송정보대학)	
소방전기분과	위원장	윤석호(김천대학교)	
	위원	강희우(주성대학)	김광태(신성대학)
		김현우(경민대학)	김현희(한국국제대학교)
		노태호(혜천대학)	윤영대(포항1대학)
		이운근(부산경상대학)	편석범(동강대학)
화재진압분과	위원장	공하성(청운대학교)	
	위원	김영효(동원대학)	안희관(계명문화대학)
		정 헌(초당대학교)	
구조구급분과	위원장	우성천(강원대학교)	

소방학개론 편찬위원회 (제2판)

위원장 허만성(우송정보대학교)
간 사 노태호(혜천대학교)

편	구분	성명(소속)
제1편 소방조직론	위원장	김광태(신성대학교)
	위 원	정기성(원광대학교)
		양기근(원광대학교)
		현성호(경민대학교)
제2편 재난관리	위원장	신승우(경북전문대학교)
	위 원	정재학(경북전문대학교)
		송윤석(서정대학교)
		최규출(동원대학교)
		백민호(강원대학교)
제3편 연소 및 화재이론	위원장	배익수(부산경상대학교)
	위 원	배익수(부산경상대학교)
		허만성(우송정보대학교)
		노태호(혜천대학교)
제4편 소화이론	위원장	정 헌(초당대학교)
	위 원	김광진(초당대학교)
		민세홍(가천대학교)
		김학중(초당대학교)
		정기신(세명대학교)
		김엽래(경민대학교)
		박용환(호서대학교)

소방학개론 편찬위원회 (제3판)

	위원장	최규출(동원대학교)	
	간 사	강윤진(대림대학교)	
소방조직분과	위원장	김광태(신성대학교)	
	위원	우성천(강원대학교)	정기성(원광대학교)
		송윤석(서정대학교)	김동준(세한대학교)
재난관리분과	위원장	김학중(초당대학교)	
	위원	신승우(경북전문대학교)	소수현(경일대학교)
		송영호(대전과학기술대학교)	임채현(제주국제대학교)
연소분과	위원장	강윤진(대림대학교)	
	위원	최돈묵(가천대학교)	인세진(우송대학교)
		정영진(강원대학교)	박종탁(대구보건대학교)
		오인석(충남도립대학교)	이종화(호남대학교)
화재분과	위원장	박용환(호서대학교)	
	위원	민세홍(가천대학교)	백민호(강원대학교)
		백은선(동신대학교)	이동명(경민대학교)
		최영상(대구보건대학)	정 헌(초당대학교)
		정기신(세명대학교)	김선진(서영대학교)
소화분과	위원장	김엽래(경민대학교)	
	위원	손봉세(가천대학교)	김유식(한국국제대학교)
		허만성(우송정보대학교)	윤석호(김천대학교)
		이운근(부산경상대학)	김유선(서정대학교)
		편석범(동강대학교)	구재현(목원대학교)
구조구급분과	위원장	최규출(동원대학교)	
	위원	김세훈(동원대학교)	송영호(대전과학기술대학교)

소방학개론 편찬위원회 (제4판)

	위원장	최돈묵(가천대학교)	
	간 사	강윤진(대림대학교)	
소방조직분과	위원장	이종화(호남대학교)	
	위원	우성천(강원대학교)	정기성(원광대학교)
		송윤석(서정대학교)	
재난관리분과	위원장	김학중(초당대학교)	
	위원	신승우(경북전문대학교)	소수현(경일대학교)
		송영호(대전과학기술대학교)	임채현(제주국제대학교)
연소분과	위원장	강윤진(대림대학교)	
	위원	최돈묵(가천대학교)	인세진(우송대학교)
		정영진(강원대학교)	박종탁(대구보건대학교)
		오인석(충남도립대학교)	이종화(호남대학교)
화재분과	위원장	박용환(호서대학교)	
	위원	민세홍(가천대학교)	백민호(강원대학교)
		백은선(동신대학교)	이동명(경민대학교)
		최영상(대구보건대학)	정 헌(초당대학교)
		정기신(세명대학교)	김선진(서영대학교)
소화분과	위원장	김엽래(경민대학교)	
	위원	손봉세(가천대학교)	김유식(한국국제대학교)
		허만성(우송정보대학교)	윤석호(김천대학교)
		이운근(부산경상대학)	김유선(서정대학교)
		편석범(동강대학교)	구재현(목원대학교)
구조구급분과	위원장	송영호(대전과학기술대학교)	
	위원	김세훈(동원대학교)	황용신(대림대학교)

소방학개론 편찬위원회 (제5판)

	위원장	권영진(호서대학교)	
	간　사	송영호(대전과학기술대학교)	
소방조직분과	위원장	이종화(호남대학교)	
	위원	우성천(강원대학교)	송윤석(서정대학교)
		양기근(원광대학교)	
재난관리분과	위원장	김학중(숭실사이버대학교)	
	위원	신승우(경북전문대학교)	송영호(대전과학기술대학교)
		임채현(충북도립대학교)	
연소분과	위원장	강윤진(대림대학교)	
	위원	최돈묵(가천대학교)	인세진(우송대학교)
		정영진(강원대학교)	박종탁(대구보건대학교)
		오인석(충남도립대학교)	
화재분과	위원장	송영주(동신대학교)	
	위원	박용환(호서대학교)	민세홍(가천대학교)
		백민호(강원대학교)	백은선(동신대학교)
		이동명(경민대학교)	최영상(대구보건대학교)
		정기신(세명대학교)	김선진(서영대학교)
소화분과	위원장	김엽래(경민대학교)	
	위원	손봉세(가천대학교)	김유식(한국국제대학교)
		허만성(우송정보대학교)	윤석호(김천대학교)
		이운근(부산경상대학교)	김유선(서정대학교)
		편석범(동강대학교)	구재현(목원대학교)
구조구급분과	위원장	정　헌(초당대학교)	
	위원	김세훈(동원대학교)	옥경재(대림대학교)

소방학개론 편찬위원회 (제6판)

소방학개론 편찬위원회 (제7판)

위원장 강윤진(대림대학교)
간 사 김시국(호서대학교)

분과	구분	성명(소속)	성명(소속)
소방조직분과	위원장	백인환(서원대학교)	
	위원	이종화(호남대학교)	송윤석(서정대학교)
재난관리분과	위원장	김동은(대전보건대학교)	
	위원	채 진(목원대학교)	김학중(숭실사이버대학교)
연소이론분과	위원장	송영호(대전과학기술대학교)	
	위원	이성은(호서대학교)	송영주(동신대학교)
화재이론분과	위원장	이태규(세명대학교)	
	위원	정 헌(초당대학교)	황철홍(대전대학교)
화재조사분과	위원장	김시국(호서대학교)	
	위원	함은구(한국열린사이버대학교)	문정환(대림대학교)
위험물관리분과	위원장	이재준(전주대학교)	
	위원	윤석호(김천대학교)	한상필(상지대학교)
소화이론분과	위원장	전기완(신라대학교)	
	위원	이운근(부산경상대학교)	유대준(충남도립대학교)
소방시설분과	위원장	한용택(호서대학교)	김시국(호서대학교)
	위원	이재오(대전대학교)	
구조구급분과	위원	정해영(세명대학교)	

소방학개론 제7판 정가 29,000원

발 행 2025년 9월 10일 7판 2쇄
저 자 전국대학 소방학과 교수협의회
발행인 정우용
발행처 도서출판 동화기술
경기도 파주시 광인사길 201(문발동, 파주출판도시)
Tel (031)955-4211~6 donghwapub@nate.com
Fax (031)955-4217 www.donghwapub.co.kr
(등록) 1977년 12월 19일/9-16호

ISBN 978-89-425-9565-5